21世纪高等学校计算机系列规划教材

数字图像处理与分析
（第2版）

龚声蓉　刘纯平　赵勋杰　蒋德茂　等编著

U0293307

清华大学出版社

北 京

内 容 简 介

本书从基本概念入手,采用理论与实践相结合的方式,全面地介绍了图像处理与分析的基本问题、主要研究成果以及具体实例开发过程。内容系统、完整,讲解深入浅出,并配有习题指导和实验,全书配有电子教案和书中实例的完整程序。

本书可作为高校计算机科学、电子工程、自动化、生物医学、遥感、地质、矿业、通信、气象、农业等相关专业高年级本科生教材,也可供相关领域的大学教师、科研人员和工程技术人员参考。

图书在版编目(CIP)数据

数字图像处理与分析/龚声蓉等编著.--2 版.--北京:清华大学出版社,2014(2025.2 重印)
21 世纪高等学校计算机系列规划教材
ISBN 978-7-302-34944-0

Ⅰ.①数… Ⅱ.①龚… Ⅲ.①数字图像处理-高等学校-教材 Ⅳ.①TN911.73

中国版本图书馆 CIP 数据核字(2013)第 321328 号

责任编辑:索 梅 王冰飞
封面设计:杨 兮
责任校对:焦丽丽
责任印制:沈 露

出版发行:清华大学出版社
      网 址:https://www.tup.com.cn,https://www.wqxuetang.com
      地 址:北京清华大学学研大厦 A 座   邮 编:100084
      社 总 机:010-83470000   邮 购:010-62786544
      投稿与读者服务:010-62776969,c-service@tup.tsinghua.edu.cn
      质量反馈:010-62772015,zhiliang@tup.tsinghua.edu.cn
      课件下载:https://www.tup.com.cn,010-83470236
印 装 者:涿州市般润文化传播有限公司
经 销:全国新华书店
开 本:185mm×260mm   印 张:23   字 数:562 千字
版 次:2006 年 7 月第 1 版   2014 年 4 月第 2 版   印 次:2025 年 2 月第 13 次印刷
印 数:10001~10600
定 价:49.50 元

产品编号:037710-02

随着我国改革开放的进一步深化,高等教育也得到了快速发展,各地高校紧密结合地方经济建设发展需要,科学运用市场调节机制,加大了使用信息科学等现代科学技术提升、改造传统学科专业的投入力度,通过教育改革合理调整和配置了教育资源,优化了传统学科专业,积极为地方经济建设输送人才,为我国经济社会的快速、健康和可持续发展以及高等教育自身的改革发展做出了巨大贡献。但是,高等教育质量还需要进一步提高以适应经济社会发展的需要,不少高校的专业设置和结构不尽合理,教师队伍整体素质亟待提高,人才培养模式、教学内容和方法需要进一步转变,学生的实践能力和创新精神亟待加强。

教育部一直十分重视高等教育质量工作。2007 年 1 月,教育部下发了《关于实施高等学校本科教学质量与教学改革工程的意见》,计划实施"高等学校本科教学质量与教学改革工程(简称'质量工程')",通过专业结构调整、课程教材建设、实践教学改革、教学团队建设等多项内容,进一步深化高等学校教学改革,提高人才培养的能力和水平,更好地满足经济社会发展对高素质人才的需要。在贯彻和落实教育部"质量工程"的过程中,各地高校发挥师资力量强、办学经验丰富、教学资源充裕等优势,对其特色专业及特色课程(群)加以规划、整理和总结,更新教学内容、改革课程体系,建设了一大批内容新、体系新、方法新、手段新的特色课程。在此基础上,经教育部相关教学指导委员会专家的指导和建议,清华大学出版社在多个领域精选各高校的特色课程,分别规划出版系列教材,以配合"质量工程"的实施,满足各高校教学质量和教学改革的需要。

本系列教材立足于计算机公共课程领域,以公共基础课为主、专业基础课为辅,横向满足高校多层次教学的需要。在规划过程中体现了如下一些基本原则和特点。

(1)面向多层次、多学科专业,强调计算机在各专业中的应用。教材内容坚持基本理论适度,反映各层次对基本理论和原理的需求,同时加强实践和应用环节。

(2)反映教学需要,促进教学发展。教材要适应多样化的教学需要,正确把握教学内容和课程体系的改革方向,在选择教材内容和编写体系时注意体现素质教育、创新能力与实践能力的培养,为学生的知识、能力、素质协调发展创造条件。

(3)实施精品战略,突出重点,保证质量。规划教材把重点放在公共基础课和专业基础课的教材建设上;特别注意选择并安排一部分原来基础比较好的优秀教材或讲义修订再版,逐步形成精品教材;提倡并鼓励编写体现教学质量和教学改革成果的教材。

(4)主张一纲多本,合理配套。基础课和专业基础课教材配套,同一门课程可以有针对不同层次、面向不同专业的多本具有各自内容特点的教材。处理好教材统一性与多样化,基本教材与辅助教材、教学参考书,文字教材与软件教材的关系,实现教材系列资源配套。

（5）依靠专家，择优选用。在制定教材规划时依靠各课程专家在调查研究本课程教材建设现状的基础上提出规划选题。在落实主编人选时，要引入竞争机制，通过申报、评审确定主题。书稿完成后要认真实行审稿程序，确保出书质量。

繁荣教材出版事业，提高教材质量的关键是教师。建立一支高水平教材编写梯队才能保证教材的编写质量和建设力度，希望有志于教材建设的教师能够加入到我们的编写队伍中来。

21 世纪高等学校计算机系列规划教材

联系人：魏江江 weijj@tup.tsinghua.edu.cn

《数字图像处理与分析》(书号:978-7-302-12649-2)一书是国家级"十一五"规划教材,自2006年由清华大学出版社出版以来,已多次印刷。该书深入浅出,理论与实践相结合,因而被数十所高校选作教材,深受师生喜爱。

通过对读者的跟踪调查,读者选择《数字图像处理与分析》一书作为教材或参考资料大体有以下原因:

(1) 通俗易懂。作者在参加各类学术会议时,经常会碰到使用过该教材的老师,他们认为该教材通俗易懂,特别适合选作本科生教材。不少读者网评也认为,该教材"讲得非常详细","概念性的介绍比较清晰"。

(2) 系统全面。不少读者反映,该教材"比较系统,可以系统地学习","内容比较新、比较全"。

(3) 理论与实践相结合。不少读者认为,该教材理论和实践相结合,除了可了解图像处理的基本概念,掌握各种算法原理外,还有助于掌握完整图像系统设计能力,直接将所学知识用于工程实践。

七年来,许多读者纷纷向编辑部或者作者发来E-mail或者打来电话,建议该书修订再版,并提出了十分中肯的意见。针对读者的意见以及使用过程的学生反馈,再版后的《数字图像处理与分析》有以下几个显著特点。

(1) 强调基础,培养素质,突出"兴趣"。

再版后的教材强调数字图像处理与分析基础知识的学习,以基础知识的学习奠定扎实的数字图像分析技术应用能力和灵活扩展应用能力的培养。力求做到层次分明、条理清晰、难易适度,体现培养学生素质,突出兴趣,有利于学生自主学习的特点。为便于自学,修订后的教材除提供多媒体教案以及部分源程序外,还提供了大量扩展阅读资源,如开源代码、研究机构与论坛链接等。

(2) 理论适度,重实践,体现工程性。

本书基于理论教学够用为度,注重能力培养的原则,把学生需要掌握的基本数字图像处理技术作为实例贯串全书,力求重点培养学生数字图像处理与分析技术的应用能力。在系统介绍基础知识的同时,特别突出了实际动手能力的培养,通过典型实例、综合实例和实训的方式来强化学生的动手能力。

(3) 增加案例,与社会需求紧密结合,体现实用性。

读者提出"要是这本书再加一些程序语言就好了",再版的教材重点丰富了第10章和第11章内容,增加了大量图像系统设计案例。针对读者提出的"对一些比较理论推导的东西阐述缺少案例,如傅里叶变换案例、小波变换等",考虑作为本科生教材,篇幅不宜太大,因此,通过出版配套《数字图像处理分析学习与实验指导》来弥补这一缺陷。配套《数字图像处理分析学习与实验指导》包含两大部分:①学习指导,对读者反馈的问题进行重点阐述；②图像处理实验指导，由演示性实验（Photoshop 平台）、验证性实验（MATLAB 平台）、综合实验（OpenCV 平台）和创新性实验（LibSVM 及其他开源代码）四部分组成。

　　本书主要包括三部分内容，共 11 章。第一部分是数字图像处理的基础，包括绪论、数字图像表示及其处理、图像增强、图像编码与压缩、图像复原、图像重建 6 章。第二部分是图像特征提取与分析的理论、方法和实例，包括图像分割技术、图像特征提取与分析、图像匹配与识别 3 章。第三部分为图像系统设计实例，包括基于 MATLAB 图像处理应用实例和基于 C++ 的图像系统设计两部分，为体现实用性，还增加了有关光源、镜头及相机选择的基本知识。

　　本书由苏州大学的龚声蓉教授、刘纯平副教授、赵勋杰教授和蒋德茂老师共同编写。其中，第 1～4 章、第 11 章由龚声蓉编写；第 5 章及 7.6 节、7.7 节由蒋德茂编写；第 6 章及第 7 章其余部分由赵勋杰编写，第 8～10 章由刘纯平编写，全书由龚声蓉统稿。

　　再版过程中，受到了国家自然科学基金"基于二型模糊概率图模型的多摄像头目标跟踪研究（61170124）"和"基于显著性和信任传递的动态场景主题发现（61272258）"的资助，苏州大学计算机科学与技术学院也给予了大力支持，在此一并表示感谢！同时，也参考了国内出版的大量书籍和论文，对本书中所引用论文和书籍的作者深表感谢！

　　多年来，本书的出版和修订工作一直得到广大教师和学生的支持，希望在使用本书过程中继续提出更多的宝贵意见，以便进一步修订完善。

　　由于编者水平有限，书中不足和不当之处恳请读者批评指正。

编　　者

2014 年 1 月于苏州大学

第 1 章

绪 论

数字图像处理(Digital Image Processing)是指用计算机对数字图像进行的处理,因此也称为计算机图像处理(Computer Image Processing)。数字图像处理主要有 3 个目的:一是提高图像的视觉效果,以改善图像的质量;二是提取图像中所包含的某些特征或特殊信息,为计算机分析图像提供便利;三是图像数据的变换、编码和压缩,以便于图像的存储和传输。本章主要介绍以下几个方面的内容:简要介绍数字图像处理的发展过程;简要介绍数字图像处理中涉及的相关概念;对数字图像处理的方法和主要研究内容进行概括;通过数字图像处理的几个应用实例,介绍数字图像处理的主要应用领域。

1.1 数字图像处理的发展

图像是人类获取信息、表达信息和传递信息的重要手段。据统计,在人类接收的信息中,图像等视觉信息所占的比例达到 75%。因此,数字图像处理技术已经成为信息科学、计算机科学、工程科学、地球科学等诸多领域学者研究图像的有效工具。

数字图像处理技术起源于 20 世纪 20 年代。当时,人们通过 Bartlane 海底电缆图片传输系统,从伦敦到纽约传输了一幅经过数字压缩后的照片,从而把传输时间从一周多缩短至不到 3h。为了传输图片,该系统首先在传输端进行图像编码,然后在接收端用特殊打印设备重构该图片。尽管这一应用已经包含了数字图像处理的知识,但还称不上真正意义的数字图像处理,因为它没有涉及计算机。事实上,数字图像处理需要很大的存储空间和计算能力,其发展受到数字计算机和包括数据存储、显示和传输等相关技术发展制约。因此,数字图像处理的历史与计算机的发展密切相关,数字图像处理的真正历史是从数字计算机的出现开始的。

第一台可以执行有意义的图像处理任务的大型计算机出现在 20 世纪 60 年代早期。数字图像处理技术的诞生可追溯至这一时期计算机的使用和空间项目的开发。1964 年,位于加利福尼亚的美国喷气推进实验室(JPL 实验室)使用了图像处理技术,对太空船"徘徊者七号"发回的几千张月球照片进行了处理,如几何校正、灰度变换、去除噪声等,并考虑了太阳位置和月球环境的影响,由计算机成功地绘制出月球表面地图,获得了巨大的成功,这标志着图像处理技术开始得到实际应用。随后又对探测飞船发回的近十万张照片进行更为复杂的图像处理,从而获得了月球的地形图、彩色图及全景镶嵌图,取得了非凡的成果,为人类登月创举奠定了坚实的基础，也推动了数字图像处理这门学科的诞生。

20世纪60年代末至70年代初，数字图像处理技术开始应用于医学图像、地球遥感监测和天文学等领域。其后军事、气象、医学等学科的发展也推动了图像处理技术迅速发展。此外，计算机硬件设备的不断降价，包括高速处理器、海量存储器、图像数字化和图像显示、打印等设备的不断降价成为推动数字图像处理技术发展的又一个动力。数字图像处理技术的迅速发展为人类带来了巨大的经济社会效益，大到应用卫星遥感进行的全球环境气候监测，小到指纹识别技术在安全领域的应用。可以说，数字图像处理技术已经融入到科学研究的各个领域。目前，数字图像处理技术已经成为工程学、计算机科学、信息科学、生物学及医学等各学科学习和研究的对象。

1.2　数字图像处理的相关概念

本节将主要介绍一些与数字图像处理相关的基本概念，包括图像、数字图像和数字图像处理等。最后，对数字图像的基本组成单元——像素、灰度——进行说明。

1.2.1　数字图像及其组成要素

图像是对客观对象的一种相似性的、生动的描述或表示。例如，人们描述一个场景可以通过文字、语言来描述，也可以通过绘画和照片等形式来描述，但无疑照片对场景能更真实地进行描述。

从人眼的视觉特点看，图像分为可见图像和不可见图像。其中，可见图像又包括生成图（通常称为图形或图片）和光图像两类。光图像侧重于用透镜、光栅和全息技术产生的图像。通常所说的图像就是指这一类图像。图形侧重于根据给定的物体描述模型、光照及想象中的摄像机的几何成像，生成一幅图或像的过程。不可见的图像包含不可见光成像和不可见量，如温度、压力及人口密度的分布图等。

按波段多少，图像可分为单波段、多波段和超波段图像。单波段图像在每个点只有一个亮度值；多波段图像上每一点不止一个特性。例如，红、绿、蓝3个波段光谱图像或彩色图像在每个点具有红、绿、蓝3个亮度值，这3个值表示在不同光波段上的强度，人眼看来就是不同的颜色；超波段图像上每个点具有几十或几百个特性，如遥感图像等。

按图像空间坐标和明暗程度的连续性，图像可分为模拟图像和数字图像。模拟图像指空间坐标和明暗程度都是连续变化的、计算机无法直接处理的图像。数字图像是一种空间坐标和灰度均不连续的、用离散的数字表示的图像，这样的图像才能被计算机处理。因此，数字图像可以理解为图像的数字表示，是时间和空间的非连续函数（信号），是为了便于计算机处理的一种图像表示形式。它是由一系列离散单元经过量化后形成的灰度值的集合，即像素（Pixel）的集合。

1.2.2　图像处理

图像处理（Image Processing）是指对图像进行一系列的操作，以达到预期目的的技术，可分为模拟图像处理和数字图像处理两种方式。

利用光学、照相和电子学方法对模拟图像的处理称为模拟图像处理。人类最早的图像处理是光学的处理,如利用放大镜和显微镜进行放大等就属于模拟图像处理。这种处理最明显的特点是处理速度快。目前,许多军用、宇航的处理仍采用光学模拟处理。尽管光学图像处理理论日臻完善,且处理速度快、信息容量大、分辨率高,又非常经济,但处理精度不高、稳定性差、设备笨重、操作不方便和工艺水平不高等原因限制了它的发展速度。此外,由于其处理过程采用光学器件,如镜头、棱镜等,它的不灵活性较为突出,而且一个光学器件从设计到加工直到成品需要很长时间,其加工过程也难以保证精度。

从 20 世纪 60 年代起,随着电子计算机技术的进步,数字图像处理获得了飞速发展。

数字图像处理就是利用计算机对数字图像进行一系列操作,从而获得某种预期结果的技术。数字图像处理离不开计算机,因此又称计算机图像处理。"计算机图像处理"与"数字图像处理"可视为同义语。通常,也将数字图像处理简称为图像处理。在本书中,如无特殊说明,"图像处理"即指"数字图像处理"。

图像处理的内容相当丰富,包括狭义的图像处理、图像分析与图像理解。狭义的图像处理着重强调在图像之间进行的变换,是一个从图像到图像的过程,是比较低层的操作。它主要在像素级进行处理,处理的数据量非常大。

设原图像用 $f(x,y)$ 表示,处理之后的图像用 $g(x,y)$ 表示,T 表示处理操作,则图像处理过程可描述为

$$g(x,y) = T[f(x,y)] \tag{1-1}$$

图 1-1 给出了一个利用图像处理技术实现图像增强的具体例子,其中图 1-1(a)所示为原始图像,图 1-1(b)所示为增强后的图像。从图 1-1 中可以看出,尽管处理前后都是图像,但处理后的视觉效果得到明显改善。因此,狭义的图像处理主要满足对图像进行各种加工的需求,以改善图像的视觉效果,并为自动识别打下基础,或对图像进行压缩编码,以减少所需存储空间或传输时间,达到传输通路的要求。

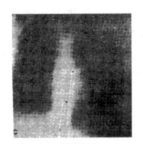 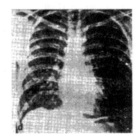

(a) 原始图像　　　　　　(b) 增强后的图像

图 1-1　图像处理实例

1.2.3　图像分析

图像分析(Image Analysis)主要是对图像中感兴趣的目标进行检测和测量,从而建立对图像的描述。图像分析是一个从图像到数值或符号的过程,主要研究用自动或半自动装置和系统,从图像中提取有用的测度、数据或信息,生成非图像的描述或者表示。图像分析并不仅仅是给景物中的各个区域进行分类,还要对千变万化和难以预测的复杂景物加以描述。因此,图像分析常常依靠某种知识来说明景物中物体与物体、物体与背景之间的关系。利用人工智能技术在分析系统中进行各层次控制和有效访问的知识库,正在被越来越普遍

地采用。

图像分析的内容分为特征提取、符号描述、目标检测、景物匹配和识别等几个部分。图像分析是一个从图像到数据的过程。这里数据可以是对目标特征测量的结果，或是基于测量的符号表示。它们描述了图像中目标的特点和性质。因此图像分析可以看作是中层处理。

1.2.4 图像理解

图像理解(Image Understanding)就是对图像的语义解释。它是在图像分析的基础上，以图像为对象，知识为核心，进一步研究图像中各目标的性质和它们之间的相互联系，并得出对图像内容含义的理解以及对原来客观场景的解释，从而指导和规划行动。如图像中有什么目标、目标之间的相互关系、图像是什么场景以及如何应用场景等。

图像理解输入的是图像，输出的是一种描述。这种描述不仅仅是单纯的用符号作出详细的描绘，而且要利用客观世界的知识使计算机进行联想、思考及推论，从而理解图像所表现的内容。

如果说图像分析主要是以观察者为中心研究客观世界，那么图像理解在一定程度上则是以客观世界为中心，并借助知识、经验等来把握和解释整个客观世界。因此图像理解主要是高层操作，其处理过程和方法与人类的思维推理有许多类似之处。图像理解有时也叫景物理解。

1.2.5 与相关学科的关系

数字图像处理是一门系统研究各种图像理论、技术和应用的新的交叉学科。从它的研究方法来看，与数学、物理学、生理学、心理学、电子学、计算机科学等许多学科可以相互借鉴；从它的研究范围来看，与模式识别、计算机视觉、计算机图形学等多个专业又互相交叉。图 1-2 给出了数字图像处理与相关学科和领域的联系和区别。另外，数字图像处理的研究进展与人工智能、神经网络、遗传算法、模糊逻辑等理论和技术都有密切的联系，它的发展应用与医学、遥感、通信、文档处理和工业自动化等许多领域也是不可分割的。

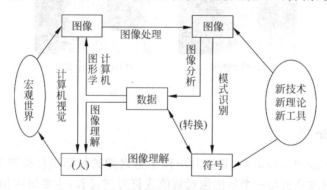

图 1-2　图像处理与相关学科的联系和区别

从图 1-2 可以看到，数字图像处理所包含的 3 个层次——图像处理、图像分析和图像理解，其输入输出内容是不同的，它们与计算机图形学、模式识别、计算机视觉等有着密切联系。计算机图形学研究如何利用计算机技术来产生图形、图表、绘图等形式表达数据信息，它试图从非图像形式的数据描述来生成逼真的图像。与图像分析相比,两者的处理对象和输出结果正好相反。模式识别与图像分析则比较相似,只是模式识别试图把图像分解成可用符号较抽象地描述的方式。它们有相同的输入,而不同的输出结果可以比较方便地进行转换。计算机视觉则主要强调用计算机实现人的视觉功能,这中间实际上用到数字图像处理3个层次的许多技术,但目前的研究内容主要与图像理解相结合。

由此看来,以上学科互相联系,覆盖面有所重合。事实上这些名词也常混合使用,它们在概念上或实用中并没有明显的界限。在许多场合和情况下,它们只是专业和背景不同的人习惯使用的不同术语。它们虽各有侧重,但常常是互为补充的。另外,以上各学科都得到了包括人工智能、神经网络、遗传算法、模糊逻辑等新理论、新工具、新技术的支持,因此,它们又都在近年得到了长足发展。总的来说,数字图像处理既能较好地将许多相近学科兼蓄并容,也进一步强调了图像技术的应用。

1.3　数字图像处理方法

数字图像的处理方法种类繁多,根据不同的分类标准可以得到不同的分类结果。例如,根据对图像作用域的不同,数字图像处理方法大致可分为两大类,即空域处理方法和变换域处理方法。

1.3.1　空域处理方法

空域处理方法是指在图像空间域内直接对数字图像进行处理。该方法把图像看作是平面中各个像素组成的集合,然后直接对这一二维函数进行相应的处理。在处理时,既可以直接对图像各像素点进行灰度上的变换处理,也可以对图像进行小区域模板的空域滤波等处理,以充分考虑像素邻域像素点对其的影响。一般来说,空间域处理算法的结构并不算太复杂,处理速度也还是比较快的。空域处理法主要有以下两大类。

1. 邻域处理法

邻域处理法是对图像像素的某一邻域进行处理的方法,如第3章将要介绍的均值滤波法、梯度运算、拉普拉斯算子运算、平滑算子运算和卷积运算。

2. 点处理法

点处理法是指对图像像素逐一处理的方法。例如,利用像素累积计算某一区域面积或某一边界的周长等。

1.3.2　变换域处理方法

变换域处理方法首先是通过变换,如傅里叶变换、离散余弦变换、沃尔什变换、小波变换等,将图像从空间域变换到相应的变换域,得到变换域系数阵列,然后在变换域中对这些系数进行处理,处理完成后再通过反变换重新变换到图像空间(空间域),从而得到处理结果。由于变换域的作用空间比较特殊,不同于以往的空域处理方法,因此可以实现许多在空间域中无法完成或是很难实现的处理,广泛用于滤波、编码压缩等方面。由于各种变换算法在把图像从空间域向变换域进行变换以及反变换中均有相当大的计算量,目前虽然也有许多快速算法,但变换域处理算法的运算速度仍受变换和反变换处理速度的制约而很难提高。

1.4　数字图像处理的主要研究内容

数字图像处理概括地讲主要包括以下几项内容：图像变换、图像增强、图像编码与压缩、图像复原、图像重建、图像识别及图像理解。

1. 图像变换

图像变换是图像处理和图像分析的一个重要分支，它是将图像从空间域（二维平面）变换到另一个变换域（如频率域），然后在变换域对图像进行处理和分析。变换的目的是根据图像在变换域的某些性质对其进行加工处理，而这些性质在空间域很难甚至无法获取，然后将处理结果再反变换到空间域。图像变换是许多图像处理和图像分析技术的基础，是图像增强、图像复原的基本工具，也是图像特征提取的重要手段。多年来，变换理论自身的发展为信号处理和图像处理提供了强有力的支持和重要手段。常用的图像变换有傅里叶变换、离散余弦变换、小波变换等。

2. 图像增强

图像增强是指根据一定的要求，突出图像中感兴趣的信息，而减弱或去除不需要的信息，从而使有用信息得到加强的信息处理方法。根据增强处理过程所在的空间不同，图像增强可分为基于空间域的增强方法和基于频率域的增强方法两类。前者直接在图像所在的二维空间进行处理，即直接对每一像元的灰度值进行处理；后者则是先将图像从空间域按照某种变换模型（如傅里叶变换）变换到频率域，然后在频率域空间对图像进行处理，再将其反变换到空间域。图像增强的主要方法有直方图增强法、空域滤波法、频率域滤波法及彩色增强法等。

3. 图像编码与压缩

数字图像因其信息量很大，给传输、处理、存储、显示等都带来了不少问题。图像编码就是利用图像信号的统计特性及人类视觉的生理学和心理学特性，对图像信号进行高效编码，以解决数据量大的矛盾。一般来说，图像编码的目的有 3 个：①尽量减少表示数字图像时需要的数据量；②降低数据量以减少传输带宽；③压缩信息量，便于特征抽取，为识别做准备。

根据解压重建后的图像和原始图像之间是否具有误差，图像编码压缩分为无误差编码和有误差编码两大类。根据编码方法作用域不同，图像编码又分为空间域编码和变换域编码两大类。

4. 图像复原

图像复原，也叫图像恢复。其目的是找出图像降质的起因，并尽可能消除它，使图像恢复本来面目。常用的恢复有纠正几何失真、维纳滤波等。典型的例子如去噪就属于复原处理，去模糊也是复原处理的任务。这些模糊来自透镜散焦、相对运动、大气湍流及云层遮挡等。这些干扰可用维纳滤波、逆滤波、同态滤波等方法加以去除。

5. 图像重建

几何处理、图像增强、图像复原都是从图像到图像的处理，即输入的原始数据是图像，处理后输出的也是图像，而图像重建则是从数据到图像的处理。也就是说输入的是某种数据，而处理结果得到的是图像。该处理的典型应用就是 CT 技术。图像重建的主要算法有代数法、迭代法、傅里叶反投影法、卷积反投影法等,其中以卷积反投影法运用最为广泛。值得注意的是,三维重建算法发展很快,而且由于与计算机图形学相结合,可以把多个二维图像合成三维图像,并加以光照模型和各种渲染技术,从而生成各种具有强烈真实感及纯净的高质量图像。三维重建技术是当今颇为热门的虚拟现实和科学可视化技术的基础。

1.5 数字图像处理的应用实例

目前数字图像处理的应用越来越广泛,已经渗透到工程、工业、医疗保健、航空航天、军事、科研、安全保卫等各个领域,在国民经济中发挥越来越大的作用。卫星遥感数字图像处理技术可以广泛地应用于所有与地球资源相关的农、林、地、矿、油等领域;指纹识别技术则在公共安全领域得到了广泛应用;在医学领域,CT、核磁共振等技术已经广泛应用于临床诊断。本节将通过数字图像处理的几个应用实例,介绍数字图像处理的主要应用领域。

1.5.1 生物医学中的应用

图像处理在医学界的应用非常广泛,无论是在临床诊断还是病理研究中都大量采用图像处理技术。

在医学领域利用图像处理技术可以实现对疾病直观、无痛、安全、方便的诊断和治疗,受到了广大患者的欢迎。最突出的临床应用就是超声、核磁共振、γ 相机和 CT 等技术,如 X 射线照片的分析、血球计数与染色体分类等。目前广泛应用于临床诊断和治疗的各种成像技术,如超声波诊断等都用到图像处理技术。有人认为计算机图像处理在医学上应用最成功的例子就是 X 射线 CT。1968—1972 年,英国 EMI 公司的 Hounsfeld 研制了头部 CT,1975 年又研制了全身 CT。20 世纪 70 年代下半叶,美、日、法、荷兰相继生产 CT。其中主要研制者 Hounsfeld(英)和 Cormack(美)获得了 1979 年的诺贝尔生理医学奖。这足以说明 CT 的发明与研究对人类的贡献之大、影响之深。类似的设备目前已有多种,如核磁共振(Nuclear Magnetic Resonance Imaging,NMRI)、电阻抗断层图像技术(Electrical Impedance Tomography,EIT)和阻抗成像(Impedance Imaging)等。由于不同组织和器官具有不同的电特性,因此,这些电特性包含了解剖学信息。更重要的是人体组织的电特性随器官功能的状态而变化,因此,EIT 可望绘出反映人体病理和生理状态相应功能的图像。

细胞图像的处理是计算机图像处理在医学领域的另一个具体应用,主要包括细胞图像的增强技术、细胞图像的分析与识别技术等。细胞图像增强的主要目的是改善细胞图像的质量,针对给定细胞图像及其应用目的,突出细胞图像的整体或局部特征,以提高细胞图像的视觉效果和识别特征。图 1-3 给出了细胞图像增强的实例,其中图 1-3(a)所示为原始细胞图像,图 1-3(b)所示为增强后的细胞图像。对比两幅图像可以看出,经过图像增强,细胞图像的视觉效果得到了明显的改善。细胞图像识别和理解的主要目的是对未知类别的细胞图像经过适当分析,对其进行识别及理解,并提供相应细胞图像所反映出来的有关信息,如利用早期癌细胞普查图像处理系统可实现细胞自动分类。癌细胞的识别可以选择的代表特征有细胞的胞核大小、细胞的外形、癌细胞核染色质等。这些特征在图像分析中是可以抽取出来的。抽取出生物的特征,就可以找出正确的分类规则,进行图像识别,以判断细胞是否有癌变,从而及早地发现,达到早期诊断和治疗的目的。

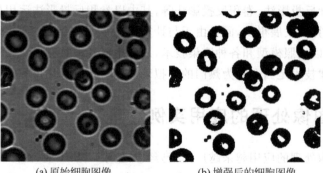

(a) 原始细胞图像　　　　　　　　(b) 增强后的细胞图像

图 1-3　细胞图像增强实例

1.5.2　遥感领域中的应用

在遥感的发展中，可以看到大量与图像处理密切相关的技术。世界上出现第一幅照片（1839 年）、意大利人乘飞机拍摄了第一张照片（1909 年）、前苏联（1957 年）及美国（1958 年）发射第一颗人造地球卫星等都为遥感技术的发展奠定了坚实的基础。1962 年国际上正式使用遥感一词（Remote Sensing）。此后，美国相继发射多颗陆地资源探测卫星：LandSat Ⅰ，地面分辨率为 59m×79m；1975 年，LandSat Ⅱ；1978 年，LandSat Ⅲ，分辨率为 40m×40m；1982 年，LandSat Ⅳ，分辨率为 30m×30m，在这颗卫星上配置了 GPS（Global Positioning System）系统，定位精度在地心坐标系中为±10m。遥感图像处理的用处越来越大，效率及分辨率也越来越高。

1. 森林遥感图像处理与应用

森林不仅是重要的自然资源，也是生态环境保持平衡的重要保障。因而充分利用和保护森林资源，是人类面临的重要任务。遥感技术因它的宏观性、周期性、长期性等特点备受青睐。林火是一项很严重的灾害，对于林火的观测，运用遥感图像制订灭火方案是一个很有效的办法。此外，森林工作者根据对周期性的森林遥感图像的分析，掌握森林长势、气候干旱程度，对于林火的预测及防护有很好的指导作用。

2. 国土资源遥感图像处理与应用

在众多资源中，土地资源是第一位的，涉及工业、农业、经济等多个方面，已有不少国家利用遥感技术，掌握了本国的土地资源，包括土壤类型、多种地貌的分布细节、多种自然条件等，如土、水、林、草的分布以及它们之间的关系，对农业区域的规划、开发和利用都发挥了很重要的作用。在农业资源的开发和利用方面，应用遥感技术进行农作物估产，如小麦、水稻、玉米、大豆的长势及产量预测，显然对国民经济是极为重要的。对大片草场的调查与监测，对于生态环境保护和畜牧业发展均是非常重要的。将遥感图像用于大面积的草原观测，在估计草的长势及产量和草场潜力方面已显示出它的优越性。在国土自然灾害的监测上，遥感技术也是大有作为的。例如，遥感图像为大面积的洪涝灾害和干旱提供了准确的信息，对抗灾救灾发挥了重要的作用。

3. 海洋遥感图像处理与应用

海洋占据了地球大部分的表面，拥有海岸线的国家，对于海洋的开发与利用已取得了巨大的经济效益。其中，利用海洋遥感进行大面积的实时调查与监测，是这些国家开发和利用海洋的极为重要的手段。20 世纪 80 年代以后,不少国家发射了海洋观测卫星,专门从事海洋利用及开发,可见海洋遥感事业的重要性。在海洋遥感的应用上有以下重要的方面:海浪观测,它涉及航海事业、海洋渔业、海岸变迁、海岸河口研究、海滩利用、海洋石油及其他海洋资源,如渔业资源的调查监测,海洋水温、海洋动力学研究;海洋环境污染监测等。

图 1-4 给出了利用遥感图像进行地表分类的实例。不同颜色深度分别代表水体、土壤、农田、林地、居民地。

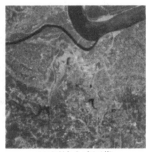

(a) 原始合成图像   (b) 分类结果

图 1-4 遥感图像自动分类

此外,它也被广泛地应用于气象监测、环境污染监测、军事侦察等。目前遥感技术已经比较成熟,但是还必须解决其数据量庞大、处理速度慢的缺点。

1.5.3 工业方面的应用

在生产线中对生产的产品及部件进行无损检测也是图像处理技术的一个广泛的应用领域。如计算机图像处理技术可应用于晶振元件缺陷检测。为了能够对晶振缺陷进行准确、快速的检测,采用计算机图像处理的方法,把 CCD 摄像机对被检测晶振元件拍摄的图像传入计算机,并对图像进行预处理和分析,得到缺陷检测的实验分析报告。

图 1-5 给出了正常晶振和缺陷晶振的对比。筛选出的晶振缺陷主要是气泡和填充不足,由于晶振的填充材料是晶体,透光性较弱,故采用点光源从底仓垂直投影,摄像头从上面拍摄的方法。对于填充不足的晶振,有部分光从未被填充晶体的晶振中穿过,光强明显大于其他区域[图 1-5(b)];对于有气泡的晶振,光源穿过晶体内部时,由于气泡的散射作用,大部分光被散射,其图像明显暗于正常的晶振[图 1-5(d)],图 1-5(a)和 1-5(c)是正常晶振的图像。

常见的预处理有去除噪声、降低不均匀光照的影响和增强图像的对比度。有气泡的晶振图像灰度值明显大于正常晶振,填充不足的晶振其未被填充的透光部分灰度值很低,针对这两种缺陷可以利用图像处理技术进行晶振缺陷检测,达到自动识别的目的。

此外,食品包装出厂前的质量检查、浮法玻璃生产线上对玻璃质量的监控和筛选,甚至在工件尺寸测量方面也可以采用图像处理的方法加以自动实现。另外,铁谱分析也是一个典型的应用。零件、产品无损检测,焊缝及内部缺陷检查;流水线零件自动检测识别(供装配流水线用);邮件自动分拣,包裹分拣识别;印制板质量缺陷的检出;生产过程的监控;交通管制,机场监控;纺织物花形图案设计;金相分析;光弹性场分析;标志、符号识别,如超级市场算账;火车车皮识别;支票、签名、文件识别及辨伪;运动车、船的视觉反馈控制;密封元器件内部质量检查等。

(a) 正常晶振   (b) 填充不足的晶振

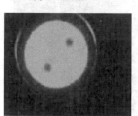

(c) 正常晶振   (d) 有气泡的晶振

图 1-5 　正常晶振与缺陷晶振对比

1.5.4　军事公安领域的应用

该领域可采用图像处理与模式识别等方法实现监控、案件侦破、交通管理等，如巡航导弹地形识别；侧视雷达的地形侦察；遥控飞行器 RPV 的引导；目标的识别与制导；警戒系统及自动火炮控制；反伪装侦察；指纹自动识别；虹膜识别；罪犯脸形的形成；手迹、人像、印章的鉴定识别；过期档案文字的复原等。

1. 虹膜识别

眼睛由巩膜、虹膜、瞳孔三部分构成。巩膜即眼球外围的白色部分，约占总面积的30%；眼睛中心为瞳孔部分，约占 5%；虹膜位于巩膜和瞳孔之间，包含了最丰富的纹理信息，占据 65%。瞳孔随入射光线强度的变化，会产生收缩或扩张，牵动虹膜变化。虹膜与巩膜、瞳孔的边界均近似为圆形，是图像匹配时可以利用的重要几何信息。虹膜识别系统使用离人眼大约 0.9m 远的一台摄像机来捕捉虹膜特征样本，并将人的虹膜形状的图像变换成数字代码，然后将实时捕捉的图像与预存参考图像进行匹配，比较图像之间的相似性，确定图像是否来自同一对象，以确定拒绝或接受。图 1-6 给出了虹膜图像处理的示意图，其中图 1-6(a)所示为眼睛的外观图像，图 1-6(b)所示为用图像处理技术提取的虹膜图像。

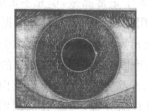

(a) 眼睛的外观图像   (b) 用图像处理技术提取的虹膜图像

图 1-6 　虹膜图像的处理

2. 指纹识别

指纹识别技术从被发现时起,就被广泛地应用于契约等民用领域。人体指纹具有两个重要特性:一个人的指纹是终身不变的;两个指纹完全相同的概率极小,可以认为世界上没有两个人会有相同的指纹。因此,指纹识别技术正在被运用到越来越多的领域。在信息安全、数据通信、公共安全、金融安全等领域都有很不错的表现和应用。但早期指纹识别采用的方法是人工比对,效率低、速度慢,不能满足现代社会的需要。近年来,光电技术和微型计算机技术的迅猛发展使得指纹图像的采集和处理都变得更为可行,为自动指纹识别技术的发展奠定了坚实的基础。

指纹识别最终都归结为在指纹图像上找到并比对指纹特征。人的指纹包括两种特征:全局特征和局部特征。其中,全局特征包括基本纹线图案、核心区、模式区、三角点和纹线数等。指纹纹形可分为弓、箕、斗、杂4种主要类型。中心点在读取指纹和比对指纹时作为参考点。从三角点开始连接三角点和中心点之间的连线与指纹纹路相交的纹线数量称为纹线数,可用于比对指纹。要区分任意两枚指纹仅依靠全局特征是不够的,还需通过局部(细节)特征的位置、数目、类型和方向才能唯一地确定。图1-7给出了指纹识别示意图。图1-7(a)所示为处理后的指纹图像,图1-7(b)所示为指纹识别通常采用的几个特征点。

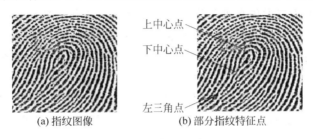

| 上中心点 |
| 下中心点 |
| 左三角点 |

(a) 指纹图像　　　　　(b) 部分指纹特征点

图1-7　指纹识别

3. 人脸识别

人脸识别是指对给定的包含人脸的输入图像,通过某种方式与已知人脸库中存储的模型进行匹配比较,确定是否是库中某一人物,如果是则给出最佳匹配的库中人物。

人脸识别在很多场合都有重要的作用。美国"9·11"事件后,反恐怖活动已成为各国政府的共识,加强机场的安全防务十分重要。美国维萨格公司的脸像识别技术在美国的两家机场大显神通,它能在拥挤的人群中挑出某一张面孔,判断是不是通缉犯。从应用角度讲,自动人脸识别除了可以用于身份识别和验证外,还可用于图像库的检索。例如,根据用户需要,从一个大的人脸库中查找某一特定的人,在图像信息查询领域具有广阔的应用前景,可以大大提高工作效率。此外,利用人脸识别辅助信用卡网络支付,以防止非信用卡的拥有者使用信用卡等。

1.5.5　通信中的应用

图像通信按业务性能划分,可分为电视广播、传真、可视电话、会议电视、图文电视、可视图文及电缆电视等;按图像变化性质分,可分为静止图像通信和活动图像通信。

从历史上看,早在1865年就在法国试验成功了传真通信(巴黎至里昂),但后来由于技术及经济原因,发展一直非常缓慢。20世纪70年代后,图像通信逐渐成为人们生活中常用的通信方式,随着大规模集成电路的发展,使得图像通信中所需的关键技术逐步得到解决,推动了图像通信的发展。1980 年 CCITT 为三类传真机和公共电话交换网上工作的数字传真建立国际标准,1984 年 CCITT 提出 ISDN 的建议,以及当今基于 IP 的多媒体通信都意味着非话业务通信方式已在通信中占有重要位置。图像通信主要有以下一些内容。

1. 电视广播

单色电视广播 1925 年在英国实现。1936 年 BBC 开始电视广播。目前出现的彩色电视有 3 种制式,即 NTSC(美国、日本等)、PAL(中国、西欧、非洲等)和 SECAM(法国、俄罗斯等)。

2. 可视电话和会议电视

1964 年,美国国际博览会展出了 Picture phone MOD Ⅰ可视电话系统,带宽为 1MHz。目前的可视电话/会议电视均采用数字压缩技术,也出现了相应的国际标准。如图像编码标准 H.261、H.263 等,会议电视的 H.230 标准,在专用通信网中用 PCM 一次群传输,速率为 2048kb/s 的标准,桌面型系统的 H.323 标准。

3. 传真

传真是把文字、图表、照片等静止图像通过光电扫描的方式变成电信号加以传送的设备。1980 年 CCITT 为三类传真机和公共电话交换网上工作的数字传真建立了国际标准,即:一类机——不压缩,4 线/mm,A4 文件传 6min;二类机——采用频带压缩技术(残留边带传输),4 线/mm,传 A4 文件需 3min;三类机——在传送前采用去冗余技术,在电话线上以 1min 传 A4 文件;四类机——在三类机的基础上发展的采用去冗余技术的传真设备,采用去冗余、纠错码技术在公用数据网上使用的设备,加 MODEM 也可以在公用电话网上使用。经过多年发展,传真技术不断进步,现在已有仅数秒钟就可传送一幅 A4 文件的传真机,分辨率高达 16 点/mm。

4. 图文电视和可视图文

图文电视(Teletext)和可视图文(Videotext)是提供可视图形文字信息的通信方式。图文电视是单向传送信息,它是在电视信号消隐期发送图文信息,用户可用电视机和专用终端收看该信息;可视图文是双向工作方式,用户可用电话向信息中心提出服务内容或从数据库中选择信息。

5. 电缆电视(CATV)

通过电缆或光缆传送的电视节目。第一个电缆电视系统于 1949 年安装在美国。采用光缆的 CATV 是 1977 年后实现的。

1.5.6　交通中的应用

随着国民经济的高速发展,国内机动车辆及驾驶员数量大幅度增加。因此,交通管理执法难度也相应增大,对新时期交警执法提出了更新的要求。为了进一步加强机动车管理,促进机动车管理工作向规范化、法制化、科学化方向发展,可以充分利用图像处理技术来查处肇事车辆。

道路交通视频监控图像识别应用十分广泛,如西门子公司的交通监控系统,不仅能探测隧道中慢行或停止的汽车,还可探测处于 U 形转弯处的违规汽车,以及自动检测可疑的行为。

停车场及小区出入口应用车牌识别技术可以自动判别驶入车辆是否属于本小区,对非内部车辆实现自动计时收费。在一些单位这种应用还可以同车辆调度系统相结合,自动、客观地记录本单位车辆的出车情况。

高速公路收费站通过安装的高清车牌识别系统,可实现当有车辆驶入时,系统识别车辆牌照,并将识别到的车牌信息发送到指定的中心管理服务器上,通过和数据库中的盗抢可疑车辆的车牌信息进行对比,判断出驶入高速公路收费站出入口的车辆是否是盗抢可疑车辆,可极大地避免违法犯罪事故的发生,并对已发生的事件提供破案参考信息。

1.5.7　其他应用

1. 光学字符识别

光学字符识别(Optical Character Recognition,OCR)是指通过计算机技术及光学技术对印刷或书写的文字进行自动识别。光学字符识别技术有3个重要的应用领域:办公自动化中的文本输入、邮件自动处理、与自动获取文本过程相关的其他领域,包括零售价格识读,订单数据输入,单证、支票和文件识读,微电路及小件产品的状态及批号特征识读等。

OCR技术的诞生早于计算机的问世,很早就提出了机器文字识别的想法,直到计算机的诞生才得以实现。OCR发展至今经历3个阶段:第1代出现于20世纪60年代初,只能识别印刷体的数字、英文字母及部分符号,而且都是指定的字体。第2代OCR系统是基于手写体字符的识别,前期只限于手写体数字。东芝公司第一个实现了信函自动分拣系统。第3代OCR系统是对质量较差的文稿及大字符集的识别,如汉字的识别。

文字识别是指通过一定的方法和技术提取文字的特征,并将其存储于机器设备中,实现对文字的自动识别。主要包括以下几个步骤:图文输入、前处理、单字识别及后处理。图文输入是指通过录入设备将文稿录入到计算机中,也就是说实现原始稿件的数字化,现在用得比较普遍的设备是数字化扫描仪、数字相机等。前处理是指在进行文字识别之前的一些准备工作,主要包括版面分析、图像净化及二值化处理、文字切分、正规化处理等,处理的效果如何直接影响到识别的准确率。单字识别是文字识别的核心技术,包括文字特征提取的方法及分类判别算法。首先必须存储文字的特征信息(如结构、笔画等)。通常的做法是根据文字的笔画、特征点、投影信息、点的区域分布来进行分析。后处理是指对识别出的文字或者多个识别结果采用词语进行上下文匹配,即将单字识别的结果进行分词,与词库中的词进行比较以提高系统的识别率。

2. 基于内容的图像/视频检索

对数字图像和视频的使用包括了国防军事、工业制造、医疗卫生、新闻媒体、数字娱乐和家庭生活等各个方面。因此,如何有效、快速地从大规模图像数据库中检索出所需的图像成为了一个研究的热点。基于内容的图像检索(Content Based Image Retrieval,CBIR)是指从图像中分析提取底层视觉特征,如图像的颜色、形状、纹理等特征,利用这些特征来衡量图像之间的相似程度以实现基于内容的检索。基于内容的视频检索(Content Based Video Retrieval,CBVR)是指通过对视频数据从低层到高层进行处理、分析和理解等来获取视频内容并根据内容进行检索的过程。基于内容的图像/视频检索的应用领域十分广泛,主要运用于网络视频检索、新闻节目组织、教育教学、监测系统、广告定位、娱乐等方面。例如,对于电视新闻节目,由于新闻节目的报道总是先出现播音员和标题,随后出现与此条新闻有关的各个镜头。根据这个特点,可以利用基于内容的检索技术先对新闻节目进行镜头分割,随后检测每个镜头是否是标题镜头,并将标题镜头及从它之后直到下一个标题镜头前的所有镜头作为同一个主题的新闻报道组织在一起,把标题镜头中的典型帧作为此报道的典型帧。采用这个方法,可依据不同的主题将新闻报道进行划分和组织,这样不仅简化了新闻资料的制作,同时还提供了一种有效的检索手段。体育运动中,以足球节目为例,不少用户就可以根据自己的需要来检索射门、慢动作重放、比分改变及换人等镜头。此外,在某些要害部门和重要场所(如机场、车站等人流密集的地方),安全检测是十分重要的。采用基于内容的检索技术可有效地对发生指定事件的镜头进行检索,并可根据要求对其镜头进一步检索,从而大大提高安全监测的工作效率。

3. 表情识别

面部表情是一种非常重要的信息传递方式,能够传达很多语言所不能传达的信息。人脸表情识别(Emotion Recognition)是指利用计算机对人脸的表情信息进行特征提取并分类,它使得计算机能够根据人的表情信息,推断人的心理状态,从而实现人机之间的智能交互。一般而言,表情识别系统主要由 4 个基本部分组成:表情图像获取、表情图像预处理、表情特征提取和表情分类识别。人脸表情识别技术可应用于多个领域,如用于核电站的管理和长途汽车司机等着重强调安全的工作岗位,在岗者一旦出现疲劳、瞌睡的征兆,识别系统及时发出警报避免险情发生;还可用于公安机关的办案和反恐中。还可用于机器人手术操作和电子护士的护理,可根据患者面部表情变化及时发现其身体状况的变化。远程教育中,教师可以通过学生们的表情来得知他们掌握的怎么样,这就需要一种表情识别器把学生们的表情规定为对课程的掌握程度并反馈给远程的教师,教师们就可以做出相应的反应了。近年来,人脸表情识别也开始在休闲娱乐领域得到应用,如数码相机的人脸自动对焦和笑脸快门技术,首先确定头部,然后判断眼睛和嘴巴等头部特征,通过特征库的比对,完成面部捕捉,然后以人脸为焦点进行自动对焦,可以大大提升拍出照片的清晰度。笑脸快门技术则在人脸识别的基础上,完成面部捕捉后,进一步判断嘴的上弯程度和眼的下弯程度,来判断是不是笑了,从而自动拍照。

总之,图像处理技术的应用是相当广泛的,它在国家安全、经济发展、日常生活中充当着越来越重要的角色,对国计民生有着不可忽视的作用。

1.6   小结

本章重点介绍了数字图像处理的发展、相关概念、基本方法、主要研究内容及相关应用。

图像是对客观对象的一种相似性的、生动的描述或表示。按图像空间坐标和明暗程度的连续性可分为模拟图像和数字图像。模拟图像指空间坐标和明暗程度都是连续变化的、计算机无法直接处理的图像。数字图像是一种空间坐标和灰度均不连续的、用离散的数字表示的图像,由一系列离散单元经过量化后形成的像素灰度值组成的集合,其目的是便于计算机处理。

数字图像处理,就是利用计算机对数字图像进行一系列操作,从而获得某种预期的结果的技术。数字图像处理离不开计算机,因此又称为计算机图像处理。数字图像处理的内容相当丰富,包括狭义的图像处理、图像分析与图像理解 3 个层次。狭义的图像处理着重强调在图像之间进行的变换,是一个从图像到图像的过程,是比较低层的操作。它主要在像素级进行处理,处理的数据量非常大。图像分析主要是对图像中感兴趣的目标进行检测和测量,从而建立对图像的描述。图像分析是一个从图像到数值或符号的过程,主要研究用自动或半自动装置和系统,从图像中提取有用的测度、数据或信息,生成非图像的描述或者表示。图像分析不仅仅是给景物中的各个区域进行分类,还要对千变万化和难以预测的复杂景物加以描述。因此,图像分析常常依靠某种知识来说明景物中物体与物体、物体与背景之间的关系。图像理解是在图像分析的基础上,进一步研究图像中各目标的性质和它们之间的相互联系,并得出对图像内容的理解以及对原来客观场景的解释。

根据对图像作用域的不同,数字图像处理方法可分为两大类,即空域处理法和变换域处理法。空域处理方法是指在空间域内直接对数字图像进行处理,主要有邻域处理法和点处理法两大类。变换域处理方法首先主要是通过傅里叶变换、离散余弦变换、沃尔什变换或是比较新的小波变换等变换算法,将图像从空域变换到相应的变换域,得到变换域系数阵列,然后在变换域中对图像进行处理,处理完成后再将图像从变换域反变换到空间域,得到处理结果。

数字图像处理的研究内容主要包括图像变换、图像增强、图像编码、图像复原、图像重建、图像识别及图像理解等。图像变换是将图像从空间域(二维平面)变换到另一个域(如频率域),然后在变换域对图像进行处理和分析。图像增强处理是指根据一定的要求,突出图像中感兴趣的信息,减弱或去除不需要的信息,从而使有用信息得到加强的信息处理方法。图像编码是利用图像信号的统计特性及人类视觉的生理学和心理学特性,对图像信号进行高效编码,以解决数据量大的矛盾。图像复原的目的是找出图像降质的起因,并尽可能消除它,使图像恢复本来面目。图像重建是从数据到图像的处理,如 CT 技术等。

数字图像处理的应用相当广泛。本章介绍了其在生物医学领域、遥感领域、工业领域、军事公安领域等方面的应用。

通过本章的学习,读者应该对数字图像处理的发展过程及相关概念有所了解,并对数字图像处理的主要研究内容有一个初步认识。同时,希望读者在后面的学习中,能结合本章所介绍的实例,思考数字图像处理方法的具体应用,从而将这门课学活。

习题

1. 数字图像处理的主要目的有哪些?
2. 解释概念图像、数字图像、数字图像处理。
3. 试述图像处理、图像分析与图像理解之间的区别与联系。
4. 在数字图像处理中,何为空域处理? 空域处理有哪些主要方法?
5. 在数字图像处理中,何为变换域处理? 常用的变换域有哪些?
6. 简述计算机图形学和数字图像处理学科的区别与联系。
7. 数字图像处理的主要研究内容包括哪些?
8. 举例说明数字图像处理有哪些应用。
9. 查阅中国科技期刊全文库,参照《中国图像图形学报》格式,撰写一篇 4000 字左右关于图像处理概述的小论文。

第 2 章

数字图像表示及其处理

从广义上讲,图像是自然界景物的客观反映。以照片或视频形式保存的图像是连续的,计算机无法接收和处理这种空间分布和亮度取值均连续的图像,因此,需要对连续图像进行数字化处理。本章在简要介绍图像成像过程及其图像分类的基础上,着重介绍图像的数字化以及数字化图像的表示方法及存储格式,并以 BMP 文件为例,介绍了用 VC++ 实现图像的读、写及显示的编程过程。

2.1 人眼成像及视觉信息的产生

在用计算机进行图像处理时,由于处理的目的之一就是帮助人更好地观察和理解图像中的信息,因此,最终要通过人眼来判断处理的结果。为此,首先介绍人类视觉系统的特点。

人眼是一个平均半径为 20mm 的球状器官。它由 3 层薄膜包裹着,如图 2-1 所示。

最外层是坚硬的蛋白质膜,其中,位于前方的大约 1/6 部分为有弹性的透明组织,称为角膜,光线从这里进入眼内。其余 5/6 为白色不透明组织,称为巩膜,它的作用是巩固和保护整个眼球。中间一层由虹膜和脉络膜组成,虹膜的中间有一个圆孔,称为瞳孔,用来控制进入眼睛内部的光通量大小,其作用和照相机中的光圈一样。最内一层为视网膜,它的表面分布有大量光敏细胞,类似于 CCD 芯片上的感受基(像素)。这些光敏细胞按照形状可以分为锥状和杆状两

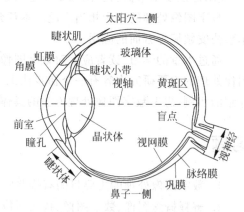

图 2-1 人眼的水平剖面图

类。锥状细胞集中分布在视轴和视网膜相交附近的黄斑区内,既可以分辨光的强弱,也可以辨别色彩,白天视觉过程主要靠锥状细胞来完成,所以锥状视觉又称白昼视觉。杆状细胞无法辨别图像中的细微差别,也不能感觉彩色,而只能感知视野中景物的总的形象,但它对低照明度的景物往往比较敏感,所以,夜晚所观察到的景物只有黑白、浓淡之分,而看不清它们的颜色差别。由于夜晚的视觉过程主要由杆状细胞完成,所以杆状视觉又称夜视觉。

除了 3 层薄膜以外,在瞳孔后面还有一个扁球形的透明晶状体。晶状体的作用如同可

变焦距的一个透镜,它的曲率可以由睫状肌的收缩进行调节,从而使景象始终能刚好聚焦于黄斑区。角膜和晶状体包围的空间称为前室,前室内是对可见光透明的水状液体,它能吸收一部分紫外线。晶状体后面是后室,后室内充满的胶质透明体称为玻璃体,它起着保护眼睛的滤光作用。

人眼在观察景物时,光线通过角膜、前室水状液体、晶状体、后室玻璃体,成像在视网膜的黄斑区周围。视网膜上的光敏细胞感受到强弱不同的光刺激,产生强度不同的电脉冲,并经神经纤维传送到视神经中枢,由于不同位置的光敏细胞产生了和该处光的强弱成比例的电脉冲,所以,大脑中便形成了一幅景物的感觉,即通常看到的场景。

眼睛的晶状体和普通光学透镜之间的主要差别在于前者的适应性强。正如图 2-1 所示,晶状体前表面的曲率半径大于后表面的曲率半径。为了对远方的物体聚焦,控制肌肉使晶状体相对比较扁平。同样,为对眼睛近处的物体聚焦,肌肉会使晶状体变得较厚。当晶状体的折射能力由最小变到最大时,晶状体的聚焦中心与视网膜间的距离由 17mm 缩小到 14mm。当眼睛聚焦到远于 3m 的物体时,晶状体的折射能力最弱。当眼睛聚焦到非常近的物体时,晶状体的折射能力最强。这一信息使得很容易计算出任何图像在视网膜上形成图像的大小。

例如,在图 2-2 中,观察者正在看一幢高 15m,距离 100m 的建筑物侧面。如果 h 为物体在视网膜上图像的高,单位为 mm,由图 2-2 所示的几何形状可以看出:

$$15/100 = h/17 \rightarrow h = 2.55\text{mm}$$

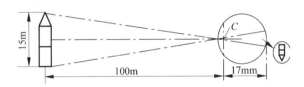

图 2-2 用眼睛看建筑物侧面的图解

C—晶状体的光心

视网膜图像主要反射在中央凹区域上,然后,由光接收器的相应刺激作用产生感觉。感觉把辐射能转变为电脉冲,最后由大脑解码。

2.2 简单的图像形成模型

2.2.1 亮度成像模型

由于人们日常看到的图像一般是由目标物体上反射出的光亮度而得到的,因此,一幅图像基本上由两部分构成。

(1) 入射到可见场景上光的量。

(2) 场景中目标物体反射光的量。

确切地说,它们分别称为照度量和反射量。由于图像与照度量和反射量都成正比,所以可以认为图像是由照度量和反射量相乘得到的。照度量是由光源决定的,而反射量是由场景中的目标物体特性所决定的。因此,一幅图像实际上记录的是物体辐射能量的空间分布,

这个分布是空间坐标、时间和波长的函数，可以表示为

$$I = f(x, y, z, \lambda, t) \tag{2-1}$$

当一幅图像为平面单色静止图像时，空间坐标变量 z、波长 λ 和时间变量 t 可以从函数中去除。这样，一幅图像可以用二维函数 $f(x, y)$ 来表示。此时，在特定的坐标 (x, y) 处，f 的值或幅度是一个正的标量，当为单色图像，该标量就是图像值的灰度级，它正比于光源的辐射能量。因此，$f(x, y)$ 一定是非零和有限的，即

$$0 < f(x, y) < \infty \tag{2-2}$$

由上面分析可知，函数 $f(x, y)$ 可由两个分量来表征：

（1）入射到观察场景的光源总量，称为入射分量，表示为 $i(x, y)$。

（2）场景中物体反射光的总量，称为反射分量，表示为 $r(x, y)$。

由此，函数 $f(x, y)$ 可以表示为

$$f(x, y) = i(x, y) r(x, y) \tag{2-3}$$

这里

$$0 < i(x, y) < \infty \tag{2-4}$$

$$0 < r(x, y) < 1 \tag{2-5}$$

式(2-5)指出反射分量限制在 0（全吸收）和 1（全反射）之间。$i(x, y)$ 的性质取决于照射源，而 $r(x, y)$ 取决于成像物体的特性。因此，同一场景不同的光照，所形成的图像会有明暗之分；而同一光照条件但不同的场景，所形成的图像可能会完全不同。

显然，对于单色图像，设在任何坐标 (x_0, y_0) 处的强度为图像在该点的灰度级 l，则有

$$L_{\min} \leqslant l \leqslant L_{\max} \tag{2-6}$$

区间 $[L_{\min}, L_{\max}]$ 称为灰度级。实际常常令该区间为 $[0, L-1]$，这里 $l=0$ 为黑，$l=L-1$ 为白。所有中间值是从黑到白的各种灰色调。

2.2.2 颜色成像模型

除了自己能发光的物体（光源）具有一定的色彩，一般物体本身并不发光，而是在光源的照射下呈现彩色。物体所以呈现彩色是由于物体反射或透射了照射光谱的一部分而吸收了其余部分。

从物理学这个角度来说，光波是一种具有一定频率范围的电磁辐射，颜色是人的视觉系统对可见光的感知结果。物体由于构成和内部结构的不同，受光线照射后，一部分光线被吸收，其余的被反射或投射出来。由于物体的表面具有不同的吸收光线与反射光的能力，反射光不同，眼睛就会看到不同的颜色。因此，颜色与光有密切关系，也与被光照射的物体以及与观察者有关。

颜色通常使用光的波长来定义，不同波长的光进行组合时可以产生不同的颜色，用波长定义的颜色叫做光谱色（Spectral Colors）。虽然可以通过光谱功率分布，也就是用每一种波长的功率在可见光谱中的分布来精确地描述颜色，但人眼对颜色的采样仅用相应于红、绿和蓝 3 种锥体细胞，这些锥体细胞采样得到的信号通过大脑产生不同颜色的感觉，这些感觉由国际照明委员会（CIE）作了定义：用颜色的 3 个特性，即色调（Hue）、饱和度（Saturation）和明度（Brightness）来区分。

色调是视觉系统对一个区域所呈现颜色的感觉，实际上就是视觉系统对可见物体辐射

或者发射的光波波长的感觉,又称为色相,它是决定颜色的基本特性,用于区别颜色的名称或颜色的种类。彩色物体的色调决定于物体在光照下所反射光的光谱成分。例如,某物体在日光下呈现绿色是因为它反射的光中绿色成分占有优势,而其他成分被吸收掉了。对于透射光,其色调则由透射光的波长分布或光谱所决定。色调用红、橙、黄、绿、青、蓝、靛、紫(Red、Orange、Yellow、Green、Cyan、Blue、Indigo、Violet)等术语来刻画。苹果是红色的,这"红色"便是一种色调,它与颜色明暗无关。例如,说一幅画具红色调,是指它在颜色上总体偏红。色调的种类很多,可有一千万种以上,但普通颜色专业人士可辨认出的颜色可达300~400种。黑、灰、白则为无彩色。色调有一个自然次序:红、橙、黄、绿、青、蓝、靛、紫。在这个次序中,当人们混合相邻颜色时,可以获得在这两种颜色之间连续变化的色调。用于描述感知色调的一个术语是色彩(Colorfulness)。色彩是视觉系统对一个区域呈现的色调多少的感觉,如是浅蓝还是深蓝的感觉。

饱和度是颜色的纯洁性,可用来区别颜色的纯度。当一种颜色渗入其他光成分越多时,就说颜色越不饱和。饱和度越高,颜色越艳丽、越鲜明突出,越能发挥其颜色的固有特性。但饱和度高的颜色容易让人感到单调刺眼。饱和度低,色感比较柔和协调,可混色太杂则容易让人感觉浑浊,色调显得灰暗。比如绿色,当它混入了白色时,虽然仍旧具有绿色的特征,但它的鲜艳度降低了,成为淡绿色;当它混入黑色时,成为暗绿色。不同的色相饱和度不相等。例如,饱和度最高的色是红色,黄色次之,绿色的饱和度几乎才达到红色的一半。完全饱和的颜色则是指没有渗入白光所呈现的颜色,如仅由单一波长组成的光谱色就是完全饱和的颜色。

明度是视觉系统对可见物体辐射或者发光多少的感知属性。有色表面的明度取决于亮度和表面的反射率。由于感知的明度与反射率不是成正比,而是一种对数关系,因此在颜色度量系统中使用一个比例因子来表示明度。在无彩色中,明度最高的色为白色,明度最低的色为黑色,中间存在一个从亮到暗的灰色系列。在有彩色中,任何一种纯度色都有着自己的明度特征。例如,黄色为明度最高的色,处于光谱的中心位置,紫色是明度最低的色,处于光谱的边缘。明度在三要素中具有较强的独立性,它可以不带任何色相的特征而通过黑、白、灰的关系单独呈现出来。色相与饱和度则必须依赖一定的明暗才能显现,色彩一旦发生,明暗关系就会同时出现。

亮度用单位面积上反射或者发射的光的强度表示。由于明度很难度量,通常可以用亮度来度量。

2.2.3 颜色空间

颜色常用颜色空间来表示。颜色空间是用一种数学方法形象化地表示颜色,人们用它来指定和产生颜色。例如,对于人来说,可以通过色调、饱和度和明度来定义颜色;对于显示设备来说,可使用红、绿和蓝荧光体的发光量来描述颜色;对于打印或者印刷设备来说,可使用青色、品红色、黄色和黑色的反射和吸收来产生指定的颜色。颜色空间中的颜色通常用代表3个参数的三维坐标来描述,其颜色取决于所使用的坐标。在显示技术和印刷技术中,颜色空间经常被称为颜色模型。颜色空间侧重于颜色的表示,而颜色模型侧重于颜色的生成。

1. RGB 颜色空间

自然界常见的各种颜色光,都可由红(R)、绿(G)、蓝(B)3 种颜色光按不同比例调配而成。同样,绝大多数颜色也可以分解成红、绿、蓝 3 种色光,这就是三基色原理。当然,三基色的选择不是唯一的,也可以选择其他 3 种颜色为三基色。但是,3 种颜色必须是相互独立的,即任何一种颜色都不能由其他两种颜色合成。由于人眼对红、绿、蓝 3 种色光最敏感,因此由这 3 种颜色相配所得的彩色范围也最广,所以一般都选这 3 种颜色作为基色。

彩色电视和计算机彩色显示器就是基于三基色原理,采用 R、G、B 相加得到各种各样的颜色,这种颜色的表示方法称为 RGB 颜色空间表示,如图 2-3 所示。如彩色阴极射线管、彩色光栅图形的显示器都使用 R、G、B 数值来驱动 R、G、B 电子枪发射电子,并分别激发荧光屏上的 R、G、B 3 种颜色的荧光粉发出不同亮度的光,并通过相加混合产生各种颜色;扫描仪也是通过吸收原稿经反射或透射发送来的光线中的 R、G、B 成分,并用它来表示原稿的颜色。RGB 颜色模型所覆盖的颜色域取决于显示设备荧光点的颜色特性,是与硬件相关的。因此不同的扫描仪扫描同一幅图像,会得到不同色彩的图像数据;不同型号的显示器显示同一幅图像,也会有不同的色彩显示结果。

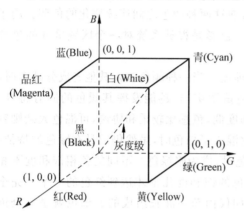

图 2-3　RGB 彩色立方体示意图

在 RGB 颜色空间,每种颜色出现在红、绿、蓝的原色光谱分量中,即任意色光 F 都可以用 R、G、B 三色不同分量的相加混合而成,即

$$F = r[R] + g[G] + b[B] \qquad (2\text{-}7)$$

这个模型基于笛卡儿坐标系统,所考虑的彩色子空间是图 2-3 所示的立方体。图中 R、G、B 位于 3 个角上;青、品红和黄位于另外 3 个角上,黑色在原点处,白色位于离原点最远的角上。在该模型中,红、绿、蓝原色是加性原色,各个原色混合在一起可以产生复合色。不同的灰度等级沿着从原点的黑色$(0,0,0)$到点$(1,1,1)$的白色的主对角线分布,在主对角线上各原色的强度相等。

在 RGB 颜色空间中,数字图像由 3 个颜色分量组成,每一幅红、绿、蓝图像都是一幅 8bit 颜色深度的图像,所以 RGB 彩色图像的颜色深度为 24bit。所说的真彩色图像常定义为 24bit(或者位)的彩色图像。

RGB 颜色空间的主要缺点是不直观,从 RGB 颜色空间中很难知道该值所表示颜色的认知属性,因此 RGB 颜色空间不符合人对颜色的感知心理。其次,RGB 颜色空间是最不均匀的颜色空间之一,两种颜色之间的知觉差异不能采用该颜色空间中两个颜色点之间的距离来表示。由于 RGB 颜色空间是一种与硬件设备相关的色彩空间,与人类视觉系统对颜色相似性的主观判断不符,因此在图像分析过程中经常会将 RGB 颜色空间转换到符合人类视觉系统的颜色空间中。

2. CMYK 颜色空间

CMYK 颜色空间也是一种常用的表示颜色的方式。

计算机屏幕显示通常用 RGB 颜色空间,它是通过相加来产生其他颜色的,这种做法通常称为加色合成法。彩色印刷或彩色打印的纸张是不能发射光线的,因而印刷机或彩色打印机就只能使用一些能够吸收特定的光波而反射其他光波的油墨或颜料。油墨或颜料的三基色是青(Cyan)、品红(Magenta)和黄(Yellow),简称为 CMY。青色对应蓝绿色,品红对应紫红色。理论上说,任何一种由颜料表现的颜色都可以用这 3 种基色按不同的比例混合而成,这种颜色表示方法称 CMY 颜色空间表示法。

CMY 模型产生的颜色被称为相减色,是因为它减少了为视觉系统识别颜色所需要的反射光。CMY 空间正好与 RGB 空间互补,也即用白色减去 RGB 空间中的某一颜色值就等于同样颜色在 CMY 空间中的值。在 CMY 相减混色中,三基色等量相减时得到黑色;等量黄色(Y)和品红(M)相减而青色(C)为 0 时,得到红色(R);等量青色(C)和品红(M)相减而黄色(Y)为 0 时,得到蓝色(B);等量黄色(Y)和青色(C)相减而品红(M)为 0 时,得到绿色(G)。这些三基色相减结果如图 2-4 所示。

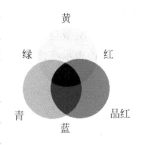

图 2-4 三基色相减

根据减色原理,很容易把 RGB 空间转换成 CMY 空间。具体转化为

$$\begin{bmatrix} C \\ M \\ Y \end{bmatrix} = \begin{bmatrix} 1 \\ 1 \\ 1 \end{bmatrix} - \begin{bmatrix} R \\ G \\ B \end{bmatrix} \tag{2-8}$$

由于彩色墨水和颜料的化学特性,用等量的 CMY 三基色得到的黑色不是真正的黑色,因此在印刷术中常加一种真正的黑色,所以 CMY 又写成 CMYK。

3. YUV 颜色空间

YUV 颜色空间也称为电视信号彩色坐标系统。在现代彩色电视系统中,通常采用三管彩色摄像机或彩色 CCD(电耦合器件)摄像机,它把得到的彩色图像信号,经分色分别放大校正得到 RGB,再经过矩阵变换电路得到亮度信号 Y 和两个色差信号 $R-Y$、$B-Y$,最后发送端将亮度和色差 3 个信号分别进行编码,用同一信道发送出去。这就是常用的 YUV 颜色空间。

YUV 彩色电视信号传输时,将 R、G、B 改组成亮度信号和色度信号。PAL 制式将 R、G、B 三色信号改组成 Y、U、V 信号,其中 Y 信号表示亮度,U、V 信号是色差信号。采用 YUV 颜色空间的重要性是它的亮度信号 Y 和色度信号 U、V 是分离的。如果只有 Y 信号分量而没有 U、V 分量,那么这样表示的图就是黑白灰度图。彩色电视采用 YUV 空间正是为了用亮度信号 Y 解决彩色电视机与黑白电视机的兼容问题,使黑白电视机也能接收彩色信号。

由于人眼对于相同亮度单色光的主观亮度感觉不同,所以,用相同亮度的三基色混色时,如果把混色后所得单色光亮度定为 100% 的话,那么人的主观感觉是绿光仅次于白光,是三基色中最亮的;红光次之,亮度约占绿光的一半;蓝光最弱,亮度约占红光的 1/3。根据美国国家电视制式委员会(NTSC 制式)的标准,当白光的亮度用 Y 来表示时,它和红、绿、蓝三色光的关系可用式(2-9)描述,即

$$Y = 0.299R + 0.587G + 0.114B \tag{2-9}$$

这就是常用的亮度公式。色差 U、V 是由 $B\text{-}Y$、$R\text{-}Y$ 按不同比例压缩而成的。YUV 颜色空间与 RGB 颜色空间的转换关系为

$$\begin{bmatrix} Y \\ U \\ V \end{bmatrix} = \begin{bmatrix} 0.3 & 0.59 & 0.11 \\ -0.15 & -0.29 & 0.44 \\ 0.61 & -0.52 & -0.096 \end{bmatrix} \begin{bmatrix} R \\ G \\ B \end{bmatrix} \tag{2-10}$$

如果要由 YUV 空间转化成 RGB 空间，只要进行相应的逆运算即可。与 YUV 颜色空间类似的还有 Lab 颜色空间，它也是用亮度和色差来描述颜色分量，其中 L 为亮度，a 和 b 分别为各色差分量。

YIQ 模型与 YUV 模型非常类似，是在彩色电视制式中使用的另一种重要的颜色模型。这里的 Y 表示亮度，I、Q 是两个彩色分量。YIQ 和 RGB 的对应关系为

$$\begin{bmatrix} Y \\ I \\ Q \end{bmatrix} = \begin{bmatrix} 0.299 & 0.587 & 0.114 \\ 0.529 & -0.275 & -0.321 \\ 0.212 & -0.523 & 0.311 \end{bmatrix} \begin{bmatrix} R \\ G \\ B \end{bmatrix} \tag{2-11}$$

实际应用中，一幅图像在计算机中用 RGB 空间显示；用 RGB 或 HSI 空间编辑处理；打印输出时要转换成 CMY 空间；如果要印刷，则要转换成 CMYK 4 幅印刷分色图，用于套印彩色印刷品。

2.3 图像的数字化

从计算机科学的角度来看，数字图像可以理解为对二维函数 $f(x,y)$ 进行采样和量化（即离散处理）后得到的图像，因此，通常用二维矩阵来表示一幅数字图像。

将一幅图像进行数字化的过程就是在计算机内生成一个二维矩阵的过程。数字化过程包括 3 个步骤：扫描、采样和量化。扫描是按照一定的先后顺序对图像进行遍历的过程，如按照行优先的顺序进行遍历扫描，像素是遍历过程中最小的寻址单元。采样是指遍历过程中，在图像的每个最小寻址单元，即像素位置上对像素进行离散化，采样的结果是得到每一像素的灰度值，采样通常由光电传感器件完成。量化则是将采样得到的灰度值通过模数转换等器件转换为离散的整数值。

综上所述，对一幅图像依照矩形扫描网格进行扫描的结果是生成一个与图像相对应的二维整数矩阵，矩阵中每一个元素（像素）的位置由扫描的顺序决定，每一个像素的灰度值由采样生成，经过量化得到每一像素灰度值的整数表示。因此对一幅图像数字化所得到的最终结果是一个二维整数矩阵，即数字图像。

2.3.1 采样

采样（Sampling）是对图像空间坐标的离散化，它决定了图像的空间分辨率。简单地讲，就是用一个网格（图 2-5）把待处理的图像覆盖，然后把每一小格上模拟图像的各个亮度取平均值，作为该小方格中点的值；或者把方格的交叉点处模拟图像的亮度值作为该方格交叉点上的值。这样，一幅模拟图像变成只用小方格中点的值来代表的离散值图像，或者只用方格交叉点的值表示的离散值图像。这个网格称为采样网格，其意义是以网格为基础，采用

某种形式抽取模拟图像代表点的值,即采样。采样后形成的图像称为数字图像。

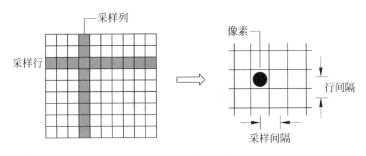

图 2-5　图像的采样

对一幅图像采样时,若每行(即横向)像素为 M 个,每列(即纵向)像素为 N 个,则图像大小为 $M \times N$ 个像素,从而 $f(x,y)$ 构成一个 $M \times N$ 实数矩阵,即

$$f(x,y) = \begin{bmatrix} f(0,0) & f(0,1) & \cdots & f(0,N-1) \\ f(1,0) & f(1,1) & \cdots & f(1,N-1) \\ \vdots & & & \\ f(M-1,0) & & & f(M-1,N-1) \end{bmatrix} \tag{2-12}$$

其中每个元素为图像 $f(x,y)$ 的离散采样值,称为像元或像素。

在许多问题中,可以用传统矩阵表示法来表示数字图像和像素,即

$$\boldsymbol{A} = \begin{bmatrix} a_{0,0} & a_{0,1} & \cdots & a_{0,N-1} \\ a_{1,0} & a_{1,1} & \cdots & a_{1,N-1} \\ \vdots & & & \\ a_{M-1,0} & & & a_{M-1,N-1} \end{bmatrix} \tag{2-13}$$

显然,$a_{ij} = f(x=i, y=j) = f(i,j)$。

在进行采样时,采样点间隔的选取是一个非常重要的问题,它决定了采样后图像的质量,即忠实于原图像的程度。采样间隔的大小选取要依据原图像中包含的细微浓淡变化来决定。一般,图像中细节越多,采样间隔应越小。

2.3.2　量化

采样使连续图像在空间离散化,但采样所得的像素值(即灰度值)仍是连续量。把采样后所得的各像素灰度值从模拟量到离散量的转换称为图像灰度的量化。简言之,量化是对图像幅度坐标的离散化,它决定了图像的幅度分辨率。

图 2-6(a)说明了量化过程。若连续灰度值用 z 来表示,对于满足 $z_i \leqslant z \leqslant z_{i+1}$ 的 z 值,都量化为整数 q_i。q_i 称为像素的灰度值,z 与 q_i 的差称为量化误差。像素值量化后一般用一个字节 8bit 来表示。如图 2-6(b)所示,把由黑—灰—白的连续变化的灰度值,量化为 $0 \sim 255$ 共 256 级灰度值,灰度值的范围为 $0 \sim 255$,表示亮度从深到浅,对应图像中的颜色为从黑到白。

量化的方法包括分层量化、均匀量化和非均匀量化。分层量化是把每一个离散样本的连续灰度值只分成有限多的层次。均匀量化是把原图像灰度层次从最暗至最亮均匀分为有限个层次,如果采用不均匀分层就称为非均匀量化。

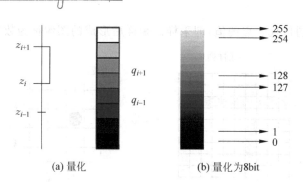

图 2-6　量化示意图

连续灰度值量化为灰度级的方法有两种：一种是等间隔量化；另一种是非等间隔量化。等间隔量化就是简单地把采样值的灰度范围等间隔地分割并进行量化。对于像素灰度值在黑白范围较均匀分布的图像，这种量化方法可以得到较小的量化误差。该方法也称为均匀量化或线性量化。为了减小量化误差，可采用非均匀量化方法。非均匀量化是依据一幅图像具体的灰度值分布的概率密度函数，按总的量化误差最小的原则来进行量化。具体做法是：对图像中像素灰度值频繁出现的灰度值范围，量化间隔取小一些；而对那些像素灰度值极少出现的范围，则量化间隔取大一些。由于图像灰度值的概率分布密度函数因图像不同而异，所以不可能找到一个适用于各种不同图像的最佳非等间隔量化方案。因此，实用上一般都采用等间隔量化。

图 2-7 给出了图像均匀量化成 256 级灰度的例子。图 2-7(a)所示为量化为 256 级灰度的整幅图像，为便于显示，仅给出了 16×16 的子图(用方框标出)，图 2-7(b)是 16×16 子图放大 4×4 倍后的结果，图 2-7(c)所示为对应的量化后数据。图 2-7(b)与图 2-7(c)对比可以看出，子图左上角为眼球中黑的部分，因而灰度值较小(均小于 50)，右下角为眼白部分，因而灰度值较大(均大于 100)。可以看出，一幅图像经采样和量化后就变成了由像素灰度级组成的矩阵，对不同的图像进行处理，从数学的角度讲实际上就是对矩阵进行运算。有了这样的认知，对后面出现的图像平滑、锐化，甚至图像变换的运算就不难理解了。

```
18 17 19 17 21 29 45 59 65 59 58 66 67 61 69 60
22 20 20 17 19 25 51 65 82 90 84 74 73 78 57 56
27 23 23 18 17 21 42 47 66 90 97 90 84 86 58 61
23 21 23 24 21 19 24 24 30 57 95 93 84 79 77
26 24 24 23 22 23 26 38 37 28 43 77 93 88 102 91
24 20 20 21 22 23 40 68 75 47 29 48 80 97 109 97
23 16 15 17 19 19 36 55 73 68 44 33 58 92 108 103
23 14 15 15 15 16 12 36 63 81 58 41 53 78 110 108
18 21 20 19 16 7 8 14 31 60 63 30 32 79 106 118
19 18 13 13 18 17 5 11 23 48 57 38 45 84 122 128
21 18 10 13 28 35 29 42 51 53 46 40 63 104 140 137
23 24 15 18 35 46 58 77 80 77 49 40 42 90 140 152 140
21 27 19 21 35 44 46 53 52 38 36 72 131 172 164 146
20 26 24 31 46 54 28 14 13 31 70 128 174 187 180 156
20 26 36 60 88 101 74 55 63 99 138 178 196 186 190 163
22 28 50 91 133 152 149 140 160 189 197 201 198 182 192 165
```

(a) 256级灰度图像　　　　(b) 子图　　　　(c) 子图对应的量化数据

图 2-7　图像量化实例

一幅图像在采样时，行、列的采样点与量化时每个像素量化的级数，既影响数字图像的质量，也影响到该数字图像数据量的大小。

假定图像取 $M \times N$ 个样点，每个像素量化后的灰度级用 Q 表示，一般 Q 总是取为 2 的

整数幂,即 $Q = 2^K$,则存储一幅数字图像所需的二进制位数为

$$b = M \times N \times K \tag{2-14}$$

字节数为

$$B = M \times N \times \frac{K}{8}(\text{Byte}) \tag{2-15}$$

如某幅图像大小为 $M \times N = 512 \times 512$,灰度级 $Q = 256 = 2^8$,则存储该幅数字图像所需的二进制位数为

$$b = 512 \times 512 \times 8$$

字节数为

$$B = 512 \times 512 = 262\ 144(\text{Byte}) = 256\text{KB}$$

用有限个离散灰度值表示无穷多个连续灰度必然会引起误差,称为量化误差,有时也称为量化噪声。量化分层越多,则量化误差越小;而分层越多,则编码进入计算机所需比特数越多,相应地影响运算速度及处理过程。另外,量化分层的约束来自图像源的噪声,即最小的量化分层应远大于噪声,否则太细的分层将被噪声所淹没而无法体现分层的效果。也就是说,噪声大的图像,分层太细是没有意义的;反之,要求很细分层的图像才强调极小的噪声。如某些医用图像系统把减少噪声作为主要设计指标,是因为其分层数要求 2000 层以上,而一般电视图像的分层用 200 多层已能满足要求。量化不足则有可能使得图像中产生虚假轮廓。

对一幅图像,当量化级数 Q 一定时,采样点数 $M \times N$ 对图像质量有着显著的影响。如图 2-8 所示,采样点数越多,图像质量越好;当采样点数减少时,图上的块状效应就逐渐明显。同理,当图像的采样点数一定时,采用不同量化级数的图像质量也不一样。如图 2-9 所示,量化级数越多,图像质量越好,当量化级数越少时,图像质量越差,量化级数最小的极端情况就是二值图像,图像出现假轮廓。

(a) 采样点256×256时的图像

(b) 采样点64×64时的图像

(c) 采样点32×32时的图像

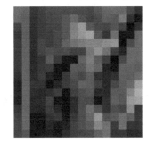
(d) 采样点16×16时的图像

图 2-8 采样点数与图像质量之间的关系

(a) 量化为2级的Lena图像   (b) 量化为16级的Lena图像   (c) 量化为256级的Lena图像

图 2-9　量化级数与图像质量之间的关系

2.4　数字图像的基本类型

一幅模拟图像经过采样和量化后，就变成了数字图像，可以用 $M \times N$ 的矩阵进行描述。为便于处理，一般选取 $M=N$，如 256×256、512×512 等，表示分辨率为 256×256 和 512×512 的图像。因此，对一幅数字图像的处理实际上就是对一个矩阵进行运算。

为了方便地处理数字图像，根据数字图像的特性可以将其分成不同的类型，采用不同的存储方式进行存储。本书中主要讨论静态图像的存储。

计算机一般采用两种方式存储静态图像：一种是位映射（Bitmap），即位图存储模式；另一种是矢量处理（Vector），也称矢量存储模式。

位图也称为栅格图像，是通过许多像素点表示一幅图像，每个像素具有颜色属性和位置属性。位图文件在有足够的文件量的前提下，能真实、细腻地反映图像的层次、色彩。位图图像的缺点在于随着分辨率及颜色数的提高，位图图像所占用的磁盘空间会急剧增大，同时在放大图像的过程中，图像也会变得模糊而失真。

矢量图只存储图像内容的轮廓部分，而不是存储图像数据的每一点。例如，对于一个圆形图案，只要存储圆心的坐标位置和半径长度以及圆形边线和内部的颜色即可。该存储方法具有两个优点：一是它的文件数据量很小；二是图像质量与分辨率无关，这意味着无论将图像放大或缩小多少次，图像总是以显示设备允许的最大清晰度显示。在计算机计算与显示一幅图像时，也往往能看到画图的过程。但是，矢量图有一个明显的缺点，就是不易制作色调丰富或色彩变化太多的图像，而且绘出来的图像不是很逼真。在本课程中，针对的对象基本上是位图。

位图可以从传统的相片、幻灯片上制作出来或使用数字相机得到，也可以利用 Windows 的画笔用颜色点填充网格单元来创建位图。位图又可以分成以下 4 种：二值图像、灰度图像、RGB 图像和索引图像。

2.4.1　二值图像

二值图像也叫黑白图像，就是图像像素只存在 0、1 两个值，一个二值图像是纯黑白的。每一个像素值将取 0、1 中的一个值，通常用 0 表示黑，1 表示白。图 2-9(a)给出的就是二值的 Lena 图像。

2.4.2 灰度图像

灰度图像是包含灰度级的图像。与二值图像不同,灰度图像的像素并不是只有0、1两个量化级数,而是具有多个量化级数,如64级、256级等。如当像素灰度级用8bit表示时,图像的灰度级就是256(2^8),每个像素的取值就是256种灰度中的一种,即每个像素的灰度值为0~255中的一个。通常,用0表示黑,255表示白,从0至255亮度逐渐增加。灰度图像只有亮度信息而没有色彩信息。通常所说的黑白照片,其实包含了黑白之间的所有灰度色调。图2-7(a)给出了灰度级为256的Lena图像。

2.4.3 RGB图像

自然界中绝大部分的可见光谱可以用红、绿和蓝三色光按不同比例和强度的混合来表示。RGB分别代表着3种颜色:R代表红色,G代表绿色、B代表蓝色。RGB模型也称为加色模型,RGB模型通常用于光照、视频和屏幕图像编辑。

RGB图像是24bit图像,每一个像素的颜色由存储在相应位置的红、绿、蓝颜色分量共同决定。红、绿、蓝分量分别占用8bit,为图像中每一个像素的RGB分量分配一个0~255范围内的强度值。例如,纯红色R值为255,G值为0,B值为0,表示为(255,0,0);白色的R、G、B都为255,表示为(255,255,255);黑色的R、G、B都为0,表示为(0,0,0)。RGB图像只使用3种颜色,就可以使它们按照不同的比例混合,在屏幕上重现16 581 375种颜色。大多数彩色图像都是以24位模式对图像进行采样。由于它所表达的颜色远远超出了人眼所能辨别的范围,故将其称为"真彩色"。

2.4.4 索引图像

虽然RGB能够逼真和有效地表达图像,但是24位真彩色图像一个像素要占用3个字节的存储空间,处理和存储比较复杂,因此早期一般使用索引图像。

索引图像把像素值直接作为索引颜色的序号,这样根据索引颜色的序号就可以找到该像素的实际颜色。索引颜色通常也称为映射颜色,在这种模式下,颜色都是预先定义的,并且可供选用的一组颜色也很有限,索引颜色的图像最多只能显示256种颜色。

当把索引图像读入计算机时,索引颜色将被存储到调色板中。调色板是包含不同颜色的颜色表,每种颜色以红、绿、蓝3种颜色的组合来表示。调色板的单元个数是与图像的颜色数一致的。256色图像有256个索引颜色,相应的调色板就有256个单元。表2-1所示为某256色彩色图像的索引表。从索引表可以看出,每个索引对应于3个值,即Red、Green和Blue。例如,当像素点的值为0时,查找索引表可以知道实际的颜色是:Red=0,Green=0,Blue=0,此时为黑色;当像素点的值为1时,查找索引表可以知道实际的颜色是:Red=128,Green=0,Blue=0,此时为暗红色;当像素点的值为249时,查找索引表可以知道实际的颜色是:Red=255,Green=0,Blue=0,此时为红色;当像素点的值为250时,查找索引表可以知道实际的颜色是:Red=0,Green=255,Blue=0,此时为绿色;当像素点的值为252时,查找索引表可以知道实际的颜色是:Red=0,Green=0,Blue=255,此时为蓝色。这样原来需要3个字节表示的颜色,只要一个1个字节的索引号就可以表示。这里索引有256(2^8)个,所以每个索引号占用1个字节。

表 2-1　某 256 色彩色图像的索引表

索引号	Red	Green	Blue
0	0	0	0
1	128	0	0
...	...	...	...
249	255	0	0
250	0	255	0
251	255	255	0
252	0	0	255
253	255	0	255
254	0	255	255
255	255	255	255

2.5　数字图像的基本文件格式

　　2.4 节分析了位图的 4 种存储类型。但是，如何从存储文件区分不同类型的图像呢？为此，必须首先了解图像文件的格式，即图像文件的数据构成。

　　每一种图像文件均有一个文件头，在文件头之后才是图像数据。文件头的内容一般包括文件类型、文件制作者、制作时间、版本号、文件大小等内容。各种图像文件的制作还涉及图像文件的压缩方式和存储效率等。常用的图像文件存储格式主要有 BMP 图像文件、JPG图像文件、PCX 图像文件、TIFF 图像文件及 GIF 图像文件等。本节主要介绍 BMP 图像文件格式以及对 BMP 文件进行操作的相关编程基础，并对 JPEG 图像文件、PCX 图像文件、TIFF 图像文件及 GIF 图像文件做简单概述。

2.5.1　BMP 文件格式

　　BMP 文件结构如表 2-2 所示。

　　第一部分为位图文件头 BITMAPFILEHEADER，它是一个结构体，其定义如下：

```
typedef struct tagBITMAPFILEHEADER{
    WORD bfType;
    DWORD bfSize;
    WORD bfReserved1;
    WORD bfReserved2;
    DWORD bfOffBits;
} BITMAPFILEHEADER;
```

　　这个结构的长度是固定的，为 14 个字节（WORD 为无符号 16 位二进制整数，DWORD为无符号 32 位二进制整数）。

表 2-2 BMP 文件结构

文 件 部 分	属 性	说 明
BTPMAPFILEHEADER（位图文件头）	bfType	文件类型,必须是 0x424D,即字符串"BM"
	bfSize	指定文件大小,包括这 14 个字节
	bfReserved1	保留字,不用考虑
	bfReserved2	保留字,不用考虑
	bfOffBits	从文件头到实际位图数据的偏移字节数
BITMAPINFOHEADER（位图信息头）	bfSize	该结构的长度,为 40
	biWidth	图像的宽度,单位是像素
	biHeight	图像的高度,单位是像素
	biPlanes	位平面数,必须是 1,不用考虑
	biBitCount	指定颜色位数,1 为二色,4 为 16 色,8 为 256 色,16、24、32 为真彩色
	biCompression	指定是否压缩,有效值为 BI_RGB、BI_RLE8、BI_RLE4、BI_BITFIELDS
	biSizeImage	实际的位图数据占用的字节数
	biXPelsPerMeter	目标设备水平分辨率,单位是像素数/m
	biYPelsPerMeter	目标设备垂直分辨率,单位是像素数/m
	biClrUsed	实际使用的颜色数,若该值为 0,则使用颜色数为 2 的次方
	biClrImprotant	图像中重要的颜色数,若该值为 0,则所有的颜色都是重要的
Palette（调色板）	rgbBlue	该颜色的蓝色分量
	rgbGreen	该颜色的绿色分量
	rgbRed	该颜色的红色分量
	rgbReserved	保留值
ImageData（位图数据）	像素按行优先顺序排列,每一行的字节数必须是 4 的整倍数	

第二部分为位图信息头 BITMAPINFOHEADER,也是一个结构体,其定义如下:

```
typedef struct tagBITMAPINFOHEADER{
    DWORD   biSize;
    LONG    biWidth;
    LONG    biHeight;
    WORD    biPlanes;
    WORD    biBitCount;
    DWORD   biCompression;
    DWORD   biSizeImage;
    LONG    biXPelsPerMeter;
    LONG    biYPelsPerMeter;
    DWORD   biClrUsed;
    DWORD   biClrImportant;
    } BITMAPINFOHEADER;
```

这个结构的长度是固定的,为 40 个字节(LONG 为 32 位二进制整数)。其中,biCompression 的有效值为 BI_RGB、BI_RLE8、BI_RLE4、BI_BITFIELDS,这都是一些 Windows 定义好的常量。由于 RLE4 和 RLE8 的压缩格式用得不多,今后仅讨论 biCompression 的有效值为 BI_RGB,即不压缩的情况。

第三部分为调色板(Palette),当然,这里是对那些需要调色板的位图文件而言的。真彩色图像是不需要调色板的,BITMAPINFOHEADER 后直接是位图数据。调色板实际上是一个数组,共有 biClrUsed 个元素(如果该值为零,则有 2 的 biBitCount 次方个元素)。数组中每个元素的类型是一个 RGBQUAD 结构体,占 4 个字节,其定义如下:

```
typedef struct tagRGBQUAD{
    BYTE    rgbBlue;          //该颜色的蓝色分量
    BYTE    rgbGreen;         //该颜色的绿色分量
    BYTE    rgbRed;           //该颜色的红色分量
    BYTE    rgbReserved;      //保留值
} RGBQUAD;
```

第四部分就是实际的图像数据。对于用到调色板的位图,图像数据就是该像素颜色在调色板中的索引值,对于真彩色图像,图像数据就是实际的 R、G、B 值。下面就 2 色、16 色、256 色和真彩色位图分别介绍。

对于 2 色位图,用 1 位就可以表示该像素的颜色(一般 0 表示黑,1 表示白),所以一个字节可以表示 8 个像素。对于 16 色位图,用 4 位可以表示一个像素的颜色,所以一个字节可以表示 2 个像素。对于 256 色位图,一个字节刚好可以表示 1 个像素。

进行图像文件分析时,有两点需要注意:

(1) 每一行的字节数必须是 4 的整数倍,如果不是,则需要补齐。

(2) BMP 文件的数据存放是从下到上、从左到右的。也就是说,从文件中最先读到的是图像最下面一行的左边第一个像素,然后是左边第二个像素,接下来是倒数第二行左边第一个像素,左边第二个像素。依次类推,最后得到的是最上面一行的最右边的一个像素。

除了 BMP 存储格式外,还有其他一些存储格式,如 TIFF、GIF、PCX、JPEG。这些存储格式大同小异,只是在文件组织形式、数据压缩方式等方面有所不同,因此,本书只对这些图像文件格式作简要介绍。

2.5.2　TIFF 文件格式

标记图像文件格式(Tag Image File Format,TIFF)是现存图像文件格式中最复杂的一种,它提供存储各种信息的完备手段,可以存储专门的信息而不违反格式宗旨,是目前流行的图像文件交换标准之一。TIFF 格式文件的设计考虑了扩展性、方便性和可修改性,因此非常复杂,要求用更多的代码来控制它,结果导致文件读写速度慢,TIFF 代码也很长。TIFF 文件由文件头、参数指针表与参数域、参数数据表和图像数据四部分组成,如表 2-3～表 2-5 所示。

1. 文件头

表 2-3　TIFF 文件的文件头结构

0～1 字节	说明字节顺序,合法值是:
	0x4949,表示字节顺序由低到高；0x4D4D 表示字节顺序由高到低
2～3 字节	TIFF 版本号,总为 0x2A
4～7 字节	指向第一个参数指针表的指针

2. 参数指针

表 2-4 参数指针的结构

0～1 字节	参数域的个数 n
2～13 字节	第一个参数块
14～25 字节	第二个参数块
…	…
2＋n×12～6＋n×12 字节	为 0 或指向下一个参数指针表的偏移

由一个 2 字节的整数和其后的一系列 12 字节参数域构成,最后以一个长整型数结束。若最后的长整型数为 0,表示文件的参数指针表到此为止;否则该长整数为指向下一个参数指针表的偏移。

3. 参数块结构

表 2-5 TIF 文件的参数块结构

0～1 字节	参数码,为 254～321 间的整数
2～3 字节	参数类型: 1 为 BYTE; 2 为 CHAR; 3 为 SHORT; 4 为 LONG; 5 为 RATIONAL
4～7 字节	参数长度或参数项个数
8～11 字节	参数数据,或指向参数数据的指针

2.5.3 GIF 文件格式

GIF(Graphics Interchange Format,图形交换文件格式)形式存储的文件主要是为不同的系统平台上交流和传输图像提供方便。它是在 Web 及其他联机服务上常用的一种文件格式,用于超文本标记语言(HTML)文档中的索引颜色图像,但图像最大不能超过 64MB,颜色最多为 256 色。GIF 文件采取 LZW 压缩算法,存储效率高,支持多幅图像定序或覆盖、交错多屏幕绘图及文本覆盖。GIF 主要是为数据流而设计的一种传输格式,而不是作为文件的存储格式。换句话说,它具有顺序的组织形式。GIF 有 5 个主要部分以固定顺序出现,所有部分均由一个或多个块(Block)组成。每个块第一个字节中存放标识码或特征码标识。这些部分的顺序为文件标志块、逻辑屏幕描述块、可选的"全局"色彩表块(调色板)、图像数据块(或专用的块)及尾块(结束码)。GIF 文件格式如表 2-6 所示。

表 2-6 GIF 文件格式

文件标志块	Header		识别标识符"GIF"和版本号("87a"或"89a")
逻辑屏幕描述块	Logical Screen Descriptor		定义包围所有后面图像的一个图像平面的大小,纵横尺寸以及颜色深度,以及是否存在全局色彩表
全局色彩表	Global Color Table		色彩表的大小由该图像使用的颜色数决定,若表示颜色的二进制数为 111,即 7,则颜色数为 2^{7+1}
图像数据块	Image Descriptor	图像描述块	可重复 n 个
	Local Color Table	局部色彩表(可重复 n 次)	
	Table Based Image Data	表示压缩图像数据	
	Graphic Control Extension	图像控制扩展块	
	Plain Text Extension	无格式文本扩展块	
	Comment Extension	注释扩展块	
	Application Extension	应用程序扩展块	
尾块	GIF Trailer		值为 3B(十六进制数),表示数据流已结束

2.5.4　PCX 文件格式

PCX 文件格式由 ZSoft 公司设计，是最早使用的图像文件格式之一，由各种扫描仪扫描得到的图像几乎都能保存成 PCX 格式。PCX 支持 256 种颜色，不如 TIF 等格式功能强，但结构较简单，存取速度快，压缩比适中，适合于一般软件的使用。

PCX 格式支持 RGB、索引颜色、灰度和位图颜色模式，支持 RLE 压缩方法，图像颜色的位数可以是 1、4、8 或 24。

PCX 图像文件由三部分组成：文件头、图像数据和 256 色调色板。

PCX 的文件头有 128 个字节，它包括版本号、被打印或扫描的图像分辨率（dpi）及大小（单位为像素）、每扫描行的字节数、每个像素包含的数据位数和彩色平面数。位图数据用行程长度压缩算法记录数据。

2.5.5　JPEG 文件格式

JPEG（Joint Photographic Experts Group，联合图像专家组）是由 ISO 和 CCITT 为静态图像所建立的第一个国际数字图像压缩标准，主要是为了解决专业摄影师所遇到的图像信息过于庞大的问题。由于 JPEG 的高压缩比和良好的图像质量，使得它广泛应用于多媒体和网络程序中。JPEG 格式支持 24 位颜色，并保留照片和其他连续色调图像中存在的亮度和色相的显著和细微的变化。关于这一存储格式，将在图像压缩与编码一章进行详细介绍。

2.5.6　用 VC++ 实现 BMP 图像文件的显示

本节介绍如何在 VC++环境下编程实现 BMP 图像的显示，操作步骤如下。

（1）打开 VC++，选择 File→New 菜单命令进入 New 对话框，如图 2-10 所示。

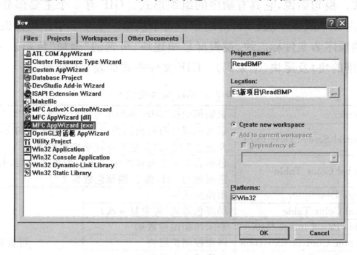

图 2-10　New 对话框

在 Projects 选项卡中选择 MFC AppWizard(exe)选项，在右侧的 Project name 文本框中输入项目名称，给出的例子为 ReadBMP，在 Location 输入框中输入项目要保存的文件夹。单击 OK 按钮进入下一步。

（2）选择文档类型。

在例子中使用的是单文档视图结构，所以这里选中 Single document 单选按钮。其余部分保持 VC++ 的默认设置，单击 Finish 按钮完成项目创建，如图 2-11 所示。

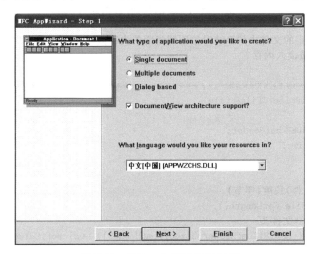

图 2-11 VC++ 文档选择对话框

（3）为了将 BMP 中的数据读入到内存中，在项目中建立专门处理 BMP 文件头和数据的文件，即 DIBAPI. H 和 DIBAPI. CPP，在其中实现对 BMP 文件的大部分处理。

选择 File→New 菜单命令，从弹出的对话框的 Files 选项卡中选择 C/C++ Header File 选项，建立一个新的头文件。在右边的 File 文本框中输入文件名，这里命名为 DIBAPI，默认后缀为. H，如图 2-12 所示。

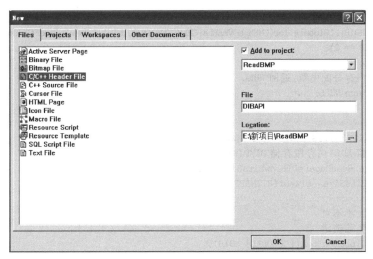

图 2-12 头文件定义界面

同上类似，选择 C++ Source File 建立 DIBAPI. CPP 文件。

下里对重要的几个函数，作详细的解释。

```
/*****************************************************************
 * 函数名称：
```

```
 *     ReadDIBFile()
 * 参数:
 *     CFile& file              -要读取的文件
 * 返回值:
 *     HDIB                     -成功返回 DIB 的句柄,否则返回 NULL
 * 说明:
 *     该函数将指定的文件中的 DIB 对象读到指定的内存区域中.除 BITMAPFILEHEADER
 * 外的内容都将被读入内存
 *
 ************************************************************************ /
HDIB WINAPI ReadDIBFile(CFile& file)
{
    BITMAPFILEHEADER bmfHeader;
    DWORD dwBitsSize;
    HDIB hDIB;
    LPSTR pDIB;
    //获取 DIB(文件)长度(字节)
    dwBitsSize = file.GetLength();
    //尝试读取 DIB 文件头
    if (file.Read((LPSTR)&bmfHeader,sizeof(bmfHeader)) != sizeof(bmfHeader))
    {
        //大小不对,返回 NULL
        return NULL;
    }
    //判断是否是 DIB 对象,检查头两个字节是否是"BM"
    if (bmfHeader.bfType != DIB_HEADER_MARKER)
    {
        //非 DIB 对象,返回 NULL
        return NULL;
    }
    //为 DIB 分配内存
    hDIB = (HDIB)::GlobalAlloc(GMEM_MOVEABLE|GMEM_ZEROINIT,dwBitsSize - sizeof(BITMAPFILEHEADER));
    if (hDIB == 0)
    {
        //内存分配失败,返回 NULL
        return NULL;
    }
    //锁定
    pDIB = (LPSTR)::GlobalLock((HGLOBAL) hDIB);
    //读像素 hDIB 内存段存储 BIMPINFOHEADER + PALETTE + PIXEL
    if (file.ReadHuge(pDIB,dwBitsSize - sizeof(BITMAPFILEHEADER)) !=
        dwBitsSize - sizeof(BITMAPFILEHEADER))
    {
        //大小不对
        //解除锁定
        ::GlobalUnlock((HGLOBAL) hDIB);
        //释放内存
        ::GlobalFree((HGLOBAL) hDIB);
        //返回 NULL
        return NULL;
    }
    //解除锁定
    ::GlobalUnlock((HGLOBAL) hDIB);
    //返回 DIB 句柄
```

```
        return hDIB;
}
/ *****************************************************************
 *
 * 函数名称:
 *    DIBNumColors()
 *
 * 参数:
 *    LPSTR lpbi              -指向 DIB 对象的指针
 *
 * 返回值:
 *    WORD                    -返回调色板中颜色的种数
 *
 * 说明:
 *    该函数返回 DIB 中调色板颜色的种数. 对于单色位图, 返回 2, 对于 16 色位图, 返回 16, 对于
256 色位图, 返回 256; 对于真彩色位图(24 位), 没有调色板, 返回 0
 *
 ***************************************************************** /
WORD WINAPI DIBNumColors(LPSTR lpbi)
{
    WORD wBitCount;
    //对于 Windows 的 DIB, 实际颜色的数目可以比像素的位数要少
    //对于这种情况, 则返回一个近似的数值
    //判断是否是 Win3.0 DIB
    if (IS_WIN30_DIB(lpbi))
    {
        DWORD dwClrUsed;
        //读取 dwClrUsed 值
        dwClrUsed = ((LPBITMAPINFOHEADER)lpbi) -> biClrUsed;
        if (dwClrUsed != 0)
        {
            //如果 dwClrUsed(实际用到的颜色数)不为 0, 直接返回该值
            return (WORD)dwClrUsed;
        }
    }
    //读取像素的位数
    if (IS_WIN30_DIB(lpbi))
    {
        //读取 biBitCount 值
        wBitCount = ((LPBITMAPINFOHEADER)lpbi) -> biBitCount;
    }
    else
    {
        //读取 biBitCount 值
        wBitCount = ((LPBITMAPCOREHEADER)lpbi) -> bcBitCount;
    }
    //按照像素的位数计算颜色数目
    switch (wBitCount)
    {
        case 1:
            return 2;
        case 4:
            return 16;
        case 8:
```

```
                    return 256;
                default:
                    return 0;
        }
}
/ **********************************************************************
 *
 * 函数名称:
 *     CreateDIBPalette()
 *
 * 参数:
 *     HDIB hDIB              -指向 DIB 对象的指针
 *     CPalette * pPal        -指向 DIB 对象调色板的指针
 *
 * 返回值:
 *     BOOL                   -创建成功返回 TRUE,否则返回 FALSE
 *
 * 说明:
 *     该函数按照 DIB 创建一个逻辑调色板,从 DIB 中读取颜色表并存到调色板中,
 * 最后按照该逻辑调色板创建一个新的调色板,并返回该调色板的句柄.这样
 * 可以用最好的颜色来显示 DIB 图像
 *
 * ********************************************************************** /
BOOL WINAPI CreateDIBPalette(HDIB hDIB, CPalette * pPal)
{
    //指向逻辑调色板的指针
    LPLOGPALETTE lpPal;
    //逻辑调色板的句柄
    HANDLE hLogPal;
    //调色板的句柄
    HPALETTE hPal = NULL;
    //循环变量
    int i;
    //颜色表中的颜色数目
    WORD wNumColors;
    //指向 DIB 的指针
    LPSTR lpbi;
    //指向 BITMAPINFO 结构的指针(Win3.0)
    LPBITMAPINFO lpbmi;
    //指向 BITMAPCOREINFO 结构的指针
    LPBITMAPCOREINFO lpbmc;
    //表明是否是 Win3.0 DIB 的标记
    BOOL bWinStyleDIB;
    //创建结束
    BOOL bResult = FALSE;
    //判断 DIB 是否为空
    if (hDIB == NULL)
    {
        //返回 FALSE
        return FALSE;
    }
    //锁定 DIB
    lpbi = (LPSTR)::GlobalLock((HGLOBAL) hDIB);
    //获取指向 BITMAPINFO 结构的指针(Win3.0)
```

```
lpbmi = (LPBITMAPINFO)lpbi;
//获取指向 BITMAPCOREINFO 结构的指针
lpbmc = (LPBITMAPCOREINFO)lpbi;
//获取 DIB 中颜色表中的颜色数目
wNumColors = ::DIBNumColors(lpbi);
if (wNumColors != 0)
{
    //分配为逻辑调色板内存
    hLogPal = ::GlobalAlloc(GHND, sizeof(LOGPALETTE)
                                 + sizeof(PALETTEENTRY)
                                 * wNumColors);

    //如果内存不足,退出
    if (hLogPal == 0)
    {
        //解除锁定
        ::GlobalUnlock((HGLOBAL) hDIB);
        //返回 FALSE
        return FALSE;
    }
    lpPal = (LPLOGPALETTE)::GlobalLock((HGLOBAL) hLogPal);
    //设置版本号
    lpPal -> palVersion = PALVERSION;
    //设置颜色数目
    lpPal -> palNumEntries = (WORD)wNumColors;
    //判断是否是 Win3.0 的 DIB
    bWinStyleDIB = IS_WIN30_DIB(lpbi);
    //读取调色板
    for (i = 0; i < (int)wNumColors; i++)
    {
        if (bWinStyleDIB)
        {
            //读取红色分量
            lpPal -> palPalEntry[i].peRed = lpbmi -> bmiColors[i].rgbRed;
            //读取绿色分量
            lpPal -> palPalEntry[i].peGreen = lpbmi -> bmiColors[i].rgbGreen;
            //读取蓝色分量
            lpPal -> palPalEntry[i].peBlue = lpbmi -> bmiColors[i].rgbBlue;
            //保留位
            lpPal -> palPalEntry[i].peFlags = 0;
        }
        else
        {
            //读取红色分量
            lpPal -> palPalEntry[i].peRed = lpbmc -> bmciColors[i].rgbtRed;
            //读取绿色分量
            lpPal -> palPalEntry[i].peGreen = lpbmc -> bmciColors[i].rgbtGreen;
            //读取蓝色分量
            lpPal -> palPalEntry[i].peBlue = lpbmc -> bmciColors[i].rgbtBlue;
            //保留位
            lpPal -> palPalEntry[i].peFlags = 0;
        }
    }
    //按照逻辑调色板创建调色板,并返回指针
    bResult = pPal -> CreatePalette(lpPal);
```

```
        //解除锁定
        ::GlobalUnlock((HGLOBAL) hLogPal);
        //释放逻辑调色板
        ::GlobalFree((HGLOBAL) hLogPal);
    }
    //解除锁定
    ::GlobalUnlock((HGLOBAL) hDIB);
    //返回结果
    return bResult;
}
/ *************************************************************************
 *
 * 函数名称：
 *    PaintDIB()
 *
 * 参数：
 *    HDC hDC                - 输出设备 DC
 *    LPRECT lpDCRect         - 绘制矩形区域
 *    HDIB hDIB              - 指向 DIB 对象的指针
 *    LPRECT lpDIBRect        - 要输出的 DIB 区域
 *    CPalette * pPal         - 指向 DIB 对象调色板的指针
 *
 * 返回值：
 *    BOOL                  - 绘制成功返回 TRUE,否则返回 FALSE
 *
 * 说明：
 *    该函数主要用来绘制 DIB 对象。其中调用了 StretchDIBits() 或者 SetDIBitsToDevice() 来绘
制 DIB 对象。输出的设备由参数 hDC 指定；绘制的矩形区域由参数 lpDCRect 指定；输出 DIB 的区域
由参数 lpDIBRect 指定
 *
 ************************************************************************* /
BOOL WINAPI PaintDIB(HDC        hDC,
                     LPRECT lpDCRect,
                     HDIB      hDIB,
                     LPRECT  lpDIBRect,
                     CPalette * pPal)
{
    LPSTR     lpDIBHdr;         //BITMAPINFOHEADER 指针
    LPSTR     lpDIBBits;        //DIB 像素指针
    BOOL      bSuccess = FALSE; //成功标志
    HPALETTE hPal = NULL;       //DIB 调色板
    HPALETTE hOldPal = NULL;    //以前的调色板
    //判断 DIB 对象是否为空
    if (hDIB == NULL)
    {
        //返回
        return FALSE;
    }
    //锁定 DIB
    lpDIBHdr   = (LPSTR)::GlobalLock((HGLOBAL) hDIB);
    //找到 DIB 图像像素起始位置
    lpDIBBits = ::FindDIBBits(lpDIBHdr);
    //获取 DIB 调色板,并选中它
    if (pPal != NULL)
```

```
    {
        hPal = (HPALETTE) pPal -> m_hObject;
        //选中调色板
        hOldPal = ::SelectPalette(hDC,hPal,TRUE);
    }
    //设置显示模式
    ::SetStretchBltMode(hDC,COLORONCOLOR);
    //判断是调用 StretchDIBits()还是 SetDIBitsToDevice()来绘制 DIB 对象
    if ((RECTWIDTH(lpDCRect)   == RECTWIDTH(lpDIBRect)) &&
        (RECTHEIGHT(lpDCRect) == RECTHEIGHT(lpDIBRect)))
    {
        //原始大小,不用拉伸.WINAPI
        bSuccess = ::SetDIBitsToDevice(hDC,                  //hDC
                                lpDCRect -> left,            //DestX
                                lpDCRect -> top,             //DestY
                                RECTWIDTH(lpDCRect),         //nDestWidth
                                RECTHEIGHT(lpDCRect),        //nDestHeight
                                lpDIBRect -> left,           //SrcX
                                (int)DIBHeight(lpDIBHdr) -
                                  lpDIBRect -> top -
                                  RECTHEIGHT(lpDIBRect),     //SrcY
                                0,                           //nStartScan
                                (WORD)DIBHeight(lpDIBHdr),   //nNumScans
                                lpDIBBits,                   //lpBits
                                (LPBITMAPINFO)lpDIBHdr,      //lpBitsInfo
                                DIB_RGB_COLORS);             //wUsage
    }
    else
    {
        //非原始大小,拉伸.WINAPI
        bSuccess = ::StretchDIBits(hDC,                      //hDC
                                lpDCRect -> left,            //DestX
                                lpDCRect -> top,             //DestY
                                RECTWIDTH(lpDCRect),         //nDestWidth
                                RECTHEIGHT(lpDCRect),        //nDestHeight
                                lpDIBRect -> left,           //SrcX
                                lpDIBRect -> top,            //SrcY
                                RECTWIDTH(lpDIBRect),        //wSrcWidth
                                RECTHEIGHT(lpDIBRect),       //wSrcHeight
                                lpDIBBits,                   //lpBits
                                (LPBITMAPINFO)lpDIBHdr,      //lpBitsInfo
                                DIB_RGB_COLORS,              //wUsage
                                SRCCOPY);                    //dwROP
    }
    //解除锁定
    ::GlobalUnlock((HGLOBAL) hDIB);
    //恢复以前的调色板
    if (hOldPal != NULL)
    {
        ::SelectPalette(hDC,hOldPal,TRUE);
    }
    //返回
    return bSuccess;
}
```

```
/ ************************************************************************
 *
 * 函数名称:
 * SaveDIB()
 * 参数:
 * HDIB hDib            - 要保存的 DIB
 * CFile& file          - 保存文件 CFile
 *
 * 返回值:
 * BOOL                 - 成功则返回 TRUE,否则返回 FALSE 或者 CFileException
 * 说明:
 * 该函数将指定的 DIB 对象保存到指定的 CFile 中.该 CFile 由调用程序打开和关闭
 * ************************************************************************ /
BOOL WINAPI SaveDIB(HDIB hDib,CFile& file)
{
    //Bitmap 文件头
    BITMAPFILEHEADER bmfHdr;
    //指向 BITMAPINFOHEADER 的指针
    LPBITMAPINFOHEADER lpBI;
    //DIB 大小
    DWORD dwDIBSize;
    if (hDib == NULL)
    {
        //如果 DIB 为空,返回 FALSE
        return FALSE;
    }
    //读取 BITMAPINFO 结构,并锁定
    lpBI = (LPBITMAPINFOHEADER)::GlobalLock((HGLOBAL) hDib);
    if (lpBI == NULL)
    {
        //为空,返回 FALSE
        return FALSE;
    }
    //判断是否是 Win3.0 DIB
    if (!IS_WIN30_DIB(lpBI))
    {
        //不支持其他类型的 DIB 保存
        //解除锁定
        ::GlobalUnlock((HGLOBAL) hDib);
        //返回 FALSE
        return FALSE;
    }
    //填充文件头
    //文件类型"BM"
    bmfHdr.bfType = DIB_HEADER_MARKER;
    //计算 DIB 大小时,最简单的方法是调用 GlobalSize()函数.但是全局内存大小并
    //不是 DIB 真正的大小,它总是多几个字节.这样就需要计算一下 DIB 的真实大小
    //文件头大小 + 颜色表大小
    //(BITMAPINFOHEADER 和 BITMAPCOREHEADER 结构的第一个 DWORD 都是该结构的大小)
    dwDIBSize = * (LPDWORD)lpBI + ::PaletteSize((LPSTR)lpBI);
    //计算图像大小
    if ((lpBI -> biCompression == BI_RLE8) || (lpBI -> biCompression == BI_RLE4))
    {
        //对于 RLE 位图,无法计算大小,只能信任 biSizeImage 内的值
```

```
            dwDIBSize + = lpBI - > biSizeImage;
        }
        else
        {
            //像素的大小
            DWORD dwBmBitsSize;
            //大小为 Width * Height
            dwBmBitsSize = WIDTHBYTES((lpBI - > biWidth) * ((DWORD)lpBI - > biBitCount)) * lpBI - >
biHeight;
            //计算出 DIB 真正的大小
            dwDIBSize + = dwBmBitsSize;
            //更新 biSizeImage(很多 BMP 文件头中 biSizeImage 的值是错误的)
            lpBI - > biSizeImage = dwBmBitsSize;
        }
        //计算文件大小: DIB 大小 + BITMAPFILEHEADER 结构大小
        bmfHdr.bfSize = dwDIBSize + sizeof(BITMAPFILEHEADER);
        //两个保留字
        bmfHdr.bfReserved1 = 0;
        bmfHdr.bfReserved2 = 0;
        //计算偏移量 bfOffBits,它的大小为 Bitmap 文件头大小 + DIB 头大小 + 颜色表大小
        bmfHdr.bfOffBits = (DWORD)sizeof(BITMAPFILEHEADER) + lpBI - > biSize
                                            + PaletteSize((LPSTR)lpBI);
        //尝试写文件
        TRY
        {
            //写文件头
            file.Write((LPSTR)&bmfHdr,sizeof(BITMAPFILEHEADER));
            //写 DIB 头和像素
            file.WriteHuge(lpBI,dwDIBSize);
        }
        CATCH (CFileException,e)
        {
            //解除锁定
            ::GlobalUnlock((HGLOBAL) hDib);
            //抛出异常
            THROW_LAST();
        }
        END_CATCH
        //解除锁定
        ::GlobalUnlock((HGLOBAL) hDib);
        //返回 TRUE
        return TRUE;
    }
```

(4) 在 CReadBMPDoc 类中添加变量 CPalette * m_palDIB 和 HDIB m_hDIB。m_hDIB 用于保存当前 BMP 图像句柄,m_palDIB 用于指向 BMP 图像对应的调色板。在 CReadBMPDoc 的构造函数中初始化: m_hDIB=NULL;m_palDIB=NULL。

(5) 为了取得保存在当前文档中的 HDIB 和 Palette 数据,在 CReadBMPDoc 类中添加方法 GetHDIB 和 GetDocPalette,具体如下:

```
//返回当前 BMP 图像句柄
    HDIB GetHDIB() const
    {
```

```
        return m_hDIB;
    }
//返回当前 BMP 图像调色板指针
    CPalette * GetDocPalette() const
    {
        return m_palDIB;
    }
```

当数据读取到程序后，需要初始化并根据读取的数据创建调色板，为此在 CReadBMPDoc 中添加方法 InitDIBData，具体如下：

```
//初始化当前 BMP 图像，读取并创建调色板
void CReadBMPDoc::InitDIBData()
{
    //释放当前调色板
    if(m_palDIB != NULL)
    {
        delete m_palDIB;
        m_palDIB = NULL;
    }
//如果当前 BMP 图像句柄为空，返回
    if(m_hDIB == NULL)
        return;
//锁定当前 BMP 图像句柄
    LPSTR lpDIB = (LPSTR)::GlobalLock(m_hDIB);
//检测图像尺寸是否正常
    if(DIBWidth(lpDIB) > INT_MAX || DIBHeight(lpDIB) > INT_MAX)
    {
        GlobalUnlock((HGLOBAL) m_hDIB);
        GlobalFree((HGLOBAL) m_hDIB);
        m_hDIB = NULL;
        CString strMsg = "The size of BMP image is too big!";
        MessageBox(NULL,strMsg,NULL,MB_ICONINFORMATION|MB_OK);
        return;
    }
    GlobalUnlock((HGLOBAL)m_hDIB);
//分配新的调色板空间
    m_palDIB = new CPalette;
    if(m_palDIB == NULL)
    {
        GlobalFree((HGLOBAL)m_hDIB);
        m_hDIB = NULL;
        return;
    }
    //创建调色板
    if(CreateDIBPalette(m_hDIB,m_palDIB) == NULL)
    {
        delete m_palDIB;
        m_palDIB = NULL;
    }
}
```

（6）响应类 CReadBMPDoc OnOpenDocument 事件，以实现打开文件的操作。

执行 View→ClassWizard 菜单命令进入 MFC ClassWizard 对话框，如图 2-13 所示，在 Message Maps 选项卡中完成消息映射。

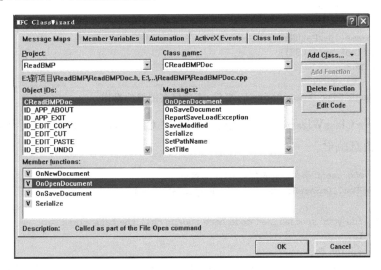

图 2-13　OnOpenDocument 事件响应

代码如下：

```
//响应 OnOpenDocument 事件，完成打开图像的操作
BOOL CReadBMPDoc::OnOpenDocument(LPCTSTR lpszPathName)
{
    if (!CDocument::OnOpenDocument(lpszPathName))
        return FALSE;
    //TODO: Add your specialized creation code here
    CFile file;
    CFileException fe;
    if(!file.Open(lpszPathName,CFile::modeRead|CFile::shareDenyWrite,&fe))
    {
    ReportSaveLoadException(lpszPathName,&fe,FALSE,AFX_IDP_FAILED_TO_OPEN_DOC);
        return FALSE;
    }
    DeleteContents();
    TRY
    {//Read bmp data into memory (without bitmapfileheader)
        m_hDIB =::ReadDIBFile(file);
    }
    CATCH(CFileException,eLoad)
    {
        file.Abort();
        EndWaitCursor();
    ReportSaveLoadException(lpszPathName,eLoad,FALSE,AFX_IDP_FAILED_TO_OPEN_DOC);
        m_hDIB = NULL;
        return FALSE;
    }
    END_CATCH
//创建调色板
    InitDIBData();
    if(m_hDIB == NULL)
```

```
        CString strMsg;
        strMsg = "Failed to read this image! Maybe this type of image is not supported!";
        MessageBox(NULL,strMsg,NULL,MB_ICONINFORMATION|MB_OK);
        return FALSE;
    }
    SetPathName(lpszPathName);
    SetModifiedFlag(FALSE);
    return TRUE;
}
//响应类 CReadBMPDoc OnSaveDocument 事件,完成保存图像的操作
```

执行 View→ClassWizard 菜单命令进入 MFC ClassWizard 对话框,在 Message Maps 选项卡中完成消息映射。

```
//响应 OnSaveDocument 事件,完成保存图像的操作
BOOL CReadBMPDoc::OnSaveDocument(LPCTSTR lpszPathName)
{
    //TODO: Add your specialized code here and/or call the base class
    CFile file;
    CFileException fe;
    if (!file. Open (lpszPathName, CFile :: modeCreate | CFile :: modeReadWrite | CFile ::
shareExclusive,&fe))
    {
        ReportSaveLoadException(lpszPathName,&fe,TRUE,AFX_IDP_INVALID_FILENAME);
        return FALSE;
    }
    bool bSuccess = FALSE;
    TRY
    {
        //将当前位图句柄 m_hDIB 所对应的位图保存到文件 file 中
        bSuccess = ::SaveDIB(m_hDIB,file);
        file.Close();
    }
    CATCH(CException,eSave)
    {
        file. Abort();
    ReportSaveLoadException(lpszPathName,eSave,TRUE,AFX_IDP_FAILED_TO_SAVE_DOC);
        return FALSE;
    }
    END_CATCH
    SetModifiedFlag(false);
    if(!bSuccess)
    {
        CString strMsg;
        strMsg = "Failed to save BMP image!";
        MessageBox(NULL,strMsg,NULL,MB_ICONINFORMATION|MB_OK);
    }
    return bSuccess;
}
```

（7）完成图片的打开操作后,图片的数据就已经被保存在程序中,为了将图片显示出来,还需要响应类 CReadBMPView 的 OnDraw 事件,在其中完成图像显示,代码如下:

```
void CReadBMPView::OnDraw(CDC * pDC)
{
    CReadBMPDoc * pDoc = GetDocument();
    ASSERT_VALID(pDoc);
    HDIB hDIB = pDoc -> GetHDIB();      //取得 doc 文档中的 m_hDIB
    if(hDIB != NULL)
    {
        LPSTR lpDIB = (LPSTR)::GlobalLock((HGLOBAL)hDIB);
        int cxDIB = (int)::DIBWidth(lpDIB);
        int cyDIB = (int)::DIBHeight(lpDIB);
        ::GlobalUnlock((HGLOBAL)hDIB);
        CRect rcDIB;
        rcDIB.top = rcDIB.left = 0;
        rcDIB.right = cxDIB;
        rcDIB.bottom = cyDIB;
        PaintDIB(pDC -> m_hDC,&rcDIB,pDoc -> GetHDIB(),&rcDIB,pDoc -> GetDocPalette());
    }
}
```

（8）编译并运行程序，自此一个用于打开 BMP 图像的单文档视图结构的程序就完成了。通过修改当前位图句柄 m_hDIB 中存放像素的数据就可以对图像进行改变了。

2.6　小结

本章在分析人眼成像过程的基础上，介绍了图像形成模型。

一幅图像实际上记录的是物体辐射能量的空间分布，这个分布是空间坐标、时间和波长的函数。当一幅图像为平面单色静止图像时，图像可以用二维函数 $f(x,y)$ 来表示，它是一个有界函数。

为了用计算机进行处理，需要对连续图像进行数字化。将一幅图像进行数字化的过程就是在计算机内生成一个二维矩阵的过程。数字化过程包括 3 个步骤，即扫描、采样和量化。扫描是按照一定的先后顺序对图像进行遍历的过程。采样是指对图像空间坐标的离散化，它决定了图像的空间分辨率。采样间隔的大小选取要依据原图像中包含的细微浓淡变化来决定，图像中细节越多，采样间隔应越小。量化则是将采样得到的灰度值从模拟量到离散量的转换，称为图像灰度，它决定了图像的幅度分辨率。量化级数越多，图像质量越好，但占用存储空间多；当量化级数越少时，图像质量越差，但占用存储空间相对较少。一幅图像数字化所得到的最终结果是一个二维整数矩阵。

计算机一般采用两种方式存储静态图像：一种是位映射，即位图存储模式；另一种是矢量处理，也称矢量存储模式。位图也称为栅格图像，是用许多像素点表示一幅图像，每个像素具有颜色属性和位置属性。位图文件在有足够的文件量的前提下，能真实、细腻地反映图像的层次、色彩。矢量图只存储图像内容的轮廓部分，而不是存储图像数据的每一点。

位图可以分成二值图像、灰度图像、RGB 图像和索引图像 4 种。二值图像只存在 0、1两个值。灰度图像是具有多个量化级数的图像。RGB 图像每一个像素的颜色直接通过 R（红）、G（绿）、B（蓝） 3 个分量决定，每个分量分配一个 0～255 范围内的强度值。索引图像根据索引颜色的序号就找到像素的实际颜色。当把索引图像读入计算机时，索引颜色将被存储到调色板中。调色板是包含不同颜色的颜色表，每种颜色以红、绿、蓝 3 种颜色的组合来表示。调色板的单元个数是与图像的颜色数一致的。

常用的图像文件存储格式主要有 BMP 文件、JPEG 文件、PCX 文件、TIFF 文件及 GIF 文件等。不论哪种文件格式，其图像文件均有一个文件头，在文件头之后才是图像数据。文件头的内容一般包括文件类型、文件制作者、制作时间、版本号、文件大小等内容。各种图像文件的制作还涉及图像文件的压缩方式和存储效率等。

习题

1. 简述通常看到一幅场景的基本过程。

2. 人眼对彩色的感知来源于哪 3 个度量？彩色来源于哪三基色？

3. 阐述为什么同一场景不同的光照所形成的图像会有明暗之分，而同一光照条件但不同的场景所形成的图像可能会完全不同。

4. 解释色调、亮度和饱和度。

5. 实际应用中，RGB、CMY、YUV 空间分别用于哪些场合？

6. 图像的数字化包括哪些步骤？

7. 设有一幅陆地卫星拍摄的图像分辨率为 2340×3240，共 4 个波段，采样精度为 7 位，按每天 30 幅计，计算每天的数据量（以 MB 为单位）。

8. 什么是量化噪声？它是由什么引起的？

9. 试比较真彩色图像和索引图像的异同点。

10. 位图和矢量图在存储方式上有何不同点？

11. 通过 Internet 搜索 BMP、GIF、TIFF、JPEG 的主要应用场合。

## 第 3 章

图像增强

图像增强是数字图像处理的基本内容之一,其目的是突出图像中的有用信息,扩大图像中不同物体特征之间的差别,为图像的信息提取及其他图像分析技术奠定良好的基础。由于没有衡量图像增强质量的通用标准,图像增强往往和具体应用背景有较大的相关性。图像增强主要目的有两个:一是通过增强有用信息,抑制无用信息,从而改善图像的视觉效果;二是有利于人工和机器分析。图像增强包括内容广泛,如去掉图像的噪声、抽取图像某些目标的轮廓、图像的勾边处理、提取图像中的特征以及把黑白图像映射成为彩色图像等技术。图像增强可分为空域增强法和频域增强法两大类。空域增强直接对图像像素进行运算,频域增强则是在图像的某种变换域内,对图像的变换系数值进行运算,即作某种修正,然后通过逆变换获得增强了的图像。本章从空域增强和频域增强两个方面全面讨论图像增强方法。

3.1　概述

图像增强是数字图像处理的基本内容之一。一般情况下,经过增强处理后,图像的视觉效果会得到改善,某些特定信息得到增强。也就是说,图像增强处理只是突出了某些信息,增强了对某些信息的辨识能力,其他信息则被压缩了。因此,图像增强处理并不是一种无损处理,更不能增加原图像的信息,而是通过某种技术手段有选择地突出对某一具体应用有用的信息,削弱或抑制一些无用信息。例如,图像的平滑处理中经常采用低通滤波的增强方法。通过低通滤波,虽然消除了图像的噪声,但图像的空间纹理特征却被削弱了,图像从整体上显得比较模糊,换句话说,图像噪声的消除是以纹理信息的减弱为代价而实现的。

根据图像增强处理过程所在的空间不同,可分为基于空间域的增强方法和基于频率域的增强方法两类(图 3-1)。前者直接在图像所在的二维空间进行处理,即直接对每一像素的灰度值进行处理;后者则是首先经过傅里叶变换将图像从空间域变换到频率域,然后在频率域对频谱进行操作和处理,再将其反变换到空间域,从而得到增强后的图像。

基于空间域的增强方法按照所采用的技术不同可分为灰度变换和空域滤波两种方法。灰度变换是基于点操作的增强方法,它将每一个像素的灰度值按照一定的数学变换公式转换为一个新的灰度值,如增强处理中常用的对比度增强、直方图均衡化等方法。空域滤波是基于邻域处理的增强方法，它应用某一模板对每个像素及其周围邻域的所有像素进行某种数学运算，得到该像素的新的灰度值（即输出值），输出值的大小不仅与该像素的灰度值有关，而且还与其邻域内像素的灰度值有关，常用的图像平滑与锐化技术就属于空域滤波的范畴。

　　图像增强技术按所处理的对象不同还可分为灰度图像增强和彩色图像增强，按增强目的还可分为光谱信息增强、空间纹理信息增强和时间信息增强等。

　　对图像增强效果的评价可以从定性和定量两方面进行。定性主要从人的主观感觉出发，依靠图像的视觉效果进行评价。一般从图像的清晰度、色调、纹理等几个方面进行主观评价；对图像增强的定量分析，目前并没有统一的评价标准。一般可以从图像的信息量、标准差、均值、纹理度量值和具体研究对象的光谱特征等几方面与原始图像进行比较评价。定性分析尽管具有主观性，但却可以从一幅图像中有选择地对感兴趣的具体研究对象进行重点比较和评价，因此定性分析可以对图像的局部或具体研究目标进行评价。定量分析虽然比较客观公正，但通常是对一幅图像从整体上进行统计分析，很难对图像的局部或具体对象进行评价。而且由于定量分析是对整体图像的分析，容易受到噪声等因素的影响。因此，对图像增强效果的评价一般以定性分析为主。从根本上讲，图像增强效果的好坏除与具体算法有一定关系外，还与待增强图像的数据特征有直接关系。因此，一个对某一图像效果好的增强算法不一定适合于另一个图像。一般情况下，为了得到满意的图像增强效果，常常需要同时挑选几种合适的增强算法进行相当数量的试验，从中选出视觉效果比较好的、计算量相对小的、又满足要求的最优算法。

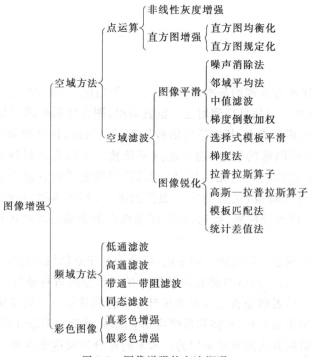

图 3-1　图像增强的方法概况

3.2 空域增强

空间域增强是指直接在图像所在的二维空间进行增强处理,即增强构成图像的像素。空间域增强方法主要有灰度变换增强、直方图变换增强、空间平滑滤波增强和图像锐化等。

3.2.1 灰度变换增强

灰度变换可使图像对比度扩展,图像清晰,特征明显。它是图像增强的重要手段。在图像空间所进行的灰度变换是一种点处理方法,它将输入图像中每个像素 (x,y) 的灰度值 $f(x,y)$,通过映射函数 $T(\cdot)$,变换成输出图像中的灰度 $g(x,y)$,即

$$g(x,y) = T[f(x,y)] \tag{3-1}$$

根据不同的应用要求,可以选择不同的变换函数,如正比函数和指数函数等。根据函数的性质,灰度变换的方法有以下几种:

(1) 线性灰度变换。

(2) 分段线性灰度变换。

(3) 非线性灰度变换。

对于线性灰度变换和非线性灰度变换,是直接应用确定的变换公式依次对每个像素进行处理,也称为直接灰度变换。

1. 线性灰度变换

在曝光不足或曝光过度,或景物本身灰度就比较小的情况下,图像灰度可能会局限在某一个很小的范围内,致使图像中细节分辨不清。正如灰色钮扣掉在与钮扣颜色相似的地毯上,很难找寻,原因就是它们亮度太接近。但是,如果白色钮扣掉在黑色的地毯上,很快就能找寻出来,原因就是它们亮度反差大。同样,对于灰度局限在某一个很小范围内的数字图像,如果采用线性函数对图像的每一个像素作线性扩展,扩大像素的对比度,将有效地改善图像视觉效果。该方法也称为线性拉伸,即将输入图像(原始图像)灰度值的动态范围按线性关系公式拉伸扩展至指定范围或整个动态范围。对于常见的 8 位灰度图像而言,其动态范围是 $[0,255]$。线性拉伸采用的变换公式一般为

$$g(x,y) = f(x,y) \cdot C + R \tag{3-2}$$

C、R 的值由输出图像的灰度值动态范围决定。

假定原始输入图像的灰度取值范围为 $[f_{\min}, f_{\max}]$,输出图像的灰度取值范围为 $[g_{\min}, g_{\max}]$,其变换公式为

$$g(x,y) = \frac{f(x,y) - f_{\min}}{f_{\max} - f_{\min}}(g_{\max} - g_{\min}) + g_{\min} \tag{3-3}$$

一般要求 $g_{\min} < f_{\min}, g_{\max} > f_{\max}$。对于 8 位灰度图像,则有

$$g(x,y) = \frac{f(x,y) - f_{\min}}{f_{\max} - f_{\min}} \times 255 \tag{3-4}$$

这一线性变换很容易具体实现,只需将原图像在 (x,y) 处的像素灰度值 $f(x,y)$ 代入式(3-3),即可得到增强后的图像在对应位置 (x,y) 处灰度值 $g(x,y)$。逐一扫描整幅图像,并进行同样的计算,就可以得到增强后的数字图像。对于 8 位灰度图像,则采用式(3-4)进

行计算。图 3-2 给出了线性拉伸的示意图，它表示将原始输入图像的灰度范围不加区别地扩展。

从图 3-2 可以看出，进行线性拉伸前，图像灰度集中在$[a,b]$之间，而进行线性拉伸后，图像灰度集中在$[a',b']$之间。可见，灰度范围得到了拉伸。图 3-3 给出了图像灰度变换前后效果对比。

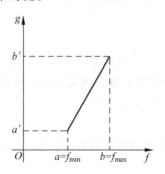

图 3-2　与式(3-3)对应的线性拉伸示意图

(a) 变换前　　　　　　　(b) 变换后

图 3-3　线性灰度变换

另一种情况，图像中大部分像素的灰度级在$[f_{\min},f_{\max}]$范围内，少部分像素分布在小于$f_{\min}$和大于$f_{\max}$的区间内，此时可用式(3-5)作变换，即

$$g(x,y)=\begin{cases}g_{\min}, & f(x,y)<f_{\min}\\ \dfrac{f(x,y)-f_{\min}}{f_{\max}-f_{\min}}(g_{\max}-g_{\min})+g_{\min}, & f_{\min}\leqslant f(x,y)<f_{\max}\\ g_{\max}, & f(x,y)\geqslant f_{\max}\end{cases} \quad (3-5)$$

这种两端截取的变换将会造成一小部分信息丢失。不过有时为了某种应用，做这种牺牲是值得的。例如，利用遥感资料分析降水时，在预处理中去掉非气象信息图，既可以减少运算量，又可以提高分析精度。

2. 分段线性灰度变换

线性拉伸可以将原始输入图像中的灰度值不加区别地扩展。在实际应用中，为了突出图像中感兴趣的研究对象，常常要求局部扩展拉伸某一范围的灰度值，或对不同范围的灰度值进行不同的拉伸处理，即分段线性拉伸。例如，某一幅图像，其亮的部分和暗的部分都是背景，中间灰度值是感兴趣的区域图像，此时就可以对灰度值大和小的两部分同时进行灰度压缩，而对中间灰度值进行拉伸。即将图像灰度区间分成两段乃至多段，分别作线性变换。

一般来讲，分段线性拉伸实际上是仅将某一范围的灰度值进行拉伸，而其余范围的灰度值实际上是被压缩了。图 3-4 给出了常用的几种分段线性拉伸的示意图，其中图 3-4(a)对应的变换公式如式(3-6)所示。

分段线性变换的优点是可以根据用户的需要，拉伸特征物体的灰度细节，相对抑制不感兴趣的灰度级。

$$g(x,y)=\begin{cases}\dfrac{a'}{a}\cdot f(x,y), & 0\leqslant f(x,y)<a\\ \dfrac{b'-a'}{b-a}\cdot(f(x,y)-a)+a', & a\leqslant f(x,y)<b\\ \dfrac{M'-a'}{M-a}\cdot(f(x,y)-b)+b', & b\leqslant f(x,y)<M\end{cases} \quad (3-6)$$

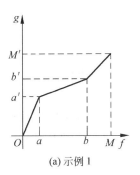
(a) 示例 1

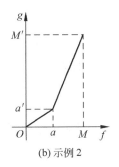
(b) 示例 2

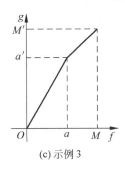
(c) 示例 3

图 3-4　分段线性拉伸示例

3. 非线性灰度变换

非线性拉伸不是对图像的整个灰度范围进行扩展,而是有选择地对某一灰度值范围进行扩展,其他范围的灰度值则有可能被压缩。与分段线性拉伸不同的是,非线性拉伸不是通过在不同灰度值区间选择不同的线性方程来实现对不同灰度值区间的扩展与压缩的,非线性拉伸在整个灰度值范围内采用统一的变换函数,利用变换函数的数学性质实现对不同灰度值区间的扩展与压缩。

下面介绍常用的 3 种非线性扩展方法。

（1）对数扩展

对数扩展的基本形式为

$$g(x,y) = \log[f(x,y)] \tag{3-7}$$

对数的底一般根据需要可以灵活选择,在实际应用中,一般取自然对数变换,具体形式为

$$g(x,y) = a + \frac{\ln[f(x,y)+1]}{b\ln c} \tag{3-8}$$

式中,a、b、c 都是可选择的参数;$f(x,y)+1$ 是为了避免对零求对数,确保 $\ln[f(x,y)+1] \geqslant 0$。$\ln[f(x,y)+1]=0$,$y=a$,则 a 为 y 轴上的截距,确定了变换曲线的初始位置变换关系,b 和 c 两个参数确定变换曲线的变换速率。对数扩展可以将图像的低亮度(灰度值)区进行大幅拉伸,但是高亮度区则被压缩了。其变换函数曲线如图 3-5(a)所示。

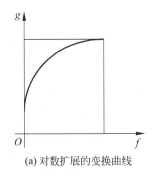
(a) 对数扩展的变换曲线

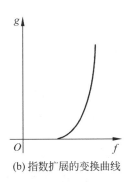
(b) 指数扩展的变换曲线

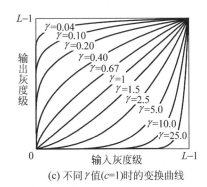
(c) 不同 γ 值($c=1$)时的变换曲线

图 3-5　对数、指数、幂次扩展的变换曲线

（2）指数扩展

指数扩展的基本形式为

$$g(x,y) = b^{f(x,y)} \qquad\qquad (3\text{-}9)$$

在实际应用中，为了增加变换的动态范围，一般需要加入一些调制参数。具体形式为

$$g(x,y) = b^{c[f(x,y)-a]} - 1 \qquad\qquad (3\text{-}10)$$

式中，参数 a、b、c 用于调整曲线的位置和形状。其中参数 a 可以改变曲线的起始位置，参数 c 可以改变曲线的变化速率，指数扩展可以对图像的高亮度区进行大幅扩展，其变换函数曲线如图 3.5(b)所示。

（3）幂次变换

幂次变换的基本形式为

$$g(x,y) = c[f(x,y)]^{\gamma} \qquad\qquad (3\text{-}11)$$

式中，c、γ 是正常数。不同的 γ 系数对灰度变换具有不同的响应。若 $\gamma < 1$，它对低灰度的放大程度大于高灰度的放大程度，导致图像的低灰度范围得以扩展而高灰度范围得以压缩，使得图像的整体亮度提高；若 $\gamma > 1$，则相反。图 3.5(c)给出了不同 γ 值（$c=1$）时的变换曲线。

图像获取、打印和显示等设备的输入/输出响应通常为非线性的，满足幂次关系。为了得到正确的输出结果，采取这种幂次关系进行校正的过程就称为 γ 校正。例如，阴极射线管显示器的输入强度与输出电压之间具有幂次关系，其 γ 值为 1.8～2.5，它显示的图像往往比期望的图像更暗。为了消除这种非线性变换的影响，可以在显示之前对输入图像进行相反的幂次变换，即若 $\gamma = 2.5$ 且 $c=1$，则以进行校正 $\hat{g}(x,y) = [f(x,y)]^{1/2.5}$。于是，校正后的输入图像经显示器显示后其输出与期望输出相符，即 $g(x,y) = \hat{g}(x,y)^{2.5} = f(x,y)$。

幂次变换与对数变换都可以扩展与压缩图像的动态范围。相比而言，幂次变换更具有灵活性，它只需改变 γ 值就可以达到不同的增强效果。但是，对数变换在压缩动态范围方面更有效。

3.2.2 直方图变换增强

直方图变换的图像增强技术是以概率统计学理论为基础的，常用的方法有直方图均衡化技术和直方图规定化（匹配）技术。

1. 灰度直方图

灰度直方图是灰度值的函数，它描述了图像中各灰度值的像素个数。通常用横坐标表示像素的灰度级别，纵坐标表示对应的灰度级出现的频率（像素的个数）。频率的计算式为

$$p(r) = n_r \qquad\qquad (3\text{-}12)$$

式中，n_r 为图像中灰度为 r 的像素数。图 3-6 是一幅原始图像和对应的灰度直方图。

常用的直方图是规格化和离散化的，即纵坐标用相对值表示。设图像总像素为 N，某一级灰度像素数为 n_r，则直方图为

$$p(r) = n_r/N \qquad\qquad (3\text{-}13)$$

灰度直方图是图像的重要特性，它反映了一幅图像的灰度分布情况，是图像处理中最常用的统计图之一，图像的明暗状况和对比度等特征都可以通过直方图反映出来，因此，可以通过修改直方图的方法来调整图像的灰度分布情况。例如，从图 3-7(a)、(b)的两个灰度密

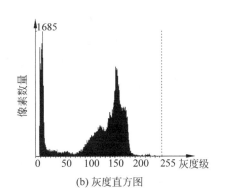

(a) 原始图像　　　　　　　　(b) 灰度直方图

图 3-6　原始图像和对应的灰度直方图

度分布函数中可以看出,图 3-7(a)所对应的图像中大多数像素灰度值取在较暗的区域,所以这幅图像肯定较暗,一般在摄影过程中曝光过强就会造成这种结果。而图 3-7(b)所对应的图像中像素灰度值集中在亮区,因此,图 3-7(b)所对应的图像特性将偏亮,一般在摄影中曝光太弱将导致这种结果。从两幅图像的灰度分布来看图像的质量均不理想,可通过修改直方图的方法来调整图像的灰度分布。

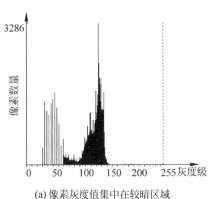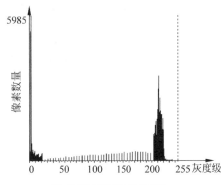

(a) 像素灰度值集中在较暗区域　　　　　　　(b) 像素灰度值集中在亮区

图 3-7　两幅不同的原始图像所对应的灰度直方图

2. 直方图的性质

直方图反映的是一幅图像的灰度值的概率统计特征,一幅图像的直方图基本上可以描述一幅图像的概貌,它具备以下性质:

(1) 直方图没有位置信息

由于直方图反映的是图像灰度值的概率统计特征,因此,一幅图像对应的直方图描述了该图像灰度的总体分布,无法体现像素灰度分布的位置信息。如在基于内容的图像检索中,如果两幅图像的直方图相同,只能认为这两幅图像可能是同一幅图像,但不能说肯定是同一幅图像,因为直方图反映的是整体特性,只能说这两幅图像灰度分布在整体上是相同的,但其位置分布是否一致无法确定。因此,可以利用直方图来初选,如果要进一步判断是否相同,还需考虑灰度位置分布是否相同。

(2) 直方图具有可叠加性

如果将一幅图像分成若干个区域,则每个区域都可以分别作直方图,而原图像的总直方图为各区直方图之和。各区的形状、大小可以随意选择。例如，如果两幅图像具有相同的直方图，可以进一步划分成9个矩形区域，并分别作出直方图，如果两幅图像在9个区域对应的直方图也相同，则这两幅图像相同的概率大大增加了。

（3）直方图的统计特征

常用的直方图的统计特征主要有以下几个：

① 矩。

$$m_i = \sum_{i=0}^{L-1} r^i p(r) \tag{3-14}$$

式中，r 为灰度级，$r=0,1,\cdots,L-1$；i 为矩的阶数。

② 绝对矩。

$$m_{ia} = \sum_{i=0}^{L-1} |r|^i p(r) \tag{3-15}$$

式中，r 为灰度级，$r=0,1,\cdots,L-1$；i 为矩的阶数。

③ 中心矩。

$$\mu_i = \sum_{i=0}^{L-1} (r-m_1)^i p(r) \tag{3-16}$$

式中，r 为灰度级，$r=0,1,\cdots,L-1$；i 为矩的阶数。

④ 绝对中心矩。

$$\mu_{ia} = \sum_{i=0}^{L-1} |r-m_1|^i p(r) \tag{3-17}$$

式中，r 为灰度级，$r=0,1,\cdots,L-1$；i 为矩的阶数。

⑤ 熵。

$$H_r = \sum_{i=0}^{L-1} p(r) \log_2 p(r) \tag{3-18}$$

式中，r 为灰度级，$r=0,1,\cdots,L-1$；i 为矩的阶数。

充分利用直方图的性质，可使图像灰度直方图在图像分析中发挥更大的作用。

3. 直方图均衡化

为了改变图像整体偏暗或整体偏亮，灰度层次不丰富的情况，可以将原图像的直方图通过变换函数修正为均匀的直方图，使直方图不再偏于低端，也不再偏于高端，而是变成比较均匀的分布，这种技术叫直方图均衡化。

设 r 和 s 分别表示原始图像灰度级和经过直方图均衡化以后的图像灰度级。为便于讨论，对 r 和 s 进行归一化，使

$$0 \leqslant r, \quad s \leqslant 1$$

归一化后，对于一幅给定的图像，灰度级分布在 $0 \leqslant r \leqslant 1$ 范围内。可以对 $[0,1]$ 区间内的任一个 r 值进行以下变换，即

$$s = T(r) \tag{3-19}$$

也就是说，通过上述变换，每个原始图像的像素灰度值 r 都对应产生一个 s 值。变换函数 $s=T(r)$ 应满足下列条件：

① 在 $0 \leqslant r \leqslant 1$ 的区间内，$T(r)$ 单值单调增加。

② 对于 $0 \leqslant r \leqslant 1$，有 $0 \leqslant T(r) \leqslant 1$。

这里的第①个条件保证了图像的灰度级从白到黑的次序不变。第②个条件则保证了映射变换后的像素灰度值在允许的范围内。满足这两个条件的变换函数的一个例子如图 3-8 所示。

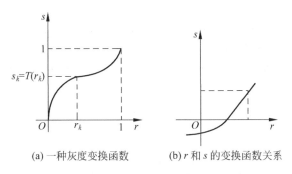

(a) 一种灰度变换函数   (b) r 和 s 的变换函数关系

图 3-8 灰度变换示意图

从 s 到 r 的反变换可用式(3-20)表示,即

$$r = T^{-1}(s) \tag{3-20}$$

由概率理论可知,如果已知随机变量 r 的概率密度为 $P_r(r)$,而随机变量 s 是 r 的函数,即 $s = T(r)$,则 s 的概率密度为 $P_s(s)$ 可以由 $P_r(r)$ 求出。

由于直方图的物理意义是属于某灰度 r 所包含的像素总数,某一段直方图也表示该段灰度范围所包含像素总数与经单调增函数的一对一映射变换到新的一段 s 灰度后所包含像素总数应相等,因此有

$$P_s(s)\mathrm{d}s = P_r(r)\mathrm{d}r \tag{3-21}$$

等式两边对 s 求导,有

$$P_s(s) = \frac{\mathrm{d}}{\mathrm{d}s}\left[\int_{-\infty}^{r} P_r(r)\mathrm{d}r\right] = P_r\frac{\mathrm{d}r}{\mathrm{d}s} = P_r\frac{\mathrm{d}}{\mathrm{d}s}\left[T^{-1}(s)\right] \tag{3-22}$$

均衡化直方图要求 $P_s(s)$ 为常数,可令

$$P_s(s) = 1$$

由式(3-22)有

$$\mathrm{d}s = P_r(r)\mathrm{d}r \tag{3-23}$$

两边积分,得

$$s = T(r) = \int_{0}^{r} P_r(r)\mathrm{d}r \tag{3-24}$$

式(3-24)右边为 $P_r(r)$ 的累积分布函数。它表明当变换函数为 r 的累积分布函数时,能达到直方图均衡化的目的。

上面的修正方法是以连续随机变量为基础进行讨论的。为了对图像数字进行处理,必须引入离散形式的公式。当灰度级是离散值的时候,可用频数近似代替概率值。下面将上述结论推广到离散数字图像。

设一幅图像的像元数为 n,共有 l 个灰度级,n_k 代表灰度级为 r_k 的像元的数目,则第 k 个灰度级出现的概率可表示为

$$P_r(r_k) = \frac{n_k}{n}, \quad 0 \leqslant r_k \leqslant 1 \quad k = 0,1,\cdots,l-1 \tag{3-25}$$

式(3-24)所表示的变换函数 $T(r)$ 可改写为

$$s_k = T(r_k) = \sum_{j=0}^{k} P_r(r_j) = \sum_{j=0}^{k} \frac{n_j}{n} \tag{3-26}$$

式中，$0 \leqslant r_k \leqslant 1, k = 0, 1, \cdots, l-1$。

可见，均衡化后各像素的灰度值 s_k 可直接由原图像的直方图算出。

4. 直方图均衡化的计算步骤及实例

下面通过两个具体的例子来说明如何对一幅图像进行直方图均衡化处理以及图像经过直方图均衡化增强后的效果。

例 3-1　假设有一幅大小为 64×64 的灰度图像，共有 8 个灰度级，其灰度级分布见表 3-1，现要求对其进行均衡化处理。

表 3-1　图像的灰度级分布表

原始直方图数据			均衡化后的直方图数据		
r_k	n_k	n_k/n	s_k	n_k	n_k/n
$r_0 = 0$	790	0.19	0	0	0.00
$r_1 = 1/7$	1023	0.25	$s_0 = 1/7$	790	0.19
$r_2 = 2/7$	850	0.21	0	0	0.00
$r_3 = 3/7$	656	0.16	$s_1 = 3/7$	1023	0.25
$r_4 = 4/7$	329	0.08	0	0	0.00
$r_5 = 5/7$	245	0.06	$s_2 = 5/7$	850	0.21
$r_6 = 6/7$	122	0.03	$s_3 = 6/7$	985	0.24
$r_7 = 1$	81	0.02	$s_4 = 1$	448	0.11

处理过程如下：

(1) 根据式(3-26)计算各灰度级的 s_k：

$$s_0 = T(r_0) = \sum_{j=0}^{0} P_r(r_j) = P_r(r_0) = 0.19$$

$$s_1 = T(r_1) = \sum_{j=0}^{1} P_r(r_j) = P_r(r_0) + P_r(r_1) = 0.19 + 0.25 = 0.44$$

依此类推，可计算得：$s_2 = 0.65$；$s_3 = 0.81$；$s_4 = 0.89$；$s_5 = 0.95$；$s_6 = 0.98$；$s_7 = 1$；图 3-9(b)给出了 s_k 和 r_k 之间的阶梯状关系，即转换函数。

(2) 对 s_k 进行舍入处理，由于原图像的灰度级只有 8 级，因此上述各 s_k 需用 1/7 为量化单位进行舍入运算，得到以下结果：

$$s_{0舍入} = 1/7 \quad s_{1舍入} = 3/7 \quad s_{2舍入} = 5/7 \quad s_{3舍入} = 6/7$$

$$s_{4舍入} = 1 \quad s_{5舍入} = 1/7 \quad s_{6舍入} = 1/7 \quad s_{7舍入} = 1/7$$

(3) s_k 的最终确定，由 s_k 的舍入结果可见，均衡化后的灰度级仅有 5 个级别，分别是 $s_0 = 1/7$、$s_1 = 3/7$、$s_2 = 5/7$、$s_3 = 6/7$、$s_4 = 1$。

(4) 计算对应每个 s_k 的像素数目，因为 $r_0 = 0$ 映射到 $s_0 = 1/7$，所以有 790 个像元取 s_0 这个灰度值；同样 r_1 映射到 $s_1 = 3/7$，因此有 1023 个像素取值 $s_1 = 3/7$；同理有 850 个像元取值 $s_2 = 5/7$；又因为 r_3 和 r_4 都映射到 $s_3 = 6/7$，所以有 $656 + 329 = 985$ 个像素取此灰度

值,同样有 $245+122+81=448$ 个像素取 $s_4=1$ 的灰度值,如表 3-1 所示。

均衡化后的直方图见图 3-9(c),可以看出,在离散情况下,直方图仅能接近于均匀概率密度函数,图 3-9(c)所示的结果虽然并不是理想的均衡化结果,但与原始直方图相比已有很大改善,原始图像灰度值偏低,图像整体上偏暗,直方图均衡化后,其亮度得到了较大的提升,灰度值分布比较均衡。

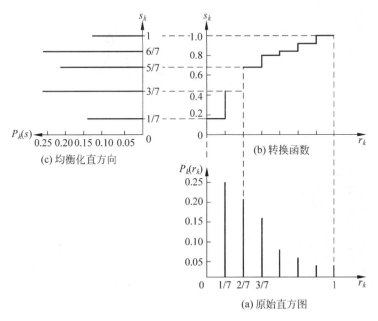

图 3-9　直方图均衡化

直方图均衡化一般会使原始图像的灰度等级减少,这是由于均衡化过程中要进行近似舍入所造成的。在例 3-2 中由 8 个灰度级缩减成了 5 个,被舍入合并的灰度级是原始图像上出现频率较低的灰度级。若这些灰度级构成的图像细节比较重要,则可以采用局部自适应的直方图均衡化技术,也可以采用增加像素位数的方法来减少由于灰度级合并所造成的灰度层次的损失。

例 3-2　直方图均衡化效果示例。图 3-10 给出了一幅图像的直方图均衡化的效果。图 3-10(a)和图 3-10(b)分别是原始图像和其直方图。由于原始图像的灰度值分布在较窄的区间,而且其亮度偏低,所以图像显得非常模糊,其相应的直方图则表现为动态范围较小且靠近坐标轴原点。经过均衡化增强后,图像的灰度值动态范围明显增加,图像的亮度也得到了提升,图像从整体上给人一种清晰的感觉(图 3-10(c)和图 3-10(d))。

由上面的例子可见,利用累积分布函数作为灰度变换函数,经变换后得到的新灰度的直方图虽然不很平坦,但毕竟比原始图像的直方图平坦得多,而且其动态范围也大大扩展了。因此这种方法对于对比度较弱的图像进行处理是很有效的。

5. 直方图规定化

直方图均衡化的优点是能增强整个图像的对比度,提升图像的亮度,从而得到的直方图是在整个灰度级动态范围内近似均匀分布的直方图。直方图均衡化处理方法是行之有效的增强方法之一。但是,由于它的变换函数采用的是累积分布函数,因此它只能产生近似均匀

(a) 原始图像

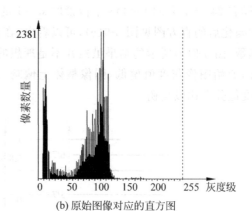

(b) 原始图像对应的直方图

(c) 均衡化后的图像

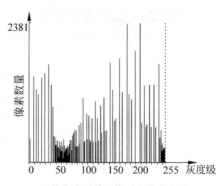

(d) 均衡化后的图像对应的直方图

图 3-10　直方图均衡化图像

的直方图的结果，这样就必须会限制它的效能。也就是说，在实际应用中，并不是总需要具有均匀直方图的图像，有时需要具有特定直方图的图像，以便能够有目的地对图像中的某些灰度级分布范围内的图像加以增强。换句话说，希望可以人为地改变直方图的形状，使之成为某个特定的形状。直方图规定化方法就是针对上述思想提出来的一种直方图修正增强方法，它可以按照预先设定的某个形状来调整图像的直方图。下面仍然从研究连续灰度级的概率密度函数出发来讨论直方图规定化的基本思想。

假设 $P_r(r)$ 和 $P_z(z)$ 分别表示原始图像和目标图像（即希望得到的图像）灰度分布的概率密度函数，直方图规定化的目的就是调整图像的直方图，使之具有 $P_z(z)$ 所表示的形状。如何建立 $P_r(r)$ 和 $P_z(z)$ 之间的联系是直方图规定化处理的关键。

首先对原始图像进行直方图均衡化处理，即求变换函数

$$s = T(r) = \int_0^r P_r(\omega)\,\mathrm{d}\omega \tag{3-27}$$

假定已经得到了目标图像，并且它的概率密度函数是 $P_z(z)$。对这幅图像也可用同样的变换函数进行均衡化处理，即

$$u = G(z) = \int_0^z P_z(\omega)\,\mathrm{d}\omega \tag{3-28}$$

因为对于两幅图像（注意，这两幅图像只是灰度分布概率密度不同）同样做了均衡化处

理,所以 $P_s(s)$ 和 $P_u(u)$ 具有同样的均匀密度。其中,式(3-28)的逆过程为

$$z = G^{-1}(u) \tag{3-29}$$

这样,如果用从原始图像中得到的均匀灰度级 s 来代替逆过程中的 u,其结果灰度级将是所要求的概率密度函数 $P_z(z)$ 的灰度级。

$$z = G^{-1}(u) = G^{-1}(s) \tag{3-30}$$

6. 直方图规定化的计算步骤及实例

根据以上的分析,可以总结出直方图规定化增强处理的步骤如下:

(1) 用直方图均衡化方法将原始图像按式(3-27)做直方图均衡化处理。

(2) 按照目标图像的灰度级概率密度函数 $P_z(z)$,并用式(3-28)得到变换函数 $G(z)$。

(3) 用(1)中得到的灰度级 s 替代 u,按式(3-30)做逆变换:$z = G^{-1}(s)$。

经过上述 3 步处理得到的新图像的灰度级将具有事先规定的概率密度 $P_z(z)$。在上述直方图规定化方法处理过程中包含 $T(r)$ 和 $G^{-1}(s)$ 两个变换函数,实际应用中可将这两个函数简单地组合成一个函数关系。利用这个函数关系可以从原始图像产生所希望的灰度分布。将 $s = T(r) = \int_0^r P_r(\omega)\mathrm{d}\omega$ 代入式(3-30),有

$$z = G^{-1}[T(r)] \tag{3-31}$$

式(3-31)就是用 r 来表示 z 的公式。很显然,从该式可以看出,一幅图像不用直方图均衡化就可以实现直方图规定化,即求出 $T(r)$ 并与 $G^{-1}(s)$ 组合在一起,再对原始图像施以变换即可。如果 $G^{-1}[T(r)] = T(r)$ 时,这个式子就简化为直方图均衡化方法了。

这种方法在连续变量的情况下涉及求反变换函数解析式的问题,在一般情况下这是比较困难的事情。但是由于数字图像处理是对离散变量的处理,因此可用近似的方法绕过这个问题,从而克服该困难。

下面仍然通过两个具体实例来说明直方图规定化的具体过程及实际效果。

例 3-3 采用 64×64 像素的图像,其灰度级仍然是 8 级。其直方图如图 3-11(a)所示,图 3-11(b)是规定的直方图,图 3-11(c)为变换函数,图 3-11(d)为处理后的结果直方图。原始直方图和规定的直方图的数值分别列于表 3-2 和表 3-3 中,经过直方图均衡化处理后的直方图数值列于表 3-4 中。

表 3-2 原始直方图数据

r_k	n_k	$P_k(r_k)$
$r_0 = 0$	790	0.19
$r_1 = 1/7$	1023	0.25
$r_2 = 2/7$	850	0.21
$r_3 = 3/7$	656	0.16
$r_4 = 4/7$	329	0.08
$r_5 = 5/7$	245	0.06
$r_6 = 6/7$	122	0.03
$r_7 = 1$	81	0.02

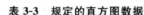

表 3-3　规定的直方图数据

z_k	$P_k(z_k)$
$z_0 = 0$	0.00
$z_1 = 1/7$	0.00
$z_2 = 2/7$	0.00
$z_3 = 3/7$	0.15
$z_4 = 4/7$	0.20
$z_5 = 5/7$	0.30
$z_6 = 6/7$	0.20
$z_7 = 1$	0.15

表 3-4　均衡化处理后的直方图数据

$r_t \rightarrow s_k$	n_k	$P_t(s_k)$
$r_0 \rightarrow s_0 = 1/7$	790	0.19
$r_1 \rightarrow s_1 = 3/7$	1023	0.25
$r_2 \rightarrow s_2 = 5/7$	850	0.21
$r_3 + r_4 \rightarrow s_3 = 6/7$	985	0.24
$r_5 + r_6 + r_7 \rightarrow s_4 = 1$	448	0.11

具体计算步骤如下：

(1) 对原始图像进行直方图均衡化映射处理的数列于表 3-4 的 n_k 栏内。

(2) 利用式 $u_k = G(z_k) = \sum\limits_{i=0}^{k} P_z(z_j)$ 计算变换函数。

$$u_0 = G(z_0) = \sum_{j=0}^{0} P_z(z_j) = P_z(z_0) = 0.00$$

$$u_1 = G(z_1) = \sum_{j=0}^{1} P_z(z_j) = P_z(z_0) + P_z(z_1) = 0.00$$

$$u_2 = G(z_2) = \sum_{j=0}^{2} P_z(z_j) = P_z(z_0) + P_z(z_1) + P_z(z_2) = 0.00$$

$$u_3 = G(z_3) = \sum_{j=0}^{3} P_z(z_j) = P_z(z_0) + P_z(z_1) + P_z(z_2) + P_z(z_3) = 0.15$$

依此类推，有

$$u_4 = G(z_4) = \sum_{j=0}^{4} P_z(z_j) = 0.35$$

$$u_5 = G(z_5) = \sum_{j=0}^{5} P_z(z_j) = 0.65$$

$$u_6 = G(z_6) = \sum_{j=0}^{6} P_z(z_j) = 0.85$$

$$u_7 = G(z_7) = \sum_{j=0}^{7} P_z(z_j) = 1$$

上述结果记录了 u_k 与 z_k 之间的正变换关系，同时也记录了两者间的逆变换关系，即 $z_k = G^{-1}(u_k)$，为下一步用步骤(1)中得到的 s_k 代替 u_k 进行逆变换奠定了基础。图 3-11(c) 给出了由此确定的变换函数。

(3) 用直方图均衡化中的 s_k 进行 G 的反变换，求 $z_k = G^{-1}(s_k)$。

这一步实际上是近似过程，也就是说找出 s_k 与 $G(z_k)$ 的最接近的值。例如，$s_0 = 1/7 \approx 0.14$，与它最接近的是 $G(z_3) = 0.15$，所以可写成 $G^{-1}(0.15) = z_3$。用这样的方法可得到下列变换值：

$$s_0 = \frac{1}{7} \rightarrow z_3 = \frac{3}{7}, \quad s_1 = \frac{3}{7} \rightarrow z_4 = \frac{4}{7}$$

$$s_2 = \frac{5}{7} \rightarrow z_5 = \frac{5}{7}, \quad s_3 = \frac{6}{7} \rightarrow z_6 = \frac{6}{7}$$

$$s_4 = 1 \rightarrow z_7 = 1$$

(4) 用 $z = G^{-1}[T(r)]$ 找出 r 与 z 之间的映射关系。根据这些映射重新分配像素的灰度级，并用 $n = 4096$ 去除，可得到对原始图像直方图规定化增强的最终结果。

$$r_1 = \frac{1}{7} \rightarrow z_4 = \frac{4}{7}, \quad r_2 = \frac{2}{7} \rightarrow z_5 = \frac{5}{7}$$

$$r_3 = \frac{3}{7} \rightarrow z_6 = \frac{6}{7}, \quad r_4 = \frac{4}{7} \rightarrow z_6 = \frac{6}{7}$$

$$r_5 = \frac{5}{7} \rightarrow z_7 = 1, \quad r_6 = \frac{6}{7} \rightarrow z_7 = 1$$

$$r_7 = 1 \rightarrow z_7 = 1$$

计算结果见表 3-5。由图 3-11(d)可见，结果直方图与规定直方图之间仍存在一定的差距，结果直方图并不很接近希望的形状，与直方图均衡化的情况一样。这是由于从连续到离散的转换过程中对此近似引入了离散误差的原因造成的，只有在连续的情况下，求得准确的反变换函数才能得到准确的结果。而且在灰度级减少时，这种规定的和最后得到的直方图之间的误差有增大的趋势。但从实践应用中的情况看，尽管直方图规定化是一种近似的直方图，其增强效果还是很明显的。

表 3-5 结果直方图数据

z_k	n_k	$P_t(z_k)$
$z_0 = 0$	0	0.00
$z_1 = 1/7$	0	0.00
$z_2 = 2/7$	0	0.00
$z_3 = 3/7$	790	0.19
$z_4 = 4/7$	1023	0.25
$z_5 = 5/7$	850	0.21
$z_6 = 6/7$	985	0.24
$z_7 = 1$	448	0.11

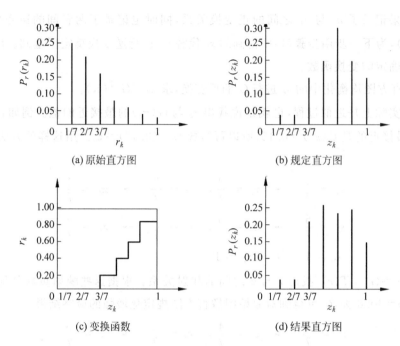

图 3-11　直方图规定化处理方法

3.2.3　空间平滑滤波增强

任何一幅原始图像,在获取和传输过程中,都会受到各种噪声的干扰,使图像退化,质量下降。图像平滑化的主要目标就是既能消除这些随机噪声,又不使图像的边缘轮廓和线条变模糊。图像平滑化处理方法有空域法和频域法两大类。本节主要讨论空域的平滑化处理方法。

空域平滑滤波器的设计比较简单,常用的有邻域平均法和中值滤波法,前者是线性的,而后者则是非线性的。

1. 邻域平均法

邻域平均法是一种直接在空间域上进行平滑的技术。该技术是基于这样一种假设:图像由许多灰度恒定的小块组成,相邻像素间存在很高的空间相关性,而噪声则相对独立。基于以上假设,可以将一个像素及其邻域内的所有像素的平均灰度值赋给平滑图像中对应的像素,从而达到平滑的目的,又称其为均值滤波或局部平滑法。

最简单的邻域平均法称为非加权邻域平均,它均等地对待邻域中的每个像素。

设有一幅图像大小为 $N \times N$ 的图像 $f(x,y)$,用邻域平均法得到的平滑图像为 $g(x,y)$,则有

$$g(x,y) = \frac{1}{M} \sum_{i,j \in s} f(i,j) \tag{3-32}$$

式中,$x,y = 0,1,\cdots,N-1$;s 为 (x,y) 邻域中像素坐标的集合;M 为集合 s 内像素的总数。常用的邻域有 4-邻域和 8-邻域。

非加权邻域平均法可以用模板形式进行描述,并通过卷积求得,即在待处理图像中逐点地移动模板,求模板系数与图像中相应像素的乘积之和。

在具体实现时,模板与图像值卷积时,模板中系数 $w(0,0)$ 应位于图像对应于 (x,y) 的位置。对于一个尺寸为 $m \times n$ 的模板,假设 $m = 2a+1$ 且 $n = 2b+1$,这里 a、b 为非负整数,即模板长与宽通常都为奇数,如 3×3、5×5、3×5 等。图 3-12 所示为 3×3 的模板,在图像中的点 (x,y) 处,用该模板求得的响应为

$$R = w(-1,-1) \cdot f(x-1,y-1) + w(-1,0) \cdot f(x-1,y) + \cdots$$
$$+ w(0,0) \cdot f(x,y) + \cdots + w(1,0) \cdot f(x+1,y) + w(1,1) \cdot f(x+1,y+1)$$

$$(3-33)$$

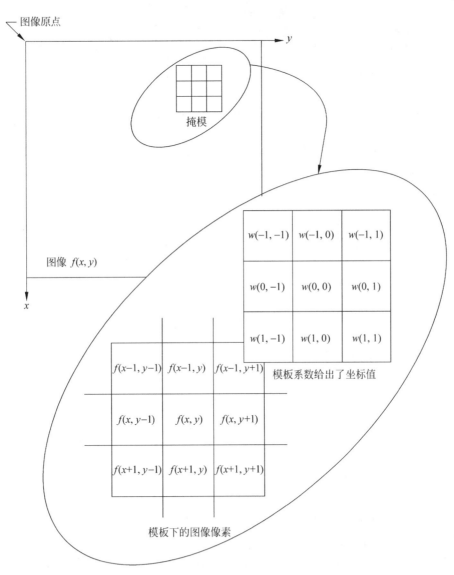

图 3-12 空间滤波过程

在非加权邻域平均法中,所有模板系数均为 1。图 3-13 给出了非加权邻域平均 3×3 模板。图 3-14 给出了邻域平均法的增强效果,图 3-14(a)所示为含有随机噪声的灰度图像,图 3-14(b)、图 3-14(c)、图 3-14(d)是分别用 3×3、5×5、7×7 模板得到的平滑图像。

$$\frac{1}{9} \times$$

1	1	1
1	1	1
1	1	1

图 3-13　3×3 非加权均值滤波器模板

(a) 含有随机噪声　　(b) 3×3模板　　　(c) 5×5模板　　　(d) 7×7模板
　　的灰度图像

图 3-14　非加权邻域平均法的增强效果

另一种邻域平均法称为加权邻域平均法。在加权邻域平均法中，所有模板系数可以有不同的权值1。图 3-15 给出了 3×3 加权均值滤波器模板，图 3-15(a)是一般形式，图 3-15(b)是一具体实例。

W_1	W_2	W_3
W_4	W_5	W_6
W_7	W_8	W_9

$$\frac{1}{16} \times$$

1	2	1
2	4	2
1	2	1

（a）一般形式　　　　　　　　　（b）具体实例

图 3-15　3×3 加经均值滤波器模板

对于一幅 $M \times N$ 的图像，经过一个 $m \times n(m$、n 为奇数)的加权均值滤波的过程可用式(3-34)给出，即

$$g(x,y) = \frac{\sum_{s=-a}^{a} \sum_{t=-b}^{b} w(s,t) f(x+s,y+t)}{\sum_{s=-a}^{a} \sum_{t=-b}^{b} w(s,t)} \tag{3-34}$$

式中，$a=(m-1)/2$ 且 $b=(n-1)/2$，分母是模板系数总和，为一常数。为了得到完整的滤波图像，必须对 $x=0,1,2,\cdots,M-1$ 和 $y=0,1,2,\cdots,N-1$ 依次运用式(3-34)。

从图 3-15 可以看出，一些像素比另一些像素更重要。对于图 3-15(b)所示的模板，处于模板中心位置的像素比其他任何像素的权值都要大，因此，在均值计算中给定的这一像素显得更为重要。而距离模板中心较远的其他像素就显得不太重要。由于对角项离中心比正交方向相邻的像素更远，所以，它的重要性要比与中心直接相邻的4个像素低。把中心点加强为最高，而随着距中心点距离的增加减小系数值，是为了减小平滑处理中的模糊。也可以采取其他权重达到相同的目的。然而，图 3-15(b)所示模板中的所有系数的和应该为16，这很便于计算机实现，因为它是2的整数次幂。在实践中，由于这些模板在一幅图像中所占的区域很小，通常很难看出使用图 3-15(b)所示的各种模板或用其他类似手段平滑处理后的

图像之间的区别。

　　例 3-4　给定图 3-16 所示的图像数据 $f(x,y)$,图像坐标原点位于 $(0,0)$ 处,在仅考虑 3×3 模板覆盖的图像数据的情况下,运用图 3-15(b)所示的模板计算 $f(7,5)$(用圆圈标出)的像素平滑后 $g(7,5)$ 的像素值。

```
18 17 19 17 21  29  45 59 65  59 58 66 67 61 69 60
22 20 20 17 19  25  51 65 82  90 84 74 73 78 57 56
27 23 23 18 17  21  42 47 66  90 97 90 84 86 58 61
28 25 24 21 19  21  24 24 30  50 77 95 93 84 79 77
26 24 24 23 22  23  26 38 37  28 43 77 93 88 102 91
24 20 20 21 22  23  40 68 75  47 29 48 80 97 109 97
23 16 15 17 19  19  36 55 73  68 44 33 58 92 108 103
23 14 11 13 15  15  16 12 36  69 64 35 42 77 108 110
18 21 20 19 16   7   8 14 31  60 63 30 32 98 106 118
19 18 13 13 18  17   5 11 23  48 57 38 45 84 122 128
21 18 10 13 28  35  29 42 51  53 46 40 63 104 140 137
22 24 15 18 35  46  58 77 82  60 35 42 90 140 152 140
21 27 19 21 35  42  46 53 52  38 72 131 172 164 146
20 26 24 31 46  52  28 14 13  31 70 128 174 167 180 156
20 26 36 60 88 101  74 55 63  99 138 178 196 186 190 163
22 28 50 91 133 152 149 140 160 189 197 201 198 182 192 165
```

图 3-16　原始图像数据

　　解　将图 3-15(b)所示的模板权系数和图 3-16 用矩形圈出的 3×3 邻域数据代入式(3-33),得

$$
\begin{aligned}
g(7,5)=&\frac{1}{16}\big[f(6,4)w(-1,-1)+f(7,4)w(-1,0)+f(8,4)w(-1,1)\\
&+f(6,5)w(0,-1)+f(7,5)w(0,0)+f(8,5)w(0,1)\\
&+f(6,6)w(1,-1)+f(7,6)w(1,0)+f(8,6)w(1,1)\big]\\
=&\frac{1}{16}\big[26\times1+39\times2+37\times1+40\times2+68\times4+75\times2\\
&+36\times1+55\times2+73\times1\big]\\
=&53.875\approx54
\end{aligned}
$$

　　在该例中,仅仅通过对一个像素 $f(7,5)$ 用加权平均平滑时进行了计算。在编程实现过程中,需要扫描整幅图像,对每一个像素进行处理。由于例子中采用 3×3 滤波模板,因此,在对图像滤波时,图像最边缘一行或一列不进行处理。同理,若采用 5×5 滤波模板,则对图像滤波时,图像最边缘两行或两列不进行处理。

　　该算法简单、运算速度快。但主要缺点是在降低噪声的同时使得图像模糊,尤其是在边缘和细节处,邻域越大,模糊程度越厉害。

　　为了克服简单局部平均法的弊病,可在如何选择邻域的大小、形状和方向,如何选择参数平均的点数以及邻域各点的权重系数进行考虑。式(3-35)给出一种称为超限像素平均法的图像平滑方法,即

$$
\hat{f}(x,y)=\begin{cases}\dfrac{1}{M}\sum_{i,j\in S}f(i,j) & \mid f(x,y)-\dfrac{1}{M}\sum_{i,j\in S}f(i,j)\mid>T\\ f(x,y) & 否则\end{cases}\tag{3-35}
$$

　　超限像素平均法对抑制椒盐噪声有效,对保护有微小灰度差的细节和纹理有效。

2. 中值滤波法

邻域平均法虽然可以平滑图像,但在消除噪声的同时,会使图像中的一些细节变得模糊。中值滤波则在消除噪声的同时还能保持图像中的细节部分,防止边缘模糊,与邻域平均法不同,中值滤波是一种非线性滤波。它首先确定一个奇数像素窗口 W,窗口内各像素按灰度值从小到大排序后,用中间位置灰度值代替原灰度值。设增强图像在 (x,y) 的灰度值为 $f(x,y)$,增强图像在对应位置 (x,y) 的灰度值为 $g(x,y)$,则有

$$g(x,y) = \text{median}\{f(x-k,y-l),k,l \in W\} \tag{3-36}$$

式中, W 为选定窗口大小。

由于中值滤波不是通过对邻域内的所有像素求平均值来消除噪声,而是让与周围像素灰度值的差比较大的像素改取近似于周围像素灰度值的值,从而达到消除噪声的目的。

例 3-5 给定如图 3-16 所示的图像数据 $f(x,y)$,在仅考虑 3×3 窗口对应图像数据的情况下,运用 3×3 窗口计算 $f(7,5)$ 经中值滤波后在 $g(x,y)$ 的灰度值 $g(7,5)$。

解 将图 3-16 用矩形圈出的 3×3 邻域数据代入式(3-36),得

$$g(x,y) = \text{median}\{26,39,37,40,68,75,36,55,73\}$$
$$= \text{median}\{26,36,37,39,40,55,68,73,75\}$$
$$= 40$$

图 3-17 给出了中值滤波的平滑结果,图 3-17(a)所示为含有随机噪声的灰度图像,图 3-17(b)、图 3-17(c)、图 3-17(d)是分别用 3×3、5×5、7×7 模板得到的平滑图像。从图 3-17 与图 3-14 比较可以看出,中值滤波的效果要优于均值滤波的效果,图像中的边缘轮廓比较清晰。

(a) 含随机噪声　　(b) 3×3模板　　(c) 5×5模板　　(d) 7×7模板
的灰度图像

图 3-17　中值滤波效果

需要指出的是,应用空间平滑滤波方法编程进行图像平滑时,应注意下面两点:

(1) 模板的大小与平滑效果直接相关,模板越大,平滑的效果越明显,但会造成图像边缘信息的损失,模板的大小要在保证消除噪声的前提下尽可能保持图像的边缘信息。编程时,一般可考虑通过对话框的设置使用户可以灵活选择甚至自定义模板的大小及模板系数,模板的大小一般定为奇数,且不超过 11×11,如 3×3、5×5、7×7 等。

(2) 平滑处理属于邻域处理技术,因此图像边界处的行、列不能进行平滑处理,所以循环次数应小于图像的行列数,一般可取 $N-2$(假定图像大小为 $N \times N$)。对于图像边界处的像素可以通过边界拓展的方法(如边界补 0)进行处理,也可以运用一维中值滤波单独对边缘行或列进行处理,从而达到平滑边界像素的目的。

3.3 频域增强

如前所述,变换域增强是首先经过某种变换(如傅里叶变换)将图像从空间域变换到变换域,然后在变换域对频谱进行操作和处理,再将其反变换到空间域,从而得到增强后的图像。在变换域处理中最为关键的预处理便是变换处理。这种变换一般是线性变换,其基本线性运算式是严格可逆的,并且满足一定的正交条件。在图像增强处理中,最常用的正交变换是傅里叶变换。当采用傅里叶变换进行增强时,把这种变换域增强称为频域增强。

3.3.1 傅里叶变换

傅里叶变换是大家所熟知的正交变换,在一维信号处理中得到了广泛应用。把这种处理方法推广到图像处理中是很自然的事。本节将对傅里叶变换的基本概念及算法作一些讨论。

1. 一维傅里叶变换

设 $f(x)$ 为实变量 x 的连续可积函数,则 $f(x)$ 的傅里叶变换定义为

$$F(u) = \int_{-\infty}^{+\infty} f(x)e^{-j2\pi ux}\,dx \tag{3-37}$$

式中,j 为虚数单位;x 为时域变量;u 为频域变量。

从 $F(u)$ 恢复 $f(x)$ 称为傅里叶反变换,定义为

$$f(x) = \int_{-\infty}^{+\infty} F(u)e^{j2\pi ux}\,du \tag{3-38}$$

如果令 $\omega = 2\pi u$,则正变换和反变换分别为

$$F(\omega) = \int_{-\infty}^{+\infty} f(x)e^{-j\omega x}\,dx \tag{3-39}$$

$$f(x) = \frac{1}{2\pi}\int_{-\infty}^{+\infty} F(\omega)e^{j\omega x}\,d\omega \tag{3-40}$$

注意,正反傅里叶变换的唯一区别是幂的符号。函数 $f(x)$ 和 $F(u)$[或 $f(x)$ 和 $F(\omega)$]通常称作一个傅里叶变换对,对于任一函数 $f(x)$,其傅里叶变换函数 $F(u)$ 是唯一的;反之亦然。

函数 $f(x)$ 的傅里叶变换一般是一个复数,它可以由式(3-41)表示,即

$$F(u) = R(u) + jI(u) \tag{3-41}$$

式中,$R(u)$、$I(u)$ 分别为 $F(u)$ 的实部和虚部。$F(u)$ 为复平面上的矢量,它的幅度和相角为

幅度

$$|F(u)| = \sqrt[2]{R^2(u) + I^2(u)} \tag{3-42}$$

相角

$$\Phi(u) = \arctan\frac{I(u)}{R(u)} \tag{3-43}$$

$|F(u)|$ 称为 $f(x)$ 的傅里叶谱,而 $\Phi(u)$ 称为相位谱。谱的平方称为 $f(x)$ 的能量谱,即

$$E(u) = |F(u)|^2 = R^2(u) + I^2(u) \tag{3-44}$$

例 3-6 $f(x)$ 为一简单函数,如图 3-18(a)所示,求其傅里叶变换 $F(u)$。

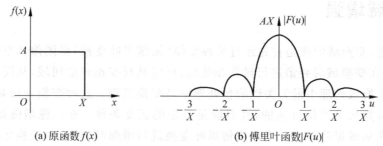

(a) 原函数 $f(x)$ (b) 傅里叶函数 $|F(u)|$

图 3-18 一维傅里叶变换举例

解
$$F(u) = \int_{-\infty}^{\infty} f(x)\exp[-j2\pi ux]\mathrm{d}x$$
$$= \int_{0}^{X} A\exp[-j2\pi ux]\mathrm{d}x$$
$$= \frac{A}{\pi u}\sin(\pi uX)\exp[-j\pi uX]$$

其傅里叶谱为

$$|F(u)| = AX\left|\frac{\sin(\pi uX)}{\pi uX}\right|$$

$f(x)$ 的幅度谱 $|F(u)|$ 如图 3-18(b)所示。

2. 二维傅里叶变换

傅里叶变换可推广到二维函数。如果二维函数 $f(x,y)$ 是连续可积函数,则有下面二维傅里叶变换对存在:

$$F(u,v) = \int_{-\infty}^{\infty}\int_{-\infty}^{\infty} f(x,y)\exp[-j2\pi(ux+vy)]\mathrm{d}x\mathrm{d}y \tag{3-45}$$

$$f(x,y) = \int_{-\infty}^{\infty}\int_{-\infty}^{\infty} F(u,v)\exp[j2\pi(ux+vy)]\mathrm{d}u\mathrm{d}v \tag{3-46}$$

与一维傅里叶变换类似,二维傅里叶变换的幅度谱和相位谱为

$$|F(u,v)| = \sqrt[2]{R^2(u,v)+I^2(u,v)} \tag{3-47}$$

$$\Phi(u,v) = \arctan\frac{I(u,v)}{R(u,v)} \tag{3-48}$$

$$E(u,v) = |F(u,v)|^2 = R^2(u,v)+I^2(u,v) \tag{3-49}$$

式中,$F(u,v)$ 为幅度谱;$\Phi(u,v)$ 为相位谱;$E(u,v)$ 为能量谱。

例 3-7 给定二维函数 $f(x,y)$ 如图 3-19 所示,求其傅里叶变换 $F(u,v)$。

解
$$f(x,y) = \begin{cases} A & 0 \leqslant x \leqslant X, 0 \leqslant y \leqslant Y \\ 0 & x > X, x < 0; y > Y, y < 0 \end{cases}$$

$$F(u,v) = \int_{-\infty}^{+\infty}\int_{-\infty}^{+\infty} f(x,y)\mathrm{e}^{-j2\pi(ux+vy)}\mathrm{d}x\mathrm{d}y$$

$$= \int_{0}^{X}\int_{0}^{Y} A\mathrm{e}^{-j2\pi(ux+vy)}\mathrm{d}x\mathrm{d}y$$

$$= A\int_{0}^{X}\mathrm{e}^{-j2\pi ux}\mathrm{d}x\int_{0}^{Y}\mathrm{e}^{-j2\pi vy}\mathrm{d}y$$

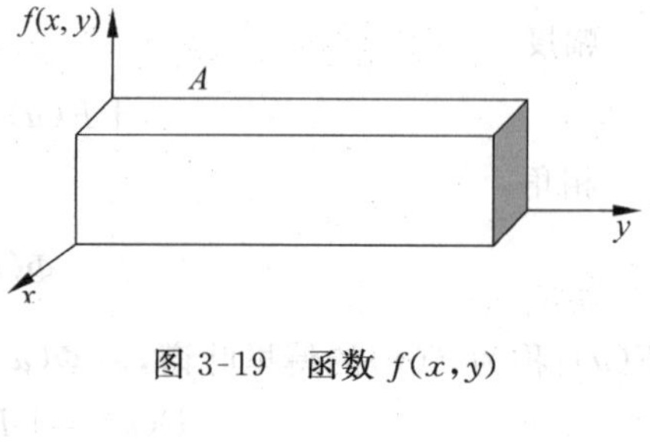

图 3-19 函数 $f(x,y)$

$$= A\left[-\frac{e^{-j2\pi ux}}{j2\pi u}\right]_0^X\left[-\frac{e^{-j2\pi vx}}{j2\pi v}\right]_0^Y$$

$$= \left(-\frac{A}{j2\pi u}\right)\left[e^{-j2\pi ux}-1\right]\left(-\frac{A}{j2\pi v}\right)\left[e^{-j2\pi vx}-1\right]$$

$$= AXY\left[\frac{\sin(\pi uX)e^{-j\pi ux}}{\pi uX}\right]\left[\frac{\sin(\pi vY)e^{-j\pi vy}}{\pi vY}\right]$$

其傅里叶谱表示为

$$|F(u,v)| = AXY\left|\frac{\sin(\pi uX)}{\pi uX}\right|\cdot\left|\frac{\sin(\pi vY)}{\pi vY}\right|$$

3. 离散傅里叶变换

连续函数的傅里叶变换是波形分析的有力工具,这在理论分析中无疑具有很大的价值。而离散傅里叶变换使得数学方法与计算机技术建立了联系,为傅里叶变换在实用中开辟了一条宽阔的道路。因此,它不仅具有理论价值,而且在某种意义上说也有了更重要的实用价值。

(1) 一维离散傅里叶变换

设 $f(x)$ 用 N 个互相间隔 Δx 单位的采样方法来离散化,成为一个序列,即

$$\{f(x_0),f(x_0+\Delta x),\cdots,f(x_0+[N-1]\Delta x)\} \tag{3-50}$$

若我们规定

$$f(x) = f(x_0+\Delta x) \tag{3-51}$$

这样可把 x 作为离散值 $x=0,1,2,\cdots,N-1$,就可以用 $\{f(0),f(1),\cdots,f(N-1)\}$ 表示 $\{f(x_0),f(x_0+\Delta x),\cdots,f(x_0+[N-1]\Delta x)\}$ 的等间隔的采样值序列,用这种表示法,则采样函数的离散傅里叶变换对为

$$F(u) = \frac{1}{N}\sum_{x=0}^{x=N-1}f(x)\exp[-j2\pi ux/N] \tag{3-52}$$

$$f(x) = \sum_{\mu=0}^{N-1}F(u)\exp[j2\pi ux/N] \tag{3-53}$$

式中,$u=0,1,2,\cdots,N-1$,也类似于 x 相应为 $0,\Delta u,2\Delta u,\cdots,(N-1)\Delta u$,即 $F(u)=F(u\Delta u)$ 且 $\Delta u=1/N\Delta u$。

式(3-52)称为离散傅里叶变换(DFT),式(3-53)则称为离散傅里叶反变换(IDFT),两者构成一个离散傅里叶变换对。由式(3-52)和式(3-53)可见,离散傅里叶变换是直接处理离散时间信号的傅里叶变换。

(2) 二维离散傅里叶变换

类似于一维傅里叶变换,对 M 行 N 列二维离散图像 $f(x,y)$ 的傅里叶变换式为

$$F(u,v) = \frac{1}{MN}\sum_{x=0}^{M-1}\sum_{y=0}^{N-1}f(x,y)\exp[-j2\pi ux/M+vy/N], \quad u,v=0,1,\cdots,N-1 \tag{3-54}$$

$$f(x,y) = \sum_{u=0}^{M-1}\sum_{v=0}^{N-1}F(u,v)\exp[-j2\pi ux/M+vy/N], \quad x,y=0,1,\cdots,N-1 \tag{3-55}$$

4. 离散傅里叶变换应用中的问题

离散傅里叶变换在计算机图像处理中应用的第一个问题是计算的中间过程和结果要图像化。对 DFT 来讲不但 $f(x,y)$ 是图像,$F(u,v)$ 也要用图像来显示其结果。第二个问题是要尽量加快其计算速度。从软件角度,要不断改进算法。另一途径为专用 FFT 硬件,它不但体积小而且速度快。

（1）频谱的图像显示

谱图像就是把$|F(u,v)|$作为亮度显示在屏幕上。但在傅里叶变换中，$F(u,v)$随u、v衰减太快，直接显示高频项只看到一两个峰，其余都不清楚。为了符合图像处理中常用图像来显示结果的惯例，通常用$D(u,v)$来代替，以弥补只显示$|F(u,v)|$不够清楚这一缺陷。$D(u,v)$定义为

$$D(u,v) = \log(1+|F(u,v)|) \tag{3-56}$$

图3-20给出一维傅里叶变换原频谱$|F(u)|$图形和$D(u)$图形的差别。原$|F(u)|$图形只有中间几个峰可见[图3-20(a)]，图3-20(b)所示为处理后$D(u)$的图形。

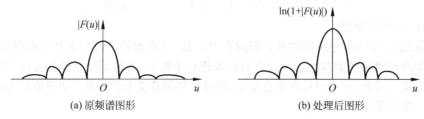

(a) 原频谱图形　　　　　　　　(b) 处理后图形

图3-20　$|F(u)|$的对数图像

实用的公式还要用K系数调整显示的图像，即

$$D(u,v) = \log(1+K|F(u,v)|) \tag{3-57}$$

式中，K为常数，常选K的范围在$1\sim10$之间，可调节显示最大值和最小值的比例。

谱的显示加深了对图像的视觉理解。如一幅遥感图像受正弦网纹的干扰，从频谱图上立即可指出干扰的空间频率，并可方便地从频域去除。

（2）频谱的频域移中

常用的傅里叶正反变换公式都是以零点为中心的公式，其结果中心最亮点却在图像的左上角，作为周期性函数，其中心最亮点将分布在四角，这和正常的习惯不同，因此，需要把这个图像的零点移到显示的中心，如把$F(u,v)$的原零点从左上角移到显示屏的中心。

当周期为N时，应在频域移动$N/2$。利用傅里叶的频域移动的性质，即

$$F(u-u_0,v-v_0)\Leftrightarrow f(x,y)\exp[j2\pi(u_0 x+v_0 y)/N] \tag{3-58}$$

当$u_0=v_0=N/2$时，

$$\exp[j2\pi(u_0 x+v_0 y)/N] = \exp[j\pi(x+y)] = (-1)^{x+y}$$

$$F(u-N/2,v-N/2)\Leftrightarrow f(x,y)(-1)^{x+y} \tag{3-59}$$

从公式可看出，在做傅里叶变换时，先把原图像$f(x,y)$乘以$(-1)^{x+y}$，然后再进行傅里叶变换，其结果谱就是移$N/2$的$F(u,v)$。其频谱图为$|F(u,v)|$，见图3-21。应当注意，显示是为了观看，而实际$F(u,v)$数据仍在内存中保留。

(a) 原图像　　　　　　　　　(b) 傅里叶变换

图3-21　图像的 FFT 变换

离散傅里叶变换已成为数字信号处理的重要工具。然而,它的计算量较大,运算时间长,在某种程度上限制了它的使用范围。因此,需要有快速的运算方法。目前,从软件角度已经有快速傅里叶变换算法(FFT)。快速傅里叶算法大大提高了运算速度,在某些应用场合已可能做到实时处理,并且开始应用于控制系统。快速傅里叶变换(FFT)并不是一种新的变换,它是离散傅里叶变换的一种算法。这种方法是在分析离散傅里叶变换中的多余运算的基础上,进而消除这些重复工作的思想指导下得到的,所以在运算中大大节省了工作量,达到了快速运算的目的。从硬件角度讲也有专用 FFT 硬件。关于快速算法及其硬件实现这里就不作详细介绍了。

3.3.2 频域滤波增强

频域滤波增强技术是在频率域空间对图像进行滤波,因此需要将图像从空间域变换到频率域,一般通过傅里叶变换即可实现。

假定原图像 $f(x,y)$,经傅里叶变换为 $F(u,v)$,频率域增强就是选择合适的滤波器函数 $H(u,v)$,对 $F(u,v)$ 的频谱成分进行调整,然后经逆傅里叶变换得到增强的图像 $g(x,y)$。该过程可以通过下面流程描述,即

$$f(x,y) \xrightarrow{\text{DFT}} F(u,v) \xrightarrow[\text{滤波}]{H(u,v)} G(u,v) \xrightarrow{\text{IDFT}} g(x,y)$$

其中,

$$G(u,v) = H(u,v) \cdot F(u,v) \tag{3-60}$$

这里,$H(u,v)$ 称为传递函数或滤波器函数。在图像增强中,待增强的图像 $f(x,y)$ 是已知的,因此 $F(u,v)$ 可由图像的傅里叶变换得到。实际应用中,首先需要确定的是 $H(u,v)$,然后就可以求得 $G(u,v)$,对 $G(u,v)$ 求傅里叶反变换后即可得到增强的图像 $g(x,y)$。$g(x,y)$ 可以突出 $f(x,y)$ 的某一方面的特征,如利用传递函数 $H(u,v)$ 突出 $F(u,v)$ 的高频分量,以增强图像的边缘信息,即高通滤波;反之,如果突出 $F(u,v)$ 的低频分量,就可以使图像显得比较平滑,即低通滤波。在介绍具体的滤波器之前,先根据以上的描述给出频域滤波的主要步骤:

(1) 对原始图像 $f(x,y)$ 进行傅里叶变换得到 $F(u,v)$。

(2) 将 $F(u,v)$ 与传递函数 $H(u,v)$ 进行卷积运算得到 $G(u,v)$。

(3) 将 $G(u,v)$ 进行傅里叶逆变换得到增强图像 $g(x,y)$。

可以看出,频域滤波的核心在于如何确定传递函数,即 $H(u,v)$。

1. 低通滤波

图像从空间域变换到频率域后,其低频分量对应图像中灰度值变化比较缓慢的区域,而高频分量则表征了图像中物体的边缘和随机噪声等信息。低通滤波是指保留低频分量,而通过滤波器函数 $H(u,v)$ 减弱或抑制高频分量的过程。因此,低通滤波与空域中的平滑滤波器一样可以消除图像中的随机噪声,减弱边缘效应,起到平滑图像的作用。常用的频率域低通滤波器 $H(u,v)$ 有 4 种。

(1) 理想低通滤波器

一个二维的理想低通滤波器的传递函数为

$$H(u,v) = \begin{cases} 1 & \text{如果 } D(u,v) \leqslant D_0 \\ 0 & \text{如果 } D(u,v) > D_0 \end{cases} \tag{3-61}$$

式中，D_0 为一个非负整数；D 为从点 (u,v) 到频率平面原点的距离，即

$$D(u,v) = \sqrt{u^2 + v^2} \tag{3-62}$$

图 3-22 给出了理想低通滤波器的剖面图和三维透视图。理想低通滤波器的含义是指小于 D_0 的频率，即以 D_0 为半径的圆内的所有频率分量可以完全无损地通过，而圆外的频率，即大于 D_0 的频率分量则完全被除掉。

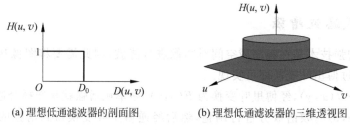

(a) 理想低通滤波器的剖面图   (b) 理想低通滤波器的三维透视图

图 3-22   理想低通滤波器的剖面图和三维透视图

应当指出的是，本节讨论的所有滤波器函数都是以坐标原点径向对称的，对于一个图像所对应的 $N \times N$ 频率矩阵，坐标原点已经转移到这个矩形的中心，因而滤波器是在图 3-22(a) 所示的二维平面上，由该剖面绕 $H(u,v)$ 轴旋转 $360°$ 所得到的。尽管理想低通滤波器在数学上定义得非常清楚，但在截断频率处 (D_0) 直上直下的理想低通滤波器是不能用实际的电子器件实现的。理想低通滤波器的平滑作用非常明显，但由于变换有一个陡峭的波形，它的反变换 $H(x,y)$ 有强烈的振铃特性。由于在变换域中 $F(u,v)$ 和 $H(u,v)$ 相乘相当于在空域中振铃波形与原图像 $f(x,y)$ 相卷积，这种振铃使滤波后图像产生模糊效果。因此，这种理想低通滤波实用中不被采用。图 3-23 给出了原图像及变换后有振铃现象的图像。

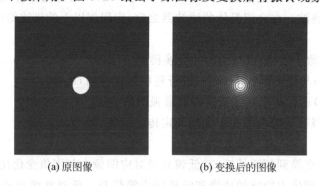

(a) 原图像   (b) 变换后的图像

图 3-23   原图像及有振铃现象的图像

由于图像变换域中 $F(u,v)$ 的幅度随 u、v 的增加衰减很快，也就是说其能量在变换域中集中在低频区域。以理想低通滤波作用于 $N \times N$ 的数字图像为例，其总能量为

$$E_A = \sum_{u=0}^{N-1} \sum_{v=0}^{N-1} \mid F(u,v) \mid = \sum_{u=0}^{N-1} \sum_{v=0}^{N-1} \mid [R^2(u,v) + I^2(u,v)]^{\frac{1}{2}} \mid \tag{3-63}$$

若变换域已经以原点为中心，则当理想低通滤波的 D_0 变化时，通过的能量和总能量 E

比值必然与 D_0 有关,而 $D_0(u,v)=[u_0^2+v_0^2]^{\frac{1}{2}}$ 可表示 u、v 的通过能量百分数。

$$\alpha = 100\left[\sum_\mu \sum_v \frac{E(u,v)}{E_A}\right] \tag{3-64}$$

式中,u、v 是以 D_0 为半径的圆所包括的全部 u 和 v。用图 3-24 表示 α 和半径的关系。这个能量比例的概念十分有用。从图中可以看出反映边缘信息的高频部分的能量是很少的,即半径为 5 的较小的范围却包含了能量的 90%,半径为 22 时已包含能量的 98%。式中 E_A 为总能量。其半径为 100 时(即 D_0)包含全部能量,这时低通滤波器半径 r 的变化和所包含总能量的关系如表 3-6 所示。

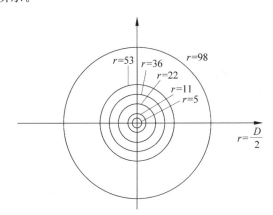

图 3-24　低通滤波的能量和 D_0 的关系

表 3-6　半径 r 与包含总能量的关系

半径 r	包含总能量/%
5	90.0
11	96.0
22	98.0
36	99.0
53	99.5
98	99.9

(2) 巴特沃斯低通滤波器

巴特沃斯(Butterworth)低通滤波器的传递函数为

$$H(u,v) = \frac{1}{1+\left[\dfrac{D(u,v)}{D_0}\right]^{2n}} \tag{3-65}$$

式中,D_0 为截止频率;n 为函数的阶。一般情况下,取使 $H(u,v)$ 最大值下降至原来的 $1/2$ 时的 $D(u,v)$ 为截止频率 D_0。图 3-25 给出了 $H=0.5$,阶 $n=1$ 时的巴特沃斯低通滤波器的剖面示意图。实际应用中,有时也取使 $H(u,v)$ 最大值下降至原来的 $1/\sqrt{2}$ 的 $D(u,v)$ 为截止频率 D_0,其传递函数为

$$H(u,v) = \frac{1}{(\sqrt{2}-1)}\left[\frac{D(u,v)}{D_0}\right]^{2n} \tag{3-66}$$

与理想低通滤波器不同,巴特沃斯低通滤波器的特点是在通过频率与截止频率之间没有明显的不连续性,不会出现"振铃"现象,其效果好于理想低通滤波器。

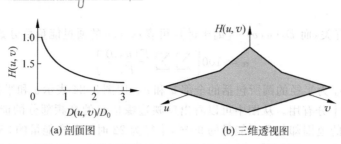

(a) 剖面图　　　　　　　(b) 三维透视图

图 3-25　巴特沃斯低通滤波器的剖面图和三维透视图

（3）指数低通滤波器

指数低通滤波器的传递函数为

$$H(u,v) = \mathrm{e}^{-\left[\frac{D(u,v)}{D_0}\right]^n}\tag{3-67}$$

一般情况下，取使 $H(u,v)$ 最大值下降至原来的 $1/2$ 时的 $D(u,v)$ 为截止频率 D_0，其剖面图如图 3-26 所示。与巴特沃斯低通滤波器一样，指数低通滤波器从通过频率到截止频率之间没有明显的不连续性，而是存在一个平滑的过渡带。指数低通滤波器实用效果比巴特沃斯低通滤波器稍差，但仍无明显的振铃现象。

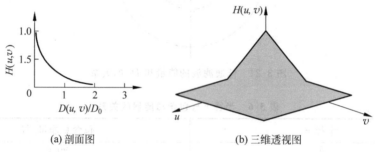

(a) 剖面图　　　　　　　(b) 三维透视图

图 3-26　指数低通滤波器的剖面图和三维透视图

（4）梯形低通滤波器

梯形低通滤波器的传递函数为

$$H(u,v) = \begin{cases} 1 & D(u,v) < D_0 \\ [D(u,v) - D_1]/(D_0 - D_1) & D_0 \leqslant D(u,v) \leqslant D_1 \\ 0 & D(u,v) > D_1 \end{cases}\tag{3-68}$$

梯形低通滤波器的剖面图如图 3-27(a)所示。可以看出，在 D_0 的尾部包含有一部分高频分量（$D_1 > D_0$），因而，结果图像的清晰度较理想低通滤波器有所改善，振铃效应也有所减弱。应用时可调整 D_1 值，既能达到平滑图像的目的，又可以使图像保持足够的清晰度。

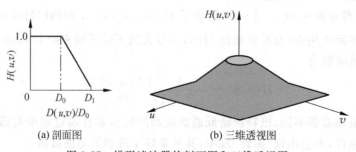

(a) 剖面图　　　　　　　(b) 三维透视图

图 3-27　梯形滤波器的剖面图和三维透视图

在应用低通滤波器对图像进行处理时,一定要注意二维图像傅里叶变换的主要能量集中在低频分量,在频谱图上则体现为其能量集中在频谱的中心,图 3-28(a)所示为一幅 256×256 的图像,图 3-28(b)表示它的傅里叶频谱。当截止频率到原点的距离 $D_0=5$ 时,理想低通滤波器将保存能量的 90%,当 $D_0=11$ 时,通过的能量迅速增加,低通滤波器将保存能量的 95%,当 $D_0=22$ 时,则可以保存总能量的 98%,当 $D_0=45$ 时,则可以保存总能量的 99%,图 3-28(c)、图 3-28(d)、图 3-28(e)、图 3-28(f)分别给出了相应 D_0 的滤波效果。因此,合理地选取 D_0 是应用低通滤波器平滑图像的关键。

(a) 原图像　　　　　(b) 傅里叶频谱　　　　　(c) $D_0=5$ 时的滤波

(d) $D_0=11$ 时的滤波　　　　　(e) $D_0=22$ 时的滤波　　　　　(f) $D_0=45$ 时的滤波

图 3-28　低通滤波结果

2. 高通滤波

图像的边缘、细节主要在高频部分得到反映,而图像的模糊是由于高频成分比较弱产生的。为了消除模糊,突出边缘,可以采用高通滤波的方法,使低频分量得到抑制,从而达到增强高频分量,使图像的边缘或线条变得清晰,实现图像的锐化。常用的高通滤波器有以下几种:

(1) 理想高频滤波器

理想高频滤波器的转移函数为

$$H(u,v) = \begin{cases} 0 & D(u,v) \leqslant D_0 \\ 1 & D(u,v) > D_0 \end{cases} \tag{3-69}$$

式中,D_0 为截止频率,$D(u,v)=(u^2+v^2)^{1/2}$ 时点 (u,v) 到频率平面原点的距离。它的透视图和剖面图分别如图 3-29 所示。

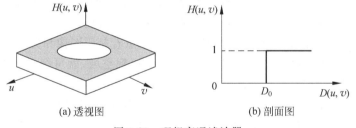

(a) 透视图　　　　　　　　　(b) 剖面图

图 3-29　理想高通滤波器

（2）巴特沃斯滤波器

n 阶高通具有 D_0 截止频率的巴特沃斯高通滤波器滤波函数定义为

$$H(u,v) = \frac{1}{\left[1 + \left(\dfrac{D_0}{D(u,v)}\right)\right]^{2n}} \tag{3-70}$$

和低通滤波一样，$D(u,v)$ 定义为从点 (u,v) 到频率平面原点的距离，即

$$D(u,v) = \sqrt{u^2 + v^2} \tag{3-71}$$

同样，对截止频率的定义有两种：一种是在 D_0 点 $H(u,v)$ 降至 $1/2$，另一种是降至 $1/\sqrt{2}$。常用 $1/\sqrt{2}$ 半功率点的定义，则有

$$H(u,v) = \frac{1}{\left[1 + (\sqrt{2} - 1)\left(\dfrac{D_0}{D(u,v)}\right)^{2n}\right]} \tag{3-72}$$

（3）指数滤波器

具有截止频率为 D_0 的指数高通滤波函数的转移函数定义为

$$H(u,v) = \exp\left[-\left(\frac{D_0}{D(u,v)}\right)^n\right] \tag{3-73}$$

同样，n 可控制指数函数 $H(u,v)$ 的增长率。当 $H(u,v)$ 降至 $1/\sqrt{2}$ 时为 D_0，则

$$H(u,v) = \exp\left[\left(\ln\frac{1}{\sqrt{2}}\right)\left(\frac{D_0}{D(u,v)}\right)^n\right] \tag{3-74}$$

（4）梯形高通滤波器

梯形高通滤波器的滤波函数由式（3-75）给出，即

$$H(u,v) = \begin{cases} 0 & D(u,v) < D_1 \\ (D_0 - D_1)/(D(u,v) - D_1) & D_1 \leqslant D(u,v) \leqslant D_0 \\ 1 & D(u,v) > D_0 \end{cases} \tag{3-75}$$

式中，设 $D_0 > D_1$，把第一个转折点定义为 D_0，而 D_1 只要小于 D_0 即可。

以上 4 种滤波函数的选用类似于低通。理想高通有明显振铃，从而使图像的边缘模糊不清。而巴特沃斯高通效果较好，但计算复杂，其优点是有少量低频通过，故 $H(u,v)$ 是渐变的，振铃不明显；指数高通效果比巴特沃斯差些，但振铃也不明显；梯形高通的效果是微有振铃，但计算简单，故较常用。

从以上 4 种高通滤波的讨论可知，加强了高频分量，但是由于低频通过太少，故处理后图像仍不清晰。理想的方案是把多种处理方法综合使用。例如，每次频域处理之后，再用空域处理，如直方图均衡化修正，这样处理后，图像效果更好，轮廓更加突出，图像更加清晰。

3. 带阻滤波与带通滤波

在某些情况下，信号或图像中的有用成分和希望除掉的成分主要分别出现在频谱的不同频段，这时允许或阻止特定频段通过的传递函数就非常有用。例如，遥感图像传到地面时常有网络状干扰信号，这种干扰信号用频谱分桥的观点看是原图像和另一干扰图像的叠加。若在频域中设法把这些频带去掉或阻挡掉，再反变换到空域，就可把空域网络图形干扰去掉。这就叫做带阻滤波。干扰的邻域图形多为 (u_0,v_0) 和 $(-u_0,-v_0)$ 两点成对出现，如图 3-30（a）所示。这样可在点 (u_0,v_0) 和 $(-u_0,-v_0)$ 某个圆形邻域 D 处设计带阻滤波器，即抑制以 (u_0,v_0) 为中心，D_0 为半径的邻域中所有频率都阻止通过的滤波器。它的滤波函数为

$$H_R(u,v) = \begin{cases} 0 & D(u,v) \leqslant D_0 \\ 1 & D(u,v) > D_0 \end{cases} \tag{3-76}$$

式中，$D_0 = \left[(u-u_0)^2 + (v-v_0)^2\right]^{\frac{1}{2}}$。

若消去围绕原点的一个径向频带，理想的带阻滤波器函数为

$$H_R(u,v) = \begin{cases} 1 & 若\ D(u,v) < D_0 - W/2 \\ 0 & 若\ D_0 - W/2 \leqslant D(u,v) \leqslant D_0 + W/2 \\ 1 & 若\ D(u,v) > D_0 + W/2 \end{cases} \tag{3-77}$$

式中，W 为阻带的宽度；D_0 为阻带的中心半径，如图 3-30(b)所示。

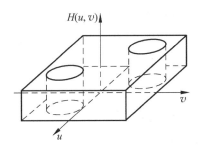 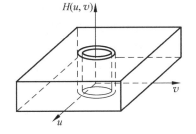

(a) 消去对称圆形邻域的带阻滤波器　　　(b) 消去绕原点径向频带的带阻滤波器

图 3-30　带阻滤波

和带阻滤波器相反的是带通滤波器，它的公式可由带阻滤波器的公式得到。带通滤波器 $H_P(u,v)$ 可用带阻滤波器公式表示为

$$H_P(u,v) = -\left[H_R(u,v) - 1\right] \tag{3-78}$$

4. 同态滤波

图像 $f(x,y)$ 是由光源产生的照度场 $i(x,y)$ 和目标(景物或照片)的反射系数场 $r(x,y)$ 的共同作用下产生的，且前者可以表达成后两者的乘积，即

$$f(x,y) = i(x,y)r(x,y) \tag{3-79}$$

上述"照明-反射"模型可以用作为频率域中同时压缩图像的亮度范围和增强图像的对比度的基础。但是，在频率域中却不能直接对照度场和反射系数场频率分量分别进行独立的操作。因为根据傅里叶变换理论及式(3-79)，在频率域中，两者是不可分的。换句话说，$F\{f(x,y)\} \neq F\{i(x,y)\}F\{r(x,y)\}$，这里符号 $F\{\}$ 表示对 $\{\}$ 中的函数进行傅里叶变换。然而，如果定义

$$z(x,y) = \ln f(x,y) = \ln i(x,y) + \ln r(x,y) \tag{3-80}$$

则有

$$F\{z(x,y)\} = F\{\ln f(x,y)\} = F\{\ln i(x,y)\} + F\{\ln r(x,y)\} \tag{3-81}$$

或者

$$Z(u,v) = I(u,v) + R(u,v) \tag{3-82}$$

式中，$I(u,v)$、$R(u,v)$ 分别是 $\ln i(x,y)$ 和 $\ln r(x,y)$ 的傅里叶变换。

如果通过一个传递函数 $H(u,v)$ 对 $Z(u,v)$ 进行处理，根据式(3-82)，有

$$S(u,v) = H(u,v)Z(u,v) = H(u,v)I(u,v) + H(u,v)R(u,v) \tag{3-83}$$

式中，$S(u,v)$ 为所要求的结果的傅里叶变换。在空间域中，有

$$s(x,y) = F^{-1}\{H(u,v)Z(u,v)\}$$
$$= F^{-1}\{H(u,v)I(u,v)\} + F^{-1}\{H(u,v)R(u,v)\} \tag{3-84}$$

若令

$$i'(x,y) = F^{-1}\{H(u,v)I(u,v)\} \tag{3-85}$$

以及

$$r'(x,y) = F^{-1}\{H(u,v)R(u,v)\} \tag{3-86}$$

则式(3-84)可以表示成

$$s(x,y) = i'(x,y) + r'(x,y) \tag{3-87}$$

最后，由于 $z(x,y)$ 可以通过对原始图像取自然对数而得到，因此可以通过对式(3-87)求自然数的逆过程而获得所要的增强后的图像 $g(x,y)$。也就是说

$$g(x,y) = \exp[s(x,y)] = \exp[i'(x,y)]\exp[r'(x,y)]$$
$$= i_0(x,y)r_0(x,y) \tag{3-88}$$

这里

$$i_0(x,y) = \exp[i'(x,y)] \tag{3-89}$$

$$r_0(x,y) = \exp[r'(x,y)] \tag{3-90}$$

分别是输出图像的照明成分和反射成分。

同态滤波过程可以用图 3-31 描述。从图 3-31 可以看出，同态滤波方法的关键在于利用式(3-82)的形式将图像中的照明分量和反射分量分开。这样同态滤波函数 $H(u,v)$ 就可以分别作用在这两个分量上。由于图像中的照明分量往往具有变化缓慢的特征，而反射分量则倾向于剧烈变化，特别是在不同物体的交界处，所以图像对数的傅里叶变换后的低频部分主要对应照度分量，而高频部分对应反射分量。这样可以设计一个对傅里叶变换结果的高频和低频分量影响不同的滤波函数 $H(u,v)$。选择 $H_L<1,H_H>1$，$H(u,v)$ 就会一方面减弱图像中的低频分量，而另一方面加强图像中的高频分量，最终结果是既压缩了图像的动态范围又增加了图像相邻各部分之间的对比度，因此可以用于消除图像中的乘性噪声。图 3-32 给出了同态滤波函数的剖面图，图 3-33 给出了一个利用同态滤波进行增强的实例。

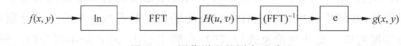

图 3-31　图像增强的同态滤波法

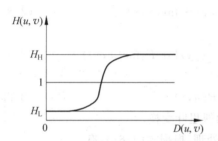

图 3-32　同态滤波函数的剖面图

(a) 原图　　　　　(b) 同态滤波增强结果

图 3-33　同态滤波增强实例

3.4 图像的锐化

图像锐化的目的是使灰度反差增强,从而增强图像中边缘信息,有利于轮廓抽取。因为轮廓或边缘就是图像中灰度变化率最大的地方。因此,为了把轮廓抽取出来,就要找一种方法把图像的最大灰度变化处找出来。

3.4.1 基于一阶微分的图像增强——梯度算子

梯度对应的是一阶导数,梯度算子是一阶导数算子。对一个图像 $f(x,y)$ 函数,它在位置 (x,y) 处的梯度可定义为梯度算子,即

$$G[f(x,y)] = \left[\left(\frac{\partial f}{\partial x} \right)^2 + \left(\frac{\partial f}{\partial y} \right)^2 \right]^{\frac{1}{2}} \tag{3-91}$$

梯度算子是图像处理中最常用的一阶微分算法,式(3-91)中 $f(x,y)$ 表示图像的灰度值,图像梯度的最重要性质是梯度方向,是在图像灰度最大变化率上,它恰好可以反映出图像边缘上的灰度变化。其定义为

$$\phi(x,y) = \arctan \frac{\left(\frac{\partial f}{\partial y} \right)}{\left(\frac{\partial f}{\partial x} \right)} \tag{3-92}$$

以上两式中的偏导数需要对每个像素位置计算,而实际上在数字图像中求导数是利用一阶差分近似一阶微分来进行的,即可以用一阶差分代替一阶微分,有

$$\begin{cases} \dfrac{\partial f}{\partial x} = f(i, j+1) - f(i,j) \\ \dfrac{\partial f}{\partial y} = f(i,j) - f(i+1, j) \end{cases} \tag{3-93}$$

求梯度时对于平方和运算及开方运算,可以用两个分量的绝对值之和表示,即

$$G(i,j) \approx \left\{ \left(\frac{\partial f}{\partial x} \right)^2 + \left(\frac{\partial f}{\partial y} \right)^2 \right\}^{\frac{1}{2}} \approx \left| \frac{\partial f}{\partial x} \right| + \left| \frac{\partial f}{\partial y} \right| \tag{3-94}$$

其中,j 对应于 X 轴方向,i 对应于 Y 负轴方向。对于边缘检测算子的数学分析,读者可能看起来有些吃力,不过不要紧,因为在实际中常用小区域模板卷积法来近似计算。其基本思想就是对式(3-91)中,X、Y 方向的偏导数各用一个模板,即需要两个模板组合起来以构成一个梯度算子。也就是说,对于边缘检测,有若干个检测模板(或边缘检测矩阵)可以直接实现检测功能。下面介绍几种常用的边缘检测实现算子和检测模板。其中 $G(i,j)$ 表示处理后的 (i,j) 点的灰度值,$f(i,j)$ 表示处理前该点的灰度值。求梯度幅值时对于平方和及开方运算,可以用两个分量的绝对值之和来表示。

除梯度算子外,还可以采用 Roberts 算子、Prewitt 和 Sobel 算子来计算梯度。

1. Roberts 算子

Roberts(罗伯特)边缘检测算子又称为梯度交叉算子,是一种利用局部差分算子寻找边缘的算子。梯度幅值计算近似方法如图 3-34 所示。

(i,j)	$(i,j+1)$
$(i+1,j)$	$(i+1,j+1)$

图 3-34　Roberts 算子梯度幅值计算示意图

(i,j) 为当前像素的位置,其计算式为

$$G(i,j) = \left| f(i,j) - f(i+1,j+1) \right| + \left| f(i+1,j) - f(i,j+1) \right| \qquad (3-95)$$

它是由两个 2×2 模板组成。用卷积模板表示为

$$G(i,j) = \left| G_x \right| + \left| G_y \right| \qquad (3-96)$$

式中,$G_x = \begin{bmatrix} 1. & 0 \\ 0 & -1 \end{bmatrix}$,$G_y = \begin{bmatrix} 0. & 1 \\ -1 & 0 \end{bmatrix}$,标注·的是当前像素的位置。

2. Sobel 算子

Roberts 算子简单直观,但边缘检测的效果显然不好。1970 年前后 Sobel 提出了一个算子,这就是 Sobel 算子。Sobel 算子梯度幅值计算如图 3-35 所示。(i,j) 为当前像素点,梯度幅值计算式为

$$
\begin{aligned}
G(i,j) = &\left| f(i-1,j+1) + 2f(i,j+1) + f(i+1,j+1) - f(i-1,j-1) \right. \\
&\left. - 2f(i,j-1) - f(i+1,j-1) \right| \\
&+ \left| f(i-1,j-1) + 2f(i-1,j) + f(i-1,j+1) - f(i+1,j-1) \right. \\
&\left. - 2f(i+1,j) - f(i+1,j+1) \right|
\end{aligned} \qquad (3-97)
$$

为了简化计算公式的表述,将图 3-35 中的坐标对应记为图 3-36 所示的符号。

$(i-1,j-1)$	$(i-1,j)$	$(i-1,j+1)$
$(i,j-1)$	(i,j)	$(i,j+1)$
$(i+1,j-1)$	$(i+1,j)$	$(i+1,j+1)$

图 3-35　Sobel 算子中各个像素点的关系

a_0	a_1	a_2
a_7	(i,j)	a_3
a_6	a_5	a_4

图 3-36　梯度幅值计算示意图

因此式(3-97)则可以简记为

$$G(i,j) = \left| a_2 + ca_3 + a_4 - a_0 - ca_7 - a_8 \right| + \left| a_0 + ca_1 + a_2 - a_6 - ca_5 - a_4 \right| \qquad (3-98)$$

式中,$c=2$。用卷积模板来实现,即

$$G(i,j) = \left| S_x \right| + \left| S_y \right| \qquad (3-99)$$

式中,$S_x = \begin{bmatrix} -1 & 0 & 1 \\ -2 & 0. & 2 \\ -1 & 0 & 1 \end{bmatrix}$,$S_y = \begin{bmatrix} 1 & 2 & 1 \\ 0 & 0. & 0 \\ -1 & -2 & -1 \end{bmatrix}$。$S_x$ 为水平模板,对水平边缘响应最大;S_y 是垂直模板,对垂直边缘响应最大。图像中的每个点都用这两个模板做卷积,两个模板卷积的最大值作为该点的输出值。其运算结果是一幅边缘幅度图像。这一算子把重点放在接近于模板中心的像素点。因此 Sobel 算子是边缘检测中最常用的算子之一。

Sobel 梯度算子是先做成加权平均,再微分,然后求梯度,即用式(3-97)、式(3-98)和式(3-99)来实现的。

3. 编程举例

在视图类中定义响应菜单命令的边缘检测 Sobel 算子实现灰度图像边缘检测的函数,代码如下:

```
void CDibView::OnSobel()
{
    CClientDC pDC(this);
    HDC hDC = pDC.GetSafeHdc();          //获取当前设备上下文的句柄
    SetStretchBltMode(hDC,COLORONCOLOR);
    HANDLE data1handle;
    LPDIBHDRTMAPINFOHEADER lpDIBHdr;
    CDibDoc * pDoc = GetDocument();
    HDIB hdib;
    unsigned char * lpDIBBits;
    unsigned char * data;
    hdib = pDoc -> m_hDIB;               //得到图像数据
    lpDIBHdr = (LPDIBHDRTMAPINFOHEADER)GlobalLock((HGLOBAL)hdib);
    lpDIBBits = lpDIBHdr + * (LPDWORD)lpDIBHdr + 256 * sizeof(RGBQUAD);
    //得到指向位图像素值的指针
    data1handle = GlobalAlloc(GMEM_SHARE, WIDTHBYTES(lpDIBHdr -> biWidth * 8) * lpDIBHdr ->
biHeight);                               //申请存放处理后的像素值的缓冲区
    data = (unsigned char * )GlobalLock((HGLOBAL)data1handle);
    AfxGetApp() -> BeginWaitCursor();
    int i,j,buf,buf1,buf2;
    for(j = 0; jbiHeight; j++)//以下循环求(x,y)位置的灰度值
        for(i = 0; ibiWidth; i++)
        {
            if(((i-1)> = 0)&&((i+1)biWidth)&&((j-1)> = 0)&&((j+1)biHeight))
            {//对于图像四周边界处的像素点不处理
        buf1 = (int) * (lpDIBBits + (i+1) * WIDTHBYTES(lpDIBHdr -> biWidth * 8) + (j-1))
            + 2 * (int) * (lpDIBBits + (i+1) * WIDTHBYTES(lpDIBHdr -> biWidth * 8) + (j))
             + (int)(int) * (lpDIBBits + (i+1) * WIDTHBYTES(lpDIBHdr -> biWidth * 8) + (j+1));
        buf1 = buf1 - (int)(int) * (lpDIBBits + (i-1) * WIDTHBYTES(lpDIBHdr -> biWidth * 8)
            + (j-1))
            - 2 * (int)(int) * (lpDIBBits + (i-1) * WIDTHBYTES(lpDIBHdr -> biWidth * 8) + (j))
            - (int)(int) * (lpDIBBits + (i-1) * WIDTHBYTES(lpDIBHdr -> biWidth * 8) + (j+1));
        //以上是对图像进行水平(x)方向的加权微分
        buf2 = (int)(int) * (lpDIBBits + (i-1) * WIDTHBYTES(lpDIBHdr -> biWidth * 8) + (j+1))
            + 2 * (int)(int) * (lpDIBBits + (i) * WIDTHBYTES(lpDIBHdr -> biWidth * 8) + (j+1))
            + (int)(int) * (lpDIBBits + (i+1) * WIDTHBYTES(lpDIBHdr -> biWidth * 8) + (j+1));
        buf2 = buf2 - (int)(int) * (lpDIBBits + (i-1) * WIDTHBYTES(lpDIBHdr -> biWidth * 8)
            + (j-1))
            - 2 * (int)(int) * (lpDIBBits + (i) * WIDTHBYTES(lpDIBHdr -> biWidth * 8) + (j-1))
              - (int)(int) * (lpDIBBits + (i+1) * WIDTHBYTES(lpDIBHdr -> biWidth * 8) + (j-1));
            //以上是对图像进行垂直(y)方向的加权微分
            buf = abs(buf1) + abs(buf2);//求梯度
            if(buf > 255) buf = 255;
            if(buf < 0) buf = 0;
            * (data + i * WIDTHBYTES(lpDIBHdr -> biWidth * 8) + j) = (BYTE)buf;
            }
            else * (data + i * lpDIBHdr -> biWidth + j) = (BYTE)0;
        }
    for(j = 0; jbiHeight; j++)
    for(i = 0; ibiWidth; i++)
 * (lpDIBBits + i * WIDTHBYTES(lpDIBHdr -> biWidth * 8) + j) = * (data + i * WIDTHBYTES(lpDIBHdr ->
biWidth * 8) + j);                       //处理后的数据写回原缓冲区
StretchDIBits (hDC,0,0,lpDIBHdr -> biWidth,lpDIBHdr -> biHeight,0,0,
lpDIBHdr -> biWidth,lpDIBHdr -> biHeight,
```

```
lpDIBBits,(LPDIBHDRTMAPINFO)lpDIBHdr,
DIB_RGB_COLORS,
SRCCOPY);
}
```

边缘检测实验用原始图像如图 3-37(a)所示。Sobel 算子对图 3-37(a)的检测结果如图 3-37(b)所示。

(a) 原图　　　　　　　　　　　　(b) 边缘检测效果

图 3-37　边缘检测结果

3.4.2　基于二阶微分的图像增强——拉普拉斯算子

拉普拉斯(Laplace)算子是不依赖于边缘方向的二阶微分算子,是常用的二阶导数算子。对一个连续函数 $f(x,y)$,它在位置(x,y)的拉普拉斯表示式,即

$$\nabla^2 f(x,y) = \frac{\partial^2 f(x,y)}{\partial x^2} + \frac{\partial^2 f(x,y)}{\partial y^2} \tag{3-100}$$

对于数字图像来说,计算函数的拉普拉斯值也可以借助于各种模板来实现。拉普拉斯对模板的基本要求是对应中心像素的系数应该是正的,而对应于中心像素邻近像素的系数应该是负的,它们的和应该为零。拉普拉斯算子通常可以简单表示为

$$G(i,j) = \left| 4f(i,j) - f(i+1,j) - f(i-1,j) - f(i,j+1) - f(i,j-1) \right| \tag{3-101}$$

或者

$$G(i,j) = \begin{vmatrix} 8f(i,j) - f(i-1,j-1) - f(i-1,j+1) \\ - f(i-1,j) - f(i+1,j) - f(i+1,j-1) \\ - f(i+1,j+1) - f(i,j+1) - f(i,j-1) \end{vmatrix} \tag{3-102}$$

也就是说,拉普拉斯算子常用两种模板来进行检测,其模板分别见图 3-38(a)和图 3-38(b)。

$$\begin{bmatrix} 0 & -1 & 0 \\ -1 & 4 & -1 \\ 0 & -1 & 0 \end{bmatrix} \qquad \begin{bmatrix} -1 & -1 & -1 \\ -1 & 8 & -1 \\ -1 & -1 & -1 \end{bmatrix}$$

（a）模板一　　　　　（b）模板二

图 3-38　拉普拉斯算子模板

拉普拉斯算子是一个标量而不是矢量,具有线性特性和旋转不变性,即各向同性的性质,它常常用在图像处理的过程中。但由于拉普拉斯算子是一种二阶导数算子,它将在边缘

处产生一个陡峭的零交叉。因此,经过拉普拉斯算子滤波过的图像具有零平均灰度。也正是由于拉普拉斯算子是二阶微分算子,对图像中的噪声相当敏感。另外,它也常产生双像素宽的边缘,且不能提供边缘方向信息,拉普拉斯算子很少直接用于检测边缘,而主要用于已知边缘像素后确定该像素是在图像的暗区还是明区一边。

3.5 彩色图像增强

前面介绍的图像增强技术都是对灰度图像进行处理的,而且生成的结果也是灰度图像。本节的彩色增强技术处理的对象虽然也是灰度图像,但生成的结果却是彩色图像。众所周知,人的视觉系统对色彩非常敏感,人眼一般能区分的灰度等级只有 20 多个,但是能区分有不同亮度、色度和饱和度的几千种颜色。根据人的这个特点,可将彩色用于增强中,以提高图像的可鉴别性。因此,如果能将一幅灰度图像变成彩色图像,就可以达到增强图像的视觉效果。常用的彩色增强方法有真彩色增强技术、假彩色增强技术和伪彩色增强技术 3 种。前两种方法着眼于对多幅灰度图像的合成处理,一般是将 3 幅图像分别作为红、绿、蓝 3 个通道进行合成。伪彩色增强技术与前两者不同,它是对一幅灰度图像的处理,通过一定的方法,将一幅灰度图像变换生成一幅彩色图像。下面分别对伪彩色、真彩色和假彩色增强技术做详细论述。

3.5.1 伪彩色增强

伪彩色(Pseudo Coloring)增强是把一幅黑白图像的每个不同灰度级,按照线性或非线性的映射函数变换成不同的彩色,与彩色空间中的一点相匹配,得到一幅彩色图像的技术。它使原图像细节更易辨认、目标更容易识别。伪彩色增强的方法主要有以下 3 种。

1. 密度分割法

密度分割法也称强度分割法,是伪彩色增强中最简单而又最常用的一种方法,它是对图像的灰度值动态范围进行分割,使分割后的每一灰度值区间甚至每一灰度值本身对应某一种颜色。如图 3-39(a)、图 3-39(b)所示。具体而言,假定把一幅图像看作一个二维的强度函数,可以用一个平行于图像坐标平面的平面(称为密度切割平面)去切割图像的强度函数,这样强度函数在分割处被分为上、下两部分,即两个灰度值区间。如果再对每一个区间赋予某种颜色,就可以将原来的灰度图像变换成只有两种颜色的图像。更进一步,如果用多个密度切割平面对图像函数进行分割,那么就可以将图像的灰度值动态范围切割成多个区间,每一个区间赋予某一种颜色,则原来的一幅灰度图像就可以变成一幅彩色图像。特别地,如果将每一个灰度值都划分成一个区间,如将 8bit 灰度图像划分成 256 个区间,就是索引图像,从这个意义上讲,可以认为索引图像是由灰度图像经密度分割生成的。

如果用 N 个平面去切割图像,则可以得到 $N+1$ 个灰度值区间,每一个区间对应一种颜色 C_i。对于每一像元 (x,y),如果 $I_{i-1} \leqslant f(x,y) \leqslant I_i$,则有

$$g(x,y) = C_i \quad i = 1,2,\cdots,N \tag{3-103}$$

$g(x,y)$ 和 $f(x,y)$ 分别表示变换后的彩色图像和原始灰度图像。这样便可以把一幅灰度图像变成一幅伪彩色图像。此法比较直观、简单,缺点是变换出的彩色数目有限。

应当指出,每一灰度值区间赋予何种颜色,是由具体应用所决定的,并无规律可言。但

总的来讲，相邻灰度值区间的颜色差别不宜太小也不宜太大，太小将无法反映细节上的差异，太大则会导致图像出现不连续性。实际应用中，密度切割平面之间可以是等间隔的，也可以是不等间隔的，而且切割平面的划分也应依据具体的应用范围和研究对象而定。

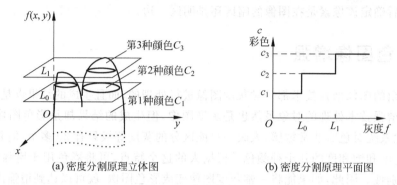

(a) 密度分割原理立体图　　　　　　　　(b) 密度分割原理平面图

图 3-39　密度分割原理

2. 空间域灰度级——彩色变换

密度分割法实质上是通过一个分段线性函数实现从灰度到彩色的变换，每个像元只经过一个变换对应到某一种颜色。与密度分割不同，空间域灰度级——彩色变换是一种更为常用的、比密度分割更有效的伪彩色增强法。变换过程如图 3-40 所示，它是根据色度学的原理，将原图像 $f(x,y)$ 中每一个像元的灰度值分别经过红、绿、蓝 3 种独立变换，即 $T_R(\cdot)$、$T_G(\cdot)$ 和 $T_B(\cdot)$，变成红、绿、蓝三基色分量，即 $R(x,y)$、$G(x,y)$、$B(x,y)$ 分量图像，然后用它们分别去控制彩色显示器的红、绿、蓝电子枪，便可以在彩色显示器的屏幕上合成一幅彩色图像。3 个变换是独立的，彩色的含量由变换函数 $T_R(\cdot)$、$T_G(\cdot)$ 和 $T_B(\cdot)$ 的形状而定。但在实际应用中这 3 个变换函数一般取同一类的函数，如可以取带绝对值的正弦函数，也可以取线性变换函数。典型的变换函数如图 3-41 所示，灰度值范围为 $[0,L]$，每个变换取不同的分段线性函数。可以看出，最小的灰度值(0)对应蓝色，中间的灰度值 $(L/2)$ 对应绿色，最高的灰度值 (L) 对应红色，其余的灰度值则分别对应不同的颜色。其中图 3-41(a)、图 3-41(b)、图 3-41(c)分别为红、绿、蓝 3 种变换函数，而图 3-41(d)是把 3 种变换画在同一张图上以便看清楚互相间的关系。由图 3-41(d)可见，只有在灰度为零时呈蓝色，灰度为 $L/2$ 时呈绿色，灰度为 L 时呈红色，灰度为其他值时将由三基色混合成不同的色调。

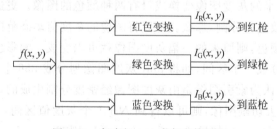

图 3-40　灰度级——彩色变换过程

3. 频率域伪彩色增强

频率域伪彩色增强首先把黑白图像从空间域经傅里叶变换变到频率域，然后在频率域内用 3 个不同传递特性的滤波器(如高通、带通/带阻、低通)将图像分离成 3 个独立的分量，

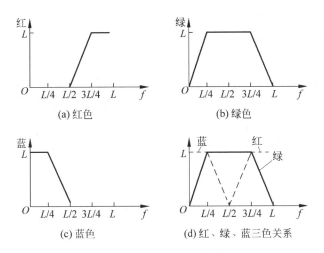

图 3-41　典型的变换函数

对每个范围内的频率分量分别进行傅里叶反变换,得到 3 幅代表不同频率分量的单色图像,接着对这 3 幅图像做进一步的处理(如直方图均衡化),最后将它们作为三基色分量分别加到彩色显示器的红、绿、蓝显示通道,从而实现频率域的伪彩色增强,如图 3-42 所示。

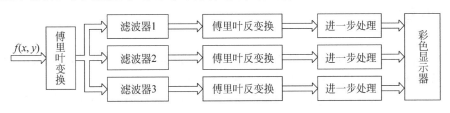

图 3-42　频率域伪彩色增强原理

3.5.2　假彩色增强

假彩色处理(False Coloring)是将一幅图像或多光谱图像映射到 RGB 空间中心位置上的过程。假彩色处理是经常出现的一个操作过程,如调节彩色电视机的色调、饱和度的过程实际就是假彩色处理。又如红光成像设备拍摄了 N 幅不同波段上的 N 幅图像: $f_1(x,y)$, $f_2(x,y)$,…,$f_N(x,y)$,可以将它们经过假彩色处理再现出可见光谱图像,其处理函数为

$$R(x,y) = F_R[f_1(x,y), f_2(x,y), \cdots, f_N(x,y)] \qquad (3\text{-}104)$$

$$G(x,y) = F_G[f_1(x,y), f_2(x,y), \cdots, f_N(x,y)] \qquad (3\text{-}105)$$

$$B(x,y) = F_B[f_1(x,y), f_2(x,y), \cdots, f_N(x,y)] \qquad (3\text{-}106)$$

式中,F_R、F_G、F_B 为映射函数;$R(x,y)$、$G(x,y)$、$B(x,y)$ 为显示空间三基色分量。

伪彩色或假彩色处理都不改变图像像素的几何位置,而仅仅改变其颜色。因此可以与肉眼色觉特性相结合设计它们的映射函数 F_R、F_G、F_B,提高人眼对图像的分辨能力。该技术已被广泛应用于遥感、医学图像处理中。

3.5.3　真彩色增强

自然物体的彩色叫真彩色,把能真实反映自然物体本来颜色的图像叫真彩色图像。真

彩色图像可由彩色摄像机摄制，并由彩色监视器近似复原。然而，在没有彩色摄像机的情况下，也可以通过真彩色增强技术实现真彩色处理。

正如第 2 章所介绍，任何一幅真彩色图像可由红、绿、蓝三基色混合而成。因此，在处理过程中，首先用加有红色滤色片的摄像机（黑白摄像机）摄取彩色图像，图像信号经数字化送入一块图像存储板存起来，第二步用带有绿色滤色片的摄像机摄取图像，图像信号经数字化送入第二块图像存储板，最后用带有蓝色滤色片的摄像机摄取图像，图像数据存储在第三块图像存储板内。3 幅图像数据准备好后就可以在系统的输出设备——彩色监视器上合成一幅真彩色图像。其原理如图 3-43 所示。

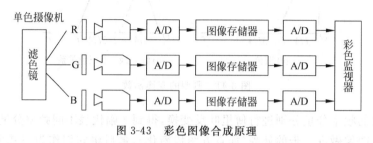

图 3-43　彩色图像合成原理

3.6　小结

本章在介绍图像增强的基本概念的基础上，对增强方法进行了分类，并重点介绍了空域增强、频域增强、图像锐化和彩色增强的一些主要方法。

基于空间域的增强方法直接在图像所在的二维空间进行处理，即增强构成图像的像素。空间域增强方法主要有灰度变换增强、直方图增强、图像平滑和图像锐化等。基于空间域的增强方法按照所采用的技术不同，可分为灰度变换和空域滤波两种方法。灰度变换是基于点操作的增强方法，它将每一个像素的灰度值按照一定的数学变换公式转换为一个新的灰度值，如增强处理中常用的对比度增强、直方图均衡化等方法。

对比度增强可以采用线性拉伸和非线性拉伸。线性拉伸可以将原始输入图像中的灰度值不加区别地扩展。在实际应用中，为了突出图像中感兴趣的研究对象，常常要求局部扩展拉伸某一范围的灰度值，或对不同范围的灰度值进行不同的拉伸处理，即分段线性拉伸。非线性拉伸在整个灰度值范围内采用统一的非线性变换函数，利用变换函数的数学性质实现对不同灰度值区间的扩展与压缩。

为了改变图像整体偏暗或整体偏亮、灰度层次不丰富的状况，可以将原图像的直方图通过变换函数修正为均匀的直方图，使直方图不再偏于低端，也不再偏于高端，而是变成比较均匀的分布，这种技术叫直方图均衡化。直方图均衡化一般会使原始图像的灰度等级减少，这是由于均衡化过程中要进行近似舍入造成的。在实际应用中，有时需要具有特定直方图的图像，以便能够有目的地对图像中的某些灰度级分布范围内的图像加以增强，此时可采用直方图规定化方法按照预先设定的某个形状来调整图像的直方图，从而达到增强图像效果的目的。

空域滤波是基于邻域处理的增强方法，它应用某一模板对每个像素及其周围邻域的所有像素进行某种数学运算，得到该像素的新的灰度值，输出值的大小不仅与该像素的灰度值有关,而且还与其邻域内的像素的灰度值有关,常用的图像平滑与锐化技术就属于空域滤波的范畴。图像平滑化的主要目标是消除随机噪声的同时,又不使图像的边缘轮廓和线条变模糊。图像平滑化处理方法有空域法和频域法两大类。空域平滑滤波器的设计比较简单,常用的有邻域均值法和中值滤波法。邻域平均法是一种直接在空间域上进行平滑的技术。该技术是基于这样一种假设:图像由许多灰度恒定的小块组成,相邻像素间存在很高的空间相关性,而噪声则相对独立。因此,可以将一个像素及其邻域内的所有像素的平均灰度值赋给平滑图像中对应的像素,从而达到平滑的目的。最简单的邻域平均法称为非加权邻域平均法,它均等地对待邻域中的每个像素。非加权邻域平均法可以用模板形式进行描述,并通过卷积求得,即在待处理图像中逐点地移动模板,求模板系数与图像中相应像素的乘积之和。另一种邻域平均法称为加权邻域平均法。在非加权邻域平均法中,所有模板系数可以有不同的权值。邻域平均法虽然可以平滑图像,但在消除噪声的同时,会使图像中的一些细节变得模糊。中值滤波则在消除噪声的同时还能保持图像中的细节部分,防止边缘模糊,与邻域平均法不同,中值滤波是一种非线性滤波。它首先确定一个奇数像素窗口,窗口内各像素按灰度值从小到大排序后,用中间位置灰度值代替原灰度值。

基于频率域的增强方法则是首先经过傅里叶变换将图像从空间域变换到频率域,然后在频率域对频谱进行操作和处理,再将其反变换到空间域,从而得到增强后的图像。基于频率域的增强方法主要有低通滤波和高通滤波。低通滤波是指保留低频分量,而通过滤波器函数减弱或抑制高频分量的过程。目的是消除图像中的随机噪声,减弱边缘效应,起到平滑图像的作用。常用的低通滤波器有理想低通滤波器、巴特沃斯低通滤波器、指数低通滤波器、梯形低通滤波器等。高通滤波是指抑制低频分量,增强高频分量。目的是为了使图像的边沿或线条变得清晰,实现图像的锐化。常用的高通滤波器有理想高频滤波器、巴特沃斯高通滤波器、指数高通滤波器、梯形高通滤波器。在某些情况下,图像中的有用成分主要分别出现在频谱的不同频段,这时允许或阻止特定频段通过的传递函数就非常有用。若在频域中设法把这些频带去掉或阻挡掉,再反变换到空域,就可把空域网络图形干扰去掉,这就叫做带阻滤波。

图像锐化的目的是使灰度反差增强,从而增强图像的边缘信息,有利于轮廓抽取。因为轮廓或边缘就是图像中灰度变化率最大的地方。因此,为了把轮廓抽取出来,就是要找一种方法把图像的最大灰度变化处找出来。常用的图像锐化方法有基于一阶微分的梯度算子、Roberts 算子、Prewitt 和 Sobel 算子以及基于二阶微分的拉普拉斯算子等。

彩色增强生成的结果是彩色图像。常用的彩色增强方法有真彩色增强技术、假彩色增强技术和伪彩色增强技术 3 种。前两种方法着眼于对多幅灰度图像的合成处理,一般是将 3 幅图像分别作为红、绿、蓝 3 个通道进行合成。伪彩色增强技术与前两者不同,它是对一幅灰度图像的处理,通过一定的方法,将一幅灰度图像变换生成一幅彩色图像。

习题

1. 请写出图 3-4(b)和图 3-4(c)所对应的变换公式。

2. 假定有 64×64 大小的图像,灰度为 16 级,概率分布如下表,试进行直方图均衡化,并画出处理前后的直方图。

r	n_k	$P_r(r_k)$
$r_0 = 0$	800	0.195
$r_1 = 1/15$	650	0.160
$r_2 = 2/15$	600	0.147
$r_3 = 3/15$	430	0.106
$r_4 = 4/15$	300	0.073
$r_5 = 5/15$	230	0.056
$r_6 = 6/15$	200	0.049
$r_7 = 7/15$	170	0.041
$r_8 = 8/15$	150	0.037
$r_9 = 9/15$	130	0.031
$r_{10} = 10/15$	110	0.027
$r_{11} = 11/15$	96	0.013
$r_{12} = 12/15$	80	0.019
$r_{13} = 13/15$	70	0.017
$r_{14} = 14/15$	50	0.012
$r_{15} = 1$	30	0.007

3. 对下图作 3×3 的均值滤波和中值滤波处理，写出处理结果并比较。

```
1  7  1   8  1  7   1  1
1  1  1   5  1  1   1  1
1  1  5   5  5  1   1  7
1  1  5   5  5  1   8  1
8  1  1   5  1  1   1  1
8  1  1   5  1  1   8  1
1  1  1   5  1  1   1  1
1  7  1   8  1  7   1  1
```

4. 求信号 $x(t) = \sin(t)$ 的傅里叶变换。

5. 请写出频域滤波增强的基本流程。

6. 比较理想高通滤波器和低通滤波器的异同点。

7. 比较理想低通滤波器、巴特沃斯低通滤波器、指数低通滤波器和梯形低通滤波器。

8. 为什么同态滤波可以在压缩图像的动态范围的同时增加图像的对比度？

9. 使用 Sobel 算子计算第 3 题给出的图像的梯度，并画出梯度幅度图。

10. 什么是伪彩色增强处理？其主要目的是什么？

## 第 4 章

图像编码与压缩

图像编码与压缩主要研究数据的表示、传输、变换和编码方法,目的是减少存储数据所需的空间和传输所用的时间。总的来说,就是利用图像数据固有的冗余性和相关性,对图像数据按照一定的规则进行的将一个大的数据文件转换成较小的同性质的文件的变换和组合,从而达到以尽可能少的代码(符号)来表示尽可能多的信息。本章首先在分析图像编码与压缩的必要性、可能性的基础上,对图像编码与压缩的基本概念、理论及其编码分类进行了简要介绍。并从无损压缩和有损压缩的角度具体介绍了几种常用的图像编码与压缩技术,最后简介图像压缩的标准。

4.1 图像编码的必要性与可能性

4.1.1 图像编码的必要性

近年来,随着计算机与数字通信技术的迅速发展,特别是网络和多媒体技术的兴起,图像编码与压缩作为数据压缩的一个分支,已得到越来越多的关注。

众所周知,计算机图像处理中的数字图像其灰度多数用 8bit 来量化,而医学图像处理和其他科研应用的图像的灰度量化可用到 12bit 以上,因而所需数据量太大。以 1024×1024 的图像为例,用 8bit 量化的图像则需 1MB 以上。陆地卫星 LandSat-3 的水平、垂直分辨率分别为 2340 和 3240,4 个波段,采样精度为 7 位,它的一幅图像的数据量为 2340×3240×7×4=212Mbit,按每天 30 幅计,每天的数据量为 212Mbit×30=6.36Gbit,每年的数据量高达 2300Gbit。这无疑对图像的存储、处理、传送带来很大的困难。若使量化比特减少,又必然带来图像量化噪声增大的缺点,且丢失灰度细节的信息。数字图像的庞大数据对计算机的处理速度、存储容量都提出了过高的要求。因此必须把数据量压缩。

若从传送图像的角度来看,则更要求数据量压缩。首先某些图像采集有时间性,如遥感卫星图像传回地面有一定限制时间,某地区卫星过境后无法再得到数据,否则就要增加地面站的数量;其次,图像存储体的存储时间也有限制。它取决于存储器件的最短存取时间,若单位时间内大量图像数据来不及存储,就会丢失信息。在现代通信中,图像传输也已成为了重要的内容。除要求设备可靠、图像保真度高以外,实时性将是重要技术指标之一。数字信号传送规定一路数字电话为 64kbit,多个话路通道再组成一次群、二次群、三次群、……通常一次群为 32 个数字话路，二次群为 120 路，三次群为 480 路，四次群为 1920 路……。彩色电视的传送最能体现数据压缩的重要性，我国的 PAL 制彩电传送用 3 倍副载波取样。若用 8bit 量化约需 100Mb，总数字话路为 64kbit，传送彩色电视需占用 1600 个数字话路，即使黑白电视用数字微波接力通信也占用 900 个话路。很显然，在信道带宽、通信链路容量一定的前提下，采用编码压缩技术、减少传输数据量是提高通信速度的重要手段。

可见，没有图像编码与压缩技术的发展，大容量图像信息的存储与传输是难以实现的。

4.1.2　图像编码的可能性

众所周知，组成图像的各像素之间，无论是在图像的行方向还是在列方向，都存在着一定的相关性。例如，图像背景常具有同样的灰度，某种特征中像素灰度相同或者相近。也就是说，在一般图像中都存在很大的相关性，即冗余度。应用某种编码方法提取或减少这些冗余度，便可以达到压缩数据的目的。

常见的静态图像数据冗余包括以下几种。

1. 空间冗余

这是静态图像存在的最主要的一种数据冗余。一幅图像记录了画面上可见景物的颜色。同一景物表面上各采样点的颜色之间往往存在着空间连贯性，从而产生了空间冗余。可以通过改变物体表面颜色的像素存储方式来利用空间连贯性，以达到减少数据量的目的。

2. 结构冗余

在有些图像的纹理区，图像的像素值存在着明显的分布模式，如方格状的地板图案等。称这种冗余为结构冗余。

3. 知识冗余

有些图像的理解与某些知识有相当大的相关性。例如，人脸的图原有固定的结构，比如说嘴的上方有鼻子、鼻子的上方有眼睛，鼻子位于正脸图像的中线上等。这类规律性的结构可由先验知识和背景知识得到，称此类冗余为知识冗余。根据已有的知识，对某些图像中所包含的物体可以构造其基本模型，并创建对应各种特征的图像库，进而图像的存储只需要保存一些特征参数，从而可以大大减少数据量。

4. 视觉冗余

事实表明，人类的视觉系统对图像场的敏感性是非均匀和非线性的。然而，在记录原始图像数据时，通常假定视觉系统是线性的和均匀的，对视觉敏感和不敏感的部分同等对待，从而产生了比理想编码更多的数据，这就是视觉冗余。

5. 图像区域的相似性冗余

在图像中的两个或多个区域所对应的所有像素值相同或相近，从而产生的数据重复性存储，这就是图像区域的相似性冗余。在以上情况下，记录了一个区域中各像素的颜色值，则与其相同或相近的其他区域就不再需记录其中各像素的值。

6. 纹理的统计冗余

有些图像纹理尽管不严格服从某一分布规律，但是它在统计的意义上服从该规律。利用这种性质也可以减少表示图像的数据量，所以称之为纹理的统计冗余。

从以上对图像冗余的分析可以看出，图像信息的压缩是可能的。但到底能压缩多少，除了和图像本身存在的冗余度多少有关外，很大程度上取决于对图像质量的要求。

例如,广播电视要考虑艺术欣赏,对图像质量要求就很高,用目前的编码技术,即使压缩比达到 3：1 都是很困难的。而对可视电话,因画面活动部分少,对图像质量要求也低,可采用高效编码技术,使压缩比高达 1500：1 以上。目前高效图像压缩编码技术已能用硬件实现实时处理,在广播电视、工业电视、电视会议、可视电话、传真和互联网、遥感等多方面得到应用。

4.2 图像编码分类

图像编码与压缩的方法目前已有很多,其分类方法根据出发点不同而有差异。

根据解压重建后的图像和原始图像之间是否具有误差,可以将图像编码与压缩方法分为无误差(亦称无失真、无损、信息保持)编码和有误差(有失真或有损)编码两大类。无损压缩方法基于统计模型,减少或者完全去除图像数据中冗余的信息。如把图像数据中出现概率大的灰度用短的代码表示,概率小的灰度用相对长的代码表示,处理的平均码长必然短于未编码压缩前的平均码长。著名的霍夫曼(Huffman)编码、香农(Shannon)编码就属于这一类。因此在解压缩时能精确恢复原图像,用于要求重建后图像严格地和原始图像保持相同的场合,如复制、保存十分珍贵的历史、文物图像等。有损压缩是一种以牺牲部分信息量为代价换取缩短平均码长的编码压缩方法。由于在压缩过程中把不相关的信息也删除了,因此只能对原始图像进行近似的重建,而不能精确的复原,适合大多数用于存储数字化了的模拟数据。图 4-1 所示为根据这一标准的图像编码与压缩技术分类。

根据编码作用域划分,图像编码可分为空间域编码和变换域编码两大类。但是近年来,随着科学技术的飞速发展,许多新理论、新方法的不断涌现,特别是受通信、多媒体技术及其应用、信息高速公路建设等的刺激,一大批新的图像编码与压缩方法应运而生,其中有些是基于新的理论和变换,有些是两种或两种以上方法的组合,有的既要在空间域也要在变换域进行处理,所以统称为其他方法。

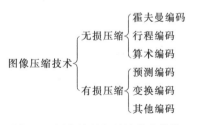

图 4-1 图像编码与压缩技术分类

若从具体编码技术来考虑,又可分为预测编码、变换编码、统计编码、轮廓编码和模型编码等。

4.3 图像编码评价准则

在图像压缩编码中,解码图像与原始图像可能会有差异,因此,需要评价压缩后图像的质量。描述解码图像相对原始图像偏离程度的测度,一般称为保真度(逼真度)准则。常用的准则可分为两大类,即客观保真度准则和主观保真度准则。

4.3.1 客观保真度准则

最常用的客观保真度准则是原图像和解码图像之间的均方根误差和均方根信噪比两种。令 $f(x,y)$ 代表原图像,$\hat{f}(x,y)$ 代表对 $f(x,y)$ 先压缩又解压缩后得到的 $f(x,y)$ 的近

似，对任意 x 和 y，$f(x,y)$ 和 $\hat{f}(x,y)$ 之间的误差定义为

$$e(x,y) = \hat{f}(x,y) - f(x,y) \tag{4-1}$$

若 $f(x,y)$ 和 $\hat{f}(x,y)$ 均为 $M \times N$，则它们之间均方根误差 e_{rms} 为

$$e_{\text{rms}} = \left\{ \frac{1}{MN} \sum_{x=0}^{M-1} \sum_{y=0}^{N-1} \left[\hat{f}(x,y) - f(x,y)\right]^2 \right\}^{\frac{1}{2}} \tag{4-2}$$

如果将 $\hat{f}(x,y)$ 看作原始图 $f(x,y)$ 和噪声信号 $e(x,y)$ 的和，那么解压缩图像的均方信噪比 SNR_{ms} 为

$$\text{SNR}_{\text{ms}} = \frac{\displaystyle\sum_{x=0}^{M-1} \sum_{y=0}^{N-1} \hat{f}(x,y)^2}{\displaystyle\sum_{x=0}^{M-1} \sum_{y=0}^{N-1} \left[\hat{f}(x,y) - f(x,y)\right]^2} \tag{4-3}$$

如果对式(4-3)求平方根，就得到均方根信噪比 SNR_{ms}。实际使用中常将 SNR_{ms} 归一化并用分贝(dB)表示，令

$$\bar{f} = \frac{1}{MN} \sum_{x=0}^{M-1} \sum_{y=0}^{N-1} f(x,y) \tag{4-4}$$

则有

$$\text{SNR} = 10\lg\left\{ \frac{\displaystyle\sum_{x=0}^{M-1} \sum_{y=0}^{N-1} \left[f(x,y) - \bar{f}\right]^2}{\displaystyle\sum_{x=0}^{M-1} \sum_{y=0}^{N-1} \left[\hat{f}(x,y) - f(x,y)\right]^2} \right\} \tag{4-5}$$

如果令 $f_{\max} = \max f(x,y)$，$x = 0,1,\cdots,M-1$，$y = 0,1,\cdots,N-1$，则可得到峰值信噪比为

$$\text{PSNR} = 10\lg\left\{ \frac{f_{\max}^2}{\displaystyle\sum_{x=0}^{M-1} \sum_{y=0}^{N-1} \left[\hat{f}(x,y) - f(x,y)\right]^2} \right\} \tag{4-6}$$

4.3.2 主观保真度准则

尽管客观保真度准则提供了一种简单、方便的评估信息损失的方法，但很多解压缩图像最终是供人观看的。事实上，对于具有相同客观保真度的不同图像，人的视觉可能产生不同的视觉效果。这是因为客观保真度是一种统计平均意义下的度量准则，对于图像中的细节无法反映出来。而人的视觉系统具有独特的特性，能够觉察出来。这种情况下，用主观的方法来测量图像的质量更为合适。一种常用的方法是对一组(不少于 20 人)观察者显示图像，并将他们对该图像的评分取平均，用来评价一幅图像的主观质量。

评价也可对照某种绝对尺度进行。表 4-1 给出一种对电视图像质量进行绝对评价的尺度，根据图像的绝对质量进行判断打分。也可通过将 $f(x,y)$ 和 $\hat{f}(x,y)$ 比较，并按照某种相对的尺度进行评价。如果观察者将 $f(x,y)$ 和 $\hat{f}(x,y)$ 逐个进行对照，则可以得到相对的质量分，如可用 $\{-3,-2,-1,0,1,2,3\}$ 来代表主观评价 $\{$很差，较差，稍差，相同，稍好，较好，很好$\}$。

表 4-1 电视图像质量评价尺度

评分	评价	说 明
1	优秀	图像质量非常好,如同人能想象出的最好质量
2	良好	图像质量高,观看舒服,有干扰但不影响观看
3	可用	图像质量可以接受,有干扰但不太影响观看
4	刚可看	图像质量差,干扰有些妨碍观看,观察者希望改进
5	差	图像质量很差,妨碍观看的干扰始终存在,几乎无法观看
6	不能用	图像质量极差,不能观看

4.4 图像编码模型

如图 4-2 所示,一个图像压缩系统包括两个不同的结构块,即一个编码器和一个解码器。图像 $f(x,y)$ 输入到编码器中,这个编码器可以根据输入数据生成一组符号。在通过信道进行传输之后,将经过编码的表达符号送入解码器,经过重构后,就生成了输出图像 $\hat{f}(x,y)$。一般来讲,$\hat{f}(x,y)$ 不一定是原图像 $f(x,y)$ 的准确复制品。如果输出图像是输入的准确复制,系统就是无误差的或具有信息保持编码的系统;如果不是,则在重建图像中就会呈现某种程度的失真。

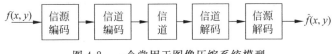

图 4-2 一个常用于图像压缩系统模型

图 4-2 显示的编码器和解码器都包含两个彼此相关的函数或子块。编码器由一个消除输入冗余的信源编码器和一个用于增强信源编码器输出的噪声抗干扰性的信道编码器构成。一个解码器包括一个信道解码器,它后面跟着一个信源解码器。如果编码器和解码器之间的信道是无噪声的,则信道编码器和信道解码器可以略去。

4.4.1 信源编码器和信源解码器

信源编码器的任务是减少或消除输入图像中的编码冗余、像素间冗余或心理视觉冗余。编码的框图如图 4-3(a)所示。从原理来看主要分为 3 个阶段,第一阶段将输入数据转换为可以减少输入图像中像素间冗余的数据集合。第二阶段设法去除原信号的相关性,如对电视信号就可以去掉帧内各种相关,还可以去除帧间相关,这样有利于编码压缩。第三阶段就是找一种接近于熵,又利于计算机处理的编码方式。下面把图 4-3 作一简要讨论。

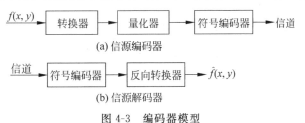

图 4-3 编码器模型

在信源编码处理的第一阶段，转换器也称为映射器，目的是将输入数据转换为可以减少输入图像中像素间冗余的数据集合，使原信号经过映射后的数据可用较少的比特来编码。这步操作通常是可逆的，并且有可能直接减少表示图像的数据量。差分脉冲编码方法中对相邻像素求差分就是在整个信源处理的初始阶段对数据进行压缩转换的例子。

在第二阶段中，量化器不是指 A/D 变换时的量化，而是指在熵编码之前，对该值进行的量化处理。这一步减少了输入图像的视觉冗余，把某个范围内的一批输入，量化到一个输出级上，是多对一的映射，其过程不可逆，有信息丢失，会引起量化误差（量化噪声）。

量化分为标量量化和矢量量化。标量量化是对数据一个数一个数地进行量化，可分为均匀量化和自适应量化。矢量量化则对这些数据先分组，每组 K 个数构成一个 K 维矢量，然后以矢量为单位，逐个矢量进行量化。

例 4-1 矢量量化编码过程举例。

给定待编码的 K 维矢量（如一个尺寸为 $n \times n$ 图像块中的 n^2 个像素）和码本 C，即一个具有 L 个 K 维矢量的集合（实际上是一个长度为 L 的表，这个表的每一个分量是一个 K 维矢量 y，称其为码字）。矢量量化编码就是从码本 C 中搜索一个与输入矢量最接近的码字 $y_i(i=1,2,\cdots,L)$ 的过程，如图 4-4 所示。传输时并不传送码字 y_i 本身，只传送其下标号 i。下标所需比特数仅 $\log_2 L$，故该图像块一个像素仅需比特数 $1/K \times \log_2 L$。

图 4-4 矢量量化编/解码框图

矢量量化编码的关键在于设计好的码本。

在第三阶段，即信源编码处理的最后阶段，符号编码器生成一个固定的或可变长编码用于表示量化器输出，并将输出转换为与编码相一致。在大多数情况下，变长编码用于表示经过转换和量化的数据集合。它用最短的码字表示出现频率最高的输出值，以此减少编码冗余。当然，这种操作是可逆的。

图 4-3(a) 显示了信源编码处理 3 个相继的操作，但并不是每个图像压缩系统都必须包含这 3 个操作。比如，当希望进行无误差压缩时，必须去掉量化器。

图 4-3(b) 中显示的信源解码器仅包含两部分：一个符号编码器和一个反向转换器。这些模块的运行次序与编码器的符号编码器和转换模块的操作次序相反。因为量化过程导致了不可逆的信息损失，反向量化器模块不包含在图 4-3(b) 所示的通常的信源解码器模型中。

4.4.2 信道编码器和信道解码器

当图 4-2 显示的信道带有噪声或易于出现错误时，信道编码器和解码器就在整个编码解码处理中扮演了重要的角色。信道编码器和解码器通过向信源编码数据中插入预制的冗余数据来减少信道噪声的影响；由于信源编码器几乎不包含冗余，所以如果没有附加这种"预制的冗余"，它对噪声传送会有很高的敏感性。

最有用的一种信道编码技术是由 R. W. Hamming 提出的。这种技术是基于这样的思想，即向被编码数据中加入足够的位数以确保可用的码字间变化的位数最小。例如，利用汉明(Hamming)码将 3 位冗余码加到 4 位字上，使得任意两个有效码字间的距离为 3，则所有的一位错误都可以检测出来并得到纠正。与 4 位二进制数 $b_3b_2b_1b_0$ 相联系的 7 位 Hamming(7,4)码字 $h_1h_2\cdots h_5h_6h_7$ 是

$$\begin{cases} h_1 = b_3 \oplus b_2 \oplus b_0 & h_3 = b_3 \\ h_2 = b_3 \oplus b_1 \oplus b_0 & h_5 = b_2 \\ h_4 = b_2 \oplus b_1 \oplus b_0 & h_6 = b_1 \\ & h_7 = b_0 \end{cases} \tag{4-7}$$

这里 $\oplus$ 表示异或运算。h_1、h_2 和 h_4 位分别是位字段 $b_3b_2b_0$、$b_3b_1b_0$ 和 $b_2b_1b_0$ 的偶校验位。

为了将 Hamming 编码结果进行解码，信道解码器必须为先前设立的偶校验的各个位字段进行奇校验并检查译码值。一位错误由一个非零奇偶校验字 $c_4c_2c_1$ 给出，这里

$$\begin{cases} c_1 = h_1 \oplus h_3 \oplus h_5 \oplus h_7 \\ c_2 = h_2 \oplus h_3 \oplus h_6 \oplus h_7 \\ c_4 = h_4 \oplus h_5 \oplus h_6 \oplus h_7 \end{cases} \tag{4-8}$$

如果找到一个非零值，则解码器只简单地在校验字指出的位置补充码字比特。解码的二进制值 $h_3h_5h_6h_7$ 就从纠正后的码字中提取出来。

4.5 无损压缩

无损压缩可以精确无误地从压缩数据中恢复出原始数据。常见的无损压缩技术包括基于统计概率的方法和基于字典的技术。

基于统计概率的方法是依据信息论中的变长编码定理和信息熵有关知识，用较短代码代表出现概率大的符号，用较长代码代表出现概率小的符号，从而实现数据压缩。统计编码方法中具有代表性的是利用概率分布特性的著名的霍夫曼(Huffman)编码方法，它根据每个字符出现的概率大小进行一一对应地编码；另一种也是利用概率分布特性的编码方法——算术编码，它是对字符序列而不是字符序列中单个字符进行编码，其编码效率高于 Huffman 编码。它们已广泛使用于数据编码压缩系统中，并被国际静止图像编码专家组列入推荐算法的一部分。

基于字典技术的数据压缩技术有两种：一种是游程编码(Running Length Coding, RLC)，它是基于字典的压缩技术，适用于灰度级不多、数据相关性很强的图像数据的压缩。但最不适用于每个像素都与它周围的像素不同的情况。另一种称为 LZW 编码，它也是基于字典的技术压缩数据的。RLC 与 LZW 算法都是对字节串编码的，但是 LZW 与 RLC 不同。LZW 在对数据文件进行编码的同时，生成了特定字符序列的表以及它们对应的代码。

4.5.1 霍夫曼编码

1. 理论基础

一个事件集合 $x_1, x_2, \cdots, x_n$ 处于一个基本概率空间，其相应概率为 $p_1, p_2, \cdots, p_n$，且

$p_1+p_2+\cdots+p_n=1$。每一个信息的信息量为

$$I(x_k)=-\log_a(p_k)\qquad\qquad(4-9)$$

如定义在概率空间中每一事件的概率不相等时的平均不肯定程度或平均信息量称为熵 H，则

$$H=E\{I(x_k)\}=\sum_{k=1}^{n}p_kI(x_k)=\sum_{k=1}^{n}-p_k\log_a p_k\qquad\qquad(4-10)$$

对于图像来说，$n=2^m$ 个灰度级为 x_i，则 $p(x_i)$ 为各灰度级出现的概率，熵即为表示平均信息量为多少比特，换句话说，熵是编码所需比特数的下限，即编码所需要最少的比特。编码时，一定要用不比熵少的比特数编码才能完全保持原图像的信息，这是图像数据压缩的下限。

在式(4-10)中，当 a 取 2 时，H 的单位为比特(bit)；当 a 取 e 时，H 的单位为奈特(nit)。图像编码中，a 取 2。

例 4-2　设 8 个随机变量具有同等概率，为 1/8，计算信息熵 H。

解　根据公式(4-10)，有

$$H=8\times[-1/8\times(\log_2(1/8))=-8\times[-1/8\times(-3)]=3$$

2. Huffman 编码

Huffman 编码是 1952 年由 Huffman 提出的一种编码方法。这种编码方法根据信源数据符号发生的概率进行编码。在信源数据中出现概率越大的符号，相应的码越短；出现概率越小的符号，其码长越长，从而达到用尽可能少的码符号表示源数据。它在变长编码方法中是最佳的。

设信源 A 的信源空间为

$$[A\cdot P]:\begin{cases}A:&a_1&a_2&\cdots&a_N\\P(A):&P(a_1)&P(a_2)&\cdots&P(a_N)\end{cases}$$

其中 $\sum_{i=1}^{N}P(a_i)=1$，现用 r 个码符号的集合 $X:\{x_1,\quad x_2,\quad\cdots,\quad x_r\}$ 对信源 A 中的每个符号 $a_i(i=1,2,\cdots,N)$ 进行编码。具体编码的方法如下：

① 把信源符号 a_i 按其出现概率的大小顺序排列起来。

② 把最末两个具有最小概率的元素的概率加起来。

③ 把该概率之和同其余概率由大到小排队，然后再把两个最小概率加起来，再重新排队。

④ 重复②直到最后只剩下两个概率为止。

在上述工作完毕之后，从最后两个概率开始逐步向前进行编码。对于概率大的赋予 0，小的赋予 1。下面通过实例来说明这种编码方法。

例 4-3　设有编码输入 $X=\{x_1,x_2,x_3,x_4,x_5,x_6\}$。其频率分布分别为 $P(x_1)=0.4$，$P(x_2)=0.3,P(x_3)=0.1,P(x_4)=0.1,P(x_5)=0.06,P(x_6)=0.04$，现求其最佳 Huffman 编码 $W=\{w_1,w_2,w_3,w_4,w_5,w_6\}$。

解　Huffman 编码过程如图 4-5 所示。本例中对 0.6 赋予 0，对 0.4 赋予 1，0.4 传递到 x_1，所以 x_1 的编码便是 1。0.6 传递到前一级是两个 0.3 相加，大值是单独一个元素 x_2 的概率，小值是两个元素概率之和，每个概率都小于 0.3，所以 x_2 赋予 0，0.2 和 0.1 求和的

0.3 赋予 1。所以 x_2 的编码是 00，而剩余元素编码的前两个码应为 01。0.1 赋予 1，0.2 赋予 0。以此类推，最后得到诸元素的编码如表 4-2 所示。

表 4-2 例 4-3 表

元素 x_1	x_1	x_2	x_3	x_4	x_5	x_6
概率 $P(x_1)$	0.4	0.3	0.1	0.1	0.06	0.04
编码 w_1	1	00	011	0100	01010	01011

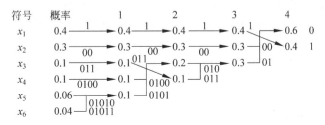

图 4-5 Huffman 编码过程

经 Haffman 编码后，平均码长为

$$\bar{B} = \sum_1^6 P(\omega_i)n_i$$
$$= 0.4 \times 1 + 0.30 \times 2 + 0.1 \times 3 + 0.1 \times 4 + 0.06 \times 5 + 0.04 \times 5$$
$$= 2.20(\text{bit})$$

该信源的熵为 $H = 2.14\text{bit}$，编码后计算的平均码长为 2.2bit，非常接近于熵。可见 Huffman 编码是一种较好的编码方法。

以上方法便于用计算机计算，用二叉树方法实现 Huffman 编码也较为便利，因此这种编码方法用于计算机数据结构的转换中。另外，在实用中常用列表法进行 Huffman 编码，编码或解码通过查表实现。应该指出，从编码最终结果可看出上述方法有其规律：短的码不会作为更长码的起始部分，否则在码流中区分码字时会引起混乱。另外，这种码和计算机常用的数据结构（以字节和半字节为基础的字长）不匹配，因而数据压缩的效果不甚理想。因此，有时用半字节为基础的近似 Huffman 方式加以折中解决，是这种编码方法的扩展。

3. Huffman 编码的几个问题的讨论

(1) Huffman 编码是最佳的，虽然构造出来的码不唯一，但其平均码长却相同，所以不影响编码效率和数据压缩性能。

(2) 由于 Huffman 编码的码长参差不齐，因此，存在一个输入、输出速率匹配问题。解决的办法是设置一定容量的缓冲存储器。

(3) Huffman 编码在存储或传输过程中，如果出现误码，可能会引起误码的连续传播，1bit 的误码可能把一大串码字全部破坏，因此，限制了 Huffman 编码的使用。

(4) Huffman 编码对不同信源的编码效率也不尽相同。当信源概率是 2 的负次幂时，Huffman 编码的编码效率达到 100%；当信源概率相等时，其编码效率最低。这就说明，在使用 Huffman 方法编码时，只有当信源概率分布很不均匀时，Huffman 编码才会收到显著的效果。

(5) Huffman 编码应用时，均需要与其他编码结合起来使用，才能进一步提高数据压缩比。例如,在 JPEG(静态图像处理标准)中,先对图像像素进行 DCT 变换、量化、Z 形扫描、游程编码后,再进行 Huffman 编码。

在对信源进行 Huffman 编码后,对信源中的每一个符号都给出了一个码字,这样就形成了一个 Huffman 编码表。这个编码表是必需的,因为在解码时,必须参照这一 Huffman 编码表才能正确译码。

在信源的存储与传输过程中,必须首先存储或传输这一 Huffman 编码表,在实际的压缩效果中,要考虑到 Huffman 编码表占有的比特数;但在某些应用场合、信源概率服从某一分布,或存在某一统计规律,这样就可以在发送端向接收端先固定 Huffman 编码表,在传输数据时,就可省去对 Huffman 编码表的传输,这种方法称为 Huffman 编码表的默认使用。虽然这种方法对某些应用不一定最佳,但从总体上说,只要该表是基于大量的概率统计,其编码效果是足够好的。

4.5.2 费诺——香农编码

由于 Huffman 编码法需要多次排序,当 x_i 很多时十分不便,为此费诺(Fano)和香农(Shannon)分别单独提出类似的方法,使编码更简单。具体编码方法如下:

① 把 $x_1,\cdots,x_n$ 按概率由大到小、从上到下排成一列,然后把 $x_1,\cdots,x_n$ 分成两组,即 $x_1,\cdots,x_k,x_{k+1},\cdots,x_n$,并使得 $\sum_{i=1}^{k}P(x_i)\approx\sum_{j=k+1}^{n}P(x_j)$。

② 把两组分别按 0、1 赋值。

然后分组、赋值,不断反复,直到每组只有一种输入为止。将每个 x 所赋的值依次排列起来就是费诺——香农编码。以前面的数据为例,费诺——香农编码如图 4-6 所示。

输入	概率					
x_1	0.4	0				0
x_2	0.3		0			10
x_3	0.1			0	0	1100
x_4	0.1	1			1	1101
x_5	0.06		1	1	0	1110
x_6	0.04				1	1111

图 4-6 费诺——香农编码

4.5.3 算术编码

理论上,用 Huffman 方法对源数据流进行编码可达到最佳编码效果。但由于计算机中存储、处理的最小单位是"位",因此,在一些情况下,实际压缩比与理论压缩比的极限相去甚远。例如,源数据流由 X 和 Y 两个符号构成,它们出现的概率分别是 2/3 和 1/3。理论上,根据字符 X 的熵确定的最优码长为

$$H(X)=-\log_2(2/3)\approx 0.585\text{bit}$$

字符 Y 的最优码长为

$$H(Y)=-\log_2(1/3)\approx 1.58\text{bit}$$

若要达到最佳编码效果,相应于字符 X 的码长为 0.585 位;字符 Y 的码长为 1.58 位,计算机中不可能有非整数位出现。硬件的限制使得编码只能按"位"进行。用 Huffman 方法对这两个字符进行编码,得到 X、Y 的代码分别为 0 和 1。显然,对于概率较大的字符 X 不能给予较短的代码。这就是实际编码效果不能达到理论压缩比的原因所在。

算术编码没有沿用数据编码技术中用一个特定的代码代替一个输入符号的一般做法,它把要压缩处理的整段数据映射到一段实数半开区间 $[0,1]$ 内的某一区段,构造出小于 1 且

不小于 0 的数值。编码时,信源集合中的每个元素都要用来缩短这个区间。信源集合的元素越多,所得到的区间就越小。当区间变小时,就需要更多的数位来表示这个区间。算术编码的结果落在最后的子区间内,为子区间头、尾之间的取值,这个值是输入数据流的唯一可译代码。

算术编码首先假设一个信源的概率模型,然后用这些概率来缩小表示信源集的区间。下面通过一个例子来说明算术编码的方法。

例 4-4 已知信源 $X = \begin{Bmatrix} 0 & 1 \\ 1/4 & 3/4 \end{Bmatrix}$,试对 1011 进行算术编码。

解 初始化子区间为 $[0,1]$,预设一个大概率 P_e 和小概率 Q_e,如图 4-7 所示。

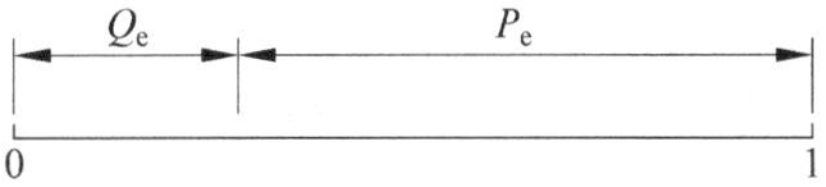

信源中每个符号(0 或 1)对应一个概率,然后对被编码信源比特流符号(0 或 1)依次进行判断。可设置两个变量 C、A,存储符号到来之前子区间的状态参数,令:

图 4-7 算术编码初始化区间

C 为子区间的起始位置,A 为子区间的宽度。初始化时,$C=0$,$A=1$。随着被编码信源数据比特流符号 0、1 的输入,C 和 A 按以下方法进行修正,当低概率符号到来时,$C=C$,$A=AQ_e$。当高概率符号到来时,$C=C+AQ_e$,$A=AP_e$。

新的子区间为 $[C, C+A]$……,以此类推,直到一组信源符号结束为止。算术编码的结果落在最后的子区间内,为子区间头、尾之间的取值。

(1) 对本例的二进制信源只有两个符号"0"和"1",设置小概率 $Q_e = 1/4$,大概率 $P_e = 1 - Q_e = 3/4$。

(2) 初始子区间为 $[0,1)$,$C=0$,$A=1$,符号"0"的子区间为 $[0, 1/4)$,符号"1"的子区间为 $[1/4, 1)$,子区间按以下各步依次缩小:

步序	符号	C	A
1	1	$0 + 1 \times 1/4 = 1/4$	$1 \times 3/4 = 3/4$
2	0	$1/4$	$3/4 \times 1/4 = 3/16$
3	1	$1/4 + 3/16 \times 1/4 = 19/64$	$3/16 \times 3/4 = 9/64$
4	1	$19/64 + 9/64 \times 1/4 = 85/256$	$9/64 \times 3/4 = 27/256$

最后的子区间左端(起始位置)

$$C = (85/256)d = (0.01010101)b$$

最后的子区间右端(终止位置)

$$C + A = (112/256)d = (0.01110000)b$$

编码过程如图 4-8 所示,编码结果为子区间头、尾之间取值,其值为 0.011,可编码为 011,原来 4 个符号 1011 现被压缩为三个符号 011。

按这种编码方案得到的代码,其解码过程的实现比较简单。根据编码时所使用的字符概率区间分配表和压缩后的数值代码所在的范围,可以很容易地确定代码所对应的第一个字符,在完成对第一个字符的解码后,设法去掉第一个字符对区间的影响,再使用相同的方法找到下一个字符。重复以上的操作,直到完成解码的过程。

此例中,首先将区间 $[0,1)$ 按 Q_e 靠近 0 侧、P_e 靠近 1 侧分割成两个子区间,判断被解码的码字落在哪个子区间,赋予对应符号,然后调整子区间 C、A 的值。按此法多次重复,便

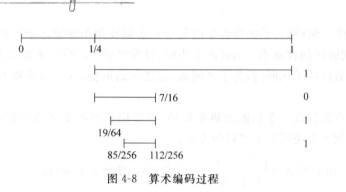

图 4-8 算术编码过程

可依次得到串中各符号。

例 4-5 对一个 5 符号信源 $A = \{a_1, a_2, a_3, a_2, a_4\}$，各字符出现的概率和设定的取值范围如下：

字符	概率	范围
a_3	0.2	$[0.0, 0.2)$
a_1	0.2	$[0.2, 0.4)$
a_2	0.4	$[0.4, 0.8)$
a_4	0.2	$[0.8, 1.0)$

试对源数据流"$a_1 a_2 a_3 a_2 a_4$"进行压缩编码。

解 为讨论方便起见，假定有

$$N_s = F_s + C_l L \tag{4-11}$$

$$N_e = F_s + C_r L \tag{4-12}$$

式中，N_s 为新子区间的起始位置；F_s 为前子区间的起始位置，C_l 为当前符号的区间左端；N_e 为新子区间的结束位置；C_r 为当前符号的区间右端；L 为前子区间的长度。

按上述区间的定义，若数据流的第一个字符为 a_1，由字符概率取值区间的定义可知，代码的实际取值范围在 $[0.2, 0.4]$ 之间，亦即输入数据流的第一个字符决定了代码最高有效位取值的范围。然后继续对源数据流中的后续字符进行编码。每读入一个新的符号，输出数值范围就进一步缩小。读入第二个符号 a_2，取值范围在区间 $[0.4, 0.8]$ 内。但需要说明的是，由于第一个字符 a_1 已将取值区间限制在 $[0.2, 0.4]$ 的范围，因此 a_2 的实际取值是在前符号范围 $[0.2, 0.4]$ 的 $[0.4, 0.8]$ 处，根据式(4-11)和式(4-12)计算，字符 a_2 的编码取值范围从 $(0.28, 0.36)$，而不是在 $[0, 1]$ 整个概率分布区间上。也就是说，每输入一个符号，都将按事先对概率范围的定义，在逐步缩小的当前取值区间上按式(4-11)和式(4-12)确定新范围的上、下限。继续读入第三个符号 a_3，受到前面已编码的两个字符的限制，它的编码取值应在 $[0.28, 0.36]$ 中的 $[0.0, 0.2]$ 内，即 $[0.28, 0.296]$。重复上述编码过程，直到输入数据流结束。最终结果如下：

输入字符	区间长度	范围
a_1	0.2	$[0.2, 0.4)$
a_2	0.08	$[0.28, 0.36)$
a_3	0.016	$[0.28, 0.296)$
a_2	0.0064	$[0.2864, 0.2928)$
a_4	0.00128	$[0.2915, 0.2928]$

由此可见,随着字符的输入,代码的取值范围越来越小。当字符串 $A = \{a_1 a_2 a_3 a_2 a_4\}$ 被全部编码后,其范围在 $[0.2915, 0.2928]$ 内。换句话说,在此范围内的数值代码都唯一对应于字符串"$a_1 a_2 a_3 a_2 a_4$"。可取这个区间的下限 0.2915 作为对源数据流"$a_1 a_2 a_3 a_2 a_4$"进行压缩编码后的输出代码,这样,就可以用一个浮点数表示一个字符串,达到减少所需存储空间的目的。

在算术编码中有几个问题需要注意:

算术编码器对整个消息只产生一个码字,这个码字是在间隔 $[0,1]$ 中的一个实数,因此译码器在接收到表示这个实数的所有位之前不能进行译码。算术编码也是一种对错误很敏感的编码方法,如果有一位发生错误就会导致整个消息译错。

4.5.4 游程编码

游程编码(RLC)是一种利用空间冗余度压缩图像的方法,相对比较简单,它也属于统计编码类。设图像中的某一行或某一块像素经采样或经某种方法变换后的系数为 $(x_1, x_2, \cdots, x_M)$,如图 4-9(a) 所示。某一行或某一块内像素值 x_i 可分为 k 段,长度为 l_i 的连续串,每个串具有相同的值,那么,该图像的某一行或某一块可由下面偶对 $(g_i, l_i)(1 \leqslant i \leqslant k)$ 来表示:$(x_1, x_2, \cdots, x_M) \rightarrow (g_1, l_1), (g_2, l_2), \cdots, (g_k, l_k)$,其中 g_i 为每个串内的代表值,l_i 为串的长度。串长 l_i 就是游程长度(Run-Length, RL),即由字符或灰度值构成的数据流中各个字符等重复出现而形成的字符串的长度。如果给出了形成串的字符、串的长度及串的位置,就能很容易地恢复出原来的数据流。其基本结构如图 4-9 所示。

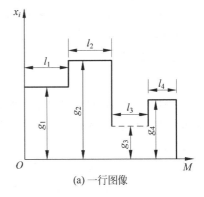

(a) 一行图像

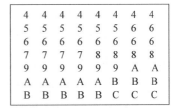

(b) 一块图像数据

游程编码分为定长游程编码和变长游程编码两类。定长游程编码是指编码的游程所使用位数是固定的,即 RL 位数是固定的。如果灰度连续相同的个数超过了固定位数所能表示的最大值,则进入下一轮游程编码。变长游程编码是指对不同范围的游程使用不同位数的编码,即表示 RL 位数是不固定的。

(c) RL 的基本结构

图 4-9 RL 编码

游程编码一般不直接应用于灰度图像,但比较适合于二值图像的编码,如黑白传真图像的编码等。为了达到较好的压缩效果,有时游程编码和其他一些编码方法混合使用。RLC 比较适合二值图像数据序列,其原因是在二值序列中,只有"0"和"1"两种符号;这些符号的连续出现,就形成了"0"游程:$L(0)$,"1"游程:$L(1)$。"0"游程和"1"游程总是交替出现的。倘若规定二值序列是"0"开始,第一个游程是"0"游程,第二个必为"1"游程,第三个游程又是"0"游程……各游程长度 $[L(0), L(1)]$ 是随机的,其取值为 $1, 2, 3, \cdots, \infty$。

定义了游程和游程长度之后,就可以把任何二元序列变换成游程长度的序列,简称游程序列。这一变换是可逆的，一一对应的。例如，一个二元序列为00001100111110001110000011…可变换成下列游程序列：42253352…。若已知二元序列是从 0 起始，那么很容易恢复成原二元序列。

由上可知，游程序列是多元序列，各长度可用 Huffman 编码，或其他方法处理以达到数据压缩的目的。

从二元序列转换为游程（多元）序列的具体方法还是比较简单的。其中一个方法对二元序列的"0"和"1"分别计算，就可到"0"游程 $L(0)$ 和"1"游程 $L(1)$。若对游程长度进行 Huffman 编码，必须先测定 $L(0)$ 和 $L(1)$ 的分布概率，或从二元序列的概率特性去计算各种游程长度的概率。所以，RLC 应归为统计编码类。

4.5.5 无损预测编码

一幅二维静止图像，设空间坐标 (i,j) 像素点的实际灰度为 $f(i,j)$，$\hat{f}(i,j)$ 是根据以前出现的像素点的灰度对该点的预测灰度，也称预测值或估计值，计算预测值的像素，可以是同一扫描行的前几个像素，或者是前几行上的像素，甚至是前几帧的邻近像素。实际值和预测值之间的差值，以式（4-13）表示，即

$$e(i,j) = f(i,j) - \hat{f}(i,j) \tag{4-13}$$

将此差值定义为预测误差。由图像的统计特性可知，相邻像素之间有着较强的相关性；具体来说，就是相邻像素之间灰度值比较接近。因此，其像素的值可根据以前已知的几个像素来估计、猜测，即预测。预测编码是根据某一模型利用以往的样本值对于新样本值进行预测，然后将样本的实际值与其预测值相减得到一个误差值，对于这一误差值进行编码。如果模型足够好且样本序列在时间上相关性较强，那么误差信号的幅度将远远小于原始信号，对差值信号不进行量化而直接编码就称为无损预测编码。

无损预测编码器的工作原理图和预测原理如图 4-10 和图 4-11 所示。其中 $f(i,j)$ 的预测值为 $\hat{f}(i,j)$，将 $f(i,j) - \hat{f}(i,j)$ 的差值进行无损熵编码，熵编码器可采用 Huffman 编码或算术编码。图 4-12 给出了像素 (i,j) 的预测图，图中给出了 (i,j) 的 3 个相邻像素，$\hat{f}(i,j)$ 由先前 3 点预测，定义为

$$\hat{f}(i,j) = a_1 f(i,j-1) + a_2 f(i-1,j-1) + a_3 f(i-1,j) \tag{4-14}$$

其中 a_1、a_2、a_3 称为预测系数，都是待定参数。如果预测器中预测系数是固定不变的常数，称之为线性预测。

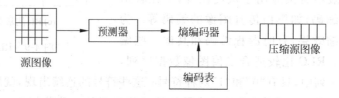

图 4-10　无损预测编码器工作原理

预测误差为

$$e(i,j) = f(i,j) - \hat{f}(i,j)$$

$$= f(i,j) - [a_1 f(i,j-1) + a_2 f(i-1,j-1) + a_3 f(i-1,j)] \qquad (4\text{-}15)$$

设 $a=f(i,j-1)$，$b=f(i-1,j)$，$c=f(i-1,j-1)$，$\hat{f}(i,j)$ 的预测方法如图 4-11 所示，可有 8 种选择方法。

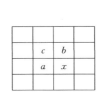

选择方法	预测值 $\hat{f}(x,y)$
0	非预测
1	a
2	b
3	c
4	$a+b-c$
5	$a+(b-c)/2$
6	$b+(a-c)/2$
7	$(a+b)/2$

图 4-11　$\hat{f}(x,y)$ 预测值选择

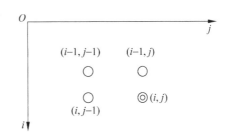

图 4-12　预测域

例 4-6　设有一幅图像，$f(i-1,j-1)$、$f(i-1,j)$、$f(i,j-1)$、$f(i,j)$ 的灰度值分别为 253、252、253、255，用图 4-12 所示的第 4 种选择方法预测 $f(i,j)$ 的灰度值，并计算预测误差。

解　$\hat{f}(i,j)=a+b-c=f(i,j-1)+f(i-1,j)-f(i-1,j-1)=252+253-253=252$

预测误差

$$e(i,j) = f(i,j) - \hat{f}(i,j) = 255 - 252 = 3$$

显然，预测误差 $e(i,j)=3$，比像素的实际值 $f(i,j)=255$ 小得多，对 3 进行编码比对 255 直接编码将占用更少的比特位。

4.6　有损压缩

有损编码是以丢失部分信息为代价来换取高压缩比的。如果丢失部分信息后造成的失真是可以容忍的，则压缩比增加是有效的。有损压缩方法主要有有损预测编码方法、变换编码方法等。

4.6.1　有损预测编码

由 4.5 节可知，在预测编码中，若直接对差值信号进行编码就称为无损预测编码。与之相对应，如果不是直接对差值信号进行编码，而是对差值信号进行量化后再进行编码就称为有损预测编码。有损预测方法有多种，其中差分脉冲编码调制（Differential Pulse Code Modulation，DPCM）是一种具有代表性的编码方法。本节先介绍 DPCM 的基本原理及其结构。

DPCM 系统由编码器和解码器组成，它们各有一个相同的预测器。DPCM 系统的工作原理如图 4-13 所示。系统包括发送、接收和信道传送三部分。发送端由编码器、量化器、预测器和加减法器组成；接收端包括解码器和预测器等；信道传送以虚线表示。图 4-13 中输入信号 $f(i,j)$ 是坐标 (i,j) 处像素的实际灰度值，$\hat{f}(i,j)$ 是由已出现先前相邻像素点的灰度值对该像素的预测灰度值。$e(i,j)$ 是预测误差。假如发送端不带量化器，直接对预测误

差 $e(i,j)$ 进行编码、传送，接收端可以无误差地恢复 $f(i,j)$。这就是前面介绍的无损编码系统，但一般来说 DPCM 是一种有损编码系统。但是，如果包含量化器，这时编码器对 $e'(i,j)$ 编码，量化器导致了不可逆的信息损失，这时接收端经解码恢复出的灰度信号不是真正的 $f(i,j)$，而是重建信号 $f'(i,j)$。可见引入量化器会引起一定程度的信息损失，使图像质量受损。但是，为了压缩位数，可以利用人眼的视觉特性，丢失不易觉察的图像信息，不会引起明显失真，因此，带有量化器有失真的 DPCM 编码系统还是普遍被采用的。

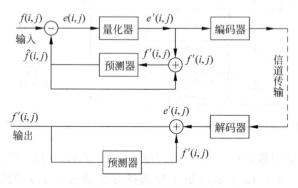

图 4-13　有损预测编码示意图

4.6.2　变换编码

变换编码不是直接对空域图像信号编码，而是首先将图像数据经过某种正交变换，如傅里叶变换（DFT）、离散余弦变换（DCT）及 K-L 变换等。另一个正交矢量空间（称为变换域），产生一批变换系数，然后对这些变换系数进行编码处理，从而达到压缩图像数据的目的。

1. 变换编码的基本原理

变换编码的原理如图 4-14 所示。从图 4-14 中可以看出，存储或传输都是在变换域中进行的，即传输或存储都不是空域图像而是变换域系数。例如，传输或存储的变换域系数 $\tilde{F}(u,v)$ 是从原来 $F(u,v)$ 中选择出的少数 $F(u,v)$。由于图像数据经过正交变换后，空域中的总能量在变换域中得到保持，但像素之间的相关性下降，能量将会重新分布，并集中在变换域中少数的变换系数上，因此，选择少数 $F(u,v)$ 来重建图像 $\hat{f}(x,y)$ 就可以达到压缩数据的目的，并且重建图像 $\hat{f}(x,y)$ 仅引入较小误差。变换多采用正交函数为基础的变换。

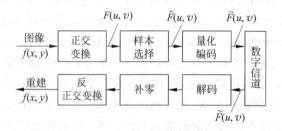

图 4-14　变换编码原理

2. 变换编码的数学分析

正交变换中常采用的有傅里叶变换、沃尔什变换、离散余弦变换和 K-L 变换等。

设一幅 $N \times N$ 的图像 $f(x,y)$ 可看成一个随机矢量，通常用 n 维矢量表示，但为说明其数学模型，设图像为 n 维矢量，即

$$\boldsymbol{X} = [x_0, x_1, x_2, \cdots, x_{n-1}]^{\mathrm{T}} \tag{4-16}$$

这里 $x_0, x_1, x_2, \cdots, x_{n-1}$ 是将图像切分成块后的堆叠矢量。比如一幅 256×256 图像，可以把它切分成 1024 个 ($M=1024$) 1×64 ($n=64$) 矢量，如图 4-15 所示。其中每行被分成了 4 个 1×64 的矢量，256 行共 $256 \times 4 \times 1 \times 64$ 的矢量，即将 256×256 图像分成 M 个 ($M=1024$) 1×64 子图像。

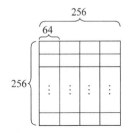

图 4-15　256×256 图像分成 1024 个 1×64 子图像示意图

$$\boldsymbol{X}_0 = \begin{bmatrix} X_{00} \\ X_{01} \\ \vdots \\ X_{0n-1} \end{bmatrix}, \cdots, \quad \boldsymbol{X}_{M-1} = \begin{bmatrix} X_{M-1,0} \\ X_{M-1,1} \\ \vdots \\ X_{M-1,n-1} \end{bmatrix} \tag{4-17}$$

经正交变换后，输出为 n 维矢量 $\boldsymbol{Y}$，即 $F(u,v)$：

$$\boldsymbol{Y} = [y_0, y_1, y_2, \cdots, y_{n-1}]^{\mathrm{T}} \tag{4-18}$$

设正交矩阵为 $\boldsymbol{A}$，则

$$\boldsymbol{Y} = \boldsymbol{A}\boldsymbol{X} \tag{4-19}$$

由于 $\boldsymbol{A}$ 为正交矩阵，有

$$\boldsymbol{A}\boldsymbol{A}^{\mathrm{T}} = \boldsymbol{A}\boldsymbol{A}^{-1} = \boldsymbol{I} \tag{4-20}$$

在传输或存储中都用 $\boldsymbol{Y}$，但在接收端经反变换可得 $\boldsymbol{X}$，即

$$\boldsymbol{X} = \boldsymbol{A}^{-1}\boldsymbol{Y} = \boldsymbol{A}^{\mathrm{T}}\boldsymbol{Y} \tag{4-21}$$

若在允许失真情况下，即通常的保真度编码，传输和存储只用 $\boldsymbol{Y}$ 的前 M 个分量，即 $M < N$，这样得到 $\boldsymbol{Y}$ 的近似值 $\hat{\boldsymbol{Y}}$，即

$$\hat{\boldsymbol{Y}} = [y_0, y_1, \cdots, y_{n-1}]^{\mathrm{T}} \tag{4-22}$$

利用 $\boldsymbol{Y}$ 的近似值 $\hat{\boldsymbol{Y}}$ 来重建 $\boldsymbol{X}$ 的近似值 $\hat{\boldsymbol{X}}$，即

$$\hat{\boldsymbol{X}} = \boldsymbol{A}_l^{\mathrm{T}} \hat{\boldsymbol{Y}} \tag{4-23}$$

式中，$\boldsymbol{A}_l$ 为 $M \times M$ 矩阵。只要 $\boldsymbol{A}_l$ 选择恰当，就可以保证重建图像的失真在一定允许限度内。关键的问题是如何选择 $\boldsymbol{A}$ 和 $\boldsymbol{A}_l$，使之既能得到最大压缩又不造成严重失真。为此，首先分析 $\boldsymbol{X}$ 的统计性质。

$$\boldsymbol{X} = [x_0, x_1, \cdots, x_{n-1}]^{\mathrm{T}} \tag{4-24}$$

则 $\boldsymbol{X}$ 的均值为

$$\overline{\boldsymbol{X}} = E\{\boldsymbol{X}\} \tag{4-25}$$

$\boldsymbol{X}$ 的协方差矩阵为

$$\boldsymbol{\Sigma}_x = E\{(\boldsymbol{X} - \overline{\boldsymbol{X}})(\boldsymbol{X} - \overline{\boldsymbol{X}})^{\mathrm{T}}\} \tag{4-26}$$

$\boldsymbol{Y}$ 的均值为

$$\overline{\boldsymbol{Y}} = E\{\boldsymbol{Y}\} \tag{4-27}$$

Y 的协方差矩阵为

$$\Sigma_y = E\{(Y - \bar{Y})(Y - \bar{Y})^T\} \tag{4-28}$$

由于正交变换阵为 A，则

$$\begin{aligned}
\Sigma_y &= E\{(AX - A\bar{X})(AX - A\bar{X})^T\} \\
&= AE\{(X - \bar{X})(X - \bar{X})^T\}A^T \\
&= A\Sigma_x A^T
\end{aligned} \tag{4-29}$$

它说明 Y 的协方差矩阵 Σ_y 可从 Σ_x 作二维正交变换 $A\Sigma_x A^T$ 得到。只要选择合适的 A，使 Σ_y 系数之间有更小的相关性，另外使得 $\hat{Y}$ 去掉了一些系数但误差不大。总之，选择合适的 A 和相应的 A_l 使之尽量满足以上两个条件就可称为最佳变换。

3. 最佳正交变换——K-L 变换

K-L 变换(Karhunen-Loeve Transform)实际上是基于特征矢量的一种变换，因此这里首先回顾一下特征分析，然后再介绍 K-L 变换。

对于 $N \times N$ 的矩阵 T，有 N 个标量 $\lambda_i(i = 1, 2, \cdots, N)$ 能使

$$| T - \lambda_i I | = 0 \tag{4-30}$$

则 λ_i 叫做矩阵 T 的特征值。另外，N 个满足

$$TV_i = \lambda_i V_i \tag{4-31}$$

的矢量 V_i 叫做 T 的特征矢量。特征矢量 V_i 是 $N \times 1$ 维的，每个 V_i 对应一个特征值 λ_i。这些特征矢量构成一个正交基集。

设 X 是一个 $N \times 1$ 的随机矢量，也就是说，X 的每个分量都是 x_i 随机变量。X 的均值（平均矢量）可以由 L 个样本矢量来估计矢量 M_x：

$$M_x \approx \frac{1}{L}\sum_{l=1}^{L} X_l \tag{4-32}$$

M_x 协方差矩阵可以由

$$\Phi_{Mx} = E\{(X - M_x)(X - M_x)^T\} \approx \frac{1}{L}\sum_{l=1}^{L} X_l X_l^T - M_l M_l^T \tag{4-33}$$

来估计。协方差矩阵是实对称的。对角元素是个随机变量的方差，非对角元素是它们的协方差。

现在定义一个线性变换 T，它可由任何 X 矢量产生一个新矢量 Y，即

$$Y = T(X - M_x) \tag{4-34}$$

式中，T 矩阵是这样构成的：T 的各行是 M_x 的特征矢量，即 T 的行矢量就是 M_x 的特征矢量。为了方便起见，以相应的特征值幅值大小递减的顺序来排列各行。

变换得到的 Y 是期望为零的随机矢量。Y 的协方差矩阵可以由 X 的协方差矩阵决定，有

$$\Phi_Y = T\Phi_X T^T \tag{4-35}$$

因为 T 的各行是 Φ_X 的特征矢量，故 Φ_Y 是一个对角阵，对角元素是的 Φ_X 特征值。因此

$$\Phi_X = \begin{pmatrix} \lambda_1 & \cdots & 0 \\ \vdots & \ddots & \vdots \\ 0 & \cdots & \lambda_N \end{pmatrix} \tag{4-36}$$

这些也是 Φ_X 的特征值。

这就是说，随机矢量 Y 是由互不相关的随机变量组成的，因此线性变换 T 起到了消除

变量间相关性的作用。换言之,每个 λ_i 都是变换后第 i 个变量 y_i 的方差。式(4-35)被称为 Hotelling 变换、特征矢量变换或主分量法,也叫做 Karhunen-Loeve 变换,简称 K-L 变换。

特征矢量变换是可逆的。也就是说,可以通过变换矢量 Y 来重构矢量 X,即

$$X = T^{-1}Y = T^{\mathrm{T}}Y \tag{4-37}$$

第二个等式成立是因为 T 正交矩阵。

由此可知,要实现对信号进行 K-L 变换,首先要求出矢量 X 的协方差矩阵 Φ_X,再求协方差矩阵 Φ_X 的特征值 λ_i,然后求 λ 对应的 Φ_X 的特征矢量,再用 Φ_X 的特征矢量构成正交矩阵 T。

下面举例说明构造该正交矩阵的过程。

例 4-7 若已知随机矢量 X 的协方差矩阵为

$$\Phi_X = \begin{bmatrix} 6 & 2 & 0 \\ 2 & 2 & -1 \\ 0 & -1 & 1 \end{bmatrix}$$

求其正交矩阵 T。

(1) 按 $|\lambda I - \Phi_X| = 0$,求 Φ_X 的特征值 λ_i:

$$\begin{bmatrix} \lambda & 0 & 0 \\ 0 & \lambda & 0 \\ 0 & 0 & \lambda \end{bmatrix} - \begin{bmatrix} 6 & 2 & 0 \\ 2 & 2 & -1 \\ 0 & -1 & 1 \end{bmatrix} = 0$$

得

$$\begin{bmatrix} \lambda-6 & -2 & 0 \\ -2 & \lambda-2 & 1 \\ 0 & 1 & \lambda-1 \end{bmatrix} = 0$$

则可解得

$$\lambda_1 = 6.854, \quad \lambda_2 = 2, \quad \lambda_3 = 0.146$$

(2) 按式(4-31)求 λ_i 对应的特征矢量。将 λ_1、λ_2、λ_3 代入式(4-31)中,分别求得以下 3 个特征矢量,即

$$V_1 = \begin{bmatrix} 0.918 \\ 0.392 \\ -0.067 \end{bmatrix} \quad V_2 = \begin{bmatrix} 0.333 \\ -0.667 \\ 0.667 \end{bmatrix} \quad V_3 = \begin{bmatrix} -0.217 \\ 0.634 \\ 0.742 \end{bmatrix}$$

用 V_1、V_2、V_3 的转置矢量作为正交矩阵 T 的行矢量,那么,对于任一均值为 0 的矢量 $X = (2, 1, -0.1)$ 的 K-L 变换为

$$Y = TX = \begin{bmatrix} 0.918 & 0.329 & -0.067 \\ 0.333 & -0.667 & 0.667 \\ -0.217 & 0.634 & 0.742 \end{bmatrix} \begin{bmatrix} 2 \\ 1 \\ -0.1 \end{bmatrix} = \begin{bmatrix} 2.234 \\ -0.067 \\ 0.127 \end{bmatrix}$$

则 Y 的协方差矩阵 Φ_Y 为

$$\Phi_Y = T\Phi_X T^{\mathrm{T}} = \begin{bmatrix} 6.854 & 0 & 0 \\ 0 & 2 & 0 \\ 0 & 0 & 0.146 \end{bmatrix}$$

由此可知,该矩阵的对角元素就是特征值 λ_i,因此,用式(4-37)可以从 Y 恢复 X。

4. 离散余弦变换编码

离散余弦变换在数字图像数据压缩编码技术中可与最佳变换 K-L 相媲美，因为 DCT 与 K-L 变换压缩性能和误差很接近，而 DCT 计算复杂度适中，又具有可分离特性，还有快速算法等特点，所以近年来在图像数据压缩中，采用离散余弦变换编码的方案很多，特别是 20 世纪 80 年代迅速崛起的多媒体技术中，JPEG、MPEG、H. 261 等压缩标准，都用到离散余弦变换编码进行数据压缩。余弦变换是傅里叶变换的一种特殊情况。在傅里叶级数展开式中，如果被展开的函数是实偶函数，那么，其傅里叶级数中只包含余弦项，再将其离散化，由此可导出余弦变换，或称之为离散余弦变换 DCT(Discrete Cosine Transform)。

二维离散偶余弦正变换公式为

$$C(u,v) = E(u)E(v) \frac{2}{N} \sum_{x=0}^{N-1} \sum_{y=0}^{N-1} f(x,y) \cdot \cos\left(\frac{2x+1}{2N}u\pi\right) \cdot \cos\left(\frac{2y+1}{2N}v\pi\right) \quad (4\text{-}38)$$

式中，$x,y,u,v = 0,1,\cdots,N-1$。

$E(u)E(v) = 1/\sqrt{2}$，当 $u = v = 0$ 时。

$E(u)E(v) = 1$，当 $u = 1,2,\cdots,N-1$；$v = 1,2,\cdots,N-1$ 时。

二维离散偶余弦逆变换公式为

$$f(x,y) = \frac{2}{N} \sum_{u=0}^{N-1} \sum_{v=0}^{N-1} E(u)E(v)C(u,v) \cdot \cos\left(\frac{2x+1}{2N}u\pi\right) \cdot \cos\left(\frac{2y+1}{2N}v\pi\right) \quad (4\text{-}39)$$

式中，$x,y,u,v = 0,1,\cdots,N-1$。

$E(u)E(v) = 1/\sqrt{2}$，当 $u = v = 0$ 时。

$E(u)E(v) = 1$，当 $u = 1,2,\cdots,N-1$；$v = 1,2,\cdots,N-1$ 时。

二维离散余弦变换具有可分离特性，所以，其正变换和逆变换均可将二维变换分解成一系列一维变换（行、列）进行计算。同傅里叶变换一样，DCT 变换也存在快速算法，这里就不做介绍了。图 4-16 给出了一幅原图及对应的 DCT 变换频谱。

(a) 原图像   (b) 频域图像

图 4-16　图像的 DCT 变换

如图 4-17 所示，在 DCT 为主要方法的变换编码中，一般不直接对整个图像进行变换，而是首先对图像分块，将 $M \times N$ 的一幅图像分成不重叠的 $(M/K) \times (N/K)$ 个 $K \times K$ 块分别进行变换。这样做的好处主要体现在：①降低运算量，如对一幅 512×512 图像，分块变换仅需约 1/3 的运算量；②后续的量化和扫描处理可以得到明显简化；③容易将由传输误差引起的错误控制在一个块内，而不是在整个图像上扩散。分块大小通常选 8×8 和 16×16。

从图 4-17 中可以看出，采用 DCT 进行变换编码时，通常首先将原始图像分成子块，对每一子块经正交变换得到变换系数，并对变换系数经过量化和取舍，然后采用熵编码等方式进行编码后,再由信道传输到接收端。在接收端,经过解码、反量化、逆变换后,得到重建图像。详细 DCT 变换编码方法将在 4.7 节结合 JPEG 编码标准进行讲述。

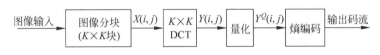

图 4-17 DCT 变换编码流程

4.7 JPEG 图像编码压缩标准

随着计算机网络及非话通信业务的迅速发展,图像通信已越来越受到全世界科技工作者的关注。以往非标准的工作状态极大地制约了图像处理技术的发展与应用。因此,图像压缩的国际标准主要是由国际标准化组织(International Standardization Organization, ISO)和国际电信联盟(International Telecommunication Union,ITU)组织制定的。目前,由这两个组织制定的国际标准可分成三部分:静止灰度(或彩色)图像压缩标准、运动图像压缩标准和二值图像压缩标准。众所周知的一些编码标准有 JPEG、MPEG、JBIG 及 H.26x 等。

JPEG 是联合图像专家小组的英文缩写。其中"联合"的含义是指,国际电报电话咨询委员会(CCIITI)和国际标准化协会(ISO)联合组成的一个图像专家小组。联合图像专家小组多年来一直致力于标准化工作,他们开发研制出连续色调、多级灰度、静止图像的数字图像压缩编码方法。这个压缩编码方法称为 JPEG 算法。JPEG 算法被确定为 JPEG 国际标准,它是彩色、灰度、静止图像的第一个国际标准。JPEG 标准是一个适用范围广泛的通用标准,它不仅适于静态图像的压缩,也适用于电视图像序列的帧内图像的压缩。

作为一个通用的国际标准,JPEG 的制定满足以下几个原则:

(1) 要达到或接近当前压缩比与图像保真度的技术水平,能覆盖一个较宽的图像质量等级范围,能达到"很好"到"极好"的评估,与原始图像相比时,人的视觉难以区分。

(2) 适用于任何种类的连续色调的图像,且长宽比都不受限制,同时也不受限于景物内容、图像的复杂程度和统计特性等。

(3) 计算的复杂性是可控制的,其软件可在各种 CPU 上完成,算法也可用硬件实现。

JPEG 中的核心算法是 DCT 变换编码,其压缩性能基本反映了 20 世纪 80 年代末图像压缩的技术水平。但自从 JPEG 制定后的近 10 年,许多更有效的图像压缩技术已得到发展,如小波变换方法、分形方法、区域划分方法等。其中,发展最成熟和性能及通用性最好的静止图像压缩方法是小波变换方法,正因如此,制定了第二代静止图像压缩标准,标准文本已于 2000 年公布,这就是 JPEG 2000,它的核心技术正是小波变换编码。本节结合 DCT 变换,概要介绍 JPEG 标准的主要算法,并通过一些例子说明它的压缩性能。

4.7.1 JPEG 的工作模式

为了适用于单色或彩色图像,JPEG 对每一个图像分量单独编码。对于单色图像,它只有一个分量,反映图像的亮度。对于彩色图像,一个图像分量是指一种彩色分量。例如,RGB 彩色图像,R、G、B 分别构成 3 个图像分量单独编码。JPEG 对每个不同的图像分量可以采用不同的量化参数和熵编码的码表，JPEG 本身并不进行分量间的转换。

有了以上讨论，下面仅对单分量图像进行论述。

对于一个图像分量，JPEG 提供 4 种工作模式。具有以下 4 种操作方式：

① 顺序编码。每一个图像分量按从左到右、从上到下扫描，一次扫描完成编码，如图 4-18 所示。

② 累进编码。图像编码在多次扫描中完成。累进编码传输时间长，接收端收到的图像是多次扫描由粗糙到清晰的累进过程，如图 4-19 所示。

③ 无失真编码。无失真编码方法保证解码后完全精确地恢复源图像采样值，其压缩比低于有失真压缩编码方法。

④ 分层编码。图像在多个空间分辨率进行编码。在信道传送速率慢，接收端显示器分辨率也不高的情况下，只需做低分辨率图像解码。

JEPG 对图像的压缩有很大的伸缩性，图像质量与比特率的关系如下：

① 1.5～2.0bit/像素：与原始图像基本没有区别。

② 0.75～1.5bit/像素：极好，满足大多数应用。

③ 0.5～0.75bit/像素：好至很好，满足多数应用。

④ 0.25～0.5bit/像素：中至好，满足某些应用。

4.7.2 基本工作模式

在 JPEG 应用中，最常用的工作模式是顺序编码的基本工作模式，见图 4-18 和图 4-19。实际上，许多硬件 JPEG 编码器和商用 JPEG 软件，仅支持这种工作模式。本节以基本工作模式为例，介绍 JPEG 的主要算法。

图 4-18　顺序工作方式

图 4-19　累进工作方式

图 4-20 是基于 DCT JPEG 编码的过程框图，图 4-21 是解码过程框图。

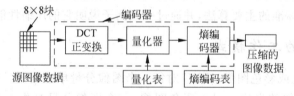

图 4-20　基于 DCT 编码简化框图

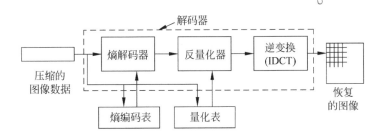

图 4-21　基于 DCT 解码器简化框图

1. 离散余弦变换

JPEG 采用 8×8 大小子块的二维离散余弦变换(DCT)。在编码器的输入端,把原始图像顺序地分割成一系列 8×8 的子块,设原始图像的采样精度为 P 位,是无符号整数,输入时把 $[0,2^P]$ 范围的无符号整数变成 $[-2^{P-1},2^{P-1}-1]$ 范围的有符号整数,以此作为离散余弦正变换(Forward,简称 FDCT)的输入。在解码器的输出端经离散余弦逆变换(Inverse,简称 IDCT)后,得到一系列 8×8 的图像数据块,需将其数值范围由 $[-2^{P-1},2^{P-1}-1]$ 再变回到 $[0,2^P]$ 范围内的无符号整数,来获得重构图像。

8×8 的 FDCT 和 8×8 IDCT 的数学定义表达式如下:

正变换为

$$F(uv) = \frac{1}{4}C(u)C(v)\left[\sum_{x=0}^{7}\sum_{y=0}^{7}f(x,y)\cdot\cos\frac{(2x+1)u\pi}{16}\cos\frac{(2y+1)v\pi}{16}\right] \quad (4\text{-}40)$$

逆变换为

$$f(x,y) = \frac{1}{4}\left[\sum_{u=0}^{7}\sum_{v=0}^{7}C(u)C(v)F(u,v)\cdot\cos\frac{(2x+1)u\pi}{16}\cos\frac{(2y+1)v\pi}{16}\right] \quad (4\text{-}41)$$

$$\begin{cases} C(u),C(v) = 1/\sqrt{2}, & \text{当 } u = v = 0 \\ C(u),C(v) = 1 & \text{其余} \end{cases}$$

其中:

从二维 DCT 的计算公式看出,它们具有可分离的变换特性。所以二维 DCT 可分解成行和列向的两个一维 DCT 计算的组合运算。

2. 量化

为了达到压缩数据的目的,对 DCT 系数需做量化处理。量化处理是一个多到一的映射,它是造成 DCT 编/解码信息损失的根源。在 JPEG 中采用线性均匀量化器,量化定义为对 64 个 DCT 系数除以量化步长,四舍五入取整,如式(4-42)表达式所示,即

$$F^Q(u,v) = \text{Integer Round}(F(u,v)/Q(u,v)) \quad (4\text{-}42)$$

式中,$Q(u,v)$ 为量化器步长。它是量化表的元素,量化表元素随 DCT 系数的位置和彩色分量的不同有不同值。量化表的尺寸为 8×8,与 64 个变换系数一一对应。这个量化表应该由用户规定(在 JPEG 中给出参考值),并作为编码器的一个输入。量化表中的每个元素值为 1～255 之间的任意整数,其值规定了它所对应 DCT 系数的量化器步长。

反量化表达式如式(4-43)所示,即

$$F^Q(u,v) = F^Q(u,v)\cdot Q(u,v) \quad (4\text{-}43)$$

量化的作用是在一定的主观保真度图像质量前提下,丢掉那些对视觉效果影响不大的

信息。

JPEG 对 $Q(u,v)$ 给出了参考值，对亮度和色度量化矩阵建议如表 4-3 和表 4-4 所示。

表 4-3　亮度量化表

16	11	10	16	24	40	51	61
12	12	14	19	26	58	60	55
14	13	16	24	40	57	69	56
14	17	22	29	51	87	80	62
18	22	37	56	68	109	103	77
24	35	55	64	81	104	113	92
49	64	78	87	103	121	120	101
72	92	95	98	112	100	103	99

表 4-4　色度量化表

17	18	24	47	99	99	99	99
18	21	26	66	99	99	99	99
24	26	56	99	99	99	99	99
47	66	99	99	99	99	99	99
99	99	99	99	99	99	99	99
99	99	99	99	99	99	99	99
99	99	99	99	99	99	99	99
99	99	99	99	99	99	99	99

通过一个例子来看 DCT 变换系数量化过程。从 Lena 图像的一个平坦区域取一个 8×8 子块为

$$
\begin{array}{cccccccc}
69 & 71 & 75 & 79 & 84 & 89 & 91 \\
69 & 70 & 73 & 76 & 83 & 90 & 95 \\
77 & 74 & 76 & 74 & 85 & 89 & 95 \\
71 & 73 & 76 & 79 & 86 & 91 & 93 \\
74 & 77 & 77 & 82 & 88 & 91 & 93 \\
78 & 76 & 80 & 84 & 88 & 92 & 95 \\
76 & 78 & 80 & 85 & 93 & 94 & 95 \\
74 & 79 & 81 & 85 & 86 & 94 & 94 \\
\end{array}
$$

下面是它的 DCT 变换系数，可以看到能量集中在少数低频系数。

$$
\begin{array}{cccccccc}
660.1250 & -47.0496 & 25.9980 & 10.3993 & 7.8750 & 8.4866 & 5.6025 & 1.3176 \\
-17.3267 & -2.6749 & 5.2236 & -1.3234 & 0.5222 & 0.2914 & 0.2800 & -2.281 \\
0.0280 & -0.6463 & -0.9545 & 0.9620 & 2.4730 & 1.9783 & -0.316 & 2.1741 \\
2.3003 & 0.4542 & -2.2403 & 3.5559 & 1.2907 & -1.0024 & 0.1580 & 0.9747 \\
-2.3750 & 0.1038 & -3.2220 & 0.9653 & 1.3750 & 2.2258 & 0.3875 & 3.5236 \\
0.9294 & -1.3282 & -2.4256 & 0.9828 & -1.9317 & -0.6972 & 0.1253 & -1.856 \\
0.3943 & 2.6640 & -0.5669 & -3.4168 & -0.8891 & -1.6182 & -2.545 & -1.732 \\
2.1666 & 1.7238 & -0.3335 & -0.4808 & -2.6253 & -0.9699 & 1.4854 & -1.183 \\
\end{array}
$$

用 JPEG 的亮度量化矩阵式对每个系数进行均匀量化,量化器输出为

$$
\begin{matrix}
41 & -4 & 3 & 1 & 0 & 0 & 0 & 0 \\
1 & 0 & 0 & 0 & 0 & 0 & 0 & 0 \\
0 & 0 & 0 & 0 & 0 & 0 & 0 & 0 \\
0 & 0 & 0 & 0 & 0 & 0 & 0 & 0 \\
0 & 0 & 0 & 0 & 0 & 0 & 0 & 0 \\
0 & 0 & 0 & 0 & 0 & 0 & 0 & 0 \\
0 & 0 & 0 & 0 & 0 & 0 & 0 & 0 \\
0 & 0 & 0 & 0 & 0 & 0 & 0 & 0
\end{matrix}
$$

反量化后,进行 DCT 反变换,得到的解码图像为

$$
\begin{matrix}
80 & 75 & 71 & 72 & 78 & 85 & 89 & 90 \\
80 & 75 & 71 & 72 & 78 & 85 & 89 & 90 \\
80 & 76 & 72 & 73 & 79 & 86 & 90 & 91 \\
81 & 77 & 72 & 74 & 80 & 87 & 91 & 92 \\
82 & 77 & 73 & 74 & 81 & 87 & 91 & 93 \\
83 & 78 & 74 & 75 & 81 & 88 & 92 & 93 \\
83 & 79 & 75 & 76 & 82 & 89 & 93 & 94 \\
84 & 79 & 75 & 76 & 82 & 89 & 93 & 94
\end{matrix}
$$

3. DCT 系数的编码

8×8 子块的 64 个变换系数经量化后,按直流系数 DC 和交流系数 AC 分成两类处理。坐标 $u=v=0$ 的直流系数 DC 实质上就是空域图像中 64 个像素的平均值。相邻的 8×8 子块之间的 DC 系数有强的相关性,JPEG 对 DC 系数采用 DPCM 编码,即对相邻块之间的 DC 系数的差值 $\text{DIFF}=\text{DC}_j-\text{DC}_{j-1}$ 编码,如图 4-22 所示。

其余 63 个系数称为交流系数(AC 系数)采用行程编码。由于低频分量多呈圆环形辐射状向高频率衰减,因此可看成按 Z 字形衰减,如图 4-23 所示。因此,AC 系数按 Z 字形扫描读数。

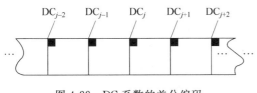

图 4-22   DC 系数的差分编码

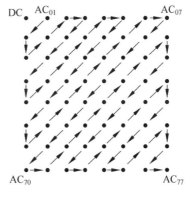

图 4-23   Z 字编码

对这 63 个 AC 系数采用非常简单和直观的行程编码,行程编码采用两个字节表示。JPEG 使用 1 字节的高 4 位表示连续"0"的个数,而使用它的低 4 位来表示下一个非"0"系数所需要的位数,跟在它后面的是量化 AC 系数的数值。AC 系数的行程编码如图 4-24 所示。

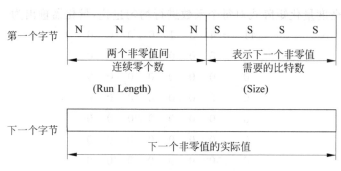

图 4-24　AC 系数行程编码码字

4. 熵编码

为了进一步达到压缩数据的目的，可以对 DPCM 编码后的 DC 码和 RLE 编码后的 AC 码的码字再作熵编码。JPEG 建议使用两种熵编码方法：Huffman 编码和自适应二进制算术编码。熵编码可分成两步进行，首先把 DPCM 编码后的 DC 码 DC 系数和行程编码的 AC 系数转换成中间符号序列，然后给这些符号赋予变长码字。

当图像的灰度级为 256 时，由于输入图像取值范围为 $-2^7 \sim 2^7-1$，DC_j 的取值范围为 $-2^{10} \sim 2^{10}-1$，DIFF 的取值范围为 $-2^{11} \sim 2^{11}-1$，如果用固定的码字长度表示，需 12 位。JPEG 给出另一种表示，将 DIFF 表示成两种符号：符号 1 和符号 2。符号 1 表示的信息称为"长度"，即为 DC 系数的幅度进行编码所用的位数，符号 2 表示 DC 系数的幅度。形成 DIFF 的两个符号如下：

符号 1　　符号 2

（SIZE）　（AMP）

符号 1 的取值和代表符号 2 的取值范围如表 4-5 所示。

接下来，将 DIFF 的两个符号 SIZE 和 AMP 送入熵编码器，形成最后的码字。只有符号 SIZE 进行 Huffman 编码，AMP 则采用 SIZE 位二进制表示。在 JPEG 标准中，可以由用户提供 SIZE 和 Huffman 编码表，也可以采用 JPEG 提供的一个码表。对于亮度和色度分量，JPEG 提供的 Huffman 编码表是不一致的，表 4-5 列出了用于表示 SIZE 的 Huffman 编码表。

表 4-5　DC_n 的符号 1 取值及表示的范围

序　号	取　值
0	0
1	$-1,1$
2	$-3,-2,2,3$
3	$-7 \sim -4,4 \sim 7$
4	$-15 \sim -8,8 \sim 15$
5	$-31 \sim -16,16 \sim 31$
6	$-63 \sim -32,32 \sim 63$
7	$-127 \sim -64,64 \sim 127$
8	$-255 \sim -128,128 \sim 255$
9	$-511 \sim -256,256 \sim 511$
10	$-1023 \sim -512,512 \sim 1023$
11	$-2047 \sim -1024,1024 \sim 2047$

对 DC_B 的第 2 个符号 AMP 用 SIZE 位二进制表示,表示方法是:如果 AMP>0,直接用 SIZE 位二进制原码表示;如果 AMP<0,用 AMP 的 1 的补码表示,即先得到|AMP|的 SIZE 二进制表示,再各位取反。例如,DC_B=15,查找表 4-5 得到 SIZE=4,查找表 4-6 得到它的 Huffman 编码字是 101,AMP 的二进制表示是 1111,因此,最终码字是 101、1111;如果 DC_B=-15,SIZE=4,AMP=-15,SIZE 的 Huffman 编码字仍为 101,但 AMP 的编码为 0000,最终码字是 101,0000。

表 4-6　亮度和色差分量 DCT 变换中直流差值中符号 SIZE 的 Huffman 编码表

序号	亮度 DC		色度 DC	
	码长	码字	码长	码字
0	2	00	2	00
1	3	010	2	01
2	3	011	2	10
3	3	100	3	110
4	3	101	4	1110
5	3	110	5	11110
6	4	1110	6	111110
7	5	11110	7	1111110
8	6	111110	8	11111110
9	7	1111110	9	111111110
10	8	11111110	10	1111111110
11	9	111111110	11	11111111110

类似地,对 AC 系数也分别用两个符号进行编码:符号 1 和符号 2。符号 1 表示了两条信息,分别称为"行程"和"长度"。行程是在"之"字形矩阵中位于非零 AC 系数的连续零值系数的个数,长度是对 AC 系数的幅度进行编码所需要的位数。符号 2 表示了 AC 系数的幅度。形成的两个符号如下:

符号 1　　　符号 2

(RUN,SIZE)　(AMP)

每个非零系数对应以上符号,符号 1 包括 RUN 和 SIZE 两个数字,RUN 表示当前非零值和前一个非零值之间的 0 个数,RUN 的取值为 0~15;SIZE 表示用于刻画 AMP 所需要的位数和 AMP 所处的范围,SIZE 和非零 AC 系数之间的关系如表 4-7 所示。

表 4-7　SIZE 和 AC 系数取值范围的关系

SIZE	AC 系数	SIZE	AC 系数
1	-1,1	6	-63~-32,32~63
2	-3,-2,2,3	7	-127~-64,64~127
3	-7~-4,4~7	8	-255~-128,128~255
4	-15~-8,8~15	9	-511~-256,256~511
5	-31~-16,16~31	10	-1023~-512,512~1023

在形成 AC 系数符号表示时,有两个特殊符号。一个特殊符号 EOB 表示已经遇到块中最后一个非零系数;ZRL=(RUN,SIZE)=(15,0)是另一个特殊符号,它用于表示不小于

16 的零行程,如果连续 0 的个数等于或超过 16,用 ZRL 表示 16 个连续的零,后面的符号中,RUN 部分相应减 16,ZRL 可用于连续指示大于 16、32、48 的情况。符号 1(RUN,SIZE)用一个二维 Huffman 编码表进行编码,给出 RUN 和 SIZE 的值,从二维 Huffman 编码表中查出相应码字。同样,JPEG 允许用户定义自己的二维 Huffman 编码表,它也给出两个默认的码表,分别用于编码亮度分量和色度分量。此处略去这两个码表。AMP 的编码同 DIFF 一致。

例 4-8　给出 Lena 测试图像(分辨率为 256×256)从 72×72 开始的一个 8×8 块,它的前一个块的量化 DC 系数为 -10,这个块取值如下:

$$
\begin{array}{cccccccc}
107 & 105 & 104 & 114 & 100 & 112 & 111 & 108 \\
104 & 99 & 107 & 108 & 112 & 115 & 117 & 115 \\
104 & 101 & 108 & 110 & 109 & 114 & 117 & 114 \\
105 & 105 & 105 & 106 & 110 & 109 & 96 & 113 \\
102 & 107 & 102 & 113 & 105 & 104 & 107 & 115 \\
107 & 106 & 102 & 103 & 106 & 115 & 106 & 121 \\
114 & 107 & 87 & 98 & 110 & 102 & 116 & 120 \\
114 & 99 & 98 & 95 & 93 & 111 & 115 & 112
\end{array}
$$

说明 JPEG 过程。

解　使输入图像取值范围为 $-2^7 \sim 2^7 - 1$,每个像素减 128,进行 DCT 变换,并用亮度量化矩阵进行量化,量化器输出为

$$
\begin{array}{cccccccc}
-1 & -2 & 1 & 0 & 0 & 0 & 0 & 0 \\
1 & 0 & -1 & 0 & 0 & 0 & 0 & 0 \\
0 & 0 & 1 & 0 & 0 & 0 & 0 & 0 \\
0 & 0 & 0 & 0 & 0 & 0 & 0 & 0 \\
0 & 0 & 0 & 0 & 0 & 0 & 0 & 0 \\
0 & 0 & 0 & 0 & 0 & 0 & 0 & 0 \\
0 & 0 & 0 & 0 & 0 & 0 & 0 & 0 \\
0 & 0 & 0 & 0 & 0 & 0 & 0 & 0
\end{array}
$$

由于它的前一个块的量化 DC 系数为 -10,该 8×8 块的 DC 系数为 -1,因此,DIFF $= -10 - 1$。SIZE $= 4$,AMP $= -11$,编码为 101,0100。Z 字扫描为 $-2, 1, 0, 0, -1, 0, 0, 0, 0, 1,$ EOB。形成[RUN,SIZE][AMP]串为[0,2][-2],[0,1][1],[2,1][1],[2,1][1],[1,1][-1],[4,1][1],[EOB]。对[RUN,SIZE]查 Huffman 编码表,对 AMP 直接编码,得到码字为[01][01],[00][1],[11100][1],[1100][0],[111011][1],[1010]。DC 编码需 7 位,AC 编码需 29 位,共需 36 位。原 8×8 块共 64 个像素,每个像素 8 位,因此,压缩比为 $64 \times 8 / 36 = 14.2$。

用解码器解码后,这个块的重构图像为

$$
\begin{array}{cccccccc}
108 & 108 & 107 & 107 & 109 & 111 & 114 & 116 \\
106 & 107 & 107 & 109 & 110 & 112 & 113 & 114 \\
104 & 105 & 108 & 110 & 112 & 112 & 112 & 111 \\
102 & 104 & 107 & 110 & 112 & 112 & 111 & 110 \\
103 & 104 & 106 & 108 & 109 & 110 & 110 & 110
\end{array}
$$

$$105 \quad 104 \quad 104 \quad 104 \quad 106 \quad 108 \quad 111 \quad 113$$
$$108 \quad 105 \quad 102 \quad 100 \quad 101 \quad 106 \quad 112 \quad 116$$
$$110 \quad 106 \quad 100 \quad 97 \quad 98 \quad 105 \quad 113 \quad 118$$

根据式(4-2),式(4-6)均方误差为 23.78,峰值信噪比为 34.4dB。

在视觉效果不受到严重损失的前提下,对灰度图像压缩算法可以达到 15～20 的压缩比。如果在图像质量上稍微牺牲一点的话,可以达到 40∶1 或更高的压缩比,如果处理的是彩色图像,JPEG 算法首先将 RGB 分量转化成亮度分量和色差分量,同时丢失一半的色彩信息(空间分辨率减半)。然后,用离散余弦变换来进行变换编码,舍弃高频的系数,并对余下的系数进行量化,以进一步减小数据量。最后,使用行程长度编码和 Huffman 编码来完成压缩任务。JPEG 解压缩过程就是 JPEG 压缩过程的逆过程,这使得算法具有对称性。

在顺序编码时,除基本模式外,还有其他选择方式。例如,可以支持 12 位像素精度,在这种情况下,SIZE 的类型增加 4;还可以选择算术编码替代 Huffman 编码。

累进工作方式需要一个对整个图像进行 8×8 块变换和量化后的量化系数进行缓存。对每一个块,首先选择一部分系数或部分精度进行熵编码和传输,解码端得到一个非常粗糙的重构图像,每次扫描增加一部分系数或精度,产生使图像质量得以改善的附加码流。这个过程重复几次,最终可以达到要求的质量。

4.7.3 JPEG 文件格式

在制定 JPEG 标准时,已经定义了许多标记用来区分和识别图像数据及相关信息。目前,使用广泛的是 JFIF(JPEG File Interchange Format,JPEG 文件交换格式)1.02 版。此外,还有 TIFF JPEG 等格式,但由于这些格式比较复杂,因此,大多数应用程序支持的是 JFIF 文件交换格式。本节主要详细介绍 JPEG 格式。

1. JPEG 文件格式结构

JPEG 文件中的字节格式是按照正序排列的,即存放时高位字节在前,低位字节在后。JPEG 文件大体上可以分成以下两个部分:标记码(Tag)和压缩数据。

标记码部分给出了 JPEG 图像的所有信息,如图像的宽、高、Huffman 编码表、量化表等。标记码有很多,但绝大多数的 JPEG 文件只包含表 4-8 所示的几种。

表 4-8 常见标记码

标 号	标 记 代 码	说 明
SOI	0xD8	图像开始,可作为 JPEG 格式的判据(JFIF 还需要 APP0 的配合)
APP0	0xE0	JFIF 应用数据块,APP0 是 JPEG 保留给 Application 所使用的标记码,而 JFIF 将文件的相关信息定义在此标记中
APPn	0xE1～0xEF	其他的应用数据块(n,1～15)
DQT	0xDB	量化表
SOF0	0xC0	帧开始
DHT	0xC4	Huffman 表
SOS	0xDA	扫描线开始
EOI	0xD9	图像结束

标记码由两个字节组成，其中高字节是固定值 0xFF。每个标记之前还可以添加数目不限的 0xFF 填充字节。常见的 JPEG 文件由下面几个部分组成。

（1）SOI 标记

SOI 标记即图像开始（Start of Image）标记。其标记结构为：

标记结构	字节数
0xFF	1
0xD8	1

任何 JPEG 文件都以该标记开头，因此可以将该标记作为判断一个图像文件是否为 JPEG 格式文件的依据。

（2）APP0 标记

APP0 是 JPEG 保留给应用程序（Application）使用的标记码，而 JFIF 将文件的相关信息定义在此标记中。APP0 结构的简单描述如表 4-9 所示。

表 4-9 APP0 的结构

标记结构	字节数	说　明
0xFF	1	
0xE0	1	
Lp	2	APP0 标记码长度，不包括前两个字节 0xFF、0xE0
Identifier	5	JFIF 识别码，为 0x4A、0x46、0x49、0x46、0x00，即"JFIF"+"0"
Version	2	JFIF 版本号，可为 0x0101 或者 0x0101
Units	1	X 和 Y 的密度单位，等于零时为无单位，为 1 时为点数/英寸，为 2 时为点数/厘米
Xdensity	2	水平方向分辨率
Ydensity	2	垂直方向分辨率
Xthumbnail	1	水平点数
Ythumbnail	1	垂直点数
RGB0	3	RGB 值
RGB1	3	RGB 值
…	…	…
RGBn	3	RGB 值

（3）APPn 标记，其中 $n=1\sim15$（任选）

APPn 标记代表其他应用数据块，它的结构包括两部分：

① APPn 长度（Length）。

② 应用详细信息（Application Specific Information）。

（4）一个或多个量化表 DQT（Define Quantization Table）

量化表的结构如表 4-10 所示。

（5）一个或多个 Huffman 表 DHT（Define Huffman Table）

Huffman 表的结构如表 4-11 所示。

表 4-10 量化表的结构

标记结构	字节数	说 明
0xFF	1	
0xDB	1	
Lq	2	DQT 标记码长度,不包括前两个字 0xFF、0xDB
(Pq,Tq)	1	高 4 位 Pq 为量化表的数据精确度,Pq=0 时,Q0～Qn 的值为 8 位,Pq=1 时,Qt 的值为 16 位,Tq 表示量化表的编号,为 0～3。在基本系统中,Pq=0,Tq=1,也就是说最多有两个量化表
Q0	1 或 2	量化表的值,Pq=0 时,为一个字节,Pq=1 时,为两个字节
Q1	1 或 2	量化表的值,Pq=0 时,为一个字节,Pq=1 时,为两个字节
...	...	...
Qn	1 或 2	量化表的值,Pq=0 时,为一个字节,Pq=1 时,为两个字节。其中 n 的值为 0～63,表示量化表中 64 个值,按照 Z 字形排列

表 4-11 Huffman 表的结构

标记结构	字节数	说 明
0xFF	1	
0xC4	1	
Lh	2	DHT 标记码长度,不包括前两个字 0xFF、0xDB
(Tc,Th)	1	Tc 为高 4 位,Th 为低 4 位。在基本系统中,Tc 为 0 或 1。Tc 为 0 时,指 DC 所用的 Huffman 表;Tc 为 1 时,指 AC 所用的 Huffman 表。Th 表示 Huffman 表的编号,在基本系统中,其值为 0 或 1。所以,在基本系统中,最多有 4 个 Huffman 表,如表 4-8 所示
L1		
L1		
...	...	...
L16	...	...
V1		
V1		
...		
Vt		

2. JPEG 文件格式分析举例

本节以图 4-25 所示图像为例,对 JPEG 文件格式进行分析。

下面是以十六进制的形式显示这个文件的部分字节。使用如 UltraEdit 等文本编辑器直接打开 JPEG 文件就能看到整个文件。

Offset	0	1	2	3	4	5	6	7	8	9	10	11	12	13	14	15
00000000	FF	D8	FF	E0	00	10	4A	46	49	46	00	01	01	00	00	01
00000016	00	01	00	00	FF	DB	00	43	00	08	06	06	07	06	05	08
...																
00000144	32	32	32	32	32	32	32	32	32	32	32	32	32	32	FF	C0
00000160	00	11	08	01	00	01	00	03	01	22	00	02	11	01	03	11
...																
00010080	5B	DB	3D	E1	CF	20	77	34	01	FF	D9					

现在一个字节一个字节地分析每个字节的含义。JPEG 文件大体上可以分成以下两个部分:标记码(Tag)和压缩数据。标记码由两个字节构成,其前一个字节是固定值 0xFF,每个标记前还可以添加数目不限的 0xFF 填充字节(Fill Byte)。标记码部分给出了 JPEG 图像的所有信息,如图像的宽、高、Huffman 表、量化表等。

图 4-25 原始图像

```
00000000   FD  D8  FF  E0  00  10  4A  46
49  46  00  01  01  00  00  01
```

图像开始 SOI(Start Of Image)标记为 0xD8

```
00000000   FD  D8  FF  E0  00  10  4A  46
49  46  00  01  01  00  00  01
```

```
00000016  00  01  00  00  FF  DB  00  43      00  08  06  06  07  06  05  08
```

(1) APP0 标记

0xE0 是 APP0 标记的标志。

后面的 2 字节 $(0010)_{16} = (16)_{10}$,是 APP0 的长度,该 APP0 长 16 字节。要注意,在 JPEG 文件中,字节间的顺序是高字节在前,低字节在后。

$(4A\ 46\ 49\ 46\ 00)_{16}$ 是 JFIF 识别码"JFIF"+"0"。

接下去的 2 字节是 JFIF 版本号,主版本号是 0x01,次版本号是 0x01,也就是说该文件使用的 JFIF 版本是 1.01 版;还可以是 0x0102 说明是 1.02 版。

后面的 1 字节 0x00,是 X 和 Y 的密度单位。此时 units=0 说明无单位;如果 units=1 采用的单位是点数/英寸(1 英寸=2.54cm);units=2 则采用点数/厘米。

下面的 4 字节分别是 X 和 Y 方向的像素密度。

最后的两个 0x00,分别代表水平和垂直方向缩略图的像素数目。

(2) APPn 标记(其中 $n=1\sim15$ 任选)

APPn 标记从 0xFFE0~0xFFEF 这 15 个字段任选,主要是为了应用程序预留必要的字段。使用方法和上面的 APP0 相同。在这个 JPEG 中未使用这些字段。

(3) 一个或者多个量化表 DQT

```
00000016  00  01  00  00  FF  DB  00  43      00  08  06  06  07  06  05  08
```

0xDB 是量化表的标志。紧接着的两个字节 0x0043 指出了量化表标记码的长度。

接下来的 0x00 占一个字节,但指明了量化表的精度和数目(Pq,Tq)。它的高 4 位 Pq 为量化表的数据精确度,Pq=0 时,量化表中 Q0~Qn(n 的值为 0~63)的值为 8bit(即 1 个字节),Pq=1 时为 16bit;低 4 位 Tq 表示量化表的标号,为 0~3。

(4) 帧图像开始 SOF(Start Of Frame)

```
00000144  32  32  32  32  32  32  32  32  32  32  32  32  32  32  FF  C0
00000160  00  11  08  01  00  01  00  03  01  22  00  02  11  01  03  11
```

0xC0 是帧开始的标志。0x0011 指明 SOF 标记码的长度是 17。

接下来一个字节是精度占 0x08 指明每个颜色分量每个像素的位数。这里说明此图是一个 256 色图。紧跟着 4 个字节前两个是图像高度,后两个是图像宽度。从中可以看到这张图的高是 0x0100、宽是 0x0100,即 256×256 像素。后一个字节是颜色分量数,一般为

1 或 3,1 代表灰度图,3 代表真彩图。

如此这样分析下去,接下来的 Huffman 表标志码是 0xC4 以及扫描开始 SOS(Start Of Scan)的标记码是 0xDA,具体不详细介绍了,可以参阅相关的手册。文件的最后是:

00010080　5B　DB　3D　E1　CF　20　77　34　01　FF　D9

最后 2 字节是 0xFFD9,这是图像结束(End Of Image)标记。

4.8 MPEG 视频编码压缩标准

从时间的观点看,数字图像分为静态图像和运动图像,视频信号就是典型的运动图像。视频压缩的目标是在尽可能保证视觉效果的前提下减少视频数据率。视频压缩比一般指压缩后的数据量与压缩前的数据量之比。

根据压缩前和解压缩后的数据是否完全一致,视频压缩可分为有损压缩和无损压缩。无损压缩意味着解压缩后的数据与压缩前的数据完全一致。有损压缩则意味着解压缩后的数据与压缩前的数据不一致。在压缩的过程中要丢失一些人眼和人耳所不敏感的图像或音频信息,而且丢失的信息不可恢复。丢失的数据率与压缩比有关,压缩比越小,丢失的数据越多,解压缩后的效果一般越差。此外,某些有损压缩算法采用多次重复压缩的方式,这样还会引起额外的数据丢失。具体的视频编/解码过程如图 4-26 所示。

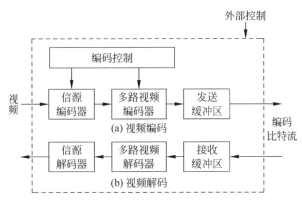

图 4-26　视频编/解码过程

图 4-27 表示了视频信号的压缩过程,该图充分说明了视频信号的压缩包括两个主要方面:帧内压缩与帧间压缩。帧内(Intraframe)压缩也称为空间压缩(Spatial Compression)。当压缩一帧图像时,仅考虑本帧的数据而不考虑相邻帧之间的冗余信息,这实际上与静态图像压缩类似。帧内压缩一般达不到很高的压缩率。帧间(Interframe)压缩是基于许多视频或动画的连续前后两帧具有很大的相关性,或者说前后两帧信息变化很小的特点,即连续的视频其相邻帧之间具有冗余信息。根据这一特性,压缩相邻帧之间的冗余量就可以进一步提高压缩量,减小压缩比。帧间压缩也称为时间压缩(Temporal Compression),它通过比较时间轴上不同帧之间的数据进行压缩。帧间压缩一般是无损的。

MPEG(Moving Picture Expert Group,运动图像专家组)组织专门致力于对数字存储介质中运动图像及其伴音的压缩编码技术的标准化和实用化研究。MPEG 是个国际标准,即 ISO 11172。该小组于 1991 年底提出了用于数字存储介质的、速率约 1.5MB/s 的运动图像及其伴音的压缩编码,并于 1992 年正式通过,通常被称为 MPEG 标准,此标准后来被定名为 MPEG-1。MPEG 与 JPEG 算法在概念上类似,只不过它还利用了相继图像之间的冗余信息。由于可达到 100∶1 的压缩比,所以 MPEG 算法非常实用。如用于在 1Mb/s 的信道中传送带声音的彩色电视图像,以及在磁盘驱动器中存储较长一段时间的数字电视图像片段等。

图 4-27　运动图像的压缩过程

　　到目前为止,MPEG 标准已不再是一个单一的标准,而是一个用于全运动视频和相关音频压缩的标准系列,包括 MPEG-1、MPEG-2、MPEG-4、MPEG-7 和 MPEG-21 共 5 个标准,每一个标准都有其特定的应用范围。其中,它的两个标准——MPEG-1 和 MPEG-2 标准的应用范围最广,也特别重要。MPEG-1 用于加速 CD-ROM 中图像的传输。它的目的是把 221Mb/s 的 NTSC 图像压缩到 1.2Mb/s,压缩率为 200∶1。这是图像压缩的工业认可标准。MPEG-2 用于宽带传输的图像,图像质量达到电视广播甚至 HDTV 的标准。和 MPEG-1 相比,MPEG-2 支持更广的分辨率和比特率范围,将成为数字图像盘(DVD)和数字广播电视的压缩方式。这些市场和计算机市场交织在一起,从而使 MPEG-2 成为计算机的一种重要的图像压缩标准。这一点非常重要,因为将 MPEG-1 的比特流解压缩时需要用到 MPEG-2 的解压缩器。MPEG-4 标准支持非常低的比特率的数据流的应用,如电视电话、视频邮件和电子报刊等。

　　MPEG 视频压缩分为空间域压缩与时间域压缩。

　　MPEG 标准在空间域的压缩,类似于 JPEG 标准。每一帧被作为独立的图像获取,且压缩步骤与 JPEG 标准的步骤一样。时间域压缩,即帧间编码的基本思想是仅存储运动图像从一帧到下一帧的变化部分,而不是存储全部图像数据,这样做能极大地减少运动图像数据的存储量,达到帧间压缩的目的。这是通过把帧序列划分成 I 帧、P 帧、B 帧,使用参照帧及运动补偿技术来实现的。I 帧是在解码时,无需参照任何其他帧的帧,或称为内编码帧,它是利用自身的相关性进行帧内压缩编码;而在帧编码时仅使用最近的前一帧(I 帧或 P 帧)作为参照帧时,该帧称为 P 帧或预测帧;对于在帧编码时要使用前、后帧作为参照帧时,该帧称为 B 帧,或称为双向预测帧。

4.9　小结

　　本章在分析图像编码的必要性与可能性的基础上,对图像编码与压缩的基本概念、理论及其编码分类进行了简要介绍,并从无损压缩和有损压缩的角度具体介绍了几种常用的图像编码与压缩技术。

　　无损压缩是指可以精确无误地从压缩数据中恢复出原始数据的图像压缩方法。常见的无损压缩技术包括基于统计概率的方法和基于字典的技术。基于统计概率的方法是依据信息论中的变长编码定理和信息熵有关知识,用较短代码代表出现概率大的符号,用较长代码代表出现概率小的符号,从而实现数据压缩。统计编码方法中具有代表性的是 Huffman 编码方法,它根据每个字符出现的概率大小进行一一对应地编码;另一种是算术编码,它是对字符序列而不是字符序列中单个字符进行编码,其编码效率高于 Huffman 编码。基于字典技术的数据压缩技术最常用的是游程编码,它适用于灰度级不多、数据相关性很强的图像数据的压缩。游程编码分为定长游程编码和变长游程编码两类。定长游程编码是指编码的游程所使用位数是固定的。为了达到较好的压缩效果,有时游程编码和其他一些编码方法混合使用。

有损编码是以丢失部分信息为代价来换取高压缩比的。有损压缩方法主要有有损预测编码方法、变换编码方法等。预测编码是根据某一模型利用以往的样本值对于新样本值进行预测,然后将样本的实际值与其预测值相减得到一个误差值,对于这一误差值进行编码。如果对差值信号不进行量化而直接编码,称之为无损预测编码。如果不是直接对差值信号进行编码,而是对差值信号进行量化后再进行编码,称之为有损预测编码。有损预测方法有多种,其中差分脉冲编码调制是一种具有代表性的编码方法。变换编码不是直接对空域图像信号编码,而是首先将图像数据经过某种正交变换,变换到另一个正交矢量空间,产生一批变换系数,然后对这些变换系数进行编码处理,从而达到压缩图像数据的目的。由于离散余弦变换可与最佳变换 K-L 媲美,而计算复杂度适中,近年来在图像数据压缩中,采用离散余弦变换编码的方案很多。JPEG、MPEG、H.261 等压缩标准,都用到离散余弦变换编码进行数据压缩。

由于非标准的工作状态极大地制约了图像处理技术的发展与应用,因此,需要制定图像压缩的国际标准。图像压缩的国际标准可分成三部分:静止图像压缩标准、运动图像压缩标准和二值图像压缩标准。常用的编码标准有 JPEG、MPEG、JBIG 及 H.26x 等。

JPEG 是联合图像专家小组开发研制的连续色调、多级灰度、静止图像的数字图像压缩编码方法。JPEG 中的核心算法是 DCT 变换编码。JPEG 采用的是 8×8 大小的子块的二维离散余弦变换。在编码器的输入端,把原始图像顺序地分割成一系列 8×8 的子块作为离散余弦正变换的输入。为了达到压缩数据的目的,对 DCT 系数需做量化处理。量化处理是一个多到一的映射,它是造成 DCT 编解码信息损失的根源。8×8 子块的 64 个变换系数经量化后,按直流系数 DC 和交流系数 AC 分成两类处理。JPEG 对 DC 系数采用 DPCM 编码,即对相邻块之间的 DC 系数的差值编码。其余 63 个交流系数采用行程编码。为了进一步达到压缩数据的目的,可以对 DPCM 编码后的 DC 码和 RLE 编码后的 AC 码的码字再作熵编码。JPEG 建议使用两种熵编码方法:Huffman 编码和自适应二进制算术编码。

MPEG 视频压缩分为空间域压缩与时间域压缩。MPEG 标准在空间域的压缩,类似于 JPEG 标准。每一帧被作为独立的图像获取,且压缩步骤与 JPEG 标准的步骤一样。时间域压缩,即帧间编码的基本思想是仅存储运动图像从一帧到下一帧的变化部分,而不是存储全部图像数据,这样做能极大地减少运动图像数据的存储量,达到帧间压缩的目的。它通过把帧序列划分成 I 帧、P 帧、B 帧,使用参照帧及运动补偿技术来实现。

习题

1. 阐述图像编码的两个评价准则。

2. 信源符号为

$$aaaaabbbcdddddddee$$

画出其 Huffman 编码的编码树，并给出各符号的编码和平均码长，及算出熵和编码效率。

3. 分析有损预测编码的信息损失发生在哪一个步骤。

4. 试分析最佳变换的实用难点所在。

5. 设已知 $X_1=(-1,1)^T, X_2=(0,3)^T, X_3=(1,5)^T, X_4=(2,7)^T$，求协方差矩阵和变换矩阵。

6. 阐述 JPEG 编码的原理及其实现的技术。

7. 说明 MPEG 中 I 帧、B 帧、P 帧的含义。

第 5 章

图像复原

    图像在形成、传输和记录过程中,由于受多种原因的影响,图像的质量会有所下降,从而引起图像退化。本章将在介绍图像退化的一般模型的基础上,着重介绍非约束复原方法、约束复原方法、非线性复原方法等具体的图像复原技术。

5.1 基本概念

    图像在形成、传输和记录过程中,由于受多种原因的影响,图像的质量会有所下降,典型表现为图像模糊、失真、有噪声等,这一过程称为图像的退化。引起图像退化的原因很多,如大气湍流效应、传感器特性的非线性、光学系统的像差、成像设备与物体之间的相对运动等都能引起图像退化。图像复原也称为图像恢复,其目的是去除或减轻在获取图像过程中发生的图像质量下降(退化)问题,从而使图像尽可能地接近于真实场景。

    图像复原和图像增强存在着密切的联系,即它们的主要目的都是要改善给定图像的质量。但是,这两者之间是有着重大区别的。图像复原试图利用退化现象的某种先验知识(即退化模型),对已经退化了的图像加以重建和复原,使复原的图像尽量接近原图像。而图像增强技术则根据人们的主观视觉要求对图像进行处理,不需要或很少需要建立退化或降质的过程模型。

    实现图像复原需要弄清退化的原因,建立相应的数学模型,并沿着图像降质的逆过程对图像进行复原。为了给出图像退化的数学模型,首先要清楚物体成像过程的数学描述。为了方便地描述成像系统,通常将成像系统视为线性系统。虽然物体的成像系统总存在着非线性,但如果这种非线性失真并不至于引起明显的误差,或在局部可以满足线性性质,就可以采用线性系统来近似描述成像系统的过程和性质。

    本章首先介绍图像退化的一般模型,并分为连续函数和离散函数两种形式进行介绍;接着分非约束复原方法、约束复原方法、非线性复原方法以及其他几种图像复原方法对于图像复原技术进行介绍。

5.1.1 图像退化一般模型

    图像恢复处理的关键问题在于建立退化模型。图 5-1 给出了图像退化的一般模型,从该图可以看出,图像退化可以被模型化为一个退化函数 H 和一个加性噪声项 $n(x,y)$ 一起

作用于输入图像 $f(x,y)$，从而产生最终的退化图像 $g(x,y)$ 的过程。

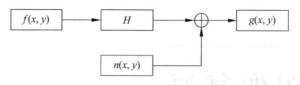

图 5-1　图像退化的一般过程

可用数学表达式表示为

$$g(x,y) = H[f(x,y)] + n(x,y) \tag{5-1}$$

复原的目标就是得到原始图像 $f(x,y)$ 的一个估计 $\hat{f}(x,y)$，使这个估计尽可能接近原始的输入图像。通常，对 H 和 n 知道的越多，$\hat{f}(x,y)$ 就越接近 $f(x,y)$。因此，在对退化图像进行复原处理时，如果对图像缺乏足够的先验知识，可利用已有的知识和经验对模糊或噪声等退化过程进行数学模型的建立及描述，并针对此退化过程的数学模型进行图像复原。这种复原方式是对图像在被退化过程影响之前情况的一种估计。如果对退化图像拥有足够的先验知识，则可以通过对退化图像建立数学模型，并据此对退化图像进行拟合。由于只涉及对未退化图像较少的几个参数进行估计，因而会更加准确、有效。可见，退化过程的先验知识在图像复原中起着重要作用。

5.1.2　成像系统的基本定义

在信号处理领域，常常提及线性移不变系统（或线性空间不变系统），这类系统有许多重要的性质，合理地利用这些性质将有利于问题的处理。因此，这里先给出线性移不变系统的定义。

如果输入信号为 $f_1(x,y)$、$f_2(x,y)$，对应的输出信号为 $g_1(x,y)$、$g_2(x,y)$，通过系统后有式(5-2)、式(5-3)成立，即

$$
\begin{aligned}
H \cdot [k_1 f_1(x,y) + k_2 f_2(x,y)] &= H \cdot [k_1 f_1(x,y)] + H \cdot [k_2 f_2(x,y)] \\
&= k_1 H[f_1(x,y)] + k_2 H[f_2(x,y)] \\
&= k_1 g_1(x,y) + k_2 g_2(x,y)
\end{aligned} \tag{5-2}
$$

那么，系统 H 是一个线性系统。其中 k_1、k_2 为常数，如果 $k_1 = k_2 = 1$，则

$$
\begin{aligned}
H \cdot [f_1(x,y) + f_2(x,y)] &= H \cdot [f_1(x,y)] + H \cdot [f_2(x,y)] \\
&= g_1(x,y) + g_2(x,y)
\end{aligned} \tag{5-3}
$$

式(5-2)及式(5-3)说明，如果 H 为线性系统，那么两个输入之和的响应等于两个响应之和。

如果一个系统的参数不随时间变化，称为时不变系统或非时变系统；否则，就称该系统为时变系统。与此概念相对应，对于二维函数来说，如果

$$H \cdot [f(x-\alpha, y-\beta)] = g(x-\alpha, y-\beta) \tag{5-4}$$

则 H 是移不变系统（或称为位置不变系统，或称空间不变系统），式中的 α 和 β 分别是空间位置的位移量。这说明线性系统的输入在 x 与 y 方向上分别移动了 α 和 β，系统输出对于输入的关系仍然未变，移动后图像中任一点通过该线性系统的响应只取决于在该点的输入值，而与该点的位置无关。

由上述定义可知,如果系统 H 具备式(5-2)和式(5-4)的特点,那么系统就是线性的或空间位置不变的系统。需要说明的是,在图像复原处理中,尽管非线性和空间变化的系统模型更具普遍性和准确性,但却给处理工作带来巨大的困难,它常常没有解或很难用计算机来处理。因此,在图像复原处理中,往往用线性和空间不变性的系统模型加以近似。这种近似的优点是使线性系统理论中的许多理论可直接用于解决图像复原问题,所以图像复原处理特别是数字图像复原处理主要采用的是线性的、空间不变的复原技术。

5.1.3 连续函数的退化模型

一幅连续的输入图像 $f(x,y)$ 可以看作是由一系列点源组成的。因此,$f(x,y)$ 可以通过点源函数的卷积来表示,即

$$f(x,y) = \int_{-\infty}^{+\infty}\int_{-\infty}^{+\infty} f(\alpha,\beta)\delta(x-\alpha,y-\beta)\,\mathrm{d}\alpha\mathrm{d}\beta \tag{5-5}$$

式中,δ 函数为点源函数,表明空间上的点脉冲。

在不考虑噪声的一般情况下,连续图像经过退化系统 H 后的输出为

$$g(x,y) = H[f(x,y)] \tag{5-6}$$

把式(5-5)代入式(5-6)可知,输出函数

$$g(x,y) = H[f(x,y)] = H\int_{-\infty}^{+\infty}\int_{-\infty}^{+\infty} f(\alpha,\beta)\delta(x-\alpha,y-\beta)\,\mathrm{d}\alpha\mathrm{d}\beta \tag{5-7}$$

对于非线性或者空间变化系统,要从式(5-7)求出 $f(x,y)$ 是非常困难的。为了使求解具有实际意义,现在只考虑线性和空间不变系统的图像退化。

对于线性空间不变系统,输入图像经退化后的输出有

$$\begin{aligned}g(x,y) &= H[f(x,y)] = H\int_{-\infty}^{+\infty}\int_{-\infty}^{+\infty} f(\alpha,\beta)\delta(x-\alpha,y-\beta)\,\mathrm{d}\alpha\mathrm{d}\beta\\ &= \int_{-\infty}^{+\infty}\int_{-\infty}^{+\infty} f(\alpha,\beta)H[\delta(x-\alpha,y-\beta)]\,\mathrm{d}\alpha\mathrm{d}\beta\\ &= \int_{-\infty}^{+\infty}\int_{-\infty}^{+\infty} f(\alpha,\beta)h(x-\alpha,y-\beta)\,\mathrm{d}\alpha\mathrm{d}\beta\end{aligned} \tag{5-8}$$

式中,$h(x-\alpha,y-\beta)$ 为该退化系统的点扩展函数(Point Spread Function,PSF),或叫系统的冲激响应函数。它表示系统对坐标为 (α,β) 处的冲激函数 $\delta(x-\alpha,y-\beta)$ 的响应。

式(5-8)表明,只要系统对冲激函数的响应 $h(x-\alpha,y-\beta)$ 为已知,那么就可以非常清楚地知道退化图像是如何形成的。因为对于任一输入 $f(\alpha,\beta)$ 的响应,都可以用式(5-8)计算出来。当冲激响应函数已知时,从 $f(x,y)$ 得到 $g(x,y)$ 非常容易,但是从 $g(x,y)$ 恢复得到 $f(x,y)$ 却仍然是件不容易的事。在这种情况下,退化系统的输出就是输入图像信号与该系统冲激响应的卷积。

$$g(x,y) = \int_{-\infty}^{+\infty}\int_{-\infty}^{+\infty} f(\alpha,\beta)h(x-\alpha,y-\beta)\,\mathrm{d}\alpha\mathrm{d}\beta = f(x,y)*h(x,y) \tag{5-9}$$

事实上,图像退化除成像系统本身的因素外,还要受到噪声的污染。如果假定噪声 $n(x,y)$ 为加性白噪声,这时式(5-9)可以写成

$$\begin{aligned}g(x,y) &= \int_{-\infty}^{+\infty}\int_{-\infty}^{+\infty} f(\alpha,\beta)h(x-\alpha,y-\beta)\,\mathrm{d}\alpha\mathrm{d}\beta + n(x,y)\\ &= f(x,y)*h(x,y) + n(x,y)\end{aligned} \tag{5-10}$$

在频率域上，可以将式(5-10)写成

$$G(u,v) = F(u,v)H(u,v) + N(u,v) \tag{5-11}$$

式中，$G(u,v)$、$F(u,v)$、$N(u,v)$分别是退化图像$g(x,y)$、原图像$f(x,y)$、噪声信号$n(x,y)$的傅里叶变换。$H(u,v)$是系统的点冲激响应函数$h(x,y)$的傅里叶变换，称为系统在频率域的传递函数。

式(5-10)和式(5-11)就是连续函数的退化模型。由此可见，图像复原实际上就是已知$g(x,y)$的情况下，从式(5-10)求$f(x,y)$的问题或者已知$G(u,v)$而由式(5-11)求$F(u,v)$的问题。因此，进行图像复原的关键问题是寻求降质系统在空间域上的$h(x,y)$，即点扩展函数或冲激响应函数，或者是寻求降质系统在频率域上的传递函数$H(u,v)$。反映到滤波器的设计上就相当于寻求点扩展函数。点扩展函数是成像系统的脉冲响应，其物理概念为：物点经成像系统后不再是一点，而是一个弥散的同心圆。如果成像系统是一个空间不变系统（移不变系统），则物平面的点光源在物场中移动时，点光源的像只改变其位置而并不改变其函数形式，可以利用同一函数形式处理图像平面中的每一个点，因此确定成像系统的点扩散函数对于图像复原是很重要的。图5-2给出了一个放大的亮脉冲及退化的冲激。

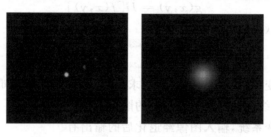

图5-2　放大的亮脉冲以及退化的冲激图

一般来说，传递函数$H(u,v)$比较容易求得。因此，在进行图像复原之前，一般应设法求得完全的或近似的降质系统传递函数，然后对$H(u,v)$求傅里叶反变换，即可得到$h(x,y)$。

5.1.4　离散函数的退化模型

计算机处理的是数字信号，为了方便计算机对退化图像进行恢复，必须对式(5-10)中的退化图像$g(x,y)$、退化系统的点扩展函数$h(x,y)$、要恢复的输入图像$f(x,y)$进行均匀采样离散化，从而连续函数模型转化并引申出离散的退化模型。为了研究方便，先考虑一维情况，然后再推广到二维离散图像的退化模型。

1. 一维离散情况退化模型

为使讨论简化，暂不考虑噪声存在。设$f(x)$为具有A个采样值的离散输入函数，$h(x)$为具有B个采样值的退化系统的冲激响应，则经退化系统后的离散输出函数$g(x)$为输入$f(x)$和冲激响应$h(x)$的卷积，即

$$g(x) = f(x) * h(x) \tag{5-12}$$

分别对$f(x)$和$h(x)$用添零延伸的方法扩展成周期$M=A+B-1$的周期函数，即

$$f_e(x) = \begin{cases} f(x) & 0 \leqslant x \leqslant A-1 \\ 0 & A \leqslant x \leqslant M-1 \end{cases}$$

$$h_e(x) = \begin{cases} h(x) & 0 \leqslant x \leqslant B-1 \\ 0 & B \leqslant x \leqslant M-1 \end{cases} \tag{5-13}$$

此时输出

$$g_e(x) = f_e(x) * h_e(x) = \sum_{m=0}^{M-1} f_e(m)h_e(x-m) \tag{5-14}$$

式中, $x=0,1,2,\cdots,M-1$。

因为 $f_e(x)$ 和 $h_e(x)$ 已扩展成周期函数,故 $g_e(x)$ 也是周期性函数,用矩阵表示为

$$\begin{bmatrix} g(0) \\ g(1) \\ g(2) \\ \vdots \\ g(M-1) \end{bmatrix} = \begin{bmatrix} h_e(0) & h_e(-1) & \cdots & h_e(-M+1) \\ h_e(1) & h_e(0) & \cdots & h_e(-M+2) \\ h_e(2) & h_e(1) & \cdots & h_e(-M+3) \\ \vdots & \vdots & & \vdots \\ h_e(M-1) & h_e(M-2) & \cdots & h_e(0) \end{bmatrix} \begin{bmatrix} f_e(0) \\ f_e(1) \\ f_e(2) \\ \vdots \\ f_e(M-1) \end{bmatrix} \tag{5-15}$$

因为 $h_e(x)$ 的周期为 M,所以 $h_e(x)=h_e(x+M)$,即

$$h_e(-1) = h_e(M-1)$$
$$h_e(-2) = h_e(M-2)$$
$$\cdots$$
$$h_e(-M+1) = h_e(1)$$

代入到式(5-15),因此 $M \times M$ 阶矩阵 $\boldsymbol{H}$ 可写为

$$\boldsymbol{H} = \begin{bmatrix} h_e(0) & h_e(M-1) & h_e(M-2) & \cdots & h_e(1) \\ h_e(1) & h_e(0) & h_e(M-1) & \cdots & h_e(2) \\ \vdots & \vdots & \vdots & & \vdots \\ h_e(M-1) & h_e(M-2) & h_e(M-3) & \cdots & h_e(0) \end{bmatrix} \tag{5-16}$$

式(5-15)写成更简洁的形式为

$$\boldsymbol{g} = \boldsymbol{H}\boldsymbol{f} \tag{5-17}$$

式中, $\boldsymbol{g}$、$\boldsymbol{f}$ 为 M 维列矢量; $\boldsymbol{H}$ 是 $M \times M$ 阶矩阵,矩阵中的每一行元素均相同,只是每行以循环方式右移一位,因此矩阵 $\boldsymbol{H}$ 是循环矩阵。可以证明,循环矩阵相加还是循环矩阵,循环矩阵相乘还是循环矩阵。

2. 二维离散模型

由上述讨论的一维退化模型不难推广到二维情况。设输入的数字图像 $f(x,y)$ 大小为 $A \times B$,点扩展函数 $h(x,y)$ 被均匀采样为 $C \times D$ 大小。为避免交叠误差,仍用添零扩展的方法,将它们扩展成 $M=A+C-1$ 和 $N=B+D-1$ 个元素的周期函数。

$$f_e(x,y) = \begin{cases} f(x,y) & 0 \leqslant x \leqslant A-1 \text{ 且 } 0 \leqslant y \leqslant B-1 \\ 0 & \text{其他} \end{cases}$$
$$h_e(x,y) = \begin{cases} h(x,y) & 0 \leqslant x \leqslant C-1 \text{ 且 } 0 \leqslant y \leqslant D-1 \\ 0 & \text{其他} \end{cases} \tag{5-18}$$

则输出的降质数字图像为

$$g_e(x,y) = f_e(x,y) * h_e(x,y) = \sum_{m=0}^{M-1} \sum_{n=0}^{N-1} f_e(m,n)h_e(x-m,y-n) \tag{5-19}$$

式中, $x=0,1,2,\cdots,M-1$; $\quad y=0,1,2,\cdots,N-1$。

式(5-19)的二维离散退化模型同样可以采用矩阵表示形式，即

$$g = Hf \tag{5-20}$$

式中，g、f 为 $MN \times 1$ 维列矢量；H 为 $MN \times MN$ 维矩阵。其方法是将 $g(x,y)$ 和 $f(x,y)$ 中的元素堆积起来排成列矢量。

$$f_1 = [f_1(0,0), f_1(0,1), \cdots, f_1(0,N-1), f_1(1,0), f_1(1,1), \cdots, f_1(1,N-1), \cdots$$
$$f_1(M-1,0), f_1(M-1,1), \cdots, f_1(M-1,N-1)] \tag{5-21}$$

$$g_1 = [g_1(0,0), g_1(0,1), \cdots, g_1(0,N-1), g_1(1,0), g_1(1,1), \cdots, g_1(1,N-1), \cdots$$
$$g_1(M-1,0), g_1(M-1,1), \cdots, g_1(M-1,N-1)] \tag{5-22}$$

$$H = \begin{bmatrix} H_0 & H_{M-1} & H_{M-2} & \cdots & H_1 \\ H_1 & H_0 & H_{M-1} & \cdots & H_2 \\ \vdots & \vdots & \vdots & & \vdots \\ H_{M-1} & H_{M-2} & H_{M-3} & \cdots & H_0 \end{bmatrix} \tag{5-23}$$

式中，H_i 为子矩阵，大小为 $N \times N$，即 H 矩阵是由 $M \times M$ 个大小为 $N \times N$ 的子矩阵组成，称为分块循环矩阵，分块矩阵是由延拓函数 $h_e(x,y)$ 的第 j 行构成的，构成方法为

$$H_j = \begin{bmatrix} h_e(j,0) & h_e(j,N-1) & h_e(j,N-2) & \cdots & h_e(j,1) \\ h_e(j,1) & h_e(j,0) & h_e(j,N-1) & \cdots & h_e(j,2) \\ \vdots & \vdots & \vdots & & \vdots \\ h_e(j,N-1) & h_e(j,N-2) & h_e(j,N-3) & \cdots & h_e(j,0) \end{bmatrix} \tag{5-24}$$

如果考虑到噪声的影响，一个更加完整的离散图像退化模型可以写成

$$g_e(x,y) = \sum_{m=0}^{M-1} \sum_{n=0}^{N-1} f_e(m,n) h_e(x-m, y-n) + n_e(x,y) \tag{5-25}$$

写成矩阵形式为

$$g = Hf + n \tag{5-26}$$

上述离散退化模型都是在线性空间不变的前提下得出的，这种退化模型已为许多恢复方法所采用，并有良好的复原效果。构建该模型的目的是在给定 $g(x,y)$，并且知道退化系统的点扩展函数 $h(x,y)$ 和噪声分布 $n(x,y)$ 的情况下，估计出未退化前的原始图像 $f(x,y)$。但是，对于实际应用，要想从式(5-26)得出 $f(x,y)$，其计算工作是十分困难的。例如，对于一般大小的图像来说，$M=N=512$，此时矩阵 H 的大小为 $MN \times MN = 512 \times 512 \times 512 \times 512 = 262\,144 \times 262\,144$，要直接得出 $f(x,y)$，则需要求解 262 144 个联立方程组，其计算量是十分惊人的。为了解决这样的问题，必须利用循环矩阵的性质来简化运算。

5.2　图像噪声与只存在噪声的空域滤波复原

5.2.1　常见的噪声及其概率密度函数

噪声是一种重要的，也是最常见的退化因素。由于噪声的影响，图像像素的灰度会发生变化。噪声本身的灰度可以看成是由概率密度函数（PDF）表示的随机变量。因此，分析噪声分量的灰度统计特性，可以更有效地滤除噪声。下面是在图像处理应用中最常见的噪声及其概率密度函数。

1. 高斯噪声

高斯噪声是指噪声的分布满足高斯分布的噪声。一个高斯随机变量 z 的概率密度函数可以表示为

$$p(z) = \frac{1}{\sqrt{2\pi}} e^{\frac{-(z-\mu)^2}{2\sigma^2}} \tag{5-27}$$

式中，z 为灰度值；μ 为 z 的平均取值或数学期望；σ 为 z 的标准差；σ^2 为 z 的方差。高斯函数的曲线如图 5-3 所示。

高斯噪声的灰度分布多集中在均值附近，随着与均值的距离增加而数量减少。其值 70% 落在 $[(\mu-\sigma),(\mu+\sigma)]$ 范围内，95% 落在 $[(\mu-2\sigma),(\mu+2\sigma)]$ 范围内。

2. 伽马噪声

伽马分布噪声的概率密度可由式(5-28)给出，即

$$p(z) = \begin{cases} \dfrac{a^b z^{b-1}}{(b-1)!} e^{-az} & z \geqslant 0 \\ 0 & z < 0 \end{cases} \tag{5-28}$$

其中，$a > 0$，b 为正整数且"!"表示阶乘。伽马分布噪声的概率密度均值和方差分别可由式(5-29)和式(5-30)给出，即

$$\mu = \frac{b}{a} \tag{5-29}$$

$$\sigma^2 = \frac{b}{a^2} \tag{5-30}$$

图 5-4 显示了伽马分布密度的曲线。

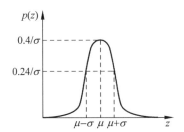

图 5-3　高斯噪声的概率密度函数

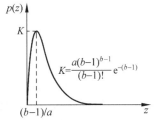

图 5-4　伽马噪声的概率密度函数

3. 均匀噪声

均匀分布噪声的概率密度可由式(5-31)给出，即

$$p(z) = \begin{cases} \dfrac{1}{b-a} & a \leqslant z \leqslant b \\ 0 & \text{其他} \end{cases} \tag{5-31}$$

均匀分布的噪声均值和方差分别可由式(5-32)、式(5-33)给出，即

$$\mu = \frac{a+b}{2} \tag{5-32}$$

$$\sigma^2 = \frac{(b-a)^2}{12} \tag{5-33}$$

均匀噪声是随机分布的，受噪声作用的图像中每个像素都有可能受到影响而改变灰度

值。图 5-5 显示了均匀密度函数的曲线。

4. 指数分布噪声

指数分布噪声的概率密度可由式(5-34)给出，即

$$p(z) = \begin{cases} a\mathrm{e}^{-az} & z \geqslant 0 \\ 0 & z < 0 \end{cases} \tag{5-34}$$

指数分布的噪声均值和方差是

$$\mu = \frac{1}{a} \tag{5-35}$$

$$\sigma^2 = \frac{1}{a^2} \tag{5-36}$$

图 5-6 显示了指数分布函数的曲线。

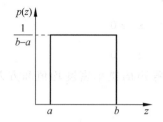

图 5-5　均匀噪声的概率密度函数

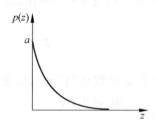

图 5-6　指数噪声的概率密度函数

5. 脉冲噪声(椒盐噪声)

脉冲分布噪声的概率密度可由式(5-37)给出，即

$$p(z) = \begin{cases} P_a & \text{如果 } z = a \\ P_b & \text{如果 } z = b \\ 0 & \text{其他} \end{cases} \tag{5-37}$$

式(5-37)表示脉冲噪声在 P_a 或 P_b 均不为零，且可以是正的，也可以是负的，称为双极脉冲噪声。如果 $b>a$，则灰度值 b 在图像中将显示为一个亮点，反之则 a 的值将显示为一个暗点。尤其是它们近似相等时，脉冲噪声值就类似于随机分布在图像上的胡椒和盐粉颗粒，所以，脉冲噪声也称为椒盐噪声。其中椒噪声对应取 a 值的噪声，而盐噪声对应取 b 值的噪声。在图像显示时，负脉冲显示为黑色(胡椒点)，正脉冲显示为白色(盐点)。若 P_a 或 P_b 为零，则脉冲称为单极脉冲。图 5-7 显示了脉冲密度函数的曲线。

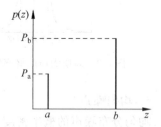

图 5-7　脉冲噪声的概率密度函数

噪声的概率密度函数参数一般可从传感器的技术说明中获得。但是，对于一些特殊的成像装置，其参数往往需要通过估计才能得到。在这种情况下，仅仅只有通过成像装置获取的图像可用。为此，常常可以从图像中选取一小部分灰度恒定的区域来估计 PDF 参数，通过显示小区域的直方图，可以看出直方图的形状与前述的对应的概率密度函数十分接近。因此，可以利用该小区域中的数据来统计得到参数，如计算灰度的均值和方差。如果直方图接近于高斯分布，说明图像受高斯噪声干扰，此时方差和均值正是高斯函数的参数。如果直

方图是其他形状,可以选择与式(5-28)～式(5-36)最接近的概率密度函数,用均值和方差来解出参数 a 和 b。但是,脉冲噪声与此不同,它需要估计黑、白像素发生的概率。因此,为了计算直方图,图像中必须有一个相对恒定的中等灰度区域才能估计,其黑、白像素的尖峰对应于 P_a、P_b 的估计值。

5.2.2 只存在噪声的空域滤波复原

当一幅图像中仅存在噪声这一退化因素,可以选择空间滤波方法。在这种情况下,图像恢复几乎等同于图像增强。除可通过特殊的滤波来计算噪声特性外,滤波机理与增强算法完全一致。因此,算术均值滤波、中值滤波等噪声消除方法同样可用于图像复原上。本节仅在这些方法的基础上,进一步介绍几种比较典型的只存在噪声的空域滤波复原方法。

1. 谐波均值滤波器

设 $g(x,y)$ 为退化图像,$\hat{f}(x,y)$ 为复原后的图像,S_{xy} 表示中心在 (x,y) 点,尺寸为 $m \times n$ 的矩形窗口区域,用谐波均值得到的恢复图像 $\hat{f}(x,y)$ 为

$$\hat{f}(x,y) = \frac{mn}{\sum\limits_{(k,l) \in S_{xy}} \dfrac{1}{g(k,l)}} \tag{5-38}$$

谐波均值滤波器对高斯噪声有较好的滤除效果,但对椒盐噪声的作用不对称,对盐噪声的滤除效果比椒噪声的滤除效果要好得多。图 5-8 给出了谐波均值滤波器的滤波效果。

(a) 在原始图上叠加均值为0、方差为256的高斯噪声

(b) 谐波均值滤波后高斯噪声基本滤除

(c) 在原始图上叠加2%的椒噪声

(d) 谐波均值滤波后椒噪声被放大

图 5-8　谐波均值滤波器的滤波效果

(e) 在原始图上叠加2%的盐噪声　　　　　　　(f) 谐波均值滤波后盐噪声基本滤除

图 5-8　（续）

2. 逆谐波均值滤波器

对图像进行逆谐波均值滤波的滤波器可以表示为

$$\hat{f}(x,y) = \frac{\sum\limits_{(k,l)\in S_{xy}} g(k,l)^{t+1}}{\sum\limits_{(k,l)\in S_{xy}} \dfrac{1}{g(k,l)}} \tag{5-39}$$

式中, t 为滤波器的阶数。

逆谐波均值滤波器对椒盐类噪声的滤除效果比较好,但不能同时滤除椒噪声和盐噪声。当 t 为正数时,滤波器可滤除椒噪声;当 t 为负数时,滤波器可滤除盐噪声;当 t 为零时,滤波器相当于算术平均滤波器;当 $t=-1$ 时,滤波器就退化为谐波均值滤波器。图 5-9 给出了逆谐波均值滤波器的滤波效果。

(a) 在原始图上叠加2%的椒盐噪声　　　　　(b) $t=1.5$，去除了椒噪声

(c) $t=-1.5$，去除了盐噪声　　　　　　　　(d) $t=0$

图 5-9　逆谐波均值滤波器的滤波效果

3. 自适应均值噪声滤波器

前面讨论的滤波器没有考虑作用于图像中的一个像素相对于其他像素的差异性,即对所有的像素采用同样的处理方式。自适应均值噪声滤波器则基于 S_{xy} 矩形区域内的统计特性,因此,其滤波性能优于前面的滤波器。

设 $g(x,y)$ 为噪声图像在点 (x,y) 处的值,σ_N^2 为 $g(x,y)$ 叠加噪声的方差,m_L 为在以 (x,y) 为中心的区域 S_{xy} 的局部均值,σ_L^2 为在以 (x,y) 为中心的区域 S_{xy} 的局部方差。均值给出了计算区域中灰度平均值的度量,方差给出了该区域平均对比度的度量。滤波器期望的滤波效果可以表示为

$$\hat{f}(x,y) = g(x,y) - \frac{\sigma_N^2}{\sigma_L^2}[g(x,y) - m_L] \tag{5-40}$$

式中,除了叠加噪声 σ_N^2 外,其余参数可从 S_{xy} 中的各像素计算出来。

5.3 无约束复原

图像复原的主要目的是在假设具备退化图像 g 及 H 和 n 的某些知识的前提下,估计出原始图像 f 的估计值 $\hat{f}$,$\hat{f}$ 估计值应使准则为最优(常用最小)。常见的图像复原模型主要分为无约束复原模型和有约束复原模型。如果仅仅要求某种优化准则为最小,不考虑其他任何条件约束,这种复原方法为无约束复原方法。

5.3.1 无约束复原的代数方法

如果退化模型就是式(5-26)的形式,就可以用线性代数中的理论解决图像复原问题。由前面介绍的图像退化模型可知,其噪声项为

$$n = g - Hf \tag{5-41}$$

在对噪声项 n 没有任何先验知识的情况下,无约束的代数复原方法的中心是寻找一个原始图像 f 的估计 $\hat{f}$,使 $H\hat{f}$ 在最小均方误差的意义上来说近似于 g,即要使得

$$\|n\|^2 = \|g - H\hat{f}\|^2 \tag{5-42}$$

为最小,由定义可知

$$\|n\|^2 = n^T \cdot n$$

$$\|g - H\hat{f}\|^2 = (g - H\hat{f})^T(g - H\hat{f}) \tag{5-43}$$

求 $\|n\|^2$ 最小等效于求 $\|g - H\hat{f}\|^2$ 最小,即求

$$J(\hat{f}) = \|g - H\hat{f}\|^2 \tag{5-44}$$

的极小值问题。

求式(5-44)的极小值方法可以采用一般的求极值的方法进行处理。把 $J(\hat{f})$ 对 $\hat{f}$ 微分,并使结果为零,即

$$\frac{\partial J(\hat{f})}{\partial f} = -2H^T(g - H\hat{f}) = 0 \tag{5-45}$$

由式(5-45)可推导出

$$H^{\mathrm{T}} H \hat{f} = H^{\mathrm{T}} g \qquad (5\text{-}46)$$

进一步,得

$$\hat{f} = (H^{\mathrm{T}} H)^{-1} H^{\mathrm{T}} g \qquad (5\text{-}47)$$

令 $M = N$,因此,H 为一方阵,并且设 H^{-1} 存在,则可求得 $\hat{f}$ 为

$$\hat{f} = H^{-1} (H^{\mathrm{T}})^{-1} H^{\mathrm{T}} g = H^{-1} g \qquad (5\text{-}48)$$

5.3.2 退化函数 $H(u,v)$ 的估计

在图像复原中,估计退化函数 $H(u,v)$ 主要有 3 种方法:观察法;试验法;数学建模法。本节仅简要介绍观察法和数学建模法。

观察法是指利用图像自身的信息来计算 $H(u,v)$。例如,可以寻找图像中的一个强信号区域子图像 $G_s(x,y)$,使用目标和背景的样本的灰度级,先构建一个不模糊的图像 $\hat{F}_s(x,y)$。假定忽略噪声,有

$$H_s(u,v) = \frac{G_s(u,v)}{\hat{F}_s(u,v)} \qquad (5\text{-}49)$$

根据函数的这一特性,并假设位置不变,可以推出完全函数 $H(u,v)$。

数学建模法是指考虑退化的环境因素建立退化函数模型。如一个考虑大气物理特性的退化模型的通用公式为

$$H(u,v) = \mathrm{e}^{-k(u^2+v^2)^{\frac{5}{6}}} \qquad (5\text{-}50)$$

式中,k 为常数,它与湍流的性质有关。如 $k = 0.0025$ 为剧烈湍流,$k = 0.001$ 为中等湍流,$k = 0.00025$ 为轻微湍流。

5.3.3 逆滤波

逆滤波是一种简单、直接的无约束图像恢复方法,也叫做反向滤波法,其主要过程是首先将要处理的数字图像从空间域转换到傅里叶频率域中,进行反向滤波后再由频率域转回到空间域,从而得到复原的图像信号。基本原理如下:

如果退化图像为 $g(x,y)$,原始图像为 $f(x,y)$,在不考虑噪声的情况下,其退化模型可用式(5-8)表示,现将其重写为

$$g(x,y) = \int_{-\infty}^{+\infty} \int_{-\infty}^{+\infty} f(\alpha,\beta) h(x-\alpha, y-\beta) \,\mathrm{d}\alpha \mathrm{d}\beta$$

上式两边进行傅里叶变换得

$$G(u,v) = F(u,v) H(u,v) \qquad (5\text{-}51)$$

式中,$G(u,v)$、$H(u,v)$、$F(u,v)$ 分别为退化图像 $g(x,y)$、点扩散函数 $h(x,y)$、原始图像 $f(x,y)$ 的傅里叶变换。由式(5-51)以及傅里叶逆变换公式可得

$$F(u,v) = \frac{G(u,v)}{H(u,v)} \qquad (5\text{-}52)$$

$$f(x,y) = F^{-1}[F(u,v)] = F^{-1}\left[\frac{G(u,v)}{H(u,v)}\right] \qquad (5\text{-}53)$$

$H(u,v)$ 可以理解为成像系统的"滤波"传递函数,在频域中系统的传递函数与原图像信

号相乘实现"正向滤波",这里 $G(u,v)$ 除以 $H(u,v)$ 起到了"反向滤波"的作用。这意味着,如果已知退化图像的傅里叶变换和"滤波"传递函数,则可以求得原始图像的傅里叶变换,经反傅里叶变换就可求得原始图像 $f(x,y)$。这就是逆滤波法复原的基本原理。

前面为了分析问题的简化,没有考虑噪声的影响,在有噪声的情况下,逆滤波原理可写成

$$G(u,v) = F(u,v)H(u,v) + N(u,v) \tag{5-54}$$

$$F(u,v) = \frac{G(u,v)}{H(u,v)} - \frac{N(u,v)}{H(u,v)} \tag{5-55}$$

式中,$N(u,v)$ 为噪声 $n(x,y)$ 的傅里叶变换。

由于在逆滤波复原公式中,$H(u,v)$ 处于分母的位置上,利用式(5-54)和式(5-55)进行复原处理时可能会发生下列情况,即在 u,v 平面上有些点或区域会产生 $H(u,v)=0$ 或 $H(u,v)$ 非常小的情况,在这种情况下,即使没有噪声,也无法精确地恢复 $f(x,y)$。另外,在有噪声存在时,在 $H(u,v)$ 的邻城内,$H(u,v)$ 的值可能比 $N(u,v)$ 的值小得多,因此由式(5-55)得到的噪声项可能会非常大,这样也会使 $f(x,y)$ 不能正确恢复。

一般来说,逆滤波法不能正确地估计 $H(u,v)$ 的零点,因此必须采用一个折中的方法加以解决。实际上,逆滤波不是用 $1/H(u,v)$,而是采用另一个关于 u,v 的函数 $M(u,v)$。它的处理框图如图 5-10 所示。

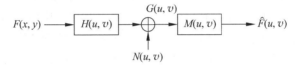

图 5-10　实际的逆滤波处理框图

在没有零点并且也不存在噪声的情况下,有

$$M(u,v) = \frac{1}{H(u,v)} \tag{5-56}$$

图 5-10 所示的模型包括了退化和恢复运算。退化和恢复总的传递函数可用 $H(u,v)M(u,v)$ 来表示。此时有

$$\hat{F}(u,v) = [H(u,v)M(u,v)]F(u,v) \tag{5-57}$$

式中,$\hat{F}(u,v)$ 为 $F(u,v)$ 的估计值;$F(u,v)$ 为 $f(x,y)$ 的傅里叶变换。$H(u,v)$ 叫做输入传递函数,$M(u,v)$ 叫做处理传递函数,$H(u,v)M(u,v)$ 叫做输出传递函数。

一般情况下,可以将图像的退化过程看成是一个具有一定带宽的带通滤波器,随着频率的升高,该滤波器的带通特性很快下降,即 $H(u,v)$ 的幅度随着离 u,v 平面原点的距离的增加而迅速下降,而噪声项 $N(u,v)$ 的幅度变化是比较平缓的。在远离 u,v 平面的原点时,$N(u,v)/H(u,v)$ 的值就会变得很大,而对于大多数图像来说,$F(u,v)$ 却变小,在这种情况下,噪声反而占优势,自然无法满意地恢复出原始图像。这一规律说明,应用逆滤波时仅在原点邻城内采用 $1/H(u,v)$ 方能奏效。换句话说,应使 $M(u,v)$ 在下述范围内选择,即

$$M(u,v) = \begin{cases} \dfrac{1}{H(u,v)} & u^2 + v^2 \leqslant w_0^2 \\[2mm] 1 & u^2 + v^2 > w_0^2 \end{cases} \tag{5-58}$$

ω_0 的选择应该将 $H(u,v)$ 的零点排除在此邻域之外。

实验证明，当变质图像的信噪比较高，如信噪比 SNR＝1000 或更高，而且轻度变质时，逆滤波复原方法可以获得较好的效果。图 5-11 给出了对不含噪声的模糊图像进行恢复的实验结果，其中模糊的尺度为 $x=20,y=10$。当参数 k 取不同值时，恢复结果相差很大。最佳参数出现在 $k=0.01$ 和 $k=0.1$，此时 SNR 和 PSNR 的参数都比较理想，但 $k=0.1$ 时图像不够清晰，轮廓也不够鲜明，而 $k=0.01$ 时虽然轮廓清晰，但引入较大噪声，且振铃效应比较明显。

(a) 模糊图像($x=20$ $y=10$)　　　　(b) $k=0.1$　　　　(c) $k=0.01$

图 5-11　逆滤波方法对不带噪声的模糊 Lena 图像的恢复效果

逆滤波对于没有被噪声污染的图像很有效，但是实际应用中，噪声通常无法计算，因此通常忽略加性噪声。而当噪声存在时，该算法就对噪声有放大作用，如果对一幅有噪声的图像进行恢复，噪声可能占据了整个恢复结果。对于实际拍摄的含有噪声的图像，由于逆滤波算法对噪声有明显的放大作用，复原后图像以噪声为主，淹没了原始图像信号。由此可见，逆滤波算法不适合用来恢复含有噪声的图像。

5.3.4　去除由匀速运动引起的模糊

在获取图像过程中，由于景物和摄像机之间的相对运动，往往造成图像的模糊。其中由均匀直线运动所造成的模糊图像的恢复问题更具有一般性和普遍意义。因为变速的、非直线的运动在某些条件下可以看成是均匀的、直线运动的合成结果。

设图像 $f(x,y)$ 有一个平面运动，令 $x_0(t)$ 和 $y_0(t)$ 分别为在 x 和 y 方向上运动的变化分量。t 表示运动的时间。记录介质的总曝光量是在快门打开到关闭这段时间的积分，则模糊后的图像 $g(x,y)$ 为

$$g(x,y) = \int_0^T f[x-x_0(t), y-y_0(t)]\mathrm{d}t \tag{5-59}$$

令 $G(u,v)$ 为模糊图像 $g(x,y)$ 的傅里叶变换，对上式两边傅里叶变换得

$$G(u,v) = \int_{-\infty}^{+\infty} \int_{-\infty}^{+\infty} g(x,y)\exp[-\mathrm{j}2\pi(ux+vy)]\mathrm{d}x\mathrm{d}y$$

$$= \int_{-\infty}^{+\infty} \int_{-\infty}^{+\infty} \left\{ \int_0^T f[x-x_0(t), y-y_0(t)]\mathrm{d}t \right\} \exp[-\mathrm{j}2\pi(ux+vy)]\mathrm{d}x\mathrm{d}y$$

改变其积分次序，则有

$$G(u,v) = \int_0^T \left\{ \int_{-\infty}^{+\infty} \int_{-\infty}^{+\infty} f[x-x_0(t), y-y_0(t)]\exp[-\mathrm{j}2\pi(ux+vy)]\mathrm{d}x\mathrm{d}y \right\} \mathrm{d}t$$

由傅里叶变换的位移性质,可得

$$G(u,v) = \int_0^T F(u,v)\exp\{-j2\pi[ux_0(t) + vy_0(t)]\}dt$$

$$= F(u,v)\int_0^T \exp\{-j2\pi[ux_0(t) + vy_0(t)]\}dt \tag{5-60}$$

令

$$H(u,v) = \int_0^T \exp\{-j2\pi[ux_0(t) + vy_0(t)]\}dt \tag{5-61}$$

由式(5-60)可得

$$G(u,v) = H(u,v)F(u,v) \tag{5-62}$$

这是已知退化模型的傅里叶变换式。若 $x(t)$、$y(t)$ 的性质已知,传递函数可直接由式(5-61)求出,因此,$f(x,y)$ 可以恢复出来。下面直接给出沿水平方向和垂直方向匀速运动造成的图像模糊的模型及其恢复的近似表达式。

由水平方向均匀直线运动造成的图像模糊的模型及其恢复用式(5-63)和式(5-64)表示,即

$$g(x,y) = \int_0^T f\left[\left(x - \frac{at}{T}\right), y\right]dt \tag{5-63}$$

$$f(x,y) \approx A - mg'[(x-ma),y] + \sum_{k=0}^{m} g'[(x-ka),y] \quad 0 \leqslant x,y \leqslant L \tag{5-64}$$

式中,a 为总位移量;T 为总运动时间;m 为 $\dfrac{x}{a}$ 的整数部分,$L = ka$ (k 为整数)是 x 的取值范围;$A = \dfrac{1}{k}\sum_{k=0}^{m-1} f(x+ka)$。

式(5-63)和式(5-64)的离散式为

$$g(x,y) = \sum_{t=0}^{T-1} f\left[x - \frac{at}{T}, y\right] \cdot \Delta x \tag{5-65}$$

$$f(x,y) \approx A - m\{[g[(x-ma),y] - g[(x-ma-1),y]]/\Delta x\}$$

$$+ \sum_{k=0}^{m} \{[g[(x-ka),y] - g[(x-ka-1),y]]/\Delta x\} \quad 0 \leqslant x,y \leqslant L \tag{5-66}$$

图 5-12 给出了沿水平方向匀速运动造成的模糊图像的恢复处理结果。

(a) 模糊图像　　　　　　　　　　(b) 恢复后的图像

图 5-12　沿水平方向匀速运动造成的模糊图像的恢复处理

由垂直方向均匀直线运动造成的图像模糊模型及恢复用式(5-67)和式(5-68)表示，即

$$g(x,y) = \sum_{t=0}^{T-1} f\left(x, y-\frac{bt}{T}\right) \cdot \Delta y \tag{5-67}$$

$$f(x,y) \approx A - m\{[g[x,(y-mb)] - g[x,(y-mb-1)]]/\Delta y\}$$
$$+ \sum_{k=0}^{m}\{[g[x,(y-kb)] - g[x,(y-kb-1)]]/\Delta y\} \tag{5-68}$$

5.4　有约束复原

有约束图像复原技术是指除了要求了解关于退化系统的传递函数外，还需要知道某些噪声的统计特性或噪声与图像的某些相关情况。

根据所了解的噪声的先验知识的不同，可采用不同的约束条件，从而得到不同的图像复原技术。最常见的是有约束的最小二乘方图像复原技术。

5.4.1　约束最小二乘方复原

在最小二乘方复原处理中，有时为了在数学上更容易处理，常常附加某种约束条件。例如，可以令 Q 为 f 的线性算子，那么，最小二乘方复原问题可看成是设法寻找一个最优估计 $\hat{f}$，使形式为 $\|Q\hat{f}\|^2$ 的、服从约束条件 $\|g-H\hat{f}\|^2 = \|n\|^2$ 的函数最小化问题。因此，可采用拉格朗日乘子算法，使得准则函数 $J(\hat{f})$ 为最小，其中 $J(\hat{f})$ 为

$$J(\hat{f}) = \|Q\hat{f}\|^2 + \lambda(\|g-H\hat{f}\|^2) - \|n\|^2 \tag{5-69}$$

式中，λ 为一常数，是拉格朗日系数。加上约束条件后，就可以按一般求极小值的方法进行求解。将式(5-69)对 $\hat{f}$ 微分，并使结果为零，则有

$$\frac{\partial J(\hat{f})}{\partial f} = 2Q^{\mathrm{T}}Q\hat{f} - 2\lambda H^{\mathrm{T}}(g-H\hat{f}) = 0 \tag{5-70}$$

求解 $\hat{f}$，有

$$\begin{cases} Q^{\mathrm{T}}Q\hat{f} + \lambda H^{\mathrm{T}}H\hat{f} - \lambda H^{\mathrm{T}}g = 0 \\ \dfrac{1}{\lambda}Q^{\mathrm{T}}Q\hat{f} + H^{\mathrm{T}}H\hat{f} = H^{\mathrm{T}}g \\ \hat{f} = \left(H^{\mathrm{T}}H + \dfrac{1}{\lambda}Q^{\mathrm{T}}Q\right)^{-1}H^{\mathrm{T}}g \end{cases} \tag{5-71}$$

式中，$1/\lambda$ 必须调整到约束条件被满足为止。

求解式(5-71)的核心就是如何选用一个合适的变换矩阵 Q。选择 Q 形式不同，就可得到不同类型的有约束的最小二乘方图像复原方法。如果选用图像 f 和噪声 n 的相关矩阵 R_f 和 R_n 表示 Q，得到的复原方法称为维纳滤波。如选用拉普拉斯算子形式，即使某个函数的二阶导数最小，得到的就是有约束最小平方复原方法。图 5-13 给出了一个利用约束最小二乘方进行复原的效果图。

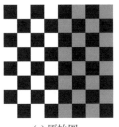
(a) 原始图

(b) 运动模糊且带有高斯噪声的退化图

(c) 约束最小二乘方复原

图 5-13 约束最小二乘方复原效果图

5.4.2 维纳滤波

采用维纳滤波是假设图像信号可近似看成平稳随机过程的前提下，使 $f(x,y)$ 和 $\hat{f}(x,y)$ 之间的均方误差达到最小的准则函数来实现图像复原的，即

$$e^2 = \min E\{[f(x,y) - \hat{f}(x,y)]^2\} \tag{5-72}$$

式中，$E\{\cdot\}$ 为求期望值计算。

重写式(5-71)为

$$\hat{f} = \left(\boldsymbol{H}^{\mathrm{T}}\boldsymbol{H} + \frac{1}{\lambda}\boldsymbol{Q}^{\mathrm{T}}\boldsymbol{Q}\right)^{-1}\boldsymbol{H}^{\mathrm{T}}\boldsymbol{g} \tag{5-73}$$

维纳滤波就是选用变换矩阵具有下列形式，即

$$\boldsymbol{Q}^{\mathrm{T}}\boldsymbol{Q} = \boldsymbol{R}_{\mathrm{f}}^{-1}\boldsymbol{R}_{\mathrm{n}} \tag{5-74}$$

式中，$\boldsymbol{R}_{\mathrm{f}}$ 和 $\boldsymbol{R}_{\mathrm{n}}$ 分别为图像 $\boldsymbol{f}$ 和噪声 $\boldsymbol{n}$ 的相关矩阵，可以表示为

$$\begin{cases} \boldsymbol{R}_{\mathrm{f}} = E\{\boldsymbol{f}\boldsymbol{f}^{\mathrm{T}}\} \\ \boldsymbol{R}_{\mathrm{n}} = E\{\boldsymbol{n}\boldsymbol{n}^{\mathrm{T}}\} \end{cases} \tag{5-75}$$

因为图像 $\boldsymbol{f}$ 和噪声 $\boldsymbol{n}$ 的每个元素值都是实数，所以 $\boldsymbol{R}_{\mathrm{f}}$ 和 $\boldsymbol{R}_{\mathrm{n}}$ 都是实对称矩阵。在大部分图像中，邻近的像素点是高度相关的，而距离较远的像素其相关性却较弱，可以认为典型的图像自相关函数通常随着与原点距离的增加而下降。由于图像的功率谱是其自相关函数的傅里叶变换，可以认为图像的功率谱随着频率的升高而下降。也就是典型的相关矩阵只在主对角线方向上有一条非零元素带，而在右上角和左下角的区域将为零值。根据像素的相关性只是它们相互距离而不是位置函数的性质，可将 $\boldsymbol{R}_{\mathrm{f}}$ 和 $\boldsymbol{R}_{\mathrm{n}}$ 都用块循环矩阵表达。利用循环矩阵的对角化，设 $\boldsymbol{W}$ 为变换矩阵，可以写成

$$\begin{cases} \boldsymbol{R}_{\mathrm{f}} = \boldsymbol{W}\boldsymbol{A}\boldsymbol{W}^{-1} \\ \boldsymbol{R}_{\mathrm{n}} = \boldsymbol{W}\boldsymbol{B}\boldsymbol{W}^{-1} \end{cases} \tag{5-76}$$

$\boldsymbol{A}$ 和 $\boldsymbol{B}$ 分别对应于 $\boldsymbol{R}_{\mathrm{f}}$ 和 $\boldsymbol{R}_{\mathrm{n}}$ 相应的对角矩阵，根据循环矩阵对角化的性质可知，$\boldsymbol{A}$ 和 $\boldsymbol{B}$ 中的诸元素分别为 $\boldsymbol{R}_{\mathrm{f}}$ 和 $\boldsymbol{R}_{\mathrm{n}}$ 中诸元素的傅里叶变换，并用 $S_{\mathrm{f}}(u,v)$ 和 $S_{\mathrm{n}}(u,v)$ 表示。

把式(5-76)代入式(5-73)、式(5-74)，并考虑到 $\boldsymbol{H}$ 也是循环矩阵，也可以对角化，即可以写成 $\boldsymbol{H}=\boldsymbol{W}\boldsymbol{D}\boldsymbol{W}^{-1}$，得

$$\hat{f} = (\boldsymbol{W}\boldsymbol{D}^*\boldsymbol{D}\boldsymbol{W}^{-1} + \gamma\boldsymbol{W}\boldsymbol{A}^{-1}\boldsymbol{B}\boldsymbol{W}^{-1})^{-1}\boldsymbol{W}\boldsymbol{D}^*\boldsymbol{W}^{-1}\boldsymbol{g} \tag{5-77}$$

式中"$*$"表示求共轭运算，$\gamma = \frac{1}{\lambda}$。

式(5-77)两边乘以 $\boldsymbol{W}^{-1}$，得到

$$\boldsymbol{W}^{-1}\hat{f} = (\boldsymbol{D}^*\boldsymbol{D} + \gamma\boldsymbol{A}^{-1}\boldsymbol{B})^{-1}\boldsymbol{D}^*\boldsymbol{W}^{-1}\boldsymbol{g} \tag{5-78}$$

可以看出，括号内的矩阵都是对角矩阵。

在频率域中，有约束恢复的公式可以写成

$$\hat{F}(u,v) = \left[\frac{H^*(u,v)}{|H(u,v)|^2 + \gamma\left[\dfrac{S_n(u,v)}{S_f(u,v)}\right]}\right]G(u,v)$$

$$= \left[\frac{1}{H(u,v)} \times \frac{|H(u,v)|^2}{|H(u,v)|^2 + \gamma\left[\dfrac{S_n(u,v)}{S_f(u,v)}\right]}\right]G(u,v) \tag{5-79}$$

下面讨论式(5-79)的几种情况：

（1）如果 $\gamma=1$，方括号内的项被称为维纳滤波器。需要指出的是，当 $\gamma=1$ 时是在约束条件下得到的最佳解，此时并不一定满足约束条件 $\|g - H\hat{f}\|^2 = \|n\|^2$。如果 γ 为变数，则称为参变维纳滤波器。

（2）无噪声时，$S_n(u,v)=0$。式(5-75)退化成逆滤波器。因此，逆滤波器可看成是维纳滤波器的一种特殊情况。可以这样来理解，维纳滤波器是在有噪声存在的情况下，在统计意义上对传递函数的修正，提供了在有噪声情况下的均方意义上的最佳复原。

（3）如果不知道图像与噪声的统计性质，即当 $S_f(u,v)$ 和 $S_n(u,v)$ 未知时，式(5-79)可以用式(5-80)近似，即

$$\hat{F}(u,v) \approx \left[\frac{H^*(u,v)}{|H(u,v)|^2 + K}\right]G(u,v) \tag{5-80}$$

式中，K 为噪声对信号的频谱密度之比。此时，可得到退化图像在一定程度上的复原，但是，得不到最佳复原。

由图 5-14 可见，随着 K 值不断减小，图像噪声越来越明显，但字符的轮廓越来越清晰。在极端情况下即 $K=0$，此时的维纳滤波退化为逆滤波。另外，当 K 值不断增大时，图像的边缘越来越模糊。通过比较几幅恢复的图像，当 $K=0.01$ 时恢复效果较好。K 的选取原则是：噪声大则 K 适当增加，噪声小则 K 适当减小。一般取 $0.001\sim0.1$ 之间，视具体情况而定。

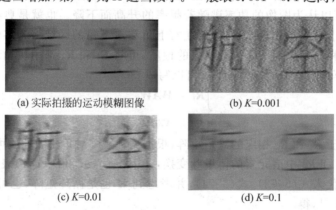

| (a) 实际拍摄的运动模糊图像 | (b) $K=0.001$ |
| (c) $K=0.01$ | (d) $K=0.1$ |

图 5-14　在 K 取不同参数时维纳滤波的恢复结果（引自文献[5]）

5.4.3　有约束最小平方滤波

维纳滤波是一种统计意义上的复原方法。维纳滤波的最优准则是以图像和噪声的相关矩阵为基础的，所得到的结果对一簇图像在平均的意义上是最佳的，同时要求图像和噪声都

属于随机场,并且它的频谱密度是已知的。但是在实际情况下,人们往往没有这方面的先验知识,除非采取适当的功率谱模型。

有约束最小平方复原是一种以平滑度为基础的图像复原方法,如使得某个函数的二阶导数为最小。这意味着在用该方法复原过程中,对每个给定的图像都是最佳的。它只需要知道有关噪声的均值和方差的先验知识,就可对每个给定的图像得到最优结果。

有约束最小平方复原也是以最小二乘方滤波复原式(5-71)为基础的,关键是如何选择合适的变换矩阵 $\boldsymbol{Q}$。下面先从一维情况进行讨论,然后扩展到二维。

如给定一维离散函数 $f(x)$,该函数在某一点 x 处的二阶导数可近似表示为

$$\frac{\partial^2 \boldsymbol{f}}{\partial x^2} \approx f(x+1) - 2f(x) + f(x-1) \tag{5-81}$$

有约束最小平方复原方法的最佳准则是使 $\left(\dfrac{\partial^2 \boldsymbol{f}}{\partial x^2}\right)^2$ 在所有的 x 处的和为最小,即使得

$$\min\left\{\sum[f(x+1) - 2f(x) + f(x-1)]^2\right\} \tag{5-82}$$

或用矩阵形式表示为

$$\min\{\boldsymbol{f}^{\mathrm{T}}\boldsymbol{C}^{\mathrm{T}}\boldsymbol{C}\boldsymbol{f}\} \tag{5-83}$$

式中

$$\boldsymbol{C} = \begin{bmatrix} 1 & & & & & & & & & \\ -2 & 1 & & & & & & & & \\ 1 & -2 & 1 & & & & & & & \\ & 1 & -2 & 1 & & & & & & \\ & & 1 & -2 & \cdots & & & & & \\ & & & 1 & \cdots & \cdots & & & & \\ & & & & \cdots & & 1 & & & \\ & & & & & & -2 & 1 & & \\ & & & & & & 1 & -2 & & \\ & & & & & & & 1 & & \end{bmatrix} \tag{5-84}$$

式中,矩阵 $\boldsymbol{C}$ 称为平滑矩阵; $\boldsymbol{f}$ 为图像矢量。

对于二维情况 $f(x,y)$ 在 (x,y) 处的二阶导数可用式(5-85)近似,即

$$\begin{aligned}\frac{\partial^2 \boldsymbol{f}}{\partial x^2} + \frac{\partial^2 \boldsymbol{f}}{\partial y^2} &\approx 4f(x,y) - [f(x+1,y) + f(x-1,y) \\ &\quad + f(x,y+1) + f(x,y-1)]\end{aligned} \tag{5-85}$$

式(5-85)可用 $f(x,y)$ 与下面的算子卷积得到

$$\boldsymbol{p}(x,y) = \begin{bmatrix} 0 & -1 & 0 \\ -1 & 4 & -1 \\ 0 & -1 & 0 \end{bmatrix} \tag{5-86}$$

有约束最小平方复原的最佳准则为

$$\min\sum\left[\left(\frac{\partial^2 \boldsymbol{f}}{\partial x^2} + \frac{\partial^2 \boldsymbol{f}}{\partial y^2}\right)^2\right] \tag{5-87}$$

实际上就是 $f(x,y)$ 与 $p(x,y)$ 卷积的平方和的最小值。为了避免在离散卷积过程中的重叠误差,必须用添零的方法扩展 $f(x,y)$ 和 $p(x,y)$。如果 $f(x,y)$ 的大小为 $A\times B$,而

$p(x,y)$的大小为3×3，扩展后的$M\geqslant A+3-1=A+2,N\geqslant B+3-1=B+2$，即

$$f_e(x,y)=\begin{cases}f(x,y) & 0\leqslant x\leqslant A-1 & 0\leqslant y\leqslant B-1\\ 0 & A\leqslant x\leqslant M-1 & B\leqslant y\leqslant N-1\end{cases}$$

$$p_e(x,y)=\begin{cases}p(x,y) & 0\leqslant x\leqslant 2 & 0\leqslant y\leqslant 2\\ 0 & 3\leqslant x\leqslant M-1 & 3\leqslant y\leqslant N-1\end{cases}$$

扩展后的卷积为

$$g_e(x,y)=\sum_{m=0}^{M-1}\sum_{n=0}^{N-1}f_e(m,n)p_e(x-m,y-n) \tag{5-88}$$

由二维离散退化模型可知，式(5-88)可以写成矩阵形式，即

$$g=Cf \tag{5-89}$$

式中，f为MN维的列矢量；C为$MN\times MN$维的分块循环矩阵，重写为

$$C=\begin{bmatrix}C_0 & C_{M-1} & C_{M-2} & \cdots & C_1\\ C_1 & C_0 & C_{M-1} & \cdots & C_2\\ C_2 & C_1 & C_0 & \cdots & C_3\\ \vdots & & \vdots & \vdots & \vdots\\ C_{M-1} & C_{M-2} & C_{M-3} & \cdots & C_0\end{bmatrix} \tag{5-90}$$

此矩阵C称为平滑矩阵，其中每个子矩阵C_j是由$p_e(x,y)$的第j行组成的$N\times N$维的循环矩阵，即

$$C_j=\begin{bmatrix}p_e(j,0) & p_e(j,N-1) & p_e(j,N-2) & \cdots & p_e(j,1)\\ p_e(j,1) & p_e(j,0) & p_e(j,N-1) & \cdots & p_e(j,2)\\ p_e(j,2) & p_e(j,1) & p_e(j,0) & \cdots & p_e(j,3)\\ \vdots & \vdots & \vdots & & \vdots\ \vdots\\ p_e(j,N-1) & p_e(j,N-2) & p_e(j,N-3) & \cdots & p_e(j,0)\end{bmatrix} \tag{5-91}$$

根据循环矩阵的对角化可知，设式(5-91)为变换矩阵，可以利用矩阵W对上述矩阵进行对角化，即

$$E=W^{-1}CW \tag{5-92}$$

式中，E为对角矩阵，其元素是C中元素$p_e(x,y)$的二维傅里叶变换。

约束最小平方复原的最佳准则就是使$f(x,y)$与$p(x,y)$卷积的平方和最小，该平滑准则表示成矩阵形式，即为

$$\min\{f^TC^TCf\}$$

与有约束的最小二乘方图像复原准则函数式(5-69)及复原函数式(5-71)进行比较，可以理解式(5-69)中的变换矩阵Q相当于约束最小平方复原的最佳准则中的平滑矩阵C，由此可得

$$\hat{f}=(H^TH+\gamma C^TC)^{-1}H^Tg \tag{5-93}$$

利用$H=WDW^{-1}$及式(5-92)，并代入式(5-93)得

$$\hat{f}=(WD^*DW^{-1}+\gamma WE^*EW^{-1})^{-1}WD^*W^{-1}g \tag{5-94}$$

式(5-94)两边各乘以W^{-1}，得

$$W^{-1}\hat{f}=(D^*D+\gamma E^*E)^{-1}D^*W^{-1}g \tag{5-95}$$

对应于每一个元素（当$M=N$），可表示成

$$\hat{F}(u,v) = \left[\frac{H^*(u,v)}{\mid H(u,v) \mid^2 + \gamma \mid p_e(u,v) \mid^2} \right] G(u,v) \tag{5-96}$$

式(5-96)中，$u=0,1,2,\cdots,N-1$；$v=0,1,2,\cdots,N-1$。在形式上与维纳滤波器有些相似，主要区别是这里除了对噪声均值和方差的估计外不需要其他统计参数的知识。

与维纳滤波器要求一样，γ 是一个调节参数，当调节 γ 满足 $\parallel g - H\hat{f} \parallel^2 = \parallel n \parallel^2$ 时，式(5-96)才能达到最优。下面介绍一种估计 γ 的方法。

当把估计图像代回到退化系统中，得到的输出会和已退化的图像有差异，该差异定义为残差 r，即

$$r = g - H\hat{f} = g - H(H^T H + \gamma C^T C)^{-1} H^T g \tag{5-97}$$

由于噪声的存在，残差不会等于零，因此残差的范数 $\parallel r \parallel^2$ 应该反映出噪声的特征，一般它是 γ 的函数。当增加或减小 γ 以达到 $\parallel r \parallel^2 = \parallel n \parallel^2$ 时，即为所求的 γ。对于一幅 $N \times N$ 大小的图像，可导出

$$\parallel n \parallel^2 = N^2 \sigma_n^2 + m_n^2 \tag{5-98}$$

式中，σ_n^2 和 m_n^2 分别为噪声的方差和均值。由此可见，图像复原最后可归结为在满足约束 $\parallel r \parallel^2 = N^2 \sigma_n^2 + m_n^2$ 的前提下，使得以平滑度为基础的最佳准则达到最优。

最后，把有约束最小平方复原过程总结如下：

(1) 选一个初始值赋给 γ，用式(5-98)算得 $\parallel n \parallel^2$ 的估计。

(2) 利用式(5-96)计算 $\hat{F}(u,v)$。

(3) 根据式(5-97)计算残差矢量，并计算 $\parallel r \parallel^2$。

(4) 根据 $\parallel r \parallel^2 - \parallel n \parallel^2$ 的差值决定进一步调整 γ，直到 $\parallel r \parallel^2 - \parallel n \parallel^2 = 0$。

(5) 此时，将 γ 代入到式(5-95)，得到复原的图像 f。

图 5-15 给出了利用约束最小平方滤波的结果。图 5-15(a)表示经过运动模糊和高斯

(a) 退化后的图像　　　　　　(b) 最佳复原效果

(c) 人为降低 γ 后的复原效果　　(d) 人为增加 γ 后的复原效果

图 5-15　约束最小平方滤波的效果

噪声退化后的图像。图 5-15(b)表示对图像进行约束最小平方复原,同时获得最佳复原的参数 γ。图 5-15(c)表示如果将参数 γ 的值调小,则图像会比较清晰,但背景会出现一定的噪声。图 5-15(d)表示如果将参数 γ 的值调大,则图像会比较模糊,但对噪声改善效果较为明显。

实际上,上述介绍的图像复原只是假设退化系统是空间不变的,信号和噪声是在平稳的条件下得到的,但仍然不失为一种解决实际问题的方法。对于随空间改变的模糊、时变模糊以及非平稳信号与噪声的系统引起的模糊,其精确的图像复原方法要复杂很多,有兴趣的读者请参阅相关的其他文献。

5.5　非线性复原方法

前面两节介绍的还原方法有一个显著的特点,就是约束方程和准则函数中的表达式都可改写为矩阵乘法,这些矩阵都是分块循环阵,从而可实现对角化。下面两小节介绍的方法则属于非线性复原方法,所采用的准则函数都不能用 W 进行对角化,因而线性代数的方法在这里不适用。

5.5.1　最大后验复原

设 $f(x,y)$ 和 $g(x,y)$ 都作为随机场,根据贝叶斯判决理论可知,若 $f(x,y)$ 使式(5-99)最大,即求

$$\max\, p(f \mid g) = \max\, p(g \mid f) p(f) \tag{5-99}$$

式中,$p()$ 为概率密度。则 $\hat{f}(x,y)$ 可代表已知退化图像 $g(x,y)$ 时,最大后验估值意义下对原图像的估计。根据这一准则导出的滤波复原方法称为最大后验复原。

在最大后验复原中,将 f、g 看作非平稳随机场,通过假设图像模型是一个平稳随机场对一个不平稳的均值作零均值 Gauss 起伏,可得出求解迭代序列,即

$$\hat{f}_{k+1} = \hat{f}_k - h^* \sigma_n^{-2}[g - h^* \hat{f}_k] - \sigma_f^{-2}[\hat{f}_k - \bar{f}] \tag{5-100}$$

式中,$\bar{f}(x,y)$ 为随空间而变的均值;σ_f^{-2} 和 σ_n^{-2} 分别为 f 和 n 的方差的倒数;k 为迭代指数。

5.5.2　最大熵复原

前面已经指出,由于反向滤波法的病态性,复原出的图像经常具有灰度变换较大的不均匀区域。5.4 节中介绍的方法是最小化的一种反映图像不均匀性的准则函数。下面介绍的另一种方法是通过最大化某种反映图像平滑性的准则函数来作为约束条件,以解决图像复原中的病态。

首先假定图像函数具有非负值,即

$$f(x,y) \geqslant 0 \tag{5-101}$$

定义一幅图像的总能量 E 为

$$E = \sum_x \sum_y f(x,y) \tag{5-102}$$

同时定义图像的熵为

$$H_{\mathrm{f}} = -\sum_x \sum_y f(x,y)\ln f(x,y) \tag{5-103}$$

再定义噪声熵为

$$H_{\mathrm{n}} = -\sum_x \sum_y n_{\mathrm{T}}(x,y)\ln n_{\mathrm{T}}(x,y)$$

$$= -\sum_x \sum_y (n(x,y)+B)\ln(n(x,y)+B) \tag{5-104}$$

式中，B 为最小噪声的绝对值，以便使定义中的对数有意义。易见图像熵和噪声熵的定义非常类似于信息论中的香农熵。易知，在满足式(5-102)条件的情况下图像熵必然在图像函数均匀分布时达到最大值。对噪声熵来说，类似的结论也是成立的，这就给出一个提示，可以利用图像熵和噪声熵来刻画图像的平滑性或均匀性。

因此问题是如何在满足式(5-103)和图像退化模型的约束条件下使复原后的图像熵和噪声熵最大。

引入以下的拉格朗日函数，即

$$R = H_{\mathrm{f}} + \rho H_{\mathrm{n}} + \sum_{x=1}^{N}\sum_{y=1}^{N}\lambda_{mn}\left\{\sum_{x=1}^{N}\sum_{y=1}^{N} h(m-x,n-y)f(x,y) + n_{\mathrm{T}}(m,n) - B - g(m,n)\right\}$$

$$+ \beta\left\{\sum_{x=1}^{N}\sum_{y=1}^{N} f(x,y) - E\right\} \tag{5-105}$$

式中，$\lambda_{mn}(m、n=1,2,\cdots,N)$ 和 β 是拉格朗日乘子；ρ 为加权因子。用于强调 H_{f} 和 H_{n} 之间的相互作用关系。

使用以下的极值条件，即

$$\frac{\partial R}{\partial f(x,y)} = 0 \qquad \frac{\partial R}{\partial n_{\mathrm{T}}(x,y)} = 0 \tag{5-106}$$

可得到与极值点 $f(x,y)$、$n_{\mathrm{T}}(x,y)$ 有关的一组方程组，即

$$\begin{cases} \tilde{f}(x,y) = \exp\left[-1 + \beta + \sum_{m=1}^{N}\sum_{n=1}^{N}\lambda_{mn}h(m-x,n-y)\right] & x,y = 1,2,\cdots,N \\ \tilde{n}_{\mathrm{T}}(x,y) = \exp(-1 + \lambda_{xy}/\rho) & x,y = 1,2,\cdots,N \\ \sum_{m=1}^{N}\sum_{n=1}^{N}\lambda\,\tilde{f}(x,y) = E \\ \sum_{m=1}^{N}\sum_{n=1}^{N} h(m-x,n-y)\,\tilde{f}(x,y) + \tilde{n}_{\mathrm{T}}(m,n) - B = g(m,n) & m,n = 1,2,\cdots,N \end{cases}$$

$$\tag{5-107}$$

使用迭代方法在一定的条件下总能得到上述方程组的解，从而获得复原后的图像，这种方法称为最大熵复原方法。它还有其他变化形式，如定义不同形式的熵可获得不同的复原方法。

最大熵复原方法隐含了正值约束条件，使复原后的图像比较平滑，这种复原方法的效果比较理想，但缺点是计算量太大。

5.5.3　投影复原方法

如 5.5.2 节讨论的图像退化系统可以用矢量表示一样，无论线性还是非线性变质系统，都可以用一代数方程组来描述，即

$$g(x,y) = D[f(x,y)] + n(x,y) \tag{5-108}$$

式中，$f(x,y)$为原景物图像；$g(x,y)$为变质图像；$n(x,y)$为系统噪声；D为变质算子，表示对景物进行某种运算。

图像复原的目的是解式(5-108)，找出$f(x,y)$的最好估值。

非线性代数复原方法中一个有效方法是迭代法，下面介绍的投影复原方法就是迭代法之一。

迭代法是首先假设一个初始估值$f^{(0)}(x,y)$，然后进行迭代运算。第$k+1$次迭代值$f^{(k+1)}(x,y)$由其前次迭代值$f^{(k)}(x,y)$决定。一个最好的初始估值可能是

$$f^{(0)}(x,y) = g(x,y) \tag{5-109}$$

假设变质算子是非线性的并忽略噪声，则式(5-109)可写成以下形式，即

$$\begin{cases} a_{11}f_1 + a_{12}f_2 + a_{1N}f_N = g_1 \\ a_{21}f_1 + a_{22}f_2 + a_{2N}f_N = g_2 \\ \vdots \\ a_{M1}f_1 + a_{M2}f_2 + a_{MN}f_N = g_M \end{cases} \tag{5-110}$$

式中，f和g分别是景物$f(x,y)$和退化图像$g(x,y)$的采样；a_{ij}为常数。对$f(x,y)$和$g(x,y)$的采样数目分别为M和N，现在需要找到f的最好估值。采用投影迭代法实现。

投影复原方法可以从几何学观点进行解释。$f=[f_1,f_2,\cdots,f_N]$可看成在N维空间中的一个矢量或一点，而式(5-110)中的每一个方程式代表一个超平面。选取初始估值为

$$\boldsymbol{f}^{(0)} = [f_1^{(0)}, f_2^{(0)}, \cdots, f_N^{(0)}] \tag{5-111}$$

通常取

$$\boldsymbol{f}^{(0)} = [g_1, g_2, \cdots, g_N]$$

那么下一个推测值$f^{(1)}$取$f^{(0)}$在第一个超平面，即

$$a_{11}f_1 + a_{12}f_2 + a_{1N}f_N = g_1 \tag{5-112}$$

上的投影，即

$$\boldsymbol{f}^{(1)} = \boldsymbol{f}^{(0)} - \frac{\boldsymbol{f}^{(0)} \cdot \boldsymbol{a}_1 - g_1}{\boldsymbol{a}_1 \cdot \boldsymbol{a}_1}\boldsymbol{a}_1 \tag{5-113}$$

其中，$a_1 = [a_{11},a_{12},\cdots,a_{1N}]$，式中的圆点代表矢量的点积。然后类似于式(5-113)，再取$f^{(2)}$在第二超平面，即

$$a_{21}f_1 + a_{22}f_2 + a_{2N}f_N = g_2 \tag{5-114}$$

上的投影，并称为$f^{(2)}$，依次继续下去，直到得到$f^{(M)}$满足式(5-110)中最后一个方程，这就实现了迭代的第一个循环，然后再从式(5-110)中第一个方程式中开始第二次迭代，即取$f^{(M)}$在第一个超平面$a_{11}f_1 + a_{12}f_2 + a_{1N}f_N = g_1$上的投影，并称之为$f^{(M+1)}$，再取$f^{(M+1)}$在$a_{21}f_1 + a_{22}f_2 + a_{2N}f_N = g_2$上的投影……，直到式(5-110)中最后一个方程式，这就实现了第二个迭代循环。接着上述方法连续不断地迭代下去，便可得一系列矢量$\boldsymbol{f}^{(0)},\boldsymbol{f}^{(M)},\boldsymbol{f}^{(2M)},\cdots$可以证明，对于任何给定的$N$、$M$和$a_{ij}$，矢量$\boldsymbol{f}^{(KM)}$将收敛于$f$，即

$$\lim_{k\to\infty}\boldsymbol{f}^{(KM)} = \boldsymbol{f} \tag{5-115}$$

而且，如果式(5-110)有唯一解，那么f就是这个解。如果式(5-110)有无穷多个解，那么f是使式(5-116)取最小值的解，即

$$\|\boldsymbol{f}-\boldsymbol{f}^{(0)}\|^2 = \sum_{i=1}^{N}(f_i - f_i^{(0)})^2$$

$$= (f_1 - f_1^{(0)})^2 + (f_2 - f_2^{(0)})^2 + \cdots + (f_N - f_N^{(0)})^2 \tag{5-116}$$

由上可见,投影迭代法要求有一个好的初始估值 $f^{(0)}$ 开始迭代,才能获得好的结果。

图 5-16 给出了采用投影法恢复的 Lena 图像,其中图 5-16(c)是使用投影法恢复的效果。

(a) 水平运动模糊图像　　(b) 使用维纳滤波的恢复效果　　(c) 使用投影法恢复效果

图 5-16　投影法与维纳滤波对水平运动模糊图像的恢复结果

投影恢复是一种基于迭代的空域恢复方法,它避免传统频域方法的振铃效应。但其缺点是恢复后的图像有较大的噪声,但如果在模糊图像背景不复杂且能量较低的情况下(如深色背景),可以获得非常好的恢复效果。由于投影法是一个迭代的过程,通常需要迭代 30 次甚至更高(根据模糊程度而定),其速度相对频域方法要慢。由投影法原理可知,在相同模糊长度的情况下,当模糊角度为斜 45°时算法计算量达到最大,因此尽量避免对较大模糊角度的恢复或者在恢复前先将图像按照模糊角度进行旋转,使模糊方向与水平方向平行,再用投影法进行恢复。

5.6　几种其他图像复原技术

前面已经讨论了几种基本的代数图像复原技术。此外,尚存在一些其他的空间图像复原方法,本节将对这些方法作一些简要的讨论。

5.6.1　几何畸变校正

在图像的获取或显示过程中往往会产生几何失真。例如,成像系统有一定的几何非线性。这主要是由于摄像管摄像机及阴极射线管显示器的扫描偏转系统有一定的非线性,因此会造成如图 5-17 所示的枕形失真或桶形失真。图 5-17(a)为原始图像,图 5-17(b)和图 5-17(c)为失真图像。

(a) 原始图像　　　　(b) 枕形失真　　　　(c) 桶形失真

图 5-17　几何畸变

此外,还有由于斜视角度获得的图像的透视失真。另外,由卫星摄取的地球表面的图像往往覆盖较大的面积,由于地球表面呈球形,这样摄取的平面图像也将会有较大的几何失真。对于这些图像必须加以校正,以免影响分析精度。

由成像系统引起的几何畸变的校正有两种方法。一种是预畸变法，这种方法是采用与畸变相反的非线性扫描偏转法，用来抵消预计的图像畸变；另一种是后验校正方法，这种方法是用多项式曲线在水平和垂直方向去拟合每一畸变的网线，然后求得反变化的校正函数。用这个校正函数即可校正畸变的图像。图像的空间几何畸变及其校正过程如图 5-18 所示。

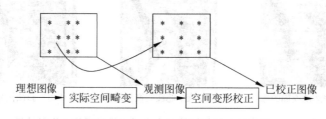

图 5-18　空间几何畸变及校正的概念

任意几何失真都可由非失真坐标系 (x, y) 变换到失真坐标系 (x', y') 的方程来定义。方程的一般形式为

$$\begin{cases} x' = h_1(x, y) \\ y' = h_2(x, y) \end{cases} \tag{5-117}$$

在透视畸变的情况下，变换是线性的，即

$$\begin{cases} x' = ax + by + c \\ y' = dx + ey + f \end{cases} \tag{5-118}$$

设 $f(x, y)$ 是无失真的原始图像，而 $g(x', y')$ 是 $f(x, y)$ 畸变的结果，这一失真的过程是已知的，并且用函数 h_1 和 h_2 定义。于是有

$$g(x', y') = f(x, y) \tag{5-119}$$

这说明在图像中本来应该出现在像素 (x, y) 上的灰度值由于失真实际上却出现在 (x', y') 上了。这种失真的复原问题实际上是映射变换问题。在给定 $g(x', y')$、$h_1(x, y)$、$h_2(x, y)$ 的情况下，其复原处理可按以下步骤进行：

（1）对于 $f(x, y)$ 中的每一点 (x_0, y_0)，找出在 $g(x', y')$ 中相应的位置 $(\alpha, \beta)[h_1(x_0, y_0)$，$h_2(x_0, y_0)]$。由于 α 和 β 不一定是整数，所以通常 (α, β) 不会与 $g(x', y')$ 中的任何点重合。

（2）找出 $g(x', y')$ 中与 (α, β) 最靠近的点 (x_1', y_1')，并且令 $f(x_0, y_0) = g(x_1', y_1')$，也就是把 $g(x', y')$ 点的灰度值赋予 $f(x_0, y_0)$。如此逐点做下去，直到整个图像，则几何畸变得到校正。

（3）如果不采用（2）中的灰度值的代换方法也可以采用内插法。这种方法是假定 (α, β) 点找到后，在 $g(x', y')$ 中找出包围着 (α, β) 的 4 个邻近的数字点，即 (x_1', y_1')、(x_{1+1}', y_1')、(x_1', y_{1+1}')、(x_{1+1}', y_{1+1}')，并且有

$$\begin{cases} x_1' \leqslant \alpha < x_{1+1}' \\ y_1' \leqslant \beta < y_{1+1}' \end{cases} \tag{5-120}$$

$f(x, y)$ 中点 (x_0, y_0) 的灰度值由 $g(x', y')$ 中 4 个点的灰度值间的某种内插法来确定。

在以上方法的几何校正处理中，如果 (α, β) 处在图像 $g(x', y')$ 外，则不能确定其灰度值，而且校正后的图像多半不能保持其原来的矩形形状。

以上讨论的是 g、h_1、h_2 都知道的情况下几何畸变的校正方法。如果只知道 g，而 h_1 和 h_2 都不知道，但是若有类似规则的网格之类的图案可供参考利用，那么就有可能通过测量 g 中的网格点的位置来决定失真变换的近似值。

例如，如果给出 3 个邻近网格点构成的小三角形，其在规则网格中的理想坐标为 (r_1, s_1)、(r_2, s_2)、(r_3, s_3)，并设这些点在 g 中的位置分别为 (u_1, v_1)、(u_2, v_2)、(u_3, v_3)。由线性变换关系

$$\begin{cases} x' = ax + by + c \\ y' = dx + ey + f \end{cases} \tag{5-121}$$

可认为它把 3 个点映射到它们失真后的位置，由此可构成以下 6 个方程，即

$$\begin{cases} u_1 = ar_1 + bs_1 + c \\ v_1 = dr_1 + es_1 + f \\ u_2 = ar_2 + bs_2 + c \\ v_2 = dr_2 + es_2 + f \\ u_3 = ar_3 + bs_3 + c \\ v_3 = dr_3 + es_3 + f \end{cases} \tag{5-122}$$

解这 6 个方程可以求得 a、b、c、d、e、f。这种变换可用来校正 f 中被这 3 点连线包围的三角形部分的失真。由此对每 3 个一组的网格点重复进行，即可实现全部图像的几何校正。

5.6.2　盲目图像复原

多数的图像复原技术都是以图像退化的某种先验知识为基础，也就是假定系统的脉冲响应是已知的，也就是说，成像系统的点扩散函数是已知的。但是，在许多情况下难以确定退化的点扩散函数。在这种情况下，必须从观察图像中以某种方式抽出退化信息，从而找出图像复原方法。这种方法就是盲目图像复原。对具有加性噪声的模糊图像作盲目图像复原的方法有两种，就是直接测量法和间接估计法。

直接测量法盲目图像复原通常要测量图像的模糊脉冲响应和噪声功率谱或协方差函数。在所观察的景物中，往往点光源能直接指示出冲激响应。另外，图像边缘是否陡峭也能用来推测模糊冲激响应。在背景亮度相对恒定的区域内测量图像的协方差，可以估计出观测图像的噪声协方差函数。

间接估计法盲目图像复原类似于多图像平均法处理。例如，在电视系统中，观测到的第 i 帧图像为

$$g_i(x, y) = f_i(x, y) + n_i(x, y) \tag{5-123}$$

式中，$f_i(x, y)$ 为原始图像；$g_i(x, y)$ 为含有噪声的图像；$n_i(x, y)$ 为加性噪声。如果原始图像在 M 帧观测图像内保持恒定，对 M 帧观测图像求和，得到式(5-124)的关系，即

$$f_i(x, y) = \frac{1}{M} \sum_{n=1}^{M} g_n(x, y) - \frac{1}{M} \sum_{r=1}^{M} n_r(x, y) \tag{5-124}$$

当 M 很大时，式(5-124)右边的噪声项的值趋向于它的数学期望值 $E\{n(x, y)\}$。一般情况下，白色高斯噪声在所有 (x, y) 上的数学期望都等于零，因此，合理的估计量是

$$\hat{f}_i(x, y) = \frac{1}{M} \sum_{i=1}^{M} g_i(x, y) \tag{5-125}$$

以上利用多幅相同的图像进行平均以实现对加性噪声的消除。同理，盲目图像复原的间接估计法也可以利用时间上平均的概念去掉图像中的模糊。

5.7 小结

图像在形成、传输和记录过程中，由于受多种原因的影响，图像的质量有所下降，从而引起图像的退化。图像复原是指利用退化现象的某种先验知识（即退化模型），对已经退化了的图像加以重建和复原，使复原的图像尽量接近原图像。因此，图像复原处理的关键问题在于建立退化模型。在对退化图像进行复原处理时，如果对图像缺乏足够的先验知识，可利用已有的知识和经验对模糊或噪声等退化过程进行数学模型的建立及描述，并针对此退化过程的数学模型进行图像复原。图像退化过程的先验知识在图像复原技术中所起的重要作用，反映到滤波器的设计上，也就相当于寻求点扩展函数的问题。一幅连续的输入图像可以看作是由一系列点源组成的。图像退化除成像系统本身的因素外，还受到噪声的污染。考虑这两个方面的因素，对于连续的图像可以获得连续函数的退化模型。为了方便计算机对退化图像进行恢复，必须考虑对连续函数退化模型中的退化图像、退化系统的点扩展函数、要恢复的输入图像进行均匀采样离散化，从而将连续函数模型转化为离散的退化模型。

本章在以连续函数和离散函数两种形式介绍了图像退化的一般模型后，接着按非约束复原方法、约束复原方法、非线性复原方法以及其他几种图像复原技术对图像退化的复原技术进行了介绍。

非约束复原方法是仅仅要求某种优化准则为最小，不考虑其他任何条件约束的复原方法，常用的有非约束复原的代数方法和逆滤波方法两种。非约束复原的代数方法是用线性代数中的理论解决图像复原问题。代数复原方法的中心是寻找一个估计，并使事先确定的某种优化准则为最小。通常选择最小二乘方作为优化准则的基础。逆滤波复原法也叫做反向滤波法，其主要过程是首先将要处理的数字图像从空间域转换到傅里叶频率域中，进行反向滤波后再由频率域转回到空间域，从而得到复原的图像信号。

有约束图像复原技术是指除了要求了解关于退化系统的传递函数外，还需要知道某些噪声的统计特性或噪声与图像的某些相关情况。根据所了解的噪声的先验知识的不同，采用不同的约束条件，从而得到不同的图像复原技术。最常见的方法有约束的最小二乘方图像复原技术、维纳滤波复原方法、有约束最小平方复原。在最小二乘方复原处理中，为了在数学上更容易处理，常常附加某种约束条件。形式不同的约束条件，就可得到不同类型的有约束最小二乘方图像复原方法。维纳滤波是假设图像信号可近似看成平稳随机过程的前提下，按照使输入图像和复原图像之间的均方误差达到最小的准则函数来实现图像复原的方法。有约束最小平方复原是一种以平滑度为基础的图像复原方法，仍然以最小二乘方滤波复原为基础，在用该方法复原过程中，它只需要知道有关噪声的均值和方差的先验知识，就可对每个给定的图像得到最优结果。关键是如何选择合适的变换矩阵。

非线性复原方法有最大后验复原、最大熵复原和投影复原方法。最大后验复原通过假设图像模型是一个平稳随机场对一个不平稳的均值作零均值 Gauss 起伏，可得出求解迭代序列。最大熵复原是通过最大化某种反映图像平滑性的准则函数来作为约束条件，以解决图像复原中的病态。最大熵复原方法隐含了正值约束条件，使复原后的图像比较平滑，这种复原方法的效果比较理想,但缺点是计算量太大。投影复原方法就是迭代法之一,因此要求有一个好的初始估值开始迭代,才能获得好的结果。在应用此法进行图像复原时,还可以很方便地引进一些先验信息附加的约束条件。

此外,尚存在一些其他的空间图像复原方法,如几何畸变校正和盲目图像复原方法。盲目图像复原方法是指从观察图像中以某种方式抽出退化信息,从而找出图像复原方法。对具有加性噪声的模糊图像作盲目图像复原的方法有两种,就是直接测量法和间接估计法。

尽管大多数图像整体上并不是稳定的,但有许多图像可以被认为是局部平稳的,另外,噪声常常会限制对一幅图像的可能的复原程度,特别是在空间高频段。总之,在这个领域中还有很多工作要做。

习题

1. 画图简述图像退化的基本模型。
2. 试写出连续退化模型,并解释何为冲激响应函数。
3. 试比较逆滤波和维纳滤波的优、缺点,如何克服逆滤波的缺点?
4. 考虑斜向运动模糊消除的方法和所用的方程。
5. 用数码相机以不同的焦距在同一位置拍摄两张图片,试比较其中透镜引起的几何畸变。
6. 简述非线性复原方法。

## 第 6 章

图像重建

图像重建是图像处理中一个重要研究分支,是指根据对物体的探测获取的数据来重新建立图像。本章将在介绍图像重建概念、原理的基础上,重点介绍傅里叶反投影重建、卷积法重建、代数重建 3 种图像重建方法。同时,对重建中的优化问题和显示方法作简要介绍。

6.1 概述

图像重建是指根据对物体探测所获取的数据来重新建立图像。用于重建图像的数据一般是分时、分步取得的。图像重建是图像处理中一个重要研究分支,其意义在于获取被检测物体内部结构的图像而不对物体造成任何物理上的损伤。由于具备无损检测技术的显著优点,因此,在许多领域,如医疗放射学、核医学、电子显微、无线电雷达天文学、光显微和全息成像学及理论视觉等领域都具有广泛的应用。

根据成像光源的获取方式和成像机理的不同,可以将图像重建分为 3 种不同的检测模型,即透射模型、发射模型和反射模型,图 6-1 给出了 3 种不同的检测模型获取数据方法的示意图。从图 6-1 中可以看出,透射模型中,射线 I_0(X 射线或其他对被检测物体具有穿透性的光源)穿透物体内部的区域,由于各个部位的形状不同、密度不同,对于射线的吸收情况不同,透射出的射线信号 I 能给出一些物体内部结构的信息;反射模型中,电磁波 R_0 射入被检测物体,在物体内部的不同密度物质形成的交界面上产生反射,反射波 R 中蕴含着被检测物体内部结构的相关信息;发射模型是将具有放射性的物质设法注入到被检测物体内部,通过接收并测量从物体内放射出的射线获取物体内部结构的相关信息。如何从这些模型获取的信息和数据出发,建立被检测物体内部结构的图像是本章中要探讨的主要问题。

根据被用于图像重建的数据获取方式不同,可以分为透射断层成像、发射断层成像和反射断层成像。

透射断层成像是重建被检测物体横断面二维图像常用方法,通过对一个物体从多条射线的透射投影重建二维图像的过程。以人体组织结构成像为例,其成像原理在于人体组织对 X 射线或其他射线的衰减作用,而衰减是因为人体组织对射线吸收和散射的结果。一般来说,密度高的物质对射线的衰减高于疏松物质所产生的衰减。因此,当 X 射线照射到人体组织时,通过探测、接收透射线便可以生成生物组织的平面切片图像,并进行处理,从而获知体内的密度分布情况。当射线穿过物体时在检测器上得到的值实际上就叫做射线的投影。根据投影可以初步了解组织对射线的吸收强度,但是不可能准确地判断物体内密度分布情况。图 6-2 表示等强度的射线透过不同密度分布时的情况。其中一条射线束通过均匀密度物质的厚块,而另一条射线通过不等密度的厚块组合,图中厚块上的数字表示每一单元的密度或衰减,因为总的衰减是叠加的,因而检测器的记录相同。因此,投影重建时需要一系列投影才能重建二维图像。

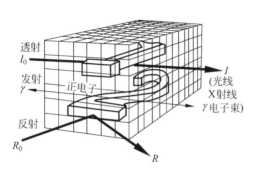

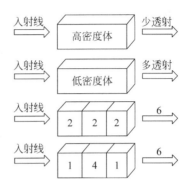

图 6-1 图像重建采用的透射、反射、发射 3 种模型　　图 6-2 等强度射线穿透不同组织的情况

发射断层成像系统,一般是将具有放射性的离子(放射性元素)注入物体内部,从物体外检测其经过物体吸收之后的放射量。通过这种方法可以了解离子在物体内部的运动情况和分布,从而可以检测到物体内部组织的结构分布。

反射断层成像系统,是利用射线入射到物体上,检测经物体散射(反射)后的信号来进行重建的。根据接收器接收到的反射波信息,从而得出物体的某些特征。

图像重建处理经多年研究已取得巨大进展,也产生了许多有效的算法,如傅里叶反投影法、卷积反投影法、代数法、迭代法等,其中以卷积反投影法运用最为广泛,因为它的运算量小、速度快。近年来,由于与计算机图形学相结合,把多个二维图像合成三维图像,并加以光照模型和各种渲染技术,已能生成各种具有强烈真实感的高质量三维人工合成图像。三维重建技术也是当今颇为热门的虚拟现实和科学可视化技术的基础。

6.2 图像重建原理

在各种图像重建算法中,计算机断层扫描技术(又称计算机层析,简称 CT)占有重要的地位。为此,本节以计算机断层扫描为例,阐述图像重建的基本原理。

计算机断层扫描的功能是将人体中某一薄层的组织分布情况,通过射线对该薄层的扫描、检测器对透射信息的采集、计算机对数据的处理,利用可视化技术在显示器或其他介质上显示出来。这项技术的重要基础是投影切片定理,即对于任何一个三维(二维)物体,它的二维(一维)投影的傅里叶变换恰好是该物体的傅里叶变换的主体部分。

投影切片定理在被检测物体的投影与该物体在傅里叶变换域(频域)之间建立了一一对应的关系,以二维横断面图像为例,该图像对 X 轴的投影等于它在变换域(频域)中变量 $v=0$ 所对应的切片。

投影切片定理给出了图像在空间域上对 X 轴的投影与在频率域 U 轴的切片之间的关系。如果投影并非是对 X 轴进行的，而是对与空间域的 X 轴成任意的角度 θ 的方向进行投影，在频率域上与 U 轴成相同的 θ 角度方向上的中心切片与之也相等。下面简单证明。

　　设 $f(x,y)$ 是一幅图像（可以视为被检测物体横断面图像），$F(u,v)$ 是它的谱，两个实频率变量 u 和 v 的复值函数，频率变量 u 对应于 X 轴，变量 v 对应于 Y 轴。根据二维傅里叶变换的相似性定理，有

$$\Im\{f(a_1x+b_1y,a_2x+b_2y)\}$$
$$=\iint_{-\infty}^{\infty}f(a_1x+b_1y,a_2x+b_2y)\mathrm{e}^{-\mathrm{j}2\pi(ux+vy)}\mathrm{d}x\mathrm{d}y \qquad (6\text{-}1)$$

作变量代换：$w=a_1x+b_1y \quad z=a_2x+b_2y$

　　从而

$$x=A_1w+B_1z \qquad y=A_2w+B_2z$$
$$\mathrm{d}x=A_1\mathrm{d}w+B_1\mathrm{d}z \quad \mathrm{d}y=A_2\mathrm{d}w+B_2\mathrm{d}z$$

其中：

$$A_1=\frac{b_2}{a_1b_2-a_2b_1} \quad B_1=\frac{-b_1}{a_1b_2-a_2b_1}$$

$$A_2=\frac{-a_2}{a_1b_2-a_2b_1} \quad B_2=\frac{a_1}{a_1b_2-a_2b_1}$$

于是傅里叶变换可以变为

$$\Im\{f(a_1x+b_1y,a_2x+b_2y)\}$$
$$=\int_{-\infty}^{\infty}\int_{-\infty}^{\infty}f(w,z)\mathrm{e}^{-\mathrm{j}2\pi\{(A_1u+A_2v)w+(B_1u+B_2v)z\}}\mathrm{d}z\mathrm{d}w(A_1B_1+A_2B_1)$$
$$=(A_1B_2+A_2B_1)F(A_1u+A_2v,B_1u+B_2v) \qquad (6\text{-}2)$$

　　由此可以看出，如果 $f(x,y)$ 变换一个角度，则 $f(x,y)$ 的频谱也将旋转同样的角度。令：

$$a_1=\cos\theta \quad b_1=\sin\theta \quad a_2=-\sin\theta \quad b_2=\cos\theta$$

则

$$A_1=\cos\theta \quad A_2=\sin\theta \quad B_1=-\sin\theta \quad B_2=\cos\theta$$

而且

$$\Im\{f(x\cos\theta+y\sin\theta,-x\sin\theta+y\cos\theta)\}$$
$$=F(u\cos\theta+v\sin\theta,-u\sin\theta+v\cos\theta) \qquad (6\text{-}3)$$

　　因此，可以断言，$f(x,y)$ 在 X 轴上投影的变换即为 $F(u,v)$ 在 U 轴上的取值，结合旋转性可得 $f(x,y)$ 在与 X 轴成 θ 角的直线上投影的傅里叶变换正好等于 $F(u,v)$ 沿与 U 轴成 θ 角的直线上的取值（图 6-3）。

　　投影性质是利用线扩展函数进行系统辨别和计算机断层造影术的基础。

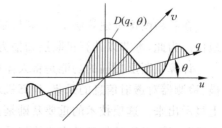

图 6-3　变换域中 $F(u,v)$ 沿与 U 轴成 θ 角的直线上的取值

6.3 傅里叶反投影重建

傅里叶反投影重建方法最早于 1974 年由 Shepp 和 Logan 提出。该方法是建立在"投影切片定理"这一理论基础之上的。投影切片定理给出了射线沿 Y 轴方向穿透物体薄片对 X 轴投影的傅里叶变换与物体薄片的频域函数 $F(u,v)$ 沿 U 轴的切片相等。利用二维傅里叶变换的旋转性质可知,当射线的方向改变,在与 X 轴成 θ 角的直线上投影的傅里叶变换正好等于 $F(u,v)$ 沿与 U 轴成 θ 角的直线上的取值。如果围绕着物体薄片,改变 θ 角得到多个投影,就可以获得该物体薄片在频域上相应各个方向的频谱切片,从而了解到该薄片的整个频谱。根据此结论,可以先对投影进行旋转和傅里叶变换,以构造整个傅里叶变换域中的各个方向的切片数据,然后再对其进行傅里叶反变换即可得到重建后的目标(原空间域中的图像)。

6.3.1 重建公式的推导

图 6-4 与图 6-5 给出了二维函数投影在空间域中和变换域中的旋转对应关系。

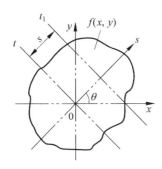

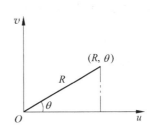

图 6-4 空间域的旋转　　　　　图 6-5 变换域的旋转

由图可见,从 (x,y) 坐标系变换到 (s,t) 坐标系的旋转坐标变换式为

$$\begin{bmatrix} s \\ t \end{bmatrix} = \begin{bmatrix} \cos\theta & \sin\theta \\ -\sin\theta & \cos\theta \end{bmatrix} \begin{bmatrix} x \\ y \end{bmatrix} \tag{6-4}$$

若射线源的射线径向穿过被检测横截面,并向与 X 轴成 θ 角的 S 轴方向投影,则投影函数

$$g(s,\theta) = \int_{-\infty}^{\infty} f(x,y)\mathrm{d}t \tag{6-5}$$

如果在频域中作以下代换,即

$$\begin{cases} u = R\cos\theta \\ v = R\sin\theta \end{cases} \tag{6-6}$$

则投影函数的傅里叶变换可以写成 $G(R,\theta) = \iint_{-\infty}^{\infty} f(R,\theta)\mathrm{e}^{-\mathrm{j}2\pi R(x\cos\theta + y\sin\theta)}\mathrm{d}x\mathrm{d}y$

根据投影切片定理,有

$$G(R,\theta) = F(u,v,\theta) \tag{6-7}$$

可以在 θ 角不同的各个方向上获得空间域上的投影数据,根据投影切片定理在变换域

上建立得到对应的切片数据。然后利用式(6-8)进行傅里叶反变换，即

$$f(x,y) = \iint_{-\infty}^{\infty} F(u,v) e^{j2\pi(ux+vy)} du dv \tag{6-8}$$

或者采用极坐标形式，即

$$f(x,y) = \int_0^{2\pi} \int_0^{\infty} G(R,\theta) e^{j2\pi R(x\cos\theta + y\sin\theta)} R dR d\theta \tag{6-9}$$

从而重建原图像。

以上是针对二维情况进行叙述的，如果需要重建的并非二维图像，而是三维实体图像，则很容易将二维的情况推广到三维。根据三维傅里叶变换的定义，即

$$F(u_1, u_2, u_3) = \iint_{-\infty}^{\infty} \int f(x_1, x_2, x_3) e^{-j2\pi(u_1 x_1 + u_2 x_2 + u_3 x_3)} dx_1 dx_2 dx_3 \tag{6-10}$$

同样存在三维的投影切片定理，即

$$F(u_1, u_2, 0) = \iint_{-\infty}^{\infty} \left[\iint_{-\infty}^{\infty} f(x_1, x_2, x_3) dx_3 \right] e^{-j2\pi(u_1 x_1 + u_2 x_2)} dx_1 dx_2 \tag{6-11}$$

式(6-11)中的

$$\int_{-\infty}^{\infty} f(x_1, x_2, x_3) dx_3 = f_3(x_1, x_2) \tag{6-12}$$

为三维实体对于在空间中某一取向的二维平面的投影函数。

6.3.2 重建公式的实用化

以上反投影变换重建方法是从连续函数情况推导出来的，现今的重建都是使用计算机进行处理的，要使上述的反变换方法付诸实践，需要将连续函数形式转为离散形式，以便在计算机上实现。

为方便后边的讨论，改写式(6-5)为

$$g(\rho, \theta) = \int_t f(x,y) dt \tag{6-13}$$

式中，ρ 为在空间域的投影轴；θ 为投影轴与原坐标 X 轴所成的夹角。

投影函数的傅里叶变换由式(6-14)给出，由投影切片定理可知空间域投影轴从 X 变到 ρ，转过 θ 角度，在变换域中切片也从 U 轴转到 R 轴，也旋转了 θ 角度。如式(6-14)，即

$$F(R, \theta) = \int_{-\infty}^{\infty} g(\rho, \theta) e^{-j2\pi R\rho} d\rho \tag{6-14}$$

ρ 与 x、y 坐标的变换关系如式(6-15)，即

$$\rho = x\cos\theta + y\sin\theta \tag{6-15}$$

按照二维傅里叶反变换标准定义，有

$$f(x,y) = \iint_{-\infty}^{\infty} F(u,v) e^{j2\pi(ux+vy)} du dv \tag{6-16}$$

为了能够利用式(6-14)的结果作代换，即

$$u = R\cos\theta$$
$$v = R\sin\theta$$

则式(6-16)可以写成极坐标(R, θ)形式，即为前面曾经给出的式(6-9)，重写为

$$f(x,y) = \int_0^{2\pi} \int_0^{\infty} F(R,\theta) e^{j2\pi R(x\cos\theta + y\sin\theta)} R dR d\theta$$

利用傅里叶变换的共轭对称性,上式可以写成

$$f(x,y) = \int_0^\pi \int_{-\infty}^\infty |R| F(R,\theta) e^{j2\pi R(x\cos\theta + y\sin\theta)} dR d\theta \tag{6-17}$$

如果采用下面标记表示式(6-17)中的一重积分,即

$$f'(x,y;\theta) = \int_{-\infty}^\infty |R| F(R,\theta) e^{j2\pi R(x\cos\theta + y\sin\theta)} dR \tag{6-18}$$

则式(6-17)可表示为

$$f(x,y) = \int_0^\pi f'(x,y;\theta) d\theta \tag{6-19}$$

于是,便可得到在连续变量情况下,用傅里叶变换方法重建图像的步骤主要分为3步。

(1) 首先根据式(6-14)计算出 N 个 θ 方向上投影几何的傅里叶变换,即求出多个不同 θ 值的 $F(R,\theta)$。

(2) 利用式(6-18),求出 $f'(x,y;\theta)$。

(3) 根据式(6-19)对于所有 θ 方向上的变换结果 $f'(x,y;\theta)$ 求和,便可得到重建图像的各像素值。

事实上,需要重建的图像对象在空间范围上必然是有限的,因此 R 也是有限的。当用计算机按上述步骤实现图像重建时首先需对对象进行离散采样和处理,实际对象的空间采样和投影情况如图 6-6 所示。

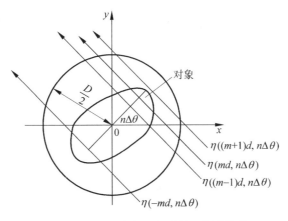

图 6-6　实际对象的空间采样和投影情况

假设对象存在于以原点为中心、半径为 $D/2$ 的圆域内。一排放射线束 η 对与 x 轴成 $n\Delta\theta$ 角度的方向投影。设极轴方向的采样间隔为 $d = D/M$,其中 M 为采样点数,而极角采样间隔为 $\Delta\theta = \pi/N$,其中 N 为角度采样点数,则投影的采样信号可表示为

$$g(md, n\Delta\theta) \quad \text{其中} |m| \leqslant \frac{M-1}{2} \text{ 且 } 0 \leqslant n \leqslant N-1 \tag{6-20}$$

令重建图像的采样间隔和采样点数在 x 和 y 方向上相同,采样间隔为 ε,采样点数为 P,则 x、y 的离散采样值可以用 $p\varepsilon$、$q\varepsilon$ 表示,即坐标 (x,y) 可表示为

$$(p\varepsilon, q\varepsilon), \quad \text{其中} -\frac{P-1}{2} \leqslant p, q \leqslant \frac{P-1}{2} \tag{6-21}$$

由于频率变化范围为 $1/d$(从 $-1/2d \sim 1/2d$),共采样 M 个点,所以有频率变量

$$R = k \cdot \frac{\frac{1}{d}}{M} = \frac{k}{Md} \tag{6-22}$$

将前面的连续方程式(6-14)改写为离散形式,即

$$
\begin{aligned}
F\left(\frac{k}{Md}, n\Delta\theta\right) &= \int_{-\infty}^{\infty} g(\rho, n\Delta\theta) e^{-j2\pi\left(\frac{K}{Md}\right)\rho} d\rho \\
&= \int_{-\frac{(M-1)}{2}d}^{\frac{(M-1)}{2}d} g(\rho, n\Delta\theta) e^{-j2\pi\left(\frac{K}{Md}\right)\rho} d\rho \\
&\approx \sum_{m=-\frac{M-1}{2}}^{\frac{M-1}{2}} g(md, n\Delta\theta) e^{-j2\pi\left(\frac{K}{Md}\right)md} d \\
&= d \cdot \sum_{m=-\frac{M-1}{2}}^{\frac{M-1}{2}} g(md, n\Delta\theta) W_M^{Km}
\end{aligned} \tag{6-23}
$$

式(6-23)中

$$W_M = e^{-j\frac{2\pi}{M}}$$

将式(6-18)可以改写为

$$
\begin{aligned}
f'(x, y; n\Delta\theta) &= \int_{-\infty}^{\infty} |R| F(R, n\Delta\theta) e^{j2\pi R(x\cos n\Delta\theta + y\sin n\Delta\theta)} dR \\
&\approx \int_{-\frac{1}{2d}}^{\frac{1}{2d}} |R| F(R, n\Delta\theta) e^{j2\pi R(x\cos n\Delta\theta + y\sin n\Delta\theta)} dR
\end{aligned} \tag{6-24}
$$

其离散微分增量为

$$dR = \frac{1}{Md} \tag{6-25}$$

若采用标记

$$\zeta(k, n\Delta\theta) = \left|\frac{k}{Md}\right| F\left(\frac{k}{Md}, n\Delta\theta\right) \tag{6-26}$$

于是式(6-24)可以改写为

$$
\begin{aligned}
f'(x, y; n\Delta\theta) &\approx \sum_{k=-\frac{M-1}{2}}^{\frac{M-1}{2}} \left|\frac{k}{Md}\right| \left|\frac{Md}{k}\right| \zeta(k, n\Delta\theta) \cdot e^{j2\pi\frac{k}{Md}(x\cos n\Delta\theta + y\sin n\Delta\theta)} \cdot \frac{1}{Md} \\
&= \frac{1}{Md} \sum_{k=-\frac{M-1}{2}}^{\frac{M-1}{2}} \zeta(k, n\Delta\theta) W_M^{-k(x\cos n\Delta\theta + y\sin n\Delta\theta)/d}
\end{aligned} \tag{6-27}
$$

将其写为极坐标形式,有

$$f'(l, n\Delta\theta) = \frac{1}{Md} \sum_{k=-\frac{M-1}{2}}^{\frac{M-1}{2}} \zeta(k, n\Delta\theta) W_M^{-kl} \tag{6-28}$$

式(6-28)中

$$l = \frac{\rho}{d}$$

再由式(6-19)可以得到

$$f(p\varepsilon, q\varepsilon) = \int_0^\pi f'(p\varepsilon, q\varepsilon; \theta) d\theta$$

$$\approx \Delta\theta \sum_{n=0}^{N-1} f'(p\varepsilon, q\varepsilon; n\Delta\theta) \tag{6-29}$$

这样,便求得了数字计算的全部公式。实际执行时仍分 3 步。

(1) 求投影数据。对极轴变量 m 取一维傅里叶变换,即计算式(6-23),并据式(6-26)求出 $\zeta(k, n\Delta\theta)$。

(2) 由式(6-27)或式(6-28)计算出 $\zeta(k, n\Delta\theta)$ 之傅里叶反变换 $f'(p\varepsilon, q\varepsilon, n\Delta\theta)$。

(3) 由式(6-29)计算出重建图像 $f(p\varepsilon, q\varepsilon)$。

由以上步骤不难看出,重建一幅图像需要进行正、反傅里叶变换各一次,而避免了二维傅里叶变换的计算。

6.4　卷积法重建

在式(6-17)中,当用 FFT 计算投影数据的傅里叶变换 $F(R, \theta)$ 时,投影数据 $g(\rho, \theta)$ 总被有限截断。当 ρ 的采样间隔为 d 时,在变换域 R 的变化范围为从 $-1/2d \sim 1/2d$,于是投影反变换重建公式可以近似写成

$$f(x, y) \approx \int_0^\pi \int_{-\frac{1}{2d}}^{\frac{1}{2d}} |R| F(R, \theta) \mathrm{e}^{\mathrm{j}2\pi R(x\cos\theta + y\sin\theta)} \,\mathrm{d}R\mathrm{d}\theta \tag{6-30}$$

若采用标记

$$h(\rho) = \int_{-\frac{1}{2d}}^{\frac{1}{2d}} |R| \mathrm{e}^{\mathrm{j}2\pi R\rho} \,\mathrm{d}R \tag{6-31}$$

根据 ρ 与变量 x, y 的转换关系,可以写成

$$h(x\cos\theta + y\sin\theta) = \int_{-\frac{1}{2d}}^{\frac{1}{2d}} |R| \mathrm{e}^{\mathrm{j}2\pi R(x\cos\theta + y\sin\theta)} \,\mathrm{d}R \tag{6-32}$$

由前面的式(6-18)和式(6-14)可知

$$
\begin{aligned}
f'(x, y; \theta) &= \int_{-\frac{1}{2d}}^{\frac{1}{2d}} |R| F(R, \theta) \mathrm{e}^{\mathrm{j}2\pi R(x\cos\theta + y\sin\theta)} \,\mathrm{d}R \\
&= \int_{-\frac{1}{2d}}^{\frac{1}{2d}} |R| \left[\int_{-\infty}^{\infty} g(\rho, \theta) \mathrm{e}^{-\mathrm{j}2\pi R\rho} \,\mathrm{d}\rho \right] \mathrm{e}^{\mathrm{j}2\pi R(x\cos\theta + y\sin\theta)} \,\mathrm{d}R \\
&= \int_{-\infty}^{\infty} g(\rho, \theta) \int_{-\frac{1}{2d}}^{\frac{1}{2d}} |R| \mathrm{e}^{\mathrm{j}2\pi R(x\cos\theta + y\sin\theta - \rho)} \,\mathrm{d}R\mathrm{d}\rho \\
&= \int_{-\infty}^{\infty} g(\rho, \theta) h(x\cos\theta + y\sin\theta - \rho) \,\mathrm{d}\rho \tag{6-33}
\end{aligned}
$$

由式(6-33)可以看出,要实现对已经得到的投影数据实现图像重建,则可以采取两个步骤:首先将投影数据 $g(\rho, \theta)$ 先和脉冲响应为式(6-32)的滤波器进行卷积,然后由式(6-19)对不同旋转角 θ 求和,就能实现图像重建。这就是采用卷积法进行图像重建的基本思路和方法。

事实上,式(6-32)表现出来的恰好是频率响应为 $|R|$ 的滤波器,通常称之为 ρ 滤波器。

6.5　代数重建

为了说明代数重建方法的基本思想,现举一个简单的例子,假设被检测物体的横断面图像只包含 6 个像素,如图 6-7(a)所示。

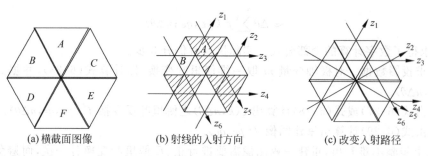

图 6-7　图像的代数重建方法说明

根据射线从不同的入射方向穿透被检测物体的各个像素，可以得到射线在不同方向上被物体吸收的值分别为 z_1 直到 z_6，则可以写出以下方程组，即

$$A+B+D=z_1 \quad C+E+F=z_2 \quad A+B+C=z_3$$
$$D+E+F=z_4 \quad A+C+E=z_5 \quad B+D+F=z_6$$

然而从这 6 个方程是不能解出 6 个未知量 A、B、$\cdots$、F 的，因为这 6 个方程彼此不独立，显然有 $z_1+z_2=z_3+z_4=z_5+z_6$。为了解出这 6 个未知量，可以采用改变扫描路径的办法解决。

如果按照图 6-7(c) 所示的入射方向为改变扫射线的穿透路径，此时获得的新的联立方程组为

$$A+B+D=z_1 \quad C+D=z_2 \quad A+B+C=z_3$$
$$D+E+F=z_4 \quad B+E=z_5 \quad A+C+E=z_6$$

它们是相互独立的，假设已知一组投影数据为

$$z_1=10 \quad z_2=9 \quad z_3=9 \quad z_4=18 \quad z_5=9 \quad z_6=12$$

时，可由联立方程解出 6 个未知像素的值为

$$A=2 \quad B=3 \quad C=4 \quad D=5 \quad E=6 \quad F=7$$

把上述方法推广到多像素、多扫描线的情况。便可得到重建图像的一般解联立方程组方法。在实用中，通常取截面像素数为 $160\times160=25\,600$。用 T-R 型扫描（平移-旋转型扫描）时，平移射线共 160 根，每次旋转 $1°$，共转 $180°$，于是一个截面共要进行 $160\times180=28\,800$ 次扫描，因此能建立由 28 800 个一次方程组成的联立方程组，只需解其中 25 600 个独立的方程所组成的联立方程，便可求出该截面上全部未知像素。

对于其他扫描方法也完全适用，区别仅在于每条射线穿过的未知像素不同。以上就通过具体事例说明了采用代数方法实现二维图像重建的基本思路和方法。

尽管用高速数字计算机能够实现解联立方程组的图像重建方法，但从 25 600 个联立方程中解出 25 600 个未知量仍然是一种繁重的计算任务。为此提出了各种逐次逼近的迭代算法，以取代对联立方程的直接求解，这里只着重介绍其中的代数重建技术。

代数重建技术就是事先对未知图像的各像素给予一个初始估值，然后利用这些假设数据去计算各射线穿过对象时可能得到的投影值（射影和），再用它们和实测投影值进行比较，根据差异获得一个修正值，然后再用这些修正值，修正各对应射线穿过的诸像素值。如此反复迭代，直到计算值和实测值接近到要求的精确度为止，具体实施步骤如下：

（1）对于未知图像各像素均给予一个假定的初始值，从而得到一组初始计算图像。

（2）根据假设图像，计算对应各射线穿过时，应得到的各个相应投影值 $z_1^*, z_2^*, \cdots, z_n^*$。

（3）将计算值 $z_1^*, z_2^*, \cdots, z_n^*$ 和对应的实测值 $z_1, z_2, \cdots, z_n$ 进行比较，然后取对应差值 $\Delta x_i = z_i - z_i^*$ 作为修正值。

（4）用每条射线的修正值修正和该射线相交的各像素值。

（5）用修正后的像素值重复（1）～（4）各步，直到计算值和实测值之差，即修正值小到所期望的值为止。

只要所测得的射线投影值 $z_1, z_2, \cdots, z_n$ 组成一个独立的集合，那么代数重建便将收敛于唯一的解。

以下面的例子来说明这种方法，仍然用 6 个像素组成的二维图像为例进行说明。图 6-8(a) 表示有 6 个像素组成的图像；图 6-8(b) 表示各个像素的取值（可以设想为对射线的吸收值）；图 6-8(c) 采用 T-R 式（平移-旋转式）扫描时射线的入射方向。

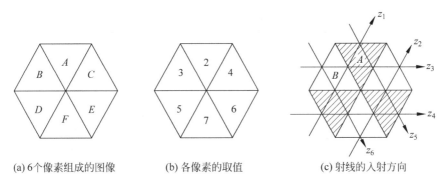

(a) 6 个像素组成的图像　　　(b) 各像素的取值　　　(c) 射线的入射方向

图 6-8　6 个像素组成的图像、各像素的取值及射线的入射方向

尽管采用如图 6-8(c) 所示的 T-R 式（平移-旋转式）扫描，穿过其扫描路径所得到的射线 $z_1, z_2, \cdots, z_n$ 彼此不独立，有时可能使迭代不收敛，但由于它比较简单，故作为例子来说明这种迭代技术的实现，仍然是可取的。

设由 6 个像素组成的图像如图 6-8(a) 所示，按该图表示的扫描方法经过实际测量获得的一组射线和为：$z_1 = 10, z_2 = 17, z_3 = 9, z_4 = 18, z_5 = 12, z_6 = 15$，现用表 6-1 表示这种迭代法的重建过程，该表的形成过程如下：

（1）设初始像素集合的初值为 $A = B = C = D = E = F = 0$。

（2）计算各个射线束的投影和，如 $z_1^* = A + B + D = 0$，同样 $z_2^*, \cdots, z_6^*$ 都等于零。

（3）投影和的修正值可由下式给出，即

$$\Delta_1 = \frac{z_1 - z_1^*}{9} = \frac{10 - 0}{9} \approx 1.111$$

$$\Delta_2 = \frac{z_2 - z_2^*}{9} = \frac{17 - 0}{9} \approx 1.889$$

$$\vdots$$

$$\Delta_6 = \frac{z_6 - z_6^*}{9} = \frac{15 - 0}{9} \approx 1.667$$

各式中均用 9 除（由于每个射线束穿透 3 个像素，整个扫描过程射线 3 次穿透任一像素）是为了保持平均的 X 射线密度不变。

（4）把穿过同一像素的不同射线的投影修正值叠加起来作为该像素的修正值，即取修正值分别为

$$\Delta A = \Delta_1 + \Delta_3 + \Delta_5 = 1.111 + 1.000 + 1.333 = 3.444$$
$$\vdots$$
$$\Delta F = \Delta_2 + \Delta_4 + \Delta_6 = 1.889 + 2.000 + 1.667 = 5.556$$

（5）把各像素的修正值和其前次迭代的结果加起来，得到修正后的像素本次迭代值，即

$$A_2 = A_1 + \Delta A = 0 + 3.444 = 3.444$$
$$\vdots$$
$$F_2 = F_1 + \Delta F = 0 + 5.556 = 5.556$$

然后把集合 $A_2, B_2, \cdots, F_2$ 作为下一次迭代的初始值，重复上述过程，直到前后两次迭代误差小于给定值为止。

表 6-1　代数重建技术的迭代过程

	迭代编码	1	2	3	4	∞
计算的 像素值	A_i	0	3.444	2.852	2.517	2
	B_i	0	3.778	3.383	3.169	3
	C_i	0	4.222	4.074	3.997	4
	D_i	0	4.778	4.926	5.003	5
	E_i	0	5.222	5.617	5.831	6
	F_i	0	5.556	6.148	6.483	7
计算的 射线和	z_1	0	12.00	11.16		10
	z_2	0	15.00	15.84		17
	z_3	0	11.44	10.31		9
	z_4	0	15.56	16.69		18
	z_5	0	12.89	12.54		12
	z_6	0	14.11	14.46		15
射线和的 修正值	Δ_1	1.111	-0.2222	-0.1289		0
	Δ_2	1.889	0.2222	0.1289		0
	Δ_3	1.000	-0.2716	-0.1454		0
	Δ_4	2.000	0.2716	0.1454		0
	Δ_5	1.333	-0.0998	-0.0604		0
	Δ_6	1.667	0.0998	0.0604		0
像素的 修正值	Δ_1	3.444	-0.5926	-0.3347		0
	Δ_2	3.778	-0.3951	-0.2140		0
	Δ_3	4.222	-0.1481	-0.0768		0
	Δ_4	4.778	0.1481	0.0768		0
	Δ_5	5.222	0.3951	0.2140		0
	Δ_6	5.556	0.5926	0.3347		0

由表 6-1 不难看出，其第一次迭代结果中，无论是射线和的修正值还是像素的修正值都是比较大的，而达到最终结果时修正值应接近于零。

6.6 重建图像的显示

6.6.1 三维图像重建的体绘制

前面几节介绍的是如何从大量的投影图像中得到物体的信息,以便进行图像重建。它的优点是进行了降维处理,如三维物体的重建是从大量的二维投影图像得到,二维图像是从大量的一维投影图像得到,重建的基础是投影切片定理,这种重建方法在 CT 图像、核磁共振图像中得到广泛应用,并具有比较高的重建图像质量。

三维图像重建的直接体绘制法可以理解为另一类图像重建方法,它更类似于一种三维图像显示技术,属于"三维空间数据可视化"的问题。按照人们的日常习惯,在实际应用中,要求对二维切片图像处理后希望观察到三维图像。

对于分布在二维空间的大量数据来说,比较简单的方式是让这些数据均匀地分布在三维网格点上。即在 x、y、z 3 个方向上,网格点之间的距离均相等,如图 6-9(a)所示。人体 CT 扫描所得的数据、激光共焦扫描显微成像所得的数据基本上都是均匀网格化的数据。这类由均匀网格组成的结构化数据通常也称为"规则数据场"。每个网格是结构化数据的一个元素,通常叫做"体元"(Voxel),数据场的函数值 $f(x,y,z)$ 对应于三维空间 (i,j,k) 的位置。图 6-9(b)是扫描得到的一系列头部切片图像的其中 3 幅切片。

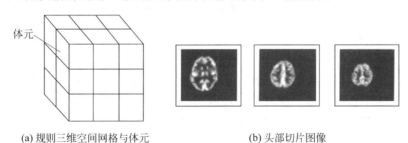

(a) 规则三维空间网格与体元   (b) 头部切片图像

图 6-9   规则三维空间网格、体元及系列头部切片图像

三维空间数据场的可视化通常有两类不同的方法。第一类方法首先由三维空间数据场构造中间几何图元,如小三角形、小曲面等,然后再由传统的计算机图形学技术实现面绘制,加上光照模型、阴影处理,使得重建的三维图像极具真实感,这类方法也称为面绘制技术。第二类方法是不需要构造中间几何图元,而是直接由三维数据场产生屏幕上的二维图像,由体元绘制出来,称为体绘制或直接体绘制方法。直接体绘制的实质是将已采集到计算机上的三维离散数据场重新采样,然后按照一定的规则转换为图像显示缓存中的二维离散信号。为统一起见,将三维离散数据场或者三维图像数据集合称为物体空间,而将显示图像的屏幕称为图像空间。在各种体绘制方法中最常见的有以下两种:一种是从图像空间到物体空间的方法。它由显示图像屏幕上的每个像素点位置向物体空间发出射线,该射线与物体空间相交许多点,这些交点即为物体空间上新的采样点。为了求得新采样点的值,需要选择适当的重构元素,对离散的三维数据场进行卷积运算,重构连续的原始信号,并根据重采样的奈奎斯特频率极限对三维连续数据场进行重新采样,得出重采样点的灰度值。在重采样的基础上,进行图像合成,即计算全部采样点对屏幕像素的贡献,得到屏幕上每一个像素点的光

强度值。此时,重新采样和图像合成是按图像空间,即屏幕上每条扫描线的每个像素逐个进行的,因而这一算法又称为图像空间扫描的体绘制方法,如图 6-10 所示。

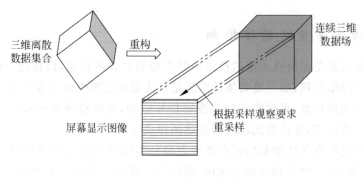

三维离散数据集合　　重构　　连续三维数据场

屏幕显示图像　　根据采样观察要求重采样

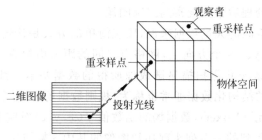

观察者
重采样点
重采样点
物体空间
二维图像
投射光线

图 6-10　光线投射体绘制的重采样

另一种是从物体空间到图像空间的方法,即对物体空间的三维空间网格点上的数据,逐层、逐行、逐个地计算它对屏幕像素的贡献,并加以合成,形成最后的图像。关键问题是如何计算物体空间三维网格的数据对二维屏幕像素的贡献,需要确定的是物体空间每一个采样点对屏幕上多个点的贡献。所有采样点遍历一次之后,将屏幕上同一像素点的多次贡献合成起来即可得到最终图像,因而是一种在物体空间扫描的体绘制方法,如图 6-11所示。

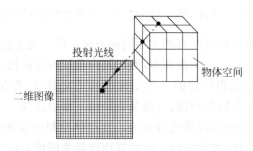

投射光线
物体空间
二维图像

图 6-11　空间采样点对屏幕的贡献示意图

下面以光线投射体绘制为例说明如何实现三维数据场的可视化。光线投射体绘制是一个三维离散数据场的重采样和图像合成的过程,通常有以下几个步骤:

(1) 对物体空间的三维离散数据场进行处理,包括去除各层图像的噪声、冗余数据。根据数据值的不同进行简单组织分类,并给不同属性的数据赋予不同的颜色和不透明度值。

(2) 从图像空间显示屏幕上的每一个像素点根据设定的观察方向发出一条投射光线。这条射线穿过三维数据场,沿着这条射线选择 k 个等距离的采样点,当采样点刚好落在原来物体空间的网格点上,就用原来的灰度值来代替;当采样点不落在网格点时,就用该点邻近8个网格点的值进行插值得出新采样点的不透明度值和颜色值。

(3) 为了增强三维逼真效果,突出显示不同组织的边界面,可以采样表面并进行明暗计算。明暗计算通常是基于物体表面的法向信息的。在体绘制中,用各采样点的梯度值来代替法矢量。

设三维数据场中共采样点的函数值以 $f(i,j,k)$ 表示,则采用中心差分方法求出该采样点处的梯度值,即

$$\begin{cases} \mathrm{Grad}_x = [f(i+1,j,k) - f(i-1,j,k)]/2 \\ \mathrm{Grad}_y = [f(i,j+1,k) - f(i,j-1,k)]/2 \\ \mathrm{Grad}_z = [f(i,j,k+1) - f(i,j,k-1)]/2 \end{cases} \qquad (6\text{-}34)$$

得到各采样点的梯度值之后,即可以用光照模型计算出各采样点处的漫反射分量,更加突出地显示出体数据中的边界面。

(4) 计算每条射线对屏幕像素点的贡献,即沿每条射线方向从前向后或从后向前根据各采样点的颜色值和不透明值按照一定的规则加以合成,得出屏幕像素点的最终灰度值或颜色值。将屏幕上各像素点的颜色值都计算出来后就形成了一幅图像。

6.6.2　三维图像重建的面绘制

三维图像重建的面绘制技术更加接近 AutoCAD 或动画制作软件 3ds Max 等三维应用软件,但是它们之间还是有许多差别的。本节所介绍的面绘制技术是已知物体的三维网格离散数据,要在三维空间数据场中构造出这些中间几何图元,然后再由传统的计算机图形学技术实现面绘制。这种方法构造出的可视化图形,当中间几何图元较小时,可以得到光滑的表面和清晰的图像。这类算法中比较典型的有立方体步进法,简称为 MC(Marching Cubes)法,四面体步进法又称为 MT(Marching Tetrahedra)法等。

MC 方法是一种在三维空间规则数据场构造等值面,也就是构造三维物体表面信息的方法。其基本思想是:将三维数据网格分成许多体元,然后根据物体表面特征的信息或等值面的信息给出物体等值面的相关参数值,再逐个测试体元的 8 个角点是否在等值面上,通过线性插值得出体元中的哪些点在等值面上,连接这些点即可得到用三角形或多边形来代替立方体,最后把所有这些三角形或多边形连接起来便得到该三维数据场的三维表面信息。详细的MC 算法就不做具体介绍了。

图 6-12 给出了利用 MC 算法,对 40 幅图 6-12 所示的头部切片图像重新绘制的结果。每层数据为 128×128,共 40 层。由图 6-12 可知,MC 算法构造二维数据场的等值面或者说重建物体的三维表面是比较逼真的,具有较强的立体感。

图 6-12　头部切片数据 MC 算法重建后显示

6.7 小结

图像重建是指根据物体探测获取的数据来重新建立图像。根据成像光源的获取方式和成像机理的不同，可以将图像重建分为透射模型、发射模型和反射模型 3 种。常用的图像重建方法包括傅里叶反投影法、卷积反投影法和代数法等。

一个三维物体，它的二维投影的傅里叶变换恰好与此物体的傅里叶变换的主体部分相等，因此傅里叶反投影重建方法正是以此为基础的，它是最简单的一种变换重建方法。

当用 FFT 计算投影数据的傅里叶变换时，投影数据总被有限截断。要实现对已经得到的投影数据实现图像重建，则可以采取两个步骤：首先将投影数据和脉冲响应滤波器进行卷积，然后对不同旋转角求和，就能实现图像重建，这就是卷积法图像重建。卷积法重建技术只需要用到一维滤波和积分，因此在重建处理中具有极大的吸引力。

代数重建方法则是对重建方程提供数字解决方案，以便能够得到一线性方程系统，从而解决确定该图像的问题。具体而言，代数重建技术就是事先对未知图像的各像素给予一个初始估值，然后利用这些假设数据去计算各射束穿过对象时可能得到的投影值，再用它们和实测投影值进行比较，根据差异获得一个修正值，然后再用这些修正值修正各对应射线穿过的诸像素值。如此反复迭代，直到计算值和实测值接近到要求的精确度为止。

由于图像重建所构成的方程组一般是超定的或是多解的，因此，图像重建涉及如何解相容线性方程组的问题。图像重建的优化就是希望从这些解中找出一个满足一定优化条件的最优解，从而使重建后图像最接近原图像。

重建图像中大量信息的可视化是图像重建的任务之一。三维空间数据场的可视化通常有两类不同的方法。第一类方法首先由三维空间数据场构造中间几何图元，如小三角形、小曲面等，然后再由传统的计算机图形学技术实现面绘制，加上光照模型、阴影处理，使得重建的三维图像极具真实感，这类方法也称为面绘制技术。第二类方法是不需要构造中间几何图元，而是直接由三维数据场产生屏幕上的二维图像，由体元绘制出来的，称为体绘制或直接体绘制方法。实质是将已采集到计算机上的三维离散数据场重新采样，按照一定的规则转换为图像显示缓存中的二维离散信号的过程。在各种体绘制方法中最常见的有以下两种：一种是从图像空间到物体空间的方法，或称为图像空间扫描的体绘制方法；另一种是从物体空间到图像空间的方法，是一种在物体空间扫描的体绘制方法。

习题

1. 阐述傅里叶反投影重建法的基本原理。

2. 试证明：

(1) 如果是 $f(x,y)$ 旋转对称的，那么它可以以由单个投影重建。

(2) 如果 $f(x,y)$ 是可以分解成 $g(x)$ 和 $h(y)$ 的乘积，那么它可以由两个与坐标轴垂直的投影重建。

3. 详述光线投射体绘制方法的过程。

4. 简述 MC 算法的主要思想和应用领域。

第 7 章

图像分割技术

图像分割(Image Segmentation)就是按照一定的原则将一幅图像或景物分为若干个特定的、具有独特性质的部分或子集,并提取出感兴趣目标的技术和过程。在对各种图像的研究应用中,人们往往仅对图像中的某些部分感兴趣,这些部分常称为目标或前景(其他部分称为背景),它们一般对应图像中某些特定的、具有独特性质的区域。这里的独特性可以是像素的灰度值、物体轮廓曲线、颜色、纹理等,也可以是空间频谱或直方图特征等。在图像中用来表示某一物体的区域,其特征都是相近或相同的,但是不同物体的区域之间,特征就会急剧变化。目标可以对应单个区域,也可以对应多个区域。为了辨识和分析目标,需要将它们分离提取出来,在此基础上才有可能进一步进行图像识别与理解。本章在介绍图像分割的基本概念及图像分割分类的基础上,重点介绍了边缘分割法、阈值分割法、熵分割法、区域分割法、聚类分割法,并对彩色分割法和分水岭分割法作了简要介绍。

7.1 图像分割概述

图像分割的目的是把图像空间分成一些有意义的区域。例如,一幅航空照片,可以分割成工业区、住宅区、湖泊、森林等。可以以逐个像素为基础去研究图像分割,也可以利用在规定领域中的某些图像信息去分割。图像分割的依据可建立在图像上像素间的"相似性"和"非连续性"两个基本概念之上。像素的相似性是指图像在某个区域内像素具有某种相似的特性,如像素灰度相等或相近,像素排列所形成的纹理相同或相近。"不连续性"是指像素某种特征的不连续,如灰度值的突变、颜色的突变、纹理结构的突变等。

图像分割比较正式的定义如下:

令集合 R 代表整个图像区域,对 R 的图像分割可以看作是将 R 分成 N 个满足以下条件的非空子集 $R_1, R_2, \cdots, R_N$:

(1) $\bigcup_{i=1}^{N} R_i = R$。

(2) 对 $i = 1, 2, \cdots, N$, $\quad P(R_i) = \text{TRUE}$。

(3) 对 $\forall i, j, i \neq j$,有 $R_i \bigcap R_j = \phi$。

(4) 对 $\forall i, j, i \neq j, P(R_i \bigcup R_j) = \text{FALSE}$。

(5) 对 $i = 1, 2, \cdots, N$, $\quad R_i$ 是连通的区域。

上述条件(1)指出分割所得到的全部子区域的总和(并集)应能包括图像中所有的像素，或者分割应将图像中的每个像素都分进某个子区域中。即 $\bigcup_{i=1}^{N} R_i = R$ 表示分割的所有子区域的并集就是原来的图像，这一点非常重要，因为这一点是保证图像中每个像素都被处理的充分条件。条件(2) $P(R_i)$ 指出在分割后得到的属于同一个区域中的像素应该具有某些相同特性。条件(3)指出各个子区域是互不重叠的，或者一个像素不能同时属于两个区域。条件(4) $P(R_i \cup R_j) = $ FALSE 指出在分割后得到的属于不同区域中的像素应该具有一些不同的特性，它们没有公共的特性。条件(5)要求同一个子区域内的像素应当是连通的。

这些条件对分割有一定的指导作用，但是，对上面的定义需要补充的是，实际的图像处理和分析都是面向某种特定的应用，所以，条件中的各种关系也需要和实际要求结合而设定。迄今为止，还没有找到一种通用的办法，可以把人类的要求完全转换成图像分割中的各种条件关系，所有的条件表达式都是近似的。

图像分割是图像处理领域中的一个基本问题，也是自动目标识别技术中的一项关键技术，是目标特征提取、识别与跟踪的基础。目前已经提出的图像分割方法和种类很多。以不同的分类标准进行划分，图像分割方法可以划分为不同的种类。

从分割依据的角度来看，图像的分割方法可以分为相似性分割和非连续性分割。相似性分割就是将具有同一灰度级或相同组织结构的像素聚集在一起，形成图像的不同区域；非连续性分割就是首先检测局部不连续性，然后将它们连接在一起形成边界，这些边界将图像分成不同的区域。近年来，随着计算机处理能力的提高，使用的数学工具和分析手段也在不断地扩展，如基于数学形态学的分割方法、基于小波变换的分割方法、基于聚类的分割方法和基于神经网络的分割方法等。

基于聚类的分割方法，图像分割问题也可看成是像素的分类问题，所以可以使用模式分类技术。特征空间聚类法进行图像分割是将图像空间中的像素用对应的特征空间点表示，根据它们在特征空间的聚集对特征空间进行分割。然后将它们映射回原图像空间得到分割结果。

本章介绍的主要内容有：基于相似性的分割，包括阈值分割、区域生长、区域分裂与合并、K 均值聚类；基于边缘的分割，包括边缘检测方法、边缘跟踪方法、彩色图像分割。

7.2 基于边缘的分割

图像的边缘是图像的最基本特征，是图像局部特性不连续(或突变)的结果，是不同区域的分界处，因此它是图像分割所依赖的重要特征。基于边缘的分割是通过搜索不同区域之间的边界，来完成图像的分割。其具体做法是：首先利用合适的边缘检测算子提取出待分割场景不同区域的边界，然后对分割边界内的像素进行连通和标注，从而构成分割区域。

7.2.1 边缘检测概述

图像的边缘是图像局部特性突变产生的，如灰度值的突变、颜色的突变、纹理结构的突变等。边缘有方向和幅度两个特性，通常沿边缘的走向特征变化平缓，垂直于边缘走向的像素特征变化剧烈。

对于灰度图像,常见的边缘有阶跃型、脉冲型和房顶型,如图 7-1 所示,这些变化对应图像中不同的景物。阶跃型的边缘处于图像中两个具有不同灰度值的相邻区域之间,脉冲型主要对应细条状的灰度值突变区域,而房顶型的边缘上升下降沿都比较缓慢,可看作脉冲型坡度变小的情况。实际分析中图像要复杂得多,图像边缘的灰度变化情况并不仅限于上述标准情况。

边缘检测就是采用某种算法来检测出图像中不同区域间的交接线,通常用求导数方法来检测,一般采用一阶导数和二阶导数检测边缘。对于图 7-1(a)所示的阶跃型边缘,灰度值剖面的一阶导数在图像由明变暗的位置处有一个向下的阶跃,而在其他位置都为零。这表明可用一阶导数的幅度来检测边缘的存在,幅度峰值一般对应边缘位置。灰度值剖面的二阶导数在一阶导数的阶跃上升区有一个向上的脉冲,而在一阶导数的阶跃下降区有一个向下的脉冲。在这两个阶跃之间有一个过零点,它的位置正对应原图像中边缘的位置。所以可用一阶导数的极值或二阶导数的过零点检测边缘位置。对于图 7-1(b)、(c)所示的脉冲型和房顶型边缘,灰度变化曲线的一阶导数在边缘处呈现零交叉,而二阶导数在边缘处呈现极值。

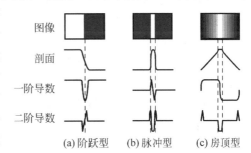

图 7-1　边缘灰度变化的几种类型

边缘检测方法很多,这里只介绍几种常用的方法。

(1) 空域微分算子。也就是传统的边缘检测方法。这些方法主要用于处理灰度图像。由于边缘是图像上灰度变化最剧烈的地方,对应连续情形就是函数梯度较大的地方,所以研究比较好的求导算子就成为一种边缘检测的思路。传统的边缘检测就是利用了这个特点,对图像各个像素点进行一阶或二阶微分来确定边缘像素点。在实际中各种微分算子常用小区域模板来求,微分运算是利用模板与图像卷积来实现。常用的一阶微分算子有 Roberts、Prewitt 和 Sobel 等,二阶微分算子有 Laplace 和 Kirsch 算子等。这些边缘检测算子的区别主要在于所采用的模板和元素系数不同。根据数字图像的特点,处理图像过程中常采用差分来代替导数运算,对于图像的简单一阶导数运算,由于具有固定的方向性,只能检测特定方向的边缘,所以不具有普遍性。

(2) 拟合曲面。拟合曲面是一种比较直观的方法,该方法利用当前像素邻域中的一些像素值拟合一个曲面,然后求这个连续曲面在当前像素处的梯度。从统计角度来说,可以通过回归分析得到一个曲面,然后做类似的处理。

(3) 小波多尺度边缘检测。二进小波变换具有检测二元函数的局部突变能力。因此可作为图像边缘检测工具。图像的边缘出现在图像局部灰度不连续处,对应于二进小波变换的模极大值点。因此,通过检测小波变换模极大值点可以确定图像的边缘。小波变换位于各个尺度上,而每个尺度上的小波变换都能提供一定的边缘信息。因此可进行多尺度边缘检测。

(4) 基于数学形态学的边缘检测。利用数学形态学进行边缘检测的基本方法有:①选取合适的结构元素对图像进行数学形态学腐蚀运算,再求原图像与腐蚀后的图像的差;②对图像进行膨胀运算,再求膨胀后的图像与原图像的差。在这些方法中,结构元素的选择是一个关键点，一般来讲，结构元素的尺寸大小和结构形状都会影响图像边缘的检测效果。

7.2.2 边缘检测方法

7.2.2.1 边缘检测算子

常用的边缘检测算法包括 Prewitt、Roberts 和 Sobel 等基于一阶导数的边缘检测算子，以及 Laplace 和 LOG 基于二阶导数的边缘检测算子等。检测方法是采用小区域模板与图像做卷积运算求导数，然后选取合适的阈值提取边缘。

Prewitt 算子、Roberts 算子、Sobel 算子和 Laplace 算子在第 3 章已经介绍过了。下面介绍的 Kirsch 算子、LOG 算子不仅可用于检测二维边缘，也可以用于检测三维边缘。

1. Kirsch 算子

Kirsch 算子使用 8 个模板来确定梯度的幅值和方向，故又称为方向算子，通过一组模板分别计算不同方向上的差分值，取其中最大的值作为边缘强度，而将与之对应的方向作为边缘的方向。假设原始图像的 3×3 子图像如图 7-2 所示。

a_3	a_2	a_1
a_4	(i,j)	a_0
a_5	a_6	a_7

图 7-2　原始图像的 3×3 子图像

边缘的梯度大小为

$$G(i,j) = \max\{1, \max\{\,|5s_k - 4t_k|\,: k = 0,1,\cdots,7\}\,\} \tag{7-1}$$

其中

$$\begin{cases} s_k = a_k + a_{k+1} + a_{k+2} \\ t_k = a_{k+3} + a_{k+4} + \cdots + a_{k+7} \end{cases} \tag{7-2}$$

式（7-2）中的下标超过 7 就用 8 去除并取余数，$k=0,1,\cdots,7$。实际上就是使用了 8 个模板（图 7-3）。

Kirsch 算子实现起来相对来说稍微麻烦一些，它采用 8 个模板对图像上的每一个像素点进行卷积求导数，这 8 个模板代表 8 个方向，分别对图像上的 8 个特定边缘方向做出最大响应，运算中取所有 8 个方向中的最大值作为图像的边缘输出。最大响应模板的序号构成了对边缘方向的编码。Kirsch 算子的方向模板也可以有不同的尺寸，如 8 方向的 5×5 模板。

$$
\begin{bmatrix} 5 & 5 & 5 \\ -3 & 0 & -3 \\ -3 & -3 & -3 \end{bmatrix}
\begin{bmatrix} -3 & 5 & 5 \\ -3 & 0 & 5 \\ -3 & -3 & -3 \end{bmatrix}
\begin{bmatrix} -3 & -3 & 5 \\ -3 & 0 & 5 \\ -3 & -3 & 5 \end{bmatrix}
\begin{bmatrix} -3 & -3 & -3 \\ -3 & 0 & 5 \\ -3 & 5 & 5 \end{bmatrix}
$$

$$
\begin{bmatrix} -3 & -3 & -3 \\ -3 & 0 & -3 \\ 5 & 5 & 5 \end{bmatrix}
\begin{bmatrix} -3 & -3 & -3 \\ 5 & 0 & -3 \\ 5 & 5 & -3 \end{bmatrix}
\begin{bmatrix} 5 & -3 & -3 \\ 5 & 0 & -3 \\ 5 & -3 & -3 \end{bmatrix}
\begin{bmatrix} 5 & 5 & -3 \\ 5 & 0 & -3 \\ -3 & -3 & -3 \end{bmatrix}
$$

图 7-3　Kirsch 边缘算子模板

2. LOG（Laplace-Gauss）算子

当使用一阶导数的边缘检测器时，如果所求点的一阶导数高于某一阈值，则可确定该点为边缘点，这样做会导致检测的边缘点太多。一种更好的方法就是求梯度局部最大值对应的点，并认定它们是边缘点。通过去除一阶导数中的非局部最大值，可以检测出更精确的边缘。一阶导数的局部最大值点对应着二阶导数的零交叉点，这样，通过找图像强度的二阶导数的零交叉点就能确定精确的边缘点。在二维空间中，一种常用的二阶导数算子是 Laplace

算子。但是,Laplace 算子有两个缺点,其一是边缘的方向信息被丢失,其二是 Laplace 算子是二阶差分算子,因此双倍加强了图像噪声的影响。由于图像强度二阶导数的零交叉点求边缘点算法对噪声十分敏感,为消除噪声影响,Marr 和 Hildreth 将 Gaussian 滤波器和 Laplace 边缘检测结合在一起,形成了 LOG(Laplace Of Gaussian)算法,即先用高斯函数对图像进行平滑,然后再用拉普拉斯算子进行运算,形成 Laplace-Gauss 算法,它使用一个墨西哥草帽函数形式,即

$$
\begin{aligned}
LOG(x,y) &= \left(\frac{\partial^2}{\partial x^2} + \frac{\partial^2}{\partial y^2}\right)\frac{1}{2\pi\sigma^2}\exp\left[-\frac{(x^2+y^2)}{2\sigma^2}\right] \\
&= \frac{-1}{2\pi\sigma^4}\left[2 - \left(\frac{x^2+y^2}{\sigma^2}\right)\right]\exp\left[-\frac{(x^2+y^2)}{2\sigma^2}\right]
\end{aligned}
\tag{7-3}
$$

这种方法的特点是图像首先与高斯滤波器进行卷积,既平滑了图像又降低了噪声,孤立的噪声点和较小的结构组织将被滤除。由于平滑会导致边缘的延展,因此在边缘检测时仅考虑那些具有局部梯度最大值的点为边缘点,这一点可用 Laplace 算子将边缘点转换成零交叉点,然后通过零交叉点的检测来实现边缘检测。图 7-4 给出了一个常用的 LOG 算子的 5×5 的模板。

$$
\begin{bmatrix}
-2 & -4 & -4 & -4 & -2 \\
-4 & 0 & 8 & 0 & -4 \\
-4 & 8 & 24 & 8 & -4 \\
-4 & 0 & 8 & 0 & -4 \\
-2 & -4 & -4 & -4 & -2
\end{bmatrix}
$$

图 7-4 5×5 的 LOG 算子模板

和其他边缘检测算子一样,LOG 算子也是先对边缘做出假设,然后在这个假设下寻找边缘像素。但 LOG 算子对边缘的假设条件最少,因此它的应用范围更广。另外,其他边缘检测算子检测得到的边缘是不连续的,也是不规则的,还需要连接这些边缘,而 LOG 算子的结果没有这个缺点。对于 LOG 算子边缘检测的结果可以通过高斯函数标准偏差 σ 来进行调整。即 σ 值越大,噪声滤波效果越好,但同时也丢失了重要的边缘信息,影响了边缘检测的性能;σ 值越小,越有可能平滑不完全而留有太多的噪声。因此,在不知道物体尺度和位置的情况下,很难准确确定滤波器的 σ 值。一般来说,使用大 σ 值的滤波器产生鲁棒边缘,小的 σ 值的滤波器产生精确定位的边缘,两者结合,能够检测出图像的最佳边缘。

3. Canny(坎尼)算子

Canny 边缘检测算子是 John F. Canny 于 1986 年提出的一种边缘检测算法。Canny 的目标是找到一个最优的边缘检测算法,Canny 认为好的边缘检测应具有 3 个特点。

(1) 算法能够尽可能多地标识出图像中的实际边缘。

(2) 标识出的边缘要尽可能与实际边缘接近。

(3) 边缘响应是单值的。

Canny 边缘检测算法步骤如下:

(1) 用高斯滤波器平滑图像,去除图像噪声。

(2) 用一阶偏导来计算梯度幅值和梯度方向。

(3) 对梯度幅值进行非极大值抑制,即遍历图像,若某个像素的梯度幅值与其梯度方向上前后两个像素的梯度幅值相比不是最大,那么这个像素值置为 0。

(4) 使用双阈值算法检测和连接边缘。设置高阈值 T_2 和低阈值 T_1,梯度值大于 T_2 的像素称为强边缘像素,介于 T_1 和 T_2 之间的像素称为弱边缘像素,小于 T_1 的所有像素值置为 0。把强边缘连接成轮廓。弱边缘像素则是利用其梯度方向信息,将 8 邻接的弱边缘像

素连接到强边缘像素得到最后的边缘图。

7.2.2.2 边缘提取

上面介绍的几种边缘检测方法实际上是求取图像中灰度的突变点。这样定义的边缘既失去了边缘的部分信息，又把噪声的影响包含在了边缘中。事实上，边缘往往具有以下特征：灰度突变、是不同区域的边界、具有方向性。根据边缘的这3个特征，可以根据所关心的区域的特征是否存在差异来判断是否存在边缘的可能性。如果特征没有差异，则认为是平滑区；如果特征有差异，则认为是边缘点。算法的具体实现步骤如下：

（1）设置4个3×3模板如图7-5所示，显而易见，4个模板分别按0°、45°、90°、135°以(i,j)点为中心将3×3的区域分成两个部分，按照这4个模板分别对图像中的每一像素点进行卷积求和操作。

$$
\begin{bmatrix} -1 & 0 & 1 \\ -1 & 0 & 1 \\ -1 & 0 & 1 \end{bmatrix} \quad
\begin{bmatrix} 0 & 1 & 1 \\ -1 & 0 & 1 \\ -1 & -1 & 0 \end{bmatrix} \quad
\begin{bmatrix} 1 & 1 & 1 \\ 0 & 0 & 0 \\ -1 & -1 & -1 \end{bmatrix} \quad
\begin{bmatrix} 0 & -1 & -1 \\ 1 & 0 & -1 \\ 1 & 1 & 0 \end{bmatrix}
$$
$$\quad\ \ 0° \qquad\qquad 45° \qquad\qquad 90° \qquad\qquad 135°$$

图 7-5 边缘提取模板

（2）对图像中每一像素点求的4个结果取绝对值，将每个结果分别与一个阈值比较，如果其中任意一结果不小于阈值 T，则该模板的中心点所对应的图像像素点的灰度值为1，否则为0。

对于有噪声的图像，由于噪声是随机分布的，因此不论(i,j)是有效边界点还是处于平坦区域内部，沿边缘方向划分的两个区域的噪声分布和噪声强度在概率上相同。从4个模板的结构可以看出，噪声的影响基本上被相应抵消，不会对边缘提取产生太大的影响，因此该算法具有较好的抗噪能力，克服了传统的边界提取仅考虑灰度突变情况的局限。经实验证明，该方法有较强的抗噪声性能。

在使用一阶导数检测边缘器时，如果所求的一阶导数高于某一阈值，则可确定该点为边缘点，即可以用式(7-4)生成二值图像，即

$$
g(x,y) = \begin{cases} 1, & G(x,y) \geqslant T \\ 0, & \text{其他} \end{cases}
\tag{7-4}
$$

7.2.3 边界跟踪

上面介绍的方法是通过边缘检测算子先计算出梯度，然后用二值化方法提取出边缘。边界跟踪方法则是利用边界具有高梯度值的性质直接把边缘找出来。

图像的轮廓（边界）跟踪与边缘检测是密切相关的，因为轮廓跟踪实质上就是沿着图像的外部边缘"走"一圈。轮廓跟踪也称边缘点连接，是一种基于梯度的图像分割方法，是指从梯度图中一个边界点出发，依次通过对前一个边界点的考察而逐步确定出下一个新的边界点，并将它们连接而逐步检测出边界的方法。一般轮廓跟踪算法具有较好的抗噪性，产生的边界具有较好的刚性。图像的轮廓跟踪技术与图像的边界提取技术是不同的，边界提取既要提取图像的外部边缘又要提取图像的内部边缘，而图像的轮廓跟踪技术则只对图像的外部边缘进行跟踪。因而轮廓跟踪的目的主要是将目标与背景区分出来。

按照边缘特点,有的边界取正值(阶跃边缘一阶导数为正值),有的取负值(房顶型边缘二阶导数为负值),有的边界取 0 值(阶跃边缘二阶导数、房顶型边缘一阶导数均过零点)。因此轮廓跟踪方法按边缘特点分,有极大跟踪法、极小跟踪法、极大-极小跟踪法与过零点跟踪法。实际跟踪比较复杂,跟踪准则要随问题内容而定,准则不同,跟踪方法也就不同。具体轮廓跟踪过程大致可分为以下 3 步:

(1) 确定轮廓跟踪的起始边界点。根据算法的不同,选择一个或多个边缘点作为搜索的起始边缘点。

(2) 选择一种合适的数据结构和搜索策略,根据已经发现的边界点确定下一个检测目标并对其进行检测。

(3) 制定出终止搜寻的准则(一般是将形成闭合边界作为终止条件),在满足终止条件时结束搜寻。

常用的轮廓跟踪技术有两种,一种是探测法,一种为梯度图法。下面先介绍一种简单的边界跟踪法,再主要讲解梯度图法的轮廓跟踪技术。

简单边界跟踪法的具体步骤如下:

(1) 根据光栅扫描(图 7-6)发现像素从 0 开始变为 1 的像素 p_0 时,存储它的坐标 (i,j) 值。

(2) 从像素 $(i,j-1)$ 开始逆时针方向研究 8-邻接像素,当第一次出现像素值为 1 的像素记为 p_k,开始 $k=1$,也同样存储 p_1 的坐标。

(3) 同上,逆时针方向从 p_{k-1} 以前的像素研究 p_k 的 8-邻接像素,把最先发现像素值为 1 的像素记为 p_{k+1}。

(4) 当 $p_k=p_0$ 且 $p_{k+1}=p_1$ 时,跟踪结束。在其他情况下,把 $k+1$ 更新当作 k 返回第(3)步。

图 7-6 描述了边界跟踪的顺序。第一步,根据光栅扫描,发现像素 p_0,其坐标为 $(3,5)$。第二步,逆时针方向研究像素 p_0 的 8-邻接像素 $(3,4)$、$(4,4)$、$(4,5)$,由此发现像素 p_1。第三步,逆时针方向从 p_0 以前的像素,即像素 $(3,4)$ 开始顺序研究 p_1 的 8-邻接像素,因此发现像素 p_2。这时,因为 $p_1 \neq p_0$,

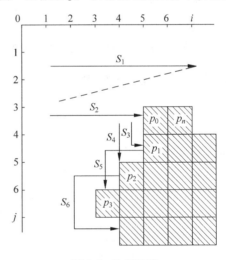

图 7-6　边界跟踪

所以令 $p_k=p_2$,返回第三步。反复以上操作,以 $p_0,p_1,\cdots,p_n$ 的顺序跟踪 8-邻接的边界像素。

图 7-6 中 S_1 和 S_2 表示光栅扫描;S_3 表示以 p_0 为中心逆时针方向扫描;S_4 表示以 p_1 为中心逆时针方向扫描;S_5 表示以 p_2 为中心逆时针方向扫描;S_6 表示以 p_3 为中心逆时针方向扫描。逆时针的顺序是:$(i,j-1) \to (i+1,j-1) \to (i+1,j) \to \cdots \to (i-1,j) \to (i-1,j-1)$。4-邻接跟踪边界像素的方法和上述方法一样,不同之处是逆时针方向研究 4-邻接的像素。

上面叙述的边界跟踪是在图像的边缘明确连接的假设下进行的,实际上很多的图像边缘并不是明显的连接。这时,可以采取以灰度图像为对象,直接跟踪边缘的方法。直接跟踪灰度图像边缘的时候,必须同时进行边缘检测。

下面以最大梯度跟踪法为例进行说明。对于只有一个给定目标的简单图像,先计算出梯度图。可通过在梯度图中搜寻梯度值最大的点来作为轮廓跟踪的起始点。第二点可以在其前一点（即第一点）的 8-邻域中寻找，一般是选择梯度最大点作为第二个边界点。由于根据前一点 P 和当前点 C 的相互位置可以大致确定出边缘的走向，因此在对下一点的搜寻时不必再对当前点的 8-邻域进行计算比较，而可以根据前一点 P 和当前点 C 在位置上的不同，可得到如图 7-7 所示的 8 种可能方向，为了保证边界的光滑性，每次只对 P 与 C 连线方向上呈扇形的 3 个候选边缘像素进行梯度值计算及比较，并取最大梯度值作为选取的下一个边界点。这样将减少相当的计算量，得到的边界为 8-连通。

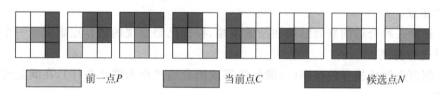

图 7-7　边缘跟踪的 8 种方向

7.3　基于阈值的分割

直方图阈值分割算法是区域分割算法中具有代表性的一类非常重要的分割算法。由于图像阈值处理的直观性和易于实现的性质，以及阈值分割总能用封闭而且连通的边界定义不交叠的区域，使得阈值化分割算法成为图像分割算法中应用数量最多的一类。

7.3.1　阈值分割原理及分类

直方图阈值法是基于对灰度图像的这样一种假设：目标或背景内部的相邻像素间的灰度值是相似的，但不同目标或背景上的像素灰度差异较大，其反映在直方图上，就是不同目标或背景对应不同的峰。分割时，选取的阈值应位于直方图两个不同峰之间的谷上，以便将各个峰分开。例如，对于具有图 7-8(a) 所示的直方图的灰度图像进行分割，其基本的处理方式是：首先在图像的灰度取值范围内选择一灰度阈值，然后将图像中各个像素的灰度值与这个阈值相比较，并根据比较的结果将图像中的像素划分到两个类中。像素灰度值大于阈值的为一类，像素灰度值小于阈值的为另一类，灰度值等于阈值的像素可以归入这两类之一。经由此阈值分割的两部分像素点集分别属于图像中的不同区域，这种仅使用一个阈值分割的方法称为单阈值分割方法。经阈值处理后的图像 $g(i,j)$ 定义为

$$g(i,j) = \begin{cases} 1 & f(i,j) > T \\ 0 & f(i,j) \leqslant T \end{cases} \tag{7-5}$$

因此标记为 1 的像素对应于目标，而标记为 0 的像素对应于背景，由此产生的图像则为二值图像。

在数字图像中，二值图像占有非常重要的地位。二值图像是指只有两个灰度级的图像，二值图像具有存储空间小、处理速度快等特点，可以方便地对图像进行布尔逻辑运算，更重要的是二值图像可以比较容易地获取目标区域的几何特征或者其他特性，比如描述目标区域的边界、获取目标区域的位置和大小等；在二值图像的基础上，还可以进一步对图像进行处理，获取目标的更多特征，从而为进一步进行图像分析和识别奠定基础。

二值图像通常是由图像分割产生的，生成二值图像的过程叫做二值化。对图像进行二值化处理的关键是阈值的选择与确定，不同的阈值设定方法会产生不同的二值化结果。

如果图像中有多个灰度值不同的区域,那么可以选择一系列的阈值以将每个像素分到合适的类别中去,如图 7-8(b)所示。对于数字图像 $f(i,j)$,对其取 K 个阈值后,图像可用式(7-6)表示,即

$$g(i,j) = k \quad k = 0,1,\cdots,K; \quad 当 T_{k-1} < f(i,j) < T_k \tag{7-6}$$

从式(7-6)可以看出,处于阈值 255 与 T_1 之间的所有灰度值均被映射为 g_1,其他几个阈值之间的灰度级也依次映射为 $g_2 \sim g_5$,从而完成对图像的阈值分割。这种用多个阈值分割的方法称为多阈值分割方法。

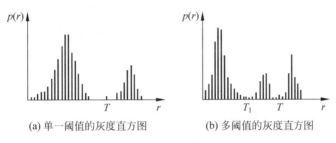

(a) 单一阈值的灰度直方图　　　(b) 多阈值的灰度直方图

图 7-8　单一阈值和多阈值分割的灰度直方图

在阈值确定后,通过阈值分割出的结果直接给出了图像的不同区域分布。目前有多种阈值选取方法,依阈值的应用范围可分为全局阈值法、局部阈值法和动态阈值法三类。

阈值分割可看作是对下列形式函数 T 的一种操作,即

$$T = T[i,j,p(i,j),f(i,j)] \tag{7-7}$$

这里 $f(i,j)$ 是点 (i,j) 的灰度级,$p(i,j)$ 是该点邻域的某种局部性质,如以 (i,j) 为中心的邻域的平均灰度级。借助式(7-7),就可以分别给出其定义:

(1) 当 T 仅取决于图像灰度值 $f(i,j)$,所得到的阈值仅与各个图像像素本身性质相关,此时的阈值称为全局阈值。全局阈值法是指在阈值化过程中只使用一个阈值。全局阈值分割方法在图像处理中应用比较多,它在整幅图像内采用固定的阈值分割图像。经典的阈值选取以灰度直方图为处理对象。根据阈值选择方法的不同,可以分为模态方法、迭代式阈值选择等方法。这些方法都是以图像的直方图为研究对象来确定分割的阈值。另外,还有类间方差阈值分割法、二维最大熵分割法、模糊阈值分割法、共生矩阵分割法和区域生长法等。

(2) 如果 T 取决于图像灰度值 $f(i,j)$ 和该点邻域的某种局部特性 $p(i,j)$,所得到的阈值就是与局部区域特性相关的,此时的阈值称为局部阈值。局部阈值法将原始图像划分成较小的图像,并对每个子图像选取相应的阈值。在阈值分割后,相邻子图像之间的边界处可能产生灰度级的不连续性,因此需用平滑技术进行排除。局部阈值法常用的方法有灰度差直方图法、微分直方图法。局部阈值分割法虽然能改善分割效果,但存在几个缺点,如每幅子图像的尺寸不能太小,否则统计出的结果无意义;每幅图像的分割是任意的,如果有一幅子图像正好落在目标区域或背景区域,而根据统计结果对其进行分割,也许会产生更差的结果;局部阈值法对每一幅子图像都要进行统计,速度慢,难以适应实时性的要求。

(3) 如果 T 的选取除了取决于图像灰度值 $f(i,j)$ 和该点邻域的某种局部特性 $p(i,j)$ 之外,还取决于空间坐标 i 和 j,则所得到的阈值是与坐标相关的,此时的阈值称为动态阈值或者自适应阈值。

7.3.2 全局阈值

在所有的阈值处理技术中，最简单的方法是利用一个单一的阈值对图像的直方图进行分割，正如图 7-8(a) 中说明的那样。根据像素的灰度值是大于还是小于该阈值，可以将图像的像素逐个地标记成物体或背景，从而实现对图像的分割。

下面介绍一种 2-Mode 方法。

该方法依据的原理：对于比较简单的图像，可以假定物体和背景分别处于不同的灰度级，图像被零均值高斯噪声污染，所以图像的灰度分布曲线近似用两个正态分布概率密度函数 $N_1(\mu_1, \sigma_1^2)$ 及 $N_2(\mu_2, \sigma_2^2)$ 分别代表目标和背景的直方图，利用这两个函数的合成曲线拟合整体图像的直方图，图像的直方图将会出现两个分离的峰值，如图 7-9 所示。然后依据最小误差理论针对直方图的两个峰间的波谷所对应的灰度值求出分割的阈值。这种分割方法不可避免地会出现误分割，使一部分本属于背景的像素被判决为物体，属于物体的一部分像素同样会被误认为是背景。可以证明，当物体的尺寸和背景相等时，这样选择阈值可以使误分概率达到最小。

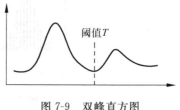

图 7-9 双峰直方图

该方法在阈值求取过程中，并不需要人工干预。此方法适用于具有良好双峰性质的图像，但此方法需要用到数值逼近等计算，算法十分复杂，而且多数图像的直方图是离散、不规则的。

7.3.3 局部阈值

当图像中有背景照度不均匀时，如果使用全局阈值对整幅图像进行分割，则由于不能兼顾图像各处的情况而使分割效果受到影响。对这种情况的处理方法可以利用与坐标相关的一组阈值来对图像进行分割。这种与坐标相关的阈值称为局部阈值或自适应阈值法。还可以先对图像进行预处理以补偿照度不均匀的问题，之后再进行分割。下面介绍两种实用的处理方法。

1. 阈值插值法

阈值插值法是首先将图像分解成一系列的子图像，然后计算每个子图像的分割阈值，最后对这些子图像所得到的阈值进行插值，就可以得到对原图中每个像素进行分割所需要的合理阈值。由于子图像相对原图较小，因此受背景空间变化带来的影响比较小。并且分割每个像素的阈值取决于像素在图像中的位置，这类阈值处理是自适应的。这里对应每个像素的阈值构成了一个曲面，叫做阈值曲面。图 7-10(a) 显示了一幅照度不均的图像，图 7-10(b) 是利用最大方差法（见 7.3.4 节）求出全图阈值并分割的结果，图 7-10(c) 是先将图分成 8×8 块，再利用最大方差法求出每块的阈值，然后采用近邻插值方法求出每点的阈值并分割的结果。

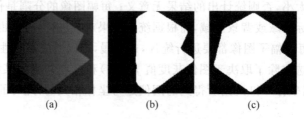

(a)   (b)   (c)

图 7-10 阈值插值法分割图像

2. 照度补偿法

当图像照度不均匀时，可以先采用一定的方法对照度不均匀图像进行补偿，然后采用全局阈值分割图像。例如，可以先采用形态学顶帽变换(见7.6.1节)方法补偿不均匀的背景，然后再采用全局阈值分割图像(图7-25)。

7.3.4 阈值选取方法

从前面的分析可以看出阈值的选择对于图像分割结果的重要性。给定一幅图像，仅凭人眼主观上的感觉是很难选择到合适的阈值点的。阈值化分割算法经过几十年的研究发展，已经摸索出了不少阈值的优选算法。现在已经可以基本圈定4种比较经典的阈值选取方法——直方图极小值点阈值选取方法、最佳阈值搜寻方法、迭代阈值选取方法以及最大类间方差阈值选取方法。通过这4种方法中的一种或几种，在一般情况下能够选择出合适的阈值点，进而可以对图像进行准确、有效的分割。下面介绍常用的4种阈值选取方法。

1. 直方图极小值法

图像的灰度直方图是一种离散分布，其包络曲线则是一条连续的曲线，因此对离散的直方图的"谷"的寻找定位就转化为求其包络曲线 $h(z)$ 极小值的问题。根据高等数学中求函数极值的有关知识，曲线 $h(z)$ 中的极小值点应同时满足下列条件，即

$$\begin{cases} \dfrac{\partial h(z)}{\partial z} = 0 \\ \dfrac{\partial^2 h(z)}{\partial z^2} > 0 \end{cases} \tag{7-8}$$

满足上述条件的极小值点所对应的灰度级即可作为分割阈值。

从图7-11(b)中可以看出，实际图像由于各种因素的影响，其灰度直方图往往存在许多起伏，如果不经预处理就直接对包络曲线求极值，将会产生若干虚假的"谷"，如图7-11(b)就可以检测出5个"谷"的存在，而真正对应于阈值的只有一个。一般的解决方法是先对其进行平滑处理，然后再取包络，这样将在一定程度上消除虚假"谷"对分割阈值的影响。在具体应用时，多使用高斯函数 $g(z,\sigma)$（σ 为高斯函数标准差）与直方图的原始包络函数 $h(z)$ 相卷积而使包络曲线得到一定程度的平滑，有

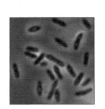
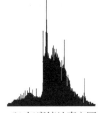

(a)细菌标准测试图像　(b)灰度统计直方图

图7-11 细菌图像及其灰度分布直方图

$$h(z,\sigma) = h(z) \cdot g(z,\sigma) = \int_{-\infty}^{+\infty} h(z-\mu) \frac{1}{\sqrt{2\pi}\sigma} \frac{-z^2}{2\sigma^2} \mathrm{d}\mu \tag{7-9}$$

式中，μ 为图像的灰度平均值。此外，其他一些在数据处理中常用的三点平滑、五点平滑等比较简单的平滑去噪算法也可以根据需要灵活选用。

2. 最佳阈值搜寻方法

假设一幅图像仅包含两个主要的灰度级区域。令 z 表示灰度级值。此时该图像的灰度直方图可以看成是对灰度取值的概率密度函数 $p(z)$ 的近似。这种全局的密度函数是两个单峰密度函数的和或者说是混合，其中一个相应于图像中的亮区域，而另一个相应于图像的

暗区域。更进一步讲,上述两个单峰函数的混合参数与对应亮度的图像区域在整个图像中所占的面积呈正比。如果密度函数的形式是已知的或者是可假设的,那么要确定一个最佳的阈值(具有最低的误差),并以此来将图像分割成两个亮度区域是可能的。

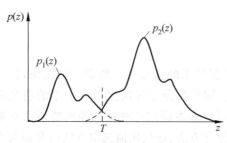

图 7-12　一幅图像中两个区域的灰度级概率密度函数

假设一幅图像包含两个灰度级并混有高斯加性噪声。首先来看不含有高斯加性噪声的两个概率密度函数(图 7-12)。其中概率密度函数较大的一个对应于背景的灰度级,而较小的一个描述了图像中目标的灰度级,则描述图像中整体灰度级变化的混合概率密度函数可以表示成

$$p(z) = P_1 p_1(z) + P_2 p_2(z) \qquad (7\text{-}10)$$

式中,P_1 和 P_2 为两类像素出现的概率,即 P_1 是目标像素的概率,该像素是具有灰度值 z 的像素数,P_2 是背景像素的概率；$p_1(z)$ 和 $p_2(z)$ 分别为背景和目标的概率密度函数。

下面来看对于图像具有高斯噪声的情况,则式(7-10)中混合概率密度函数具有以下形式,即

$$p(z) = \frac{P_1}{\sqrt{2\pi}\,\sigma_1} \exp\left[-\frac{(z-\mu_1)^2}{2\sigma_1^2}\right] + \frac{P_2}{\sqrt{2\pi}\,\sigma_2} \exp\left[-\frac{(z-\mu_2)^2}{2\sigma_2^2}\right] \qquad (7\text{-}11)$$

式中,μ_1 和 μ_2 分别为图像两个灰度级的灰度均值；σ_1 和 σ_2 分别为相应于均值的标准偏差；P_1 和 P_2 分别为两个灰度级的先验概率密度,并且 P_1 和 P_2 必须满足下列限制条件,即

$$P_1 + P_2 = 1 \qquad (7\text{-}12)$$

因此,在上述混合概率密度函数中,共含有 5 个待确定的参数。如果所有的参数都是已知的,那么就可以很容易地确定最佳的分割阈值。

假设图像中的暗区域相应于背景,而图像的亮区域相应于图像中的物体。在这种情况下 $\mu_1 < \mu_2$,并且可定义阈值 T(图 7-12),使得所有灰度值小于 T 的像素可以被认为是背景点,而所有灰度值大于 T 的像素可以被认为是物体点。此时,将物体点误判为背景点的概率为

$$E_1(T) = \int_{-\infty}^{T} p_2(z)\mathrm{d}z \qquad (7\text{-}13)$$

这是在曲线 $p_2(z)$ 下方位于阈值左边区域的面积。类似地,将背景点误判为物体点的概率为

$$E_2(T) = \int_{\infty}^{T} p_1(z)\mathrm{d}z \qquad (7\text{-}14)$$

这是在曲线 $p_1(z)$ 下方位于阈值右边区域的面积。因此,总的误判概率为

$$E(T) = P_2 E_1(T) + P_1 E_2(T) \qquad (7\text{-}15)$$

为了找到一个阈值 T 使得上述的误判概率为最小,必须将 $E(T)$ 对 T 求微分(应用莱布尼兹公式),并令其结果等于零。由此可以得到以下的关系,即

$$P_1 p_1(T) = P_2 p_2(T) \qquad (7\text{-}16)$$

由式(7-16)解出 T,即为最佳阈值。如果 $P_1 = P_2$,则最佳阈值位于曲线 $p_1(z)$ 和 $p_2(z)$ 的交点处(图 7-12)。在实践中 $p_1(z)$ 和 $p_2(z)$ 这两个概率密度函数并不是总可以估计的。借助高斯密度函数利用参数可以比较容易得到这两个概率密度函数。因此将这一结果应用

于高斯密度函数,取其自然对数,通过化简,可以得到以下的二次方程,即

$$AT^2 + BT + C = 0 \tag{7-17}$$

其中

$$\begin{cases} A = \sigma_1^2 - \sigma_2^2 \\ B = 2(\mu_1\sigma_2^2 - \mu_2\sigma_1^2) \\ C = \mu_2^2\sigma_1^2 - \mu_1^2\sigma_2^2 + 2\sigma_1^2 2\sigma_2^2 \ln(\sigma_2 P_1/\sigma_1 P_2) \end{cases} \tag{7-18}$$

由于二次方程式(7-18)有两个可能的解,所以需要选出其中合理的一个作为图像分割的阈值。

如果两个标准偏差相等,即 $\sigma_1^2 = \sigma_2^2 = \sigma^2$,则式(7-18)中的 $A = 0$,得到一个解,即

$$T = \frac{\mu_1 + \mu_2}{2} + \frac{\sigma^2}{\mu_1 - \mu_2}\ln\frac{P_2}{P_1} \tag{7-19}$$

此即为图像分割的最佳阈值 T。如果先验概率也相等,也就是说,$P_1 = P_2$,那么式(7-19)中的第二项等于零,最佳分割阈值 T 为图像中两个灰度均值的平均数,即 $T = \frac{\mu_1 + \mu_2}{2}$。另外,如果标准偏差 $\sigma = 0$,也可以得到与上面同样的结果。对于密度函数取成其他单峰函数的情况(如瑞利分布、对数正态分布等),也可以用类似的方法获得最佳的分割阈值。

利用最小均方误差的方法可以从图像的直方图估计出一幅图像的复合灰度级的概率密度函数。例如,混合概率密度函数 $p(z)$ 和从实验得到的灰度直方图 $h(z)$ 之间的均方误差可以表示成

$$e_m = \frac{1}{n}\sum_{i=1}^{n}\left[p(z_i) - h(z_i)\right]^2 \tag{7-20}$$

这里假设了一个 n 点的灰度直方图。一般而言,要用解析的方法求出一组图像参数,使得上述均方误差取得最小值并不是一件简单的事情。即使是在高斯型密度函数的情形下,通过计算式(7-20)的偏微分并令其等于零可以得到一组联立的超越方程组,而这一方程组往往只能用数值的方法才能获得它的解。由于计算梯度通常是比较简单的,因此,可以应用共轭梯度法或牛顿法实现上述均方误差的极小化。而应用任何一种迭代方法,都必须给出初始值。实际上,假设先验概率相等通常就足够了。均值和偏差的初始值可以通过检测灰度直方图的模式来决定或者就简单地在其均值附近将直方图划分成两个部分,将每一部分计算得到的均值和偏差就作为迭代的初始值。

3. 迭代阈值选取方法

通过迭代的方式也可以选取阈值。该方法是利用程序自动搜寻出比较合适的阈值。此阈值选取方法首先选取图像的灰度范围的中值作为初始值 T_0,把原始图像中全部像素分成前景、背景两大类,然后分别对其进行积分并将结果取平均以获取一新的阈值,并按此阈值将图像分成前景、背景。如此反复迭代下去,当阈值不再发生变化,即迭代已经收敛于某个稳定的阈值时,此刻的阈值即作为最终的结果并用于对图像的分割。下面是对上述文字的数学描述,即

$$T_{i+1} = \frac{1}{2}\left[\frac{\sum_{k=0}^{T_i} h_k \cdot k}{\sum_{k=0}^{T_i} h_k} + \frac{\sum_{k=T_{i+1}}^{L-1} h_k \cdot k}{\sum_{k=T_{i+1}}^{L-1} h_k}\right] \tag{7-21}$$

式中，L 为灰度级的个数；h_k 为灰度值 k 的像素点的个数。迭代一直进行到 $T_{i+1}=T_i$ 时结束。结束时的 T_i 为阈值。

在进行具体的程序设计时，由于阈值的迭代运算是以图像的灰度统计作为基础的，因此需首先获取图像的灰度统计分布情况。该情况执行完后将存放有灰度分布的数组作为参数传递给函数迭代阈值函数，并通过迭代的方式计算出最终阈值。函数的后半部分则利用前面计算出的阈值对图像进行分割处理。

图 7-13(a)是血液标准检测图像，图 7-13(b)是在经过了 5 次阈值迭代后，用收敛后的稳定输出值 97 作为最终的分割阈值对图像进行分割的结果。

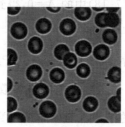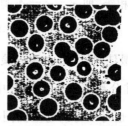

(a) 血液标准检测图像　　　(b) 经5次阈值迭代后分割的结果

图 7-13　血液及其阈值迭代分割结果

4. 最大类间方差阈值选取方法

最大类间方差法是由日本学者大津(Ostu)于 1979 年提出，又称为大津法。

它主要依据图像的灰度特性，将图像分成背景和目标两部分。背景区域和目标区域之间的类间方差越大，构成图像的这两部分的差别也就越大。当部分目标被误判为背景或者部分背景被误判为目标时都会导致这两部分的差别变小，因此使得类间方差最大的阈值分割意味着误判的概率最小。

设图像灰度级为 L，灰度为 i 的像素数为 n_i，图像总像素数为 N。当取灰度值 T 作为阈值将图像分为目标 A 与背景 B 两个区域时，则这两个区域的像素数占图像比例分别为

$$w_{\mathrm{A}} = \sum_{i=0}^{T} \frac{n_i}{N} = w(T) \tag{7-22}$$

$$w_{\mathrm{B}} = \sum_{i=T+1}^{L-1} \frac{n_i}{N} = 1 - w(T) \tag{7-23}$$

如果 A、B 区域的平均灰度分别为 μ_{A}、μ_{B}，图像的平均灰度为 μ，则 A、B 这两个区域的类间方差为

$$\sigma^2 = w(T)(\mu_{\mathrm{A}} - \mu)^2 + (1 - w(T))(\mu_{\mathrm{B}} - \mu)^2 \tag{7-24}$$

当阈值 T 从 $0 \sim L-1$ 取不同值时，计算类间方差 σ^2，使得类间方差最大时的阈值 T 即为最佳阈值。

7.4　基于熵的分割方法

熵的概念被引入图像处理技术中，人们提出了许多基于熵的阈值分割法。1980 年，Pun 提出了最大后验熵上限法；1985 年，Kapur 等人提出了一维最大熵阈值法；1989 年，

Arutaleb 将一维最大熵阈值法与 Kirby 等人的二维阈值方法相结合，提出了二维熵阈值法。

7.4.1 一维最大熵分割方法

一维最大熵分割方法的思想是统计图像中每一个灰度级出现的概率 $p(x)$，计算该灰度级的熵 $H=-p(x)\lg p(x)\mathrm{d}x$，假设以灰度级 T 分割图像，图像中低于 T 灰度级的像素点构成目标物体 (O)，高于灰度级 T 的像素点构成背景 (B)，那么各个灰度级在本区的分布概率为

$$O \text{ 区}: \frac{p_i}{p_t} \quad i = 1, 2, \cdots, t$$

$$B \text{ 区}: \frac{p_i}{1-p_t} \quad i = t+1, t+2, \cdots, L-1$$

上式中的 $p_t = \sum_{i=0}^{t} p_i$，这样对于数字图像中的目标和背景区域的熵分别为

$$H_O = -\sum_i \left(\frac{p_i}{p_t}\right)\lg\left(\frac{p_i}{p_t}\right) \quad i = 1, 2, \cdots, t$$

$$H_B = -\sum_i \left[\frac{p_i}{(1-p_t)}\right]\lg\left[\frac{p_i}{(1-p_t)}\right] \quad i = t+1, t+2, \cdots, L-1$$

对图像中的每一个灰度级分别求取 $w = H_O + H_B$，选取使 w 最大的灰度级作为分割图像的阈值，这就是一维最大熵阈值图像分割法。

下面定义了一个函数 GetMaxHtoThrod() 来实现该算法，它的返回值就是用来分割图像的阈值。

```
/**********************************************************
* pData: 图像数据
* Width: 图像宽度
* Height: 图像高度
**********************************************************/
int GetMaxHtoThrod(BYTE * pData, int Width, int Height)
{
    int i,j,t;
    float p[256],a1,a2,num[256],max,pt;
    if(pData == NULL)
    {
        AfxMessageBox("图像数据为空,请读取图像数据!");
        return -1;
    }
    //初始化数组 p[];
    for(i = 0;i < 256;i++)
        p[i] = 0.0f;
    //统计各个灰度级出现的次数
    for(i = 0;i < Height;i++)
        for(j = 0;j < Width;j++)
        {
            p[ * (pData + Width * 8) * i + j]++;
        }
    //统计各个灰度级出现的概率
```

```
        for(j = 0;j < 256;j++)
        {
          p[j] = p[j]/(Width * Height);
        }
        //对每一个灰度级进行比较
        for(i = 0;i < 256;i++)
        {
          a1 = a2 = 0.0f;
          pt = 0.0f;
          for(j = 0;j <= i;j++)
          {
            pt += p[j];
          }
          for(j = 0;j <= i;j++)
          {
            a1 += (float)p[j]/pt * logf(p[j]/pt);
          }
          for(j = i + 1;j < 256;j++)
          {
            a2 += (float)p[j]/(1 - pt) * logf(p[j]/(1 - pt));
          }
          num[i] = a1 + a2;
        }
        max = 0.0f;
        //找到使类的熵最大的灰度级
        for(i = 0;i < 256;i++)
        {
          if(max < num[i])
          {
            max = num[i];
            t = i;
          }
        }
        return t;
    }
```

7.4.2 二维最大熵分割方法

一维最大熵分割方法的缺点是仅仅考虑了像素点的灰度信息,没有考虑到像素点的空间信息,所以当图像的信噪比降低时分割效果不理想。毫无疑问,像素点的灰度是最基本的特征,但它对噪声比较敏感,为此,在分割图像时可以再考虑图像的区域信息,区域灰度特征包含了图像的部分空间信息,且对噪声的敏感程度要低于点灰度特征。综合利用图像的这两个特征就产生了二维最大熵阈值分割算法。二维最大熵阈值分割算法实现时首先以原始灰度图像中各个像素的每一个像素及其4-邻域的4个像素构成一个区域,该像素点的灰度值 i 和4邻域的均值 j 构成一个二维矢量 (i, j) ,统计 (i, j) 的发生概率 $p_{i,j}$,如果图像的最大灰度级为 L ,那么 $p_{i,j}(i, j = 0, 1, \cdots, L-1)$ 就构成了该图像关于点灰度-区域均值的二维直方图。对于给定的图像,由于大部分的像素点属于目标区域或背景,而目标和背景区域内部像素点的灰度级比较均匀,像素点的灰度和其邻域均值的灰度级相差不大,所以图像对应的

二维直方图 $p_{i,j}$ 主要集中在 iOj 平面的对角线附近,并且在总体上呈现双峰和一谷的状态,两个峰分别对应于目标和背景。在远离 iOj 平面对角线的坐标处,峰的高度迅速下降,这部分对应着图像中的噪声点、杂散点和边缘点。二维直方图的 iOj 平面图如图 7-14 所示,沿对角线的方向分布的 A 区、B 区分别代表目标和背景,远离对角线分布的 C 区、D 区分别代表边界和噪声,所以应该在 A 区和 B 区上用点灰度-区域灰度平均值二维最大熵法确定阈值,使之分割的目标和背景的信息量最大。

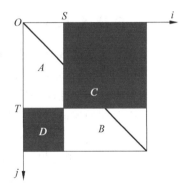

图 7-14　二维直方图的 iOj 平面图

确定二维最大熵的算法和确定一维最大熵算法类似,设分割图像的阈值为 (s,t),则 A 区、B 区概率分别为

$$p_A = \sum_i \sum_j p_{i,j} \quad i=1,2,\cdots,s; \quad j=1,2,\cdots,t$$

$$p_B = \sum_i \sum_j p_{i,j} \quad i=s+1,s+2,\cdots,L-1; \quad j=t+1,t+2,\cdots,L-1$$

则 A 区、B 区的二维熵分别为

$$H_A = -\sum_i \sum_j \left(\frac{p_{i,j}}{p_A}\right) \lg \left(\frac{p_{i,j}}{p_A}\right) \quad i=1,2,\cdots,s; \quad j=1,2,\cdots,t$$

$$H_B = -\sum_i \sum_j \left(\frac{p_{i,j}}{p_B}\right) \lg \left(\frac{p_{i,j}}{p_B}\right) \quad i=s+1,s+2,\cdots,L-1; \; j=t+1,t+2,\cdots,L-1$$

对于确定图像的二维直方图,对不同的 (s,t) 分别计算 $w=H_A+H_B$,选取使 w 达到最大的 (s',t') 作为最佳分割图像的阈值。该算法实现的函数和上述一维最大熵算法大同小异,只是在二值化时对图像上的像素点不仅要考虑灰度值,同时还要考虑该点邻域的灰度均值。

图 7-15(a)、(b)、(c)分别显示了标准 Lena 图像、采用一维最大熵法、二维最大熵法得到的分割效果。可以看出,二维最大熵法可以更好地分割包含目标和背景两类区域的图像。

(a) 原图　　　　　(b) 一维最大熵法　　　　　(c) 二维最大熵法

图 7-15　最大熵分割法分割结果

阈值分割的方法很多,每一种方法几乎都有其独特的优点和实际应用的背景,此处不再一一介绍。实际应用中,阈值分割经常需要和其他方法相互结合使用,才能获得最佳或满意的分割结果。

7.5　基于区域的分割

基于区域分割法就是利用同一物体区域内像素灰度的相似性,将灰度相似的区域合并,把不相似的区域分开,最终形成不同的分割区域。常用的区域分割方法有区域生长法、区域分裂与合并法等,本节将介绍区域生长法和区域分裂与合并法。

7.5.1 区域生长法

区域生长法是区域分割最基本的方法。基于阈值的分割技术没有考虑像素之间的连通性,而区域生长法是在考虑像素连通性的情况下进行图像分割。区域生长法是根据同一物体区域内像素的相似性质来聚集像素点并最终形成分割区域的方法。区域生长法的具体实现是在每个分割的区域内找一个生长点(可以是单个像素,也可以是某个小区域),根据事先定义的相似性准则在生长点邻域中寻找与其有相似性质的像素,比较相邻区域与生长点特征的相似性,若它们满足相似性准则,则合并到生长点所在的区域中,形成新的生长点。以此方式将性质相似的区域不断合并,直到不能合并为止,最后形成特征不同的各区域。这种分割方式也称区域扩张法。

在实际应用区域生长法时,要解决以下 3 个问题:

(1) 确定区域的数目,并在每个区域选择一个能正确代表该区域灰度取值的像素点,称为生长点或种子点。

(2) 选择有意义的特征,并确定将相邻区域像素包括进来的方式。

(3) 确定相似性准则。

灰度相似性是构成与合并区域的基本准则,相邻性是指所取的邻域方式。根据所用的邻域方式和相似性准则的不同,产生各种不同的区域生长法。

根据所用邻域方式和相似性准则的不同,区域生长可分为简单型(像素与像素)、质心型(像素与区域)和混合型(区域与区域)3 种。

1. 简单型

简单型区域生长法以图像的某个像素为生长点,按事先确定的相似性准则,生长点接收(合并)其邻域(4-邻域或 8-邻域)的像素点,被接收后的像素点的灰度值取生长点的值,并作为新的生长点,重复该过程,直到没有满足条件的像素可以被包括进来,最终形成具有相近灰度的像素的最大连通集合,这样一个区域就生长成了。

简单生长法的相似性准则为

$$| f(m,n) - f(s,t) | < T \tag{7-25}$$

式中,$f(s,t)$ 为生长点 (s,t) 的灰度值;$f(m,n)$ 为 (s,t) 的邻域点 (m,n) 的灰度值;T 为相似阈值。

简单型区域生长法使用简单,但如果区域之间的边缘灰度变化很平缓或边缘交于一点时,两个区域会合并起来,此时采用质心型生长法可以明显地改善分割效果。质心型区域生长法是比较单个像素的特征与其相邻区域的特征,若相似则将像素归并到该区域中。质心型区域生长法操作步骤类似简单型区域生长法,不同之处在于相似性的比较上,它是比较已生长区域的像素灰度平均值与其区域邻接的像素灰度值。

2. 质心型

质心型生长法的相似性准则为

$$| f(m,n) - \overline{f(s,t)} | < T \tag{7-26}$$

式中,$\overline{f(s,t)}$ 为已生长区域内所有像素的灰度平均值。

3. 混合型

混合型生长法则是比较相邻区域的相似性,即相似性准则为

$$|\overline{f_i} - \overline{f_j}| < T \qquad (7\text{-}27)$$

式中,$\overline{f_i}$和$\overline{f_j}$分别为相邻的第 i 区域和第 j 区域的灰度平均值。

7.5.2 区域分裂与合并法

区域生长过程是从一组生长点开始,通过不断接纳新像素最后得到整个区域。一种替换方法是在开始时将图像分割成一系列任意不相交的区域,然后将它们进行合并或分裂得到各个区域。在这类方法中,最常用的方法是四叉树分解法。

设 R 表示整个图像区域,如图 7-16 所示,P 代表逻辑谓词。对 R 进行分割的一种方法是反复将分割得到的结果图像再次分为 4 个区域,直到对任何区域 R_i,有 $P(R_i)=$TRUE。具体的分割过程是:从整幅图像开始,如果 $P(R_i)=$FALSE,就将图像分割为 4 个区域。对分割后得到的区域,如果依然有 $P(R_i)=$FALSE,就可以将这 4 个区域的每个区域再次分别分割为 4 个区域,依此类推,直到 R_i 为单个像素。如果仅使用分裂,最后得到的分割结果可能包含具有相同性质的相邻区域。为此,可在分裂的同时进行区域合并。合并规则是:只要 $P(R_i \cup R_j)=$TRUE,则可以将两个相邻的区域 R_i 和 R_j 进行合并。

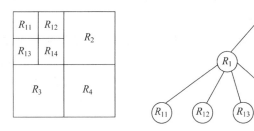

图 7-16 四叉树结构的迭代分裂与合并算法

总结上面的讨论,可以得到基本的分裂与合并算法步骤如下:

(1) 对任何区域 R_i,如果 $P(R_i)=$FALSE,就将每个区域都分裂为 4 个相连的不重叠区域。

(2) 对相邻的两个区域 R_i 和 R_j,如果满足 $P(R_i \cup R_j)=$TRUE,则进行合并。合并的两个区域可以大小不同,即不在同一层。当再也没有可以进行合并或分裂的区域,则分割操作停止。

图 7-17 表示了区域分裂与合并方法分割图像的步骤。图中阴影区域为目标,白色区域为背景,其灰度值为常数。对于整个图像 R,$P(R)=$FALSE,所以先将其分裂成如图 7-17(a) 所示的 4 个矩形区域。由于左上角区域满足 $P(R_i)=$TRUE,所以不必继续分裂,其他 3 个区域继续分裂,得到图 7-17(b)。此时,除包括目标下部的两个子区域外,其他区域都可按照目标和背景分别进行合并。对该两个区域继续分裂,可以得到图 7-17(c)。此时,所有区域都满足 $P(R_i)=$TRUE,最后合并可以得到图 7-17(d) 所示的分割结果。

(a) 第一次分裂　(b) 第二次分裂　(c) 第三次分裂　(d) 合并分割结果

图 7-17 区域分裂与合并图像分割法图解

7.6 基于形态学分水岭的分割

7.6.1 形态学图像处理基本概念和运算

数学形态学诞生于 1964 年,最初由法国巴黎矿业学院的 Maheron 和 Serra 提出的数学形态学研究对象为二值图像,称为二值形态学;后经 Serra 和 Sternberg 等人借助于伞理论,把二值形态算子推广到灰度图像,因而使灰度形态学的理论和应用研究也得到很大的发展,已经成为数字图像处理的一种有效方法。数学形态学以图像的形态特征为研究对象,它设计了一整套概念、变换和算法,用来描述图像的基本特征和基本结构。最基本的形态学运算有膨胀(Dilation)、腐蚀(Erosion)、开启(Opening)、闭合(Closing)。运用这些算子及其组合对图像进行处理,可以抑制噪声、提取特征、检测边缘、识别形状和分析纹理等。

1. 结构元素

形态学图像处理的基本思想是利用一个称为结构元素的"探针"搜索图像的信息,当探针在图像中不断移动时,便可以考察图像各个部分间的相互关系,从而了解图像的结构特征。在各种数学形态学运算中,结构元素的形状和尺寸必须适合待处理图像的几何性质,结构元素的选择对于能否有效地提取图像中有关信息至关重要。结构元素通常是一些小的简单集合,形态学的基础运算,需要对结构元素定义一个原点,作为形态学运算的参考点。原点可以包含在结构元素中,也可以不包含在结构元素中,但运算结果常常不相同。图 7-18 给出了 3 种简单的结构元素,其中用"+"表明了结构元素的原点。观察者在图像中不断地移动结构元素,便可以考察图像各个部分间的结构关系,从而提取出有用的信息做结构分析和描述。使用不同的结构元素和形态学算子,可以获得关于目标的大小、形状、连通性和方向等信息。其处理效果则取决于结构元素的大小、形状和逻辑运算的性质。

(a) 圆形　　　(b) 方形　　　(c) 菱形

图 7-18　几种简单的结构元素

2. 二值图像的腐蚀和膨胀运算

腐蚀是二值数学形态学最基本的运算。腐蚀表示用某种形状的结构元素对图像进行探测,以便在图像中找出可以放下该结构元素的区域。用结构元素 b 腐蚀二值图像 f 记为 $f\Theta b$,数学上,腐蚀定义为

$$f\Theta b = \{x \mid b_x \subseteq f\} \tag{7-28}$$

式(7-28)说明,使用 b 对 f 进行腐蚀,是将 b 在 f 上平移,当 b 的原点平移到 x 得到 b_x,若 b_x 包含在 f 中,则记下这个 x 点,所有满足上述条件的 x 点组成的集合就是 f 被 b 腐蚀的结果。从直观上看,就是所有的结构元素 b 完全包括在 f 中时 b 的原点位置的集合。图 7-19 说明了腐蚀过程。

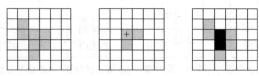

图 7-19　腐蚀运算过程

腐蚀变换是一种收缩变换,把图像连接成分的边界点去掉一层,常常用于细化图像,去除噪声。图 7-20 给出了一个腐蚀应用例子。图 7-20(a)在二值化分割后出现大量噪声,利用半径为 5 的圆形结构元素腐蚀,如图 7-20(b)所示,腐蚀结果噪声去除了,如图 7-20(c)所示。

(a) 原图　　(b) 二值图像　　(c) 腐蚀结果

图 7-20　图像腐蚀图例

膨胀是形态学的第二个基本运算。膨胀是把连接成分的边界扩大一层的处理。利用结构元素 b 对 f 的膨胀记为 $f \oplus b$。数学上,膨胀定义为

$$f \oplus b = \{x \mid [\hat{b}_x \cap f] \neq \phi\} \tag{7-29}$$

式中,$\hat{b}$ 为 b 的映像,即 b 关于原点对称的集合。式(7-29)表明,用 b 对 f 进行膨胀的运算过程如下:首先做 b 关于原点的映射得到 $\hat{b}$,再将其映像平移 x,记为 $\hat{b}_x$,当 f 与 $\hat{b}_x$ 的交集不为空时,b 的原点组成的集合就是 $f \oplus b$。图 7-21 说明了膨胀过程。膨胀满足交换率,即 $f \oplus b = b \oplus f$。

(a) f　　　　(b) b　　　　(c) $\hat{b}$　　　　(d) $f \oplus \hat{b}$

图 7-21　膨胀运算

膨胀是一个扩张的过程。这种操作使目标扩张,孔洞收缩。图像处理中常常使用膨胀消除目标区内的孔洞及桥接裂缝等。图 7-22 给出了一个膨胀应用的例子。图 7-22(a)经二值化得到图 7-22(b),内部出现一些孔洞,利用半径为 5 的圆形结构元素膨胀后,图中的孔洞消失,见图 7-22(c)。

(a) 原图　　(b) 二值图　　(c) 膨胀结果　　(d) 闭运算结果

图 7-22　图像膨胀应用举例

3. 二值图像的开启和闭合运算

腐蚀和膨胀不是互为逆运算,它们可以级联结合使用。使用同一个结构元素对图像先进行腐蚀运算,然后再进行膨胀运算称为开启运算。利用结构元素 b 对集合 f 作开启运算,记为 $f \circ b$,开启运算定义为

$$f \circ b = (f \ominus b) \oplus b \tag{7-30}$$

如果是先进行膨胀然后腐蚀的运算称为闭合运算。利用结构元素 b 对集合 f 作闭合运算记为 $f \cdot b$,定义为

$$f \cdot b = (f \oplus b) \ominus b \tag{7-31}$$

开启和闭合运算不受结构元素原点位置的影响,无论原点是否包含在结构元素中,开启

和闭合运算的结果都是一致的。图 7-23 显示了开启运算和闭合运算的不同效果。开启运算使目标轮廓光滑，并去掉了毛刺、孤立点和锐化角。闭合运算则填平小沟、弥合孔洞和裂缝。对于图 7-22(b)给出的二值图像，如果进行闭合运算，则可以在填平内部孔洞的同时保持目标的面积基本不变，见图 7-22(d)。膨胀和腐蚀的反复使用就可检测或清除图像中的小成分或孔洞。

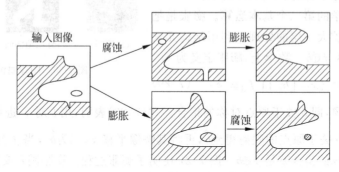

图 7-23　开启运算和闭合运算效果

4. 灰度图像形态学基本运算

前面介绍的二值形态学的基本运算，可以推广到灰度图像。用结构元素 b 对灰度图像 f 进行腐蚀定义为

$$(f\ominus b)(s,t) = \min\{f(s+x,t+y) - b(x,y) \mid (s+x),(t+y) \in D_f; x,y \in D_b\}$$

$$(7\text{-}32)$$

式中，D_f 和 D_b 分别为 f 和 b 的定义域，要求 $(s+x)$ 和 $(t+y)$ 包含在函数 f 的定义域内，这与二值腐蚀的定义类似，所有的结构元素应完全包含在与被腐蚀的集合内。式(7-32)的形式与二维相关公式相似，只是用"最小"取代求和，用减法代替乘积。下面以一维腐蚀为例说明式(7-32)的含义。此时，式(7-32)可简化为

$$(f\ominus b)(s) = \min\{f(s+x) - b(x) \mid (s+x) \in D_f; x \in D_b\} \qquad (7\text{-}33)$$

式(7-33)表示 $(f\ominus b)$ 在 s 点的值，等于 $b(x)$ 保持不动，$f(x)$ 向左移 s 个采样点后（当 s 为正时），两个函数对应值相减再取最小值。当 s 为负时，函数 $f(x)$ 向右移 s 个采样点后，两个函数对应值相减再取最小值。

用结构元素 b 对灰度图像 f 进行膨胀定义为

$$(f\oplus b)(s,t) = \max\{f(s-x,t-y) + b(x,y) \mid (s-x,t-y) \in D_f; (x,y) \in D_b\}$$

$$(7\text{-}34)$$

式中，D_f 和 D_b 分别为 f 和 b 的定义域，要求 $(s-x)$ 和 $(t-y)$ 包含在函数 f 的定义域内。可以注意到，式(7-34)类似于二维卷积公式，只是在这里用"最大"代替了卷积的求和，并以"相加"代替了相乘。同样以一维膨胀为例说明式(7-34)的含义。此时有

$$(f\oplus b)(s) = \max\{f(s-x) + b(x) \mid (s-x) \in D_f; x \in D_b\} \qquad (7\text{-}35)$$

式(7-35)表示 $(f\oplus b)$ 在 s 点的值，等于 $b(x)$ 保持不动，将 $f(x)$ 对原点映射，得到 $f(-x)$ 并向右移 s 个采样点后（当 s 为正时），两个函数对应值相加再取最大值。当 s 为负时，函数 $f(-x)$ 向左移 s 个采样点后，两个函数对应值相加再取最大值。

用结构元素 b 对图像 f 进行开启定义为

$$f \circ b = (f\ominus b) \oplus b \qquad (7\text{-}36)$$

用同样的结构元素 b 对图像 f 进行闭合操作定义为

$$f \cdot b = (f \oplus b)\ominus b \qquad (7\text{-}37)$$

图 7-24 形象地解释了开启和闭合运算。$f(x,y)$ 是一个三维的图像函数(像一个地貌地图),x 和 y 是空间坐标轴。第三个坐标轴是灰度坐标轴(即 f 的值)。假设用球形结构元素 b 对 f 作开运算,这时可将 b 看作"滚动的球",让它沿 f 的下沿滚动,经这一"滚动"处理,所有的比"小球"直径小的峰都磨平了。图 7-24(a)是把灰度图像简化为连续函数剖面线;图 7-24(b)显示了"滚动球"在不同的位置上滚动;图 7-24(c)显示了沿函数剖面线,结构元素 b 对 f 开启运算处理的结果。所有小于球体直径的波峰值、尖锐度都减小了。在实际运用中,开启运算处理常用于去除比结构元素较小的亮点,同时保留所有的灰度和较大的亮区特征不变。腐蚀操作去除较小的亮细节,同时使图像变暗。如果再施以膨胀处理将增加图像的亮度而不再引入已去除的部分。图 7-24(d)显示了结构元素 b 对 f 的闭合操作处理。

图 7-24(d)中小球(结构元素)在函数剖面上沿滚动,图 7-24(e)给出了处理结果,只要波

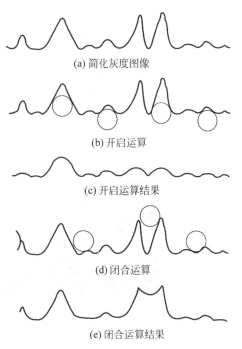

(a) 简化灰度图像

(b) 开启运算

(c) 开启运算结果

(d) 闭合运算

(e) 闭合运算结果

图 7-24　开启和闭合运算的几何解释

峰的最窄部分超过小球的直径,则波峰保留原来的形状。在实际运用中,闭合运算处理常用于去除图像中比结构元素小的暗点,同时保留原来较大的亮度特征。最初的膨胀运算去除较小的暗细节,同时也使图像增亮。随后的腐蚀运算将图像调暗而不重新引入已去除的部分。

开运算可用于补偿不均匀背景的亮度,从原灰度图像中减去开运算后的图像(称为顶帽变换),可以生成一幅均匀背景的灰度图像,以利于后续处理。图 7-25(a)是一幅照度不均匀图像,图像顶部亮,底部暗。采用全局阈值不能很好地分割整幅图像,见图 7-25(b)。如果先使用顶帽变换处理图像,然后再使用全局阈值进行分割,就可以很好地分割整幅图像,见图 7-25(c)。

(a) 原图　　　　　(b) 全局阈值分割图像　　　(c) 顶帽变换后分割图像

图 7-25　顶帽变换对分割效果的影响

7.6.2 基于分水岭的分割

分水岭（Watershed）分割方法是一种基于拓扑理论的数学形态学的分割方法，其基本思想是把图像看作是测地学上的拓扑地貌，图像中每一点像素的灰度值表示该点的海拔高度，每一个局部极小值及其影响区域称为集水盆，而集水盆的边界则称为分水岭。可以将图像想象成有山有湖，水绕山，山围水的情形。分水岭是区分山与水，以及湖与湖之间的界线。分水岭的形成可以通过模拟浸入过程来说明。在每一个局部极小值表面，刺穿一个小孔，然后把整个模型慢慢浸入水中，随着浸入的加深，每一个局部极小值的影响域慢慢向外扩展，在两个集水盆汇合处构筑大坝，即形成分水岭。基于分水岭分割图像算法的任务就是提取出分水岭，以此作为分割图像不同区域的边界线。图 7-26 形象地说明了分水岭提取的过程，其中图 7-26(f)所示的一个像素宽的深色路径即是最终的分水岭。

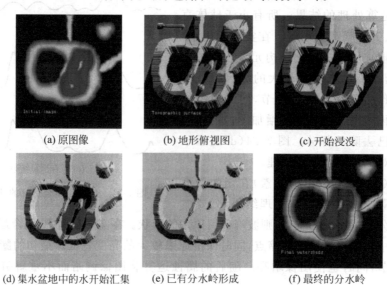

(a) 原图像   (b) 地形俯视图   (c) 开始浸没

(d) 集水盆地中的水开始汇集   (e) 已有分水岭形成   (f) 最终的分水岭

图 7-26 分水岭提取过程示意图

显然，分水岭表示的是输入图像的极大值点。因此，在使用分水岭变换分割图像时，通常把梯度图像作为输入图像。分水岭的计算过程是一个迭代标注过程。比较常用的分水岭提取方法是 L. Vincent 提出的模拟浸没算法，其包括像素排序和模拟浸水两个过程。首先，按照像素灰度值递增顺序对图像中所有像素排序，以便直接访问同一灰度值的像素；然后，给每一个集水盆地分配不同的标记，从整个图像的最小像素值开始，依次浸没。假设灰度值不大于 h 的像素所属的储水盆地已经标识出来了，则在处理灰度值为 $h+1$ 的像素时，就将这一层中与已标记的集水盆地相邻的像素送入一个先进先出（FIFO）（即先被放进队列的像素也最先被提取出来进行处理）队列进行判断和标记，如果它们的邻域像素已经被标记（属于某一个已有的集水盆），则将这样的像素也标记为相同的标记值，将已经标注过的集水盆地扩展至 $h+1$ 层；若 $h+1$ 层还有未被标记的像素，则作为新出现的集水盆地的局部极小区域，赋予新的区域标号。如此循环直到淹没了图像的最高灰度级为止。在处理结果中，具有相同标号的像素属于同一集水盆地。

分水岭算法本质上是一种区域生长算法，所不同的是，它是从图像的局部极小值开始增长的。由于噪声的影响,图像中存在着大量的伪极小值,这些伪极小值产生相应的伪集水盆地,最终导致严重的过分割问题,有时甚至使分割的结果毫无意义。为了解决过分割问题,人们研究了许多方法,一些方法是分割之前进行的处理。例如,在分水岭分割之前,先设定一些标记,每个标记对应着图像中的一个物体,把这些标记强制性地作为梯度图像的极小值,在此基础上再进行分水岭分割。再如,对梯度图像进行阈值处理,以消除灰度的微小变化产生的过度分割。还有一些方法是对分水岭分割后的结果进行处理,如对分水岭分割后的图像进行区域合并、聚类等处理。

7.7 基于聚类的分割

基于聚类分析的图像分割方法是图像领域中一类极其重要和应用相当广泛的算法,无论是灰度图像分割、彩色图像分割还是纹理图像或者其他类型的图像分割,都可运用聚类分析方法。

聚类是根据同类事物的某种相似性质,运用数学方法对给定对象进行分类,使性质相近的对象分在同一个类,性质差异较大的对象分在不同的类。假设 $X = \{x_1, x_2, \cdots, x_n\}$ 是待分类对象的全体,也可称为样本集。X 中的每个对象(也可称为样本)常用有限个参数值来描述,每个参数值用于描述 x_i 的某个属性。于是对象 x_i 就伴随着一个矢量 $\boldsymbol{P}(x_i) = (x_{i1}, x_{i2}, \cdots, x_{im})$,其中 x_{ij} 是 x_i 的第 j 个属性值,$\boldsymbol{P}(x_i)$ 称为 x_i 的特征矢量。聚类分析就是按照各样本间的距离远近或相似程度把 $x_1, x_2, \cdots, x_n$ 划分成 C 个不相交的子集 $X_1, X_2, \cdots, X_C$。

图像分割问题恰好是将图像的像素集进行分类的问题,自然地将聚类分析用于图像分割之中。早在 1979 年,Coleman 和 Anderews 提出用聚类算法进行图像分割,因为人眼视觉的主观性使图像比较适合用模糊手段处理,Pwitt 提出了图像分割时应采用模糊处理的方法。同时训练样本图像的匮乏又需要无监督分析,而模糊聚类正好满足这两方面的要求,因此成为图像处理中一个强大的研究分析工具。聚类的算法很多,各种算法都有它的基本数学模型。这里介绍一下聚类的基本数学模型,了解聚类最基本的原理。

7.7.1 C-均值聚类方法

C-均值聚类(即众所周知的 K 均值聚类)又称为硬 C-均值聚类(HCM)。C-均值聚类算法把 n 个矢量 $x_i(1, 2, \cdots, n)$ 聚为 C 个类 $G_i(i = 1, 2, \cdots, C)$,聚类准则是使每一聚类中,样本点到该类别的中心的距离的平方和最小。C-均值算法的聚类过程为:首先从 n 个对象中任意选择 C 个对象作为初始聚类中心,对于其他对象,则根据它们与这些聚类中心的距离,分别将它们划分到与其最近的(聚类中心所代表的)聚类中。然后再计算获得的每个新聚类的聚类中心,即聚类中所有对象的均值。不断重复这一过程直到目标函数达到最小为止(此时中心不再改变)。一般采用均方差作为目标函数,即

$$J = \sum_{i=1}^{C} \left(\sum_{k, x_k \in G_i} d(x_k - c_i) \right) \tag{7-38}$$

式中,c_i 为第 i 类的聚类中心;$d(\cdot)$ 为各聚类中样本到聚类中心的欧氏距离。C 个聚类的特点是各聚类本身尽可能紧凑,不同聚类之间尽可能分开。

7.7.2 模糊 *C-*均值聚类方法

模糊 *C-*均值聚类（FCM）又称为软 *C-*均值聚类。FCM 聚类是 HCM 聚类的改进，FCM 与 HCM 的区别在于：HCM 算法对于对象的划分是硬性的，而 FCM 则是一种柔性的模糊划分；FCM 算法是用 0~1 间的隶属度来确定每个对象属于各个类的程度，而在 HCM 算法中，一个给定对象只能属于一个类。FCM 算法划分过的聚类用一个 $c \times n$ 的二维隶属矩阵 U 来确定。

FCM 把 n 个矢量 $x_i(i=1,2,\cdots,n)$ 分为 C 个模糊类，并求每个聚类的中心，使得目标函数达到最小。FCM 的目标函数为

$$J(\boldsymbol{U},c_1,\cdots,C_C) = \sum_{i=1}^{C} \sum_{j}^{n} u_{ij}^{m} d_{ij}^{2} \qquad (7\text{-}39)$$

式中，u_{ij} 为隶属矩阵 U 的元素，取值介于 $(0,1)$ 间，且

$$\sum_{i=1}^{C} u_{ij} = 1, \quad \forall j = 1,\cdots,n \qquad (7\text{-}40)$$

$d_{ij} = \| c_i - x_j \|$ 为第 j 个样本与第 i 个聚类中心 c_i 间的欧氏距离；m 是加权指数，取值范围 $[1,\infty)$。FCM 聚类算法是一个迭代过程。在聚类过程中，聚类中心 c_i 和隶属矩阵 U 的元素由式（7-41）和式（7-42）确定，即

$$c_i = \frac{\sum_{j=1}^{n} u_{ij}^{m} x_j}{\sum_{j=1}^{n} u_{ij}^{m}} \qquad (7\text{-}41)$$

$$u_{ij} = \frac{1}{\sum_{k=1}^{C} \left(\dfrac{d_{ij}}{d_{kj}} \right)^{\frac{2}{m-1}}} \qquad (7\text{-}42)$$

FCM 迭代聚类过程是：首先用值在 $(0,1)$ 间的随机数初始化隶属矩阵 U，使其满足式（7-40）的约束条件；用式（7-41）计算 C 个聚类中心 $c_i(i=1,\cdots,C)$；用式（7-42）计算新的 U 矩阵；根据式（7-39）计算目标函数，当它小于某个确定的阈值，或它相对上次值的改变量小于某个阈值时算法停止。

FCM 和 HCM 算法的性能依赖于聚类中心的初始位置，因此不能确保其收敛于最优解。为了获得更好的聚类结果，常常用一些前端方法确定初始聚类中心，然后再进行迭代过程。

运用聚类方法分割图像，是把每个像素看作一个待分类的对象，每个对象由特征空间的一个矢量来表示。通过聚类分析将图像内的像素划分到指定数目的类别中，然后将属于同一类别并且相互联通的像素分割到同一个区域。对于灰度图像来说，聚类空间可以选择一维的灰度空间。

7.8 彩色图像分割

由于彩色图像提供了比灰度图像更为丰富的信息，因此彩色图像分割正受到人们越来越多的关注。彩色图像分割与灰度图像分割的算法相比，大部分算法在分割思想上是一致

的,都是基于像素数值的相似性和空间的接近性,只是对像素属性的考察以及特征提取等技术由一维空间转向了高维空间。这是由于灰度图像和彩色图像存在一个主要的区别,即对于每一个像素的描述,前者是在一维亮度空间上,而后者是在三维颜色空间上。与灰度图像相比,彩色图像包含了更丰富的颜色信息,是对客观存在的物体的一种更为逼真的描述。因而,彩色图像分割算法的关键在于如何利用丰富的彩色信息来分割图像。

彩色图像的分割可以采取两种方式:一是将三维空间的彩色图像的 3 个分量进行适当的组合或变换,投影到一维或二维空间,然后进行分割;二是在颜色空间中直接进行分割。后者需要选择一个合适的颜色空间,使用较多的颜色空间有 RGB、HSI(HSV)、YCbCr、CIE La*b*。彩色图像分割有多种分类方法,如把图像分割问题看作是基于颜色和空间特征的分类问题,可以采取有监督和无监督分类进行分割。另外,大部分的灰度图像分割方法也可以扩展到彩色图像。许多彩色图像分割方法不仅把灰度图像分割方法应用于不同的颜色空间,而且可以直接应用于每个颜色分量上,得到的结果再通过一定的方式进行组合,即可获取最后的分割结果。因此彩色图像分割方法包括直方图阈值法、彩色空间聚类法、区域生长法等。

7.8.1　直方图阈值法

与灰度图像不同的是,彩色图像有 3 个颜色分量,其直方图是一个三维数组,在这样的直方图中确定阈值是比较困难的。如果阈值化操作只是在单个颜色分量上进行,由于忽略了 3 个颜色分量间的相关性,常常得不到满意的分割结果。一种解决方法是将三维空间投影到一个维数较低的空间,在维数较低的空间选择阈值对图像进行分割。例如,把三维颜色空间投影到二维平面或者一维直线上。对于原始图像中颜色数较少,目标颜色比较单纯,且波长分布相对分散的情况,可以选择在 HSI 空间进行图像分割,并且由于色调反映了颜色的基本特性,可以只依据像素的 H 分量进行阈值分割。图 7-27 给出了一个例子。在图 7-27(a)中,每个物体的 H 值分布比较集中,可适当选择两个阈值 H_1 和 H_2 将某一物体分割出来。

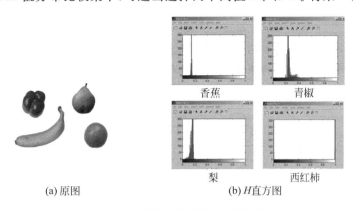

(a) 原图　　　　　　　　　　　(b) H 直方图

图 7-27　彩色图像及其 H 直方图

然而,基于色调 H 直方图的阈值化法对图像进行分割,由于仅仅利用了色调值,而没有考虑光强和饱和度等对颜色的影响,当图像中颜色数较多,且颜色比较接近的图像情况,很难得到较好的效果。为此,人们提出许多解决方法,如构造一种一维特征标量,包含更多的颜色信息,以改善颜色分割的效果。例如,定义下面的一维特征标量,即

$$C = w_1 H + w_2 S + w_3 I \qquad (7\text{-}43)$$

式中，w_1、w_2 和 w_3 为 3 个加权系数，通过选择合适的加权系数，可使投影在一维空间的不同颜色的点较好地分开，这样既能对颜色空间进行降维处理，又可以同时利用 3 个颜色分量的信息。

7.8.2　彩色空间聚类法

彩色图像包含着更丰富的信息，有多种彩色特征的表达方式，彩色图像聚类算法的关键就是如何利用丰富的色彩信息，将图像内的像素划分到指定数目的类别中。在 7.7 节中介绍的聚类方法可以应用于彩色图像分割。采用聚类方法分割彩色图像时，把彩色图像中的每一个像素看成是一个待分类的对象，并看成是一个由若干个特征分量组成的矢量，彩色聚类就是对这些矢量进行聚类。利用聚类方法对彩色图像进行分割具有直观、易于实现的特点，并且该方法能够同时利用 3 个分量的颜色信息，分割效果较好。

彩色图像的聚类空间可以是一维、二维、三维或者更多维，但大多是在三维颜色空间中进行分割，常用的颜色空间有 RGB、Lab、HSI 空间等。

7.8.3　区域生长法

区域生长的基本思想是将具有相似特征的像素集合起来构成区域。应用区域生长法分割彩色图像时，首先选择一个合适的颜色空间，然后定义色彩相似性准则，在区域生长的过程中，基于颜色相似度和空间相近度的准则进行区域生长。下面介绍一种 RGB 颜色空间中区域生长的方法。

假设要从一幅 RGB 图像中分割出颜色分布在一定范围的某物体，首先在该物体上取一个区域（即选择一组样本点），计算这组样本点的颜色均值和标准差，用 RGB 空间中的矢量 $\boldsymbol{m}$ 表示该均值，用 T_0 表示 3 个颜色分量标准差的最大值。令 z 表示 RGB 空间中的任意一个矢量，如果定义颜色相似性准则是：z 与 $\boldsymbol{m}$ 的欧氏距离小于阈值 T（T 为 T_0 的整数倍），即

$$\begin{aligned}
D(z, \boldsymbol{m}) &= \left[(z - \boldsymbol{m})^{\mathrm{T}} (z - \boldsymbol{m}) \right]^{\frac{1}{2}} \\
&= \left[(z_R - m_R)^2 + (z_G - m_G)^2 + (z_B - m_B)^2 \right]^{\frac{1}{2}} \leqslant T
\end{aligned} \qquad (7\text{-}44)$$

式中，下标 R、G、B 表示矢量 z 与 $\boldsymbol{m}$ 的 RGB 分量。RGB 空间中满足式(7-44)的点构成 RGB 空间中的一个半径为 T 的球体，如图 7-28(a)所示。

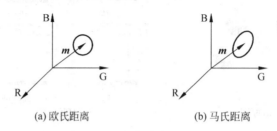

(a) 欧氏距离　　　　　　　(b) 马氏距离

图 7-28　不同相似性准则数据点在 RGB 空间的分布

当物体颜色分布具有球对称性时，用欧氏距离可以取得好的分割结果。如果采用马氏距离定义颜色相似性，z 与 $\boldsymbol{m}$ 间的距离由式(7-45)给出，即

$$D(z, \boldsymbol{m}) = \left[(z - \boldsymbol{m})^{\mathrm{T}} \boldsymbol{C}^{-1} (z - \boldsymbol{m}) \right]^{\frac{1}{2}} \leqslant T \qquad (7\text{-}45)$$

式中，C 为所取样本点的协方差矩阵。满足式(7-45)的点构成 RGB 空间中的一个椭球体，如图 7.28(b)所示。

在定义了以上相似性准则后，接下来在分割物体中间区域选一个点(该点在 RGB 空间中用矢量 z_0 表示)，如果 $D(z_0, m) \leqslant T$，将该点作为生长点，然后在其 4-邻域或 8-邻域搜索满足条件 $D(z, m) \leqslant T$ 的点，满足条件的点合并到生长点所在的区域中，直到找不到满足条件的像素为止。如果 z_0 不满足 $D(z_0, m) \leqslant T$，则在其邻域搜索满足条件的点作为生长点。图 7-29(a)显示的是一幅 RGB 真彩色湖景图像，图中有湖水及芦苇。利用上述方法分割岸上的芦苇，图 7-29(b)、(c)给出的是 $T = 2T_0$ 时的分割结果，其中图 7-29(b)采用了欧氏距离，图 7-29(c)采用马氏距离。从图 7-29 可以看出，马氏距离分割效果优于欧氏距离。

(a)原图　　　　　　　(b)欧氏距离　　　　　　　(c)马氏距离

图 7-29　不同颜色相似性准则区域生长法分割结果

7.9　小结

图像分割是一个将一幅数字图像划分为不交叠的、连通的像素集的过程，其中一个对应于背景，其他则对应于图像中的各个物体。为了改善图像分割时的性能，在分割之前可以进行背景平滑和噪声消除。从实际应用的角度出发，图像分割算法有边缘分割法、阈值分割法、区域分割法等。

边缘是指其周围像素灰度变化不连续的那些像素的集合。边缘广泛存在于物体与背景之间、物体与物体之间。因此它是图像分割所依赖的重要特征，常见的边缘可分为阶跃型、脉冲型和房顶型 3 种。对于不同的边缘类型，有不同的边缘检测方法。常见的方法有空域微分算子、拟合曲面、小波多尺度边缘检测以及基于数学形态学的边缘检测。其中用于图像边缘的梯度算子除了比较常用 Roberts 算子、Sobel 算子外，还有 Prewitt 算子、Kirsch 算子、LOG 算子及 Canny 算子等。这几种常用的传统的边缘检测算子，它们不仅可用于检测二维边缘，而且可以用于检测三维边缘。

阈值分割算法是区域分割算法中具有代表性的一类非常重要的分割算法。灰度级阈值处理是一种总能产生闭合的连通边界的简单分割方法。比较常用的方法有全局阈值方法、基本自适应阈值方法、动态阈值方法和基于熵的二值化方法。全局阈值法是指在阈值化过程中只使用一个阈值。在图像处理中应用比较多，它在整幅图像内采用固定的阈值分割图像。局部阈值法将原始图像划分成较小的图像，并对每个子图像选取相应的阈值。动态阈值或者自适应阈值是指阈值的选取除了取决于图像灰度值和该点邻域的某种局部特性外，所得到的阈值还与坐标相关。阈值分割的关键在于阈值选取，常用的阈值选取方法有极小值点阈值选取方法、最佳阈值搜寻方法和迭代阈值选取方法 3 种。阈值分割的方法很多，每一种方法几乎都有其独特的优点和实际应用的背景。实际应用中，阈值分割需要和其他方法相互结合使用，才能获得最佳或满意的分割结果。

基于区域的分割是以直接寻找区域为基础的分割技术。区域生长技术对于由复杂物体定义的复杂场景的分割具有很好的作用。区域生长就是一种根据事先定义的准则将像素或者子区域聚合成更大区域的过程。基本思想是以一组生长点（可以是单个像素，也可以是某个小区域）开始，搜索其邻域，把图像分割成特征相似的若干小区域，比较相邻小区域与生长点特征的相似性，若它们足够相似，则作为同一区域合并，形成新的生长点。以此方式将特征相似的小区域不断合并，直到不能合并为止，最后形成特征不同的各区域。这种分割方式也称区域扩张法。生长点和相邻小区域的相似性判据可以是灰度、纹理，也可以是色彩等多种图像要素特性的量化数据。

彩色图像分割是数字图像处理中的一种应用广泛的技术。对彩色图像的分割可以采取两种方式：其一就是将彩色图像的各个分量进行适当的组合转化为灰度图像，然后利用对灰度图像的分割方法进行分割；其二就是在彩色模型空间中直接进行图像的分割。对于利用第二种方法分割一幅彩色图像，首先要选择好合适的彩色空间；其次要采用适合此彩色空间的分割策略。常用的彩色模型有 RGB 模型和 HSI 模型，这两种模型之间也可以进行相互转换。

基于形态学方法的图像分割技术基本思想是用具有一定形态的结构元素去量度和提取图像中的对应形状，以达到对图像分析和识别的目的。数学形态学的应用可以简化图像数据，保持它们基本的形状特征，并除去不相干的结构。数学形态学的基本运算有膨胀、腐蚀、开启和闭合 4 种。基于形态学的分水岭分割算法的关键在于水坝的构造。水坝的构造是以二值图像为基础的，而构造水坝分离二元点集的最简单的方法是使用形态膨胀。

基于聚类的图像分割方法是根据同类事物的某种相似性质，运用数学方法对给定对象进行分类，使性质相近的对象分在同一个类，性质差异较大的对象分在不同的类。图像分割问题恰好是将图像的像素集进行分类的问题，因此，可以很自然地将聚类分析用于图像分割中。

实际分割的时候到底选取哪种分割技术，主要由所面对问题的特点来决定。总之，本章所讨论的各种分割方法，尽管并非十分详尽，但确实是在实际应用中广泛使用的具有代表性的技术。

习题

1. 简述图像分割的基本概念以及图像分割的基本方法。

2. 简述边缘检测分割的基本思想及主要方法。

3. 相对于其他微分算子，LOG 算子在哪些方面作了改进？

4. 阐述彩色图像分割和灰度分割的不同之处和相似点。

5. 如果图像背景和目标灰度分布都有正态分布特性，其均值分别为 μ 和 v，而且图像与背景面积相等，证明最佳阈值点为 $(\mu+v)/2$。

6. 比较两种混合型区域生长法的各自的优势和弱点。

7. 一幅图像背景部分的均值为 25，方差为 625，在背景上分布着一些互不重叠的均值为 150、方差为 400 的小目标，设所有目标合起来大约占总面积的 25%，试提出一个分割算法来提取这些目标。

第 8 章

图像特征提取与分析

图像分析是图像工程的中层处理阶段,侧重于研究图像的内容,包括但不局限于使用图像处理的各种技术,更倾向于对图像内容的分析、描述、解释和识别。但是,人类视觉系统所认识的图像要让计算机系统也能认识,就必须寻找出算法,分析图像的特征,然后将其特征用数学方法表示出来,并教会计算机懂得这些特征。这样,计算机也就具有了认识或者识别图像的本领,这称为图像识别。在图像识别中,对获得的图像直接进行分类是不现实的。首先,图像数据占用很大的存储空间,直接进行识别费时费力,其计算量无法接受;其次图像中含有许多与目标识别无关的信息,如图像的背景等。因此必须进行特征的提取和选择,从而有利于图像识别。得到图像的各种特征的过程称为图像特征提取。对于图像分析和理解而言,提取特征和选择特征很关键。

图像特征是指图像的原始特性或属性。其中有些是视觉直接感受到的自然特征,如区域的亮度、边缘的轮廓、纹理或色彩等;有些是需要通过变换或测量才能得到的人为特征,如变换频谱、直方图、矩等。常见的图像特征可以分为灰度(密度、颜色)特征、纹理特征和几何形状特征等。其中,灰度特征和纹理特征属于内部特征,需要借助分割图像从原始图像上测量。几何形状特征属于外部特征,可以从分割图像上测量。

图像特征提取工作的结果给出了某一具体的图像中与其他图像相区别的特征,如描述物体表面灰度变化的纹理特征、描述物体外形的形状特征等。本章的目的就是介绍一些能使计算机懂得特征提取结果的表达方式。

8.1 概述

广义的数字图像处理主要有 3 个目的:一是对图像进行加工和处理,得到满足人类视觉和心理需要的改进形式,这种方式下的图像处理实质上是一个输入、输出都是二维矩阵表示的图像信号处理过程,如前面几章介绍的图像增强和图像复原;二是图像数据的变换、编码和压缩,以便于图像的存储和传输;三是对图像内容进行分析和理解,也就是对图像中的目标物(或称景物、前景目标)进行分析和理解,这种方式下,输入的是二维矩阵表示的图像,输出则是图像内容的符号描述或语义描述。这类处理包括:

(1) 把图像分割成不同目标物和背景的不同区域。

(2) 提取正确代表不同目标物属性的特征参数并进行描述。

（3）对图像中的目标进行识别和分类。

（4）理解不同目标物，分析场景中目标间的相互关系，从而指导和规划下一步的行动。

人类视觉系统能够快速识别图像并理解图像所表示的场景，也就是说，人类视觉系统能够根据感知属性和人类本身具有的先验知识，快速地理解图像的内容。对于图像数据来说，计算机能够理解的图像内容就是图像特征的描述。要准确地描述图像内容，首先必须了解什么是图像的内容。

8.1.1　图像内容

图像内容具有多个层次上的含义。一般可以将图像内容表示为感知层、认知层和情感层 3 个层次。感知层主要是从人类视觉对图像的感知出发，以颜色、纹理、形状、轮廓等特征来描述图像内容，这种从感知层出发的图像内容的描述属于图像的低层特征。认知层则往往是首先借助图像分割方法，获取图像中的不同对象，然后提取不同对象的特征及对象间的关系，因此认知层特征主要指的是图像中的主体、对象及对象间的关系。情感层的描述主要取决于个人对图像内容的理解，这种描述往往包含个人的情感因素，如印象、情绪、感情等。

8.1.2　图像特征

通常情况下，将图像内容中的感知层特征描述称为低层视觉特征，将认知层和情感层的特征描述概括为语义层次，将低层视觉特征和语义层次之间的距离称为"语义鸿沟"。

如何让计算机具有理解图像内容的能力，首要的问题就是将人类视觉系统对图像内容的感知属性描述为计算机能够理解的表示，并让计算机能根据图像内容的表示进一步进行推理。这一处理过程实际上就是对图像中感兴趣的目标进行检测和测量，以获得它们的客观信息，从而建立对图像的描述，这种对图像的描述就是图像特征。换句话说，图像特征是数字图像中"感兴趣"的部分，是指图像中可用作标志的属性，如低层视觉特征（颜色、纹理、边缘、形状、角点、直方图等），它是图像理解的基础，也是计算机图像识别的算法基石。特征提取则是使用计算机提取图像信息，其结果就是将图像上的像素点分为不同的子集。

由于低层可视特征是从人类视觉系统的感知属性出发的，因此又可以进一步从图像的整体和局部的角度将图像特征划分为全局特征和局部特征两大类。全局特征是指图像的整体属性，常见的全局特征包括颜色特征、纹理特征和形状特征，比如强度直方图等。由于是像素级的低层可视特征，因此，全局特征具有良好的不变性、计算简单、表示直观等特点，但特征维数高、计算量大是其致命弱点。此外，全局特征描述不适用于图像混叠和有遮挡的情况。局部特征则是从图像局部区域中抽取的特征，包括边缘、角点、线、曲线和特别属性的区域等。常见的局部特征包括角点类和区域类两大类描述方式。

图像语义特征可以根据其复杂程度划分为特征语义、对象语义和抽象语义 3 个层次，如图 8-1 所示。

特征语义层是通过图像低层视觉特征如颜色、纹理、形状等及其组合来提取相关语义描述；对象语义层是通过识别和推理找出图像中的具体目标对象及其相互之间的关系，然后给出语义表达；抽象语义层是通过图像包含的对象、场景的含义和目标进行高层推理，得到相关的语义描述，这个层次的语义主要涉及图像的场景语义、行为语义、情感语义、空间关系语义和对象语义。这里的场景语义指的是图像所处的场景,如日出、日落、下雨、下雪等;行为语义指的是图像所表达的行为,如 NBA 球赛、世界杯足球赛等;情感语义指的是由图像带来的人的感觉,如兴奋、平静、高兴等;空间关系指的是图像中两个或者多个对象之间的关系,如行人在汽车的前面,行人 A 在行人 B 的左边,但行人 A 和 B 都在汽车的前面等;对象语义指的是场景中的一个个具体的目标,如猫、花朵、人、山脉等。

图像、图像低层特征和图像语义特征三者的关系如图 8-2 所示。

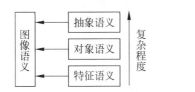

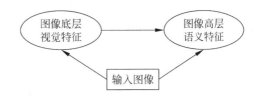

图 8-1 图像语义层次模型　　　图 8-2 图像、图像低层特征和图像语义特征三者的关系

由于图像语义的内在复杂性,目前还难以实现对图像语义的自动提取。现在的语义特征的提取只是将图像的低层视觉特征映射到高层语义。因此,图像低层可视特征的提取是一个关键。尽管图像视觉特征不可能完全描述图像语义内容,但视觉特征与图像的语义内容之间却存在关联性。因此,常采用一些稳定的、易于计算机提取的低层特征来进行近似性图像内容的描述。常用的低层视觉特征主要有颜色、纹理、形状、边缘等特征,这些特征可以从不同的角度对视觉特征进行可计算的描述。本章详细阐述图像的低层视觉特征提取技术,包括颜色特征、纹理特征、边缘特征和形状特征。

8.1.3 特征选择

图像特征提取与分析的目的是为了让计算机具有认识或识别图像的能力,即图像识别,而计算机实现图像识别必须根据一定的图像特征作为推理的基础。由于图像中对象的特征描述多种多样,利用哪些特征使计算机在图像识别中能有好的分类性能和识别精度,则成为设计图像识别分类器算法必须思考的问题之一。因此,从特征提取中获得的特征矢量集合进行特征选择便成为图像识别中的一个关键问题。特征选择的基本任务是如何从众多特征中找出最有效的特征。在具体论述不同特征分析技术之前,下面首先对几个经常用到的相关名词作一些说明。

① 特征形成。

根据待识别的图像,通过计算产生一组原始特征,称之为特征形成。

② 特征提取。

特征提取从广义上来讲就是指一种变换。具体而言,原始特征的数量很大,或者说原始样本是处于一个高维空间中,通过映射或变换的方法可以将高维空间中的特征用低维空间的特征来描述,这个过程就叫特征提取。变换后的特征是原始特征的某种组合。

③ 特征选择。

从一组特征中挑选出一些最有效的特征以达到降低特征空间维数的目的,这个过程就叫特征选择。目前几乎还没有解析的方法能够指导特征的选择,很多情况下,凭直觉的引导可以列出一些可能的特征表,然后用特征排序的方法计算不同特征的识别率。利用识别率这一结果来对特征表进行删减，从而选出若干最好的特征。对于一个特征而言，评判的标准具有下面 4 个方面：

（1）区别性高。对于属于不同类型的图像而言，它们的特征应具有明显的差异。比如道路识别中，道路的颜色是一个好特征，因为它与背景的颜色有着明显的区别。

（2）可靠性强。对于同类图像而言，特征值应该比较接近。比如杂志封面的文字图像分割中，对于不同颜色的文字，如果采用颜色这个特征，则是一个不好的特征。

（3）独立性好。所选择的特征之间彼此不相关。如对于医学图像中细胞的识别，如果用细胞的直径和面积作为特征，则不能作为独立的特征，因为二者高度相关，所反映的细胞的属性基本相同，即细胞的大小。

（4）特征数少。图像识别系统的复杂程度随特征数目的增多而迅速增加。尤其是用来训练分类器和测试结果的图像样本随特征数目的增多呈指数级增长。

特征选取的方法很多，从一个模式中提取什么特征，将因不同的模式而异，并且与识别的目的、方法等有直接关系。需要说明的是，特征提取和选择并不是截然分开的，有时可以先将原始特征空间映射到低维空间，在这个空间中再进行选择以进一步降低维数。也可以先经过选择去掉那些明显没有分类信息的特征，再进行映射以降低维数。

特征提取和选择的总原则是：尽可能减少整个识别系统的处理时间和错误识别率，当两者无法兼得时，需要做出相应的平衡；或者缩小错误识别的概率，以提高识别精度，但会增加系统运行的时间；或者提高整个系统速度以适应实时需要，但会增加错误识别的概率。

8.2 颜色特征描述

如第 1 章所述，颜色是图像最基本的组成部分。因此，颜色特征是使用最多也是最直接和最有效的图像低层特征之一。要准确描述颜色特征则需要选择一个合适的颜色空间，并用量化的方式将颜色特征表征为矢量的形式。如彩色可以用亮度（Value）、色调（Hue）、饱和度（Saturation）来描述，色调指光的颜色，如红、橙、黄、绿、青、蓝、紫分别表示不同的色调。饱和度指彩色的深浅程度，即与一定的色调的纯度相关。饱和度高表示颜色深，如深红；饱和度低，则颜色浅，如浅红。亮度指人眼感受到的光的明暗程度。人眼看到任一彩色光都是这 3 个特性的综合效果。自然界常见的各种颜色光都可由红（R）、绿（G）、蓝（B）3 种颜色按不同比例相配而成。因此，彩色图像所携带的信息量远远大于灰度图像。对于图像识别，颜色特征提取占有很重要的地位。

颜色特征反映彩色图像的整体特性，一幅图像可以用它的颜色特性近似描述。根据颜色与空间属性的关系，颜色特征的表示方法可以有颜色矩、颜色直方图、颜色相关、颜色对等几种方法。

8.2.1 符合视觉感知的颜色空间

表示数字图像的颜色空间（颜色模型）有很多种，每一种颜色空间都是在某种特定上下文中对颜色的特性和行为的解释方法。没有哪一种颜色空间可以解决所有的颜色问题。因此，一个恰当的颜色空间是解决相应的颜色问题的基础。

由于人的视觉对亮度的敏感程度远强于对颜色浓淡的敏感程度，为了便于颜色处理和识别,往往会选择一种符合人类视觉系统对颜色感知的表示方法。目前,图像分析与识别中常用的符合视觉感知的颜色空间主要有面向用户的 HSV(Hue,Saturation,Value)颜色空间、HSB(Hue,Saturation,Brightness)颜色空间、HSI(Hue,Saturation,Intensity)颜色空间和 Lab 颜色空间等。其中 HSV、HSB 和 HSI 颜色空间是一组依赖于人类视觉特性的颜色空间,它们的基本原理大致相同,主要差别在于取值范围不同。它们均依赖于人类对颜色的视觉感受,且独立于具体的物理设备。

HSI 模型中,H 表示色调,S 表示饱和度,I 表示亮度,它反映了人的视觉系统观察彩色的方式。通常把色调和饱和度通称为色度,用来表示颜色的类别与深浅程度。图 8-3 所示的 3 种平面形式都描述了色调和饱和度这两个参数。色调是描述纯色的属性,由角度表示,彩色的色调反映了该彩色最接近什么样的光谱波长。在这个平面中可以看到原色是按120°分隔的,二次色与原色相隔60°,也就是说二次色之间也相隔120°。一般地,假定 0°的彩色为红色,120°的彩色为绿色,240°的彩色为蓝色。色相从 0°变到 240°覆盖了所有可见光谱的彩色。在 240°～360°之间是人眼可见的非光谱色(紫色)。

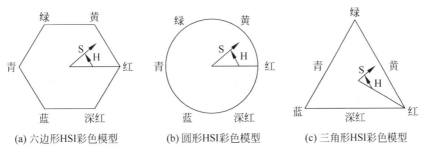

(a) 六边形HSI彩色模型　　(b) 圆形HSI彩色模型　　(c) 三角形HSI彩色模型

图 8-3　HSI 彩色模型中的色相和饱和度

饱和度参数给出一种纯色被白光稀释的程度的度量,是色环的原点(圆心)到彩色点的半径的长度。在环的外围圆周是纯的或称饱和的颜色,其饱和度值为1。在中心是中性(灰色)阴影,即饱和度为 0。因此,HSI 彩色模型的平面以六边形、圆形,甚至一个三角形的形式出现并不奇怪[图 8-3(a)、(b)、(c)]。实际上选择什么形状并没有关系,因为这些形状中的任何一个都可以通过几何变换转换为其他两种形式。

总之,3 个彩色坐标定义了一个 HSI 彩色空间(图 8-4),即垂直强度轴 I 和位于垂直于该轴所在平面的彩色点轨道表示 HSI 空间。灰度阴影沿着轴线以底部的黑变到顶部的白。具有最高亮度,最大饱和度的颜色位于圆柱上顶面的圆周上。

RGB 空间与 HSI 空间可以相互转换,HSI 颜色空间与 RGB颜色空间的转换关系为

$$
\begin{cases}
I = \dfrac{R+G+B}{3} \\[2mm]
S = 1 - \left[\dfrac{\min(R,G,B)}{I}\right] \\[2mm]
H = \dfrac{I}{360}\left[90 - \arctan\left(\dfrac{F}{\sqrt{3}}\right) + \{0, G > B; 180, G < B\}\right]
\end{cases}
\tag{8-1}
$$

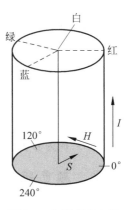

图 8-4　柱形彩色空间

其中，$F=\dfrac{2R-G-B}{G-B}$。

CIE Lab 颜色空间是颜色—对立空间，带有维度 L 表示亮度，a 和 b 表示颜色对立维度，a 的正数代表红色，负端代表绿色；b 的正数代表黄色，负端代表蓝色。Lab 颜色空间是一种与视觉感知一致的均匀颜色空间，即这种颜色空间中的不同颜色的差值与人类视觉系统感知的颜色差异一致。自然界中任一颜色都可以在 Lab 空间中表达出来，它的色彩空间比 RGB 空间还要大。

8.2.2 颜色直方图

颜色直方图描述了图像颜色分布的统计特性。彩色图像的直方图可以直接在 RGB 图像上生成。

设一幅图像包含 M 个像素，图像的颜色空间被量化成 N 个不同颜色等级。颜色直方图 H 定义为

$$p_i = h_i \tag{8-2}$$

式中，h_i 为第 i 种颜色在整幅图像中具有的像素数。

与灰度直方图类似，颜色直方图也可以定义为归一化直方图，即

$$p_i = h_i/M \tag{8-3}$$

利用颜色直方图必须要确定颜色的级数，当颜色很大（如真彩色 2^{24} 级）时，往往通过减少颜色样点数，将颜色级数限制在一个较小的范围内。如在 RGB 颜色空间中，可将 RGB 量化成 $6\times6\times6$ 级。

由于 RGB 颜色空间与人的视觉不一致，可将 RGB 空间转换到视觉一致性空间。除了转换到前面提及的 HSI 空间外，还可以采用一种更简单的颜色空间，即

$$\begin{cases} C_1 = \dfrac{(R+G+B)}{3} \\[2mm] C_2 = \dfrac{(R+(\max-B))}{2} \\[2mm] C_3 = \dfrac{(R+2*(\max-G)+B)}{4} \end{cases} \tag{8-4}$$

这里，$\max=255$。

采用该颜色空间除了视觉相关外，还有一个优点是在 C_1 轴（亮度轴）的采样比其他两个轴上的采样粗，因此在颜色匹配时，可以减少因直方图相邻元（Bin）发生偏移而导致的匹配误差。

彩色图像也可以通过某种加权的方法转换成灰度图像进行处理，从而采取与灰度图像类似的方法进行分析。下面给出一种简单的彩色图像变换成灰度图像的公式，即

$$g = \dfrac{R+G+B}{3} \tag{8-5}$$

式中，R、G、B 为彩色图像的 3 个分量；g 为转换后的灰度值。

8.2.3 颜色矩

颜色矩以数学方法为基础，通过计算矩来描述颜色分布的特征。由于多数信息只与低阶矩有关，因此，实际运用中只需提取颜色特征的一阶矩、二阶矩、三阶矩来表示颜色特征。颜色矩通常直接在 RGB 空间计算，颜色分布的前 3 阶矩表示为

$$\mu_i = \frac{1}{N}\sum_{j=1}^{N}P_{ij} \tag{8-6}$$

$$\sigma_i = \left(\frac{1}{N}\sum_{j=1}^{N}(P_{ij}-\mu_i)^2\right)^{\frac{1}{2}} \tag{8-7}$$

$$s_i = \left(\frac{1}{N}\sum_{j=1}^{N}(P_{ij}-\mu_i)^3\right)^{\frac{1}{3}} \tag{8-8}$$

式中，P_{ij} 为第 j 个像素的第 i 个颜色分量；N 为像素数量。事实上，一阶矩定义了每个颜色分量的平均强度，二阶矩和三阶矩分别定义了颜色分量的方差和偏斜度。对于彩色图像来说，颜色矩的描述就是 9 个特征。

颜色矩仅仅使用了少数几个矩，因此可能出现两幅完全不同的图像有同样的矩。

8.2.4　颜色集

颜色直方图和颜色矩只是考虑了图像颜色的整体分布，不涉及位置信息。颜色集表示则同时考虑了颜色空间的选择和颜色空间的划分。颜色集定义如下：设 $\boldsymbol{B}_M$ 是 M 维的二值空间，在 $\boldsymbol{B}_M$ 空间的每个轴对应唯一的索引 m。一个颜色集就是 $\boldsymbol{B}_M$ 二值空间中的一个二维矢量，它对应着对颜色 $\{m\}$ 的选择，即颜色 m 出现时，$c[m]=1$，否则，$c[m]=0$。使用颜色集表示颜色信息时，通常采用颜色空间 HSL(Hue,Saturation,Lightness)。颜色集表示方法的实现步骤如下：

(1) 对于 RGB 空间中任意图像，它的每个像素可以表示为一个矢量 $\hat{v}_e=(v,g,b)$。

(2) 变换 T 将其变换到另一与人视觉一致的颜色空间 $\hat{w}_e$，即 $\hat{w}_e=T(\hat{v}_e)$。

(3) 采用量化器 Q_M 对 $\hat{w}_e$ 重新量化，使得视觉上明显不同的颜色对应着不同的颜色集，并将颜色集映射成索引 m。

以 $M=8$ 为例，颜色集的计算过程为：

设 T 是 RGB 到 HSL 的变换，Q_M 是一个将 HSL 量化成 2 个色调、2 个饱和度和 2 级亮度的量化器。对于 Q_M 量化的每个颜色，赋予它唯一索引 m。则 $\boldsymbol{B}_8$ 是 8 维的二值空间，在 $\boldsymbol{B}_8$ 空间中，每个元素对应一个量化颜色。一个颜色集 c 包含了从 8 个颜色中的各种选择。如果该颜色集对应一个单位长度的二值矢量，则表明重新量化后的图像只有一种颜色出现。如果该颜色集有多个非零值，则表明重新量化后的图像中有多种颜色出现。例如，颜色集 $c=[10010100]$，表明量化后的 HSL 图像中出现第 0 个($m=0$)、第 3 个($m=3$)、第 5 个($m=5$)颜色。由于人的视觉对色调较为敏感，因此，在量化器 Q_M 中，一般色调量化级比饱和度和亮度要多。如色调可量化为 18 级，饱和度和亮度可量化为 3 级。此时，颜色集为 $M=18\times3\times3=162$ 维二值空间。

颜色集也可以通过对颜色直方图设置阈值直接生成，如对于一颜色 m，给定阈值 τ_m，颜色集与直方图的关系为

$$c[m]=\begin{cases}1 & 若\quad h[m]\geqslant\tau_m\\0 & 其他\end{cases} \tag{8-9}$$

因此，颜色集表示为一个二进制矢量。

8.2.5　颜色相关矢量

颜色相关矢量 CCV(Color Correlation Vector) 表示方法与颜色直方图相似,但它同时考虑了空间信息。设 H 是颜色直方图矢量,CCV 的计算步骤如下:

(1) 图像平滑。在图像的小邻域(如 3×3)中,用平均值取代每个像素值。这样做的目的是为了消除邻近像素间的小变化的影响。

(2) 对颜色空间进行量化,使之在图像中仅包含 n 个不同颜色。

(3) 在一个给定的颜色元内,将像素分成相关和不相关两类。相关像素是一个同一颜色的像素组的一部分,不相关像素则不是,可通过计算连通量来确定像素组。设有一像素集 C,对于 C 中任意两个像素 $p,p' \in C$,p 与 p' 都存在一条路径,则 C 称为连通量。

(4) 根据各连通区的大小,将像素分成相关和不相关两部分。如果一个像素所属的连通区超过一固定的阈值 τ,则该像素是相关的;否则,该像素不相关。

对于一给定的颜色,具有该颜色的一部分像素相关,一部分不相关。设经过离散化处理后拥有第 j 个颜色的相关像素数量为 α_j,不相关像素数量为 β_j。显然,第 j 个颜色的总像素数量为 $<\alpha_j + \beta_j>$。因此,颜色直方图也可以定义为

$$<\alpha_1 + \beta_1, \cdots, \alpha_n + \beta_n> \tag{8-10}$$

对于每个颜色 j,计算它们的相关对

$$(\alpha_j, \beta_j) \tag{8-11}$$

因此,一幅图像由颜色相关矢量组成,即

$$<(\alpha_1, \beta_1), \cdots, (\alpha_n, \beta_n)> \tag{8-12}$$

8.3　形状特征描述

形状特征描述是在提取图像中的各目标形状特征基础上对其进行表示。它是进行图像识别和理解的基础。图像经过边缘提取和图像分割等操作,就会得到景物的边缘和区域,也就获取了景物的形状。任何一个景物形状特征均可由其几何属性和统计属性来描述,如长短、面积、距离、凹凸等以及连通、欧拉数等。通常,可以通过一类物体的形状将它们从其他物体中区分出来。形状特征可以独立地或与尺寸测量结合使用。在图像形状特征分析中,最基础的概念是图像的连接性(亦称连通性)和距离。下面首先对图像中常用的一些基本概念作一些介绍。

8.3.1　几个基本概念

1. 邻域与邻接

一幅数字图像可以看作是像素点的集合,邻接和邻域是图像的几个基本几何特性之一,主要是用来描述像素之间或由像素构成的目标区域之间的关系。邻域定义如下:

对于任意像素 (i,j)、(s,t) 是一对适当的整数,则把像素的集合 $\{(i+s,j+t)\}$ 叫做像素 (i,j) 的邻域。直观上看,这是像素 (i,j) 附近的像素形成的区域。最经常采用的是 4-邻域和 8-邻域。

4-邻域是指像素 p 上、下、左、右 4 个像素 $\{p_0, p_2, p_4, p_6\}$ 构成的集合,如图 8-5(b)所

示。互为 4- 邻域的两像素叫 4- 邻接,图 8-5(a)中 p 和 p_0、p_0 和 p_1 均为 4- 邻接。

8- 邻域是指像素 p 上、下、左、右 4 个像素和 4 个对角线像素即 $p_0 \sim p_7$ 构成的集合,如图 8-5(c)所示。互为 8- 邻域的两像素叫 8- 邻接。图 8-5(a)中的 p 和 p_1、p_0 和 p_2 均为 8- 邻接。

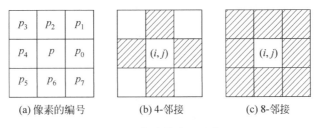

| (a) 像素的编号 | (b) 4-邻接 | (c) 8-邻接 |

图 8-5 邻接像素的种类

2. 像素的连接

对于图像中具有相同值的两个像素 A 和 B,如果所有和 A、B 具有相同值的像素序列 $L_0(=A),L_1,L_2,\cdots,L_{n-1},L_n(=B)$ 存在,并且 L_{i-1} 和 L_i 互为 4- 邻接或 8- 邻接,那么像素 A 和 B 叫做 4- 连接或 8- 连接,以上的像素序列叫 4- 路径或 8- 路径,如图 8-6 中 c 和 e 为连接的像素。

3. 连接成分

在图像中,把互相连接的像素集合汇集为一组,于是具有若干个 0 值的像素和具有若干个 1 值的像素的组就产生了。把这些组叫做连接成分,也称做连通成分。

在研究一个图像连接成分的场合,若 1 像素的连接成分用 4-连接或 8-连接,而 0 像素连接成分不用相反的 8-连接或 4-连接就会产生矛盾。在图 8-7 中,如果假设各个 1 像素用 8-连接,则其中的 0 像素就被包围起来。如果对 0 像素也用 8-连接,这就会与左下的 0 像素连接起来,从而产生矛盾。因此,0 像素和 1 像素应采用互反的连接形式,即如果 1 像素采用 8-连接,则 0 像素必须采用 4-连接。

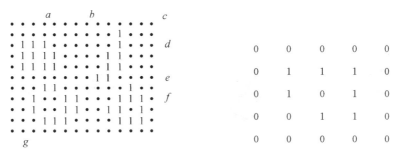

图 8-6 像素的连接   图 8-7 连接性矛盾示意图

在 0 像素的连接成分中,如果存在和图像外围的 1 行或 1 列的 0 像素不相连接的成分,则称之为孔。不包含有孔的 1 像素连接成分叫做单连接成分。含有孔的 1 像素连接成分叫做多重连接成分。图 8-8 给出了一个实例。

在图像包含多个图形的场合,将图像看作是以连接成分为对象的图形。在这个意义上分析图形的各种性质时,将其分成连接成分来处理的思想是重要的。

对目标进行形状特征描述既可以基于区域本身,亦可基于区域的边界。对于区域内部或边界来说，由于只关心它们的形状特征，其灰度信息往往可以忽略，只要能将它与其他目标或背景区分开来即可。区域形状特征的提取有三类方法：区域内部（包括空间域和变换域）形状特征提取；区域外部（包括空间域和变换域）形状特征提取；利用图像层次型数据结构提取形状特征。下面将介绍几种常用的形状特征提取与分析方法。

```
0 0 0 0 0        0 0 0 0 0        1 1 1 1 1
0 0 0 0 0        0 1 1 0 0        1 0 1 1 1
0 0 1 0 0        0 1 1 1 0      孔 1 1 1 0 1
0 0 0 0 0        0 1 1 1 0        1 0 0 0 1
0 0 0 0 0        0 0 0 0 0        1 1 1 1 1
  (a) 孤立点        (b) 单连接成分      (c) 多重连接成分
```

图 8-8　连接成分示例

8.3.2　区域内部空间域分析

区域内部空间域分析是不经过变换而直接在图像的空间域对区域提取形状特征。主要有以下几种方法。

1. 欧拉数

图像的欧拉数是图像的拓扑特性之一，它表明了图像的连通性。图 8-9(a)所示的图形有一个连接成分和一个孔，所以它的欧拉数为 0，而图 8-9(b)有一个连接成分和两个孔，所以它的欧拉数为 -1。可见，通过欧拉数可用于目标识别。

用线段表示的区域，可根据欧拉数来描述。如图 8-10 中的多边形网，把这多边形网内部区域分成面和孔。如果设顶点数为 W、边数为 Q、面数为 F，则得到下列关系，即

$$W - Q + F = C - H = E \tag{8-13}$$

这个关系称为欧拉公式。在图 8-10 所示的多边形网，有 7 个顶点、11 条边、2 个面、1 个连接区、3 个孔，因此，由式(8-13)可得到 $E = 7 - 11 + 2 = 1 - 3 = -2$。

(a) 欧拉数为0的图形　　(b) 欧拉数为-1的图形

图 8-9　具有欧拉数为 0 和 -1 的图形

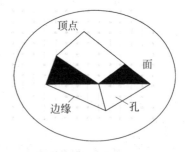

图 8-10　包含多角网络的区域

一幅图像或一个区域中的连接成分数 C 和孔数 H 不会受图像的伸长、压缩、旋转、平移的影响，但如果区域撕裂或折叠时，C 和 H 就会发生变化。可见，区域的拓扑性质对区域的全局描述是很有用的，欧拉数是区域的一个较好的描述子。

2. 凹凸性

凹凸性是区域的基本特征之一，区域凹凸性可通过以下方法进行判别：区域内任意两像素间的连线穿过区域外的像素，则此区域为凹形[图 8-11(a)]。相反，连接图形内任意两

个像素的线段,如果不通过这个图形以外的像素,则这个图形称为凸形[图 8-11(b)]。任何一个图形,把包含它的最小的凸形叫这个图形的凸闭包[图 8-11(c)]。显然,凸形的凸闭包就是它本身。从凸闭包除去原始图形的部分后,所产生的图形的位置和形状将成为形状特征分析的重要线索。凹形面积可由凸闭包减去凹形得到,即图 8-11(c)中图像减去图 8-11(a)中图像得到图 8-11(d)所示的结果。

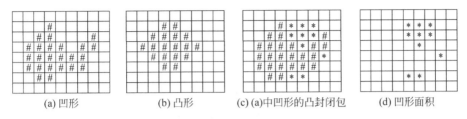

(a) 凹形　　　　　(b) 凸形　　　　(c) (a)中凹形的凸封闭包　　(d) 凹形面积

图 8-11　区域的凹凸性

3. 距离

在图像处理中,往往需要计算两个像素点之间的距离。而距离在实际图像处理过程中往往是作为一个特征量出现,因此对其精度的要求并不是很高。所以对于给定图像中 A、B、C 3 点,当函数 $D(A,B)$ 满足式(8-14)的条件时,把 $D(A,B)$ 叫做 A 和 B 的距离,也称为距离函数,即

$$\begin{cases} D(A,B) \geqslant 0 \\ D(A,B) = D(B,A) \\ D(A,C) \leqslant D(A,B) + D(B,C) \end{cases} \tag{8-14}$$

其中式(8-14)中的第一个式子表示距离具有非负性,并且当 A 和 B 重合时,等号成立;第二个式子表示距离具有对称性,第三个式子表示距离的三角不等式。实际中为了简化计算,计算点 (i,j) 和 (h,k) 间距离常采用下面的几种方法:

(1) 欧氏距离,用 d_e 来表示,即

$$d_e\big[(i,j),(h,k)\big] = \big[(i-h)^2 + (j-k)^2\big]^{\frac{1}{2}} \tag{8-15}$$

(2) 4-邻域距离,也称为街区距离,即

$$d_s\big[(i,j),(h,k)\big] = |i-h| + |j-k| \tag{8-16}$$

(3) 8-邻域距离,也称为棋盘距离,即

$$d_g\big[(i,j),(h,k)\big] = \max(|i-h|, |j-k|) \tag{8-17}$$

这 3 种距离之间的关系为 $d_g \leqslant d_s \leqslant d_e$,如图 8-12 所示。街区距离和棋盘距离都是欧氏距离的一种近似。图 8-13 表示了以中心像素为原点的各像素的距离。从离开一个像素的

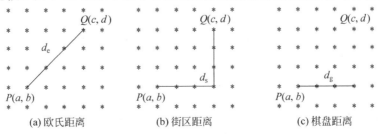

(a) 欧氏距离　　　　　　(b) 街区距离　　　　　　(c) 棋盘距离

图 8-12　3 种距离之间的关系

等距离线可以看出,在欧氏距离中大致呈圆形,在棋盘距离中呈方形,在街区距离中呈倾斜
45°的正方形。街区距离是图像中两点间最短的 4-连通的长度,而棋盘距离则是两点间最
短的 8-连通的长度。

$$
\begin{array}{ccccc}
 & \sqrt{5} & 2 & \sqrt{5} & \\
\sqrt{5} & \sqrt{2} & 1 & \sqrt{2} & \sqrt{5} \\
2 & 1 & 0 & 1 & 2 \\
\sqrt{5} & \sqrt{2} & 1 & \sqrt{2} & \sqrt{5} \\
 & \sqrt{5} & 2 & \sqrt{5} &
\end{array}
$$

$$
\begin{array}{ccccccc}
 & & & 3 & & & \\
 & & 3 & 2 & 3 & & \\
 & 3 & 2 & 1 & 2 & 3 & \\
3 & 2 & 1 & 0 & 1 & 2 & 3 \\
 & 3 & 2 & 1 & 2 & 3 & \\
 & & 3 & 2 & 3 & & \\
 & & & 3 & & &
\end{array}
$$

$$
\begin{array}{ccccccc}
3 & 3 & 3 & 3 & 3 & 3 & 3 \\
3 & 2 & 2 & 2 & 2 & 2 & 3 \\
3 & 2 & 1 & 1 & 1 & 2 & 3 \\
3 & 2 & 1 & 0 & 1 & 2 & 3 \\
3 & 2 & 1 & 1 & 1 & 2 & 3 \\
3 & 2 & 2 & 2 & 2 & 2 & 3 \\
3 & 3 & 3 & 3 & 3 & 3 & 3
\end{array}
$$

(a) 欧几里得距离　　　　(b) 4-领域距离　　　　(c) 8-领域距离

图 8-13　离开单个像素的距离

此外,把 4-邻域距离和 8-邻域距离组合起来而得到的八角形距离有时也被采用,它的
等距线呈八角形。

4. 区域的测量

区域的大小及形状表示方法主要包括以下几种:

(1) 面积 S。图像中的区域面积 S 可以用同一标记的区域内像素的个数总和来表示,
如图 8-14 所示。按上述表示法,区域 R 的面积 $S=41$。区域面积可以通过扫描图像,累加
同一标记像素得到,或者是直接在加标记处理时计数得到。

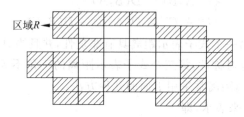

图 8-14　区域的面积和周长

(2) 周长 L。区域周长 L 是用区域中相邻边缘点间距离之和来表示。采用不同的距离
公式,周长 L 的计算有很多方法。常用的有两种。一种计算方法是采用欧氏距离,在区域
的边界像素中,设某像素与其水平或垂直方向上相邻边缘像素间的距离为 1,与倾斜方向上
相邻边缘像素间的距离为 $\sqrt{2}$。周长就是这些像素间距离的总和。这种方法计算的周长与实
际周长相符,因而计算精度比较高。另一种计算方法是采用 8-邻域距离,将边界的像素个数
总和作为周长。也就是说,只要累加边缘点数即可得到周长,比较方便。但是,它与实际周长
间有差异。根据这两种计算周长的方式,以图 8-14 为例,区域的周长分别是 $14+8\sqrt{2}$ 和 22。

(3) 圆形度 R_0。圆形度 R_0 用来描述景物形状接近圆形的程度,它是测量区域形状常
用的量。其计算式为

$$
R_0 = 4\pi \frac{S}{L^2} \tag{8-18}
$$

式中,S 为区域面积;L 为区域周长;R_0 值的范围为 $0 < R_0 \leqslant 1$,R_0 值的大小反映了被测量
边界的复杂程度,越复杂的形状取值越小。R_0 值越大,则区域越接近圆形。

（4）形状复杂性 e。形状复杂性常用离散指数 e 表示，其计算式为

$$e = \frac{L^2}{S} \tag{8-19}$$

该式描述了区域单位面积的周长大小，e 值越大，表明单位面积的周长大，即区域离散，则为复杂形状；反之，则为简单形状。e 值最小的区域为圆形。典型连续区域的计算结果为：圆形 $e=12.6$；正方形 $e=16.0$；正三角形 $e=20.8$。

此外，常用的特征量还有区域的幅宽、占有率和直径等。

8.3.3　区域内部变换分析

区域内部变换分析是形状分析的经典方法，它包括求区域的各阶统计矩、投影和截口等。

1. 矩法

函数的矩（Moments）在概率理论中经常使用。几个从矩导出的期望值同样适用于形状分析。

具有两个变元的有界函数 $f(x,y)$ 的 $(p+q)$ 阶矩定义为

$$m_{pq} = \int_{-\infty}^{+\infty} \int_{-\infty}^{+\infty} x^p y^q f(x,y) \mathrm{d}x \mathrm{d}y \quad p,q \in N_0 = \{0,1,2,\cdots\} \tag{8-20}$$

这里，p 和 q 可取所有的非负整数值。参数 $p+q$ 称为矩的阶。

由于 p 和 q 可取所有的非负整数值，它们产生一个矩的无限集。而且，这个集合完全可以确定函数 $f(x,y)$ 本身。换句话说，集合 $\{m_{pq}\}$ 对于函数 $f(x,y)$ 是唯一的，也只有 $f(x,y)$ 才具有该特定的矩集。

大小为 $n \times m$ 的数字图像 $f(i,j)$ 的矩为

$$m_{pq} = \sum_{i=1}^{i} \sum_{j=1}^{m} i^p j^q f(i,j) \tag{8-21}$$

（1）区域形心位置。0 阶矩 m_{00} 是图像灰度 $f(i,j)$ 的总和。二值图像的 m_{00} 则表示对象物的面积。如果用 m_{00} 来规格化 1 阶矩 m_{10} 及 m_{01}，则得到一个物体的重心坐标 $(\bar{i}, \bar{j})$，即

$$\begin{cases} \bar{i} = \dfrac{m_{10}}{m_{00}} = \dfrac{\sum_{i=1}^{n} \sum_{j=1}^{m} i f(i,j)}{\sum_{i=1}^{n} \sum_{j=1}^{m} f(i,j)} \\[4mm] \bar{j} = \dfrac{m_{01}}{m_{00}} = \dfrac{\sum_{i=1}^{n} \sum_{j=1}^{m} i f(i,j)}{\sum_{i=1}^{n} \sum_{j=1}^{m} f(i,j)} \end{cases} \tag{8-22}$$

（2）中心矩。中心矩以重心作为原点进行计算，有

$$\mu_{pq} = \sum_{i=1}^{n} \sum_{j=1}^{m} (i - \bar{i})^p (j - \bar{j})^q f(i,j) \tag{8-23}$$

因此中心矩具有位置无关性。

中心矩 μ_{pq} 能反映区域中的灰度相对于灰度中心是如何分布的度量。利用中心矩可以提取区域的一些基本形状特征，如 μ_{20} 和 μ_{02} 分别表示围绕通过灰度中心的垂直和水平轴线的惯性矩。假如 $\mu_{20} > \mu_{02}$，则可能所计算的区域为一个水平方向延伸的区域。当 $\mu_{30} = 0$ 时，区域关于 i 轴对称。同样，当 $\mu_{03} = 0$ 时，区域关于 j 轴对称。

利用式(8-23)可以计算出三阶以下的中心矩为

$$\mu_{00} = \mu_{00}$$
$$\mu_{10} = \mu_{01} = 0$$
$$\mu_{11} = m_{11} - \bar{y}m_{10}$$
$$\mu_{20} = m_{20} - \bar{x}m_{10}$$
$$\mu_{02} = m_{02} - \bar{y}m_{01}$$
$$\mu_{30} = m_{30} - 3\,\bar{x}m_{20} + 2m_{10}\,\bar{x}^2$$
$$\mu_{12} = m_{12} - 2\,\bar{y}m_{11} - \bar{x}m_{02} + 2\,\bar{y}^2 m_{10}$$
$$\mu_{21} = m_{21} - 2\,\bar{x}m_{11} - \bar{y}m_{20} + 2\,\bar{x}^2 m_{01}$$
$$\mu_{30} = m_{03} - 3\,\bar{y}m_{02} + 2\,\bar{y}^2 m_{01}$$

把中心矩再用零阶中心矩进行规格化,叫做规格化中心矩,记作 η_{pq},表达式为

$$\eta_{pq} = \frac{M_{pq}}{M_{00}^r} \tag{8-24}$$

式中, $r = \dfrac{p+q}{2}, p+q = 2, 3, 4, \cdots$。

(3) 不变矩。为了使矩描述子与大小、平移、旋转无关,可以用二阶和三阶规格化中心矩导出 7 个不变矩组 Φ。不变矩描述分割出的区域时,具有对平移、旋转和尺寸大小变化都不变的性质。

利用二阶和三阶规格中心矩导出的 7 个不变矩组为

$$
\begin{cases}
\Phi_1 = \eta_{20} + \eta_{02} \\
\Phi_2 = (\eta_{20} - \eta_{02})^2 + 4\eta_{11}^2 \\
\Phi_3 = (\eta_{30} - 3\eta_{12})^2 + (3\eta_{21} + \eta_{03})^2 \\
\Phi_4 = (\eta_{30} + \eta_{12}) + (\eta_{21} + \eta_{03})^2 \\
\Phi_5 = (\eta_{30} - 3\eta_{12})(\eta_{30} + \eta_{12})\lfloor(\eta_{30} + \eta_{12})^2 - 3(\eta_{21} + \eta_{05})^2\rfloor \\
\qquad + (3\eta_{21} - \eta_{03})(\eta_{21} + \eta_{03})[3(\eta_{30} + \eta_{12})^2 - (\eta_{21} + \eta_{03})^2] \\
\Phi_6 = (\eta_{20} - \eta_{02})[(\eta_{30} + \eta_{12})^2 - (\eta_{21} + \eta_{03})^2] + 4\eta_{11}(\eta_{30} + \eta_{12})(\eta_{21} + \eta_{03}) \\
\Phi_7 = (3\eta_{21} - \eta_{30})(\eta_{30} + \eta_{12})\lfloor(\eta_{30} + \eta_{12})^2 - 3(\eta_{21} + \eta_{03})^2\rfloor \\
\qquad + (3\eta_{21} - \eta_{03})(\eta_{21} + \eta_{03})[3(\eta_{03} + \eta_{12})^2 - (\eta_{12} + \eta_{03})^2]
\end{cases} \tag{8-25}
$$

例如,在飞行器目标跟踪与制导中,目标型心是一个关键性的位置参数,它的精确与否直接影响到目标定位。可用矩方法来确定型心。

矩方法是一种经典的区域形状分析方法,但由于它的计算量较大而缺少实用价值。四叉树近似表示以及近年来发展的平行算法、平行处理和超大规模集成电路的实现,为矩方法向实用化发展提供了基础。

2. 投影和截口

对于区域为 $n \times n$ 的二值图像和抑制背景的图像 $f(i,j)$,它在 i 轴上的投影为

$$p(i) = \sum_{j=1}^{N} f(i,j) \quad i = 1, 2, \cdots, n \tag{8-26}$$

在 j 轴上的投影为

$$p(j) = \sum_{i=1}^{N} f(i,j) \quad j = 1, 2, \cdots, n \tag{8-27}$$

由式(8-26)和式(8-27)所绘出的曲线都是离散波形曲线。这样就把二维图像的形状分析转化为对一维离散曲线的波形分析。

固定 i_0，得到图像 $f(i,j)$ 的过 i_0 而平行于 j 轴的截口 $f(i_0,j)(j=1,2,\cdots,n)$。固定 j_0，得到图像 $f(i,j)$ 的过 j_0 而平行于 i 轴的截口 $f(i,j_0)(j=1,2,\cdots,n)$。由于分别规定 i_0 和 j_0 所绘出的曲线也是两个一维离散波形曲线，那么二值图像 $f(i,j)$ 的截口长度为

$$\begin{cases} s(i_0) = \sum_{j=1}^{n} f(i_0,j) \\ s(j_0) = \sum_{i=1}^{n} f(i,j_0) \end{cases} \tag{8-28}$$

如果投影和截口都通过 $f(i,j)$ 中的区域，式(8-26)至式(8-28)均是区域的形状特征。

8.3.4　区域边界的形状特征描述

区域外部形状是指构成区域边界的像素集合。有时，需要使用既能比单个参数提供更多的细节，但又比使用图像本身更为紧凑的方法描述物体形状。形状描述子就是一种对物体形状的简洁描述，包括区域边界的链码、傅里叶描述算子、骨架化、细化、区域边界的Hough 变换和广义 Hough 变换等。轮廓跟踪是要删除图形内部的黑色像素，保留位于图形边界处的黑色像素；细化则是使给定的图形线宽变细，从而提取线宽为一个像素的中心线的操作。细化处理广泛用于指纹、电路图、染色体图的识别，这样将区域的边界或骨架转换成矢量或数量，并把它们作为区域的形状特征。

1. 链码描述

通过边界搜索等算法的处理，所获得的输出最直接的方式是各边界点像素的坐标，也可以用一组被称为链码的代码来表示，这种链码组合的表示既利于有关形状特征的计算，也利于节省存储空间。下面主要介绍方向链码。

用于描述曲线的方向链码法是由 Freeman 提出的，该方法采用曲线起始点的坐标和斜率(方向)来表示曲线。对于离散的数字图像而言，区域的边界轮廓可理解为相邻边界像素之间的单元连线逐段相连而成。对于图像某像素的 8-邻域，把该像素和其 8-邻域的各像素连线方向按图 8-15 所示进行编码，用 0、1、2、3、4、5、6、7 表示 8 个方向，这种代码称为方向码。其中偶数码为水平或垂直方向的链码，码长为 1；奇数码为对角线方向的链码，码长为 $\sqrt{2}$。图 8-16 所示为一条封闭曲线，若以 s 为起始点，按逆时针方向编码，所构成的链码为 556570700122333；若按顺时针方向编码，则得到链码与逆时针方向的编码不同。可见边界链码具有行进的方向性，在具体使用时必须加以注意。

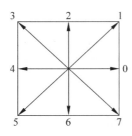

图 8-15　八链码原理

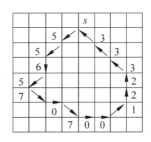

图 8-16　八链码例子

边界的方向链码表示既便于有关形状特征的计算，又节省存储空间。从链码可以提取一系列的几何形状特征。

　　（1）区域边界的周长。假设区域的边界链码为 $a_1a_2\cdots a_n$，每个码段 a_i 所表示的线段长度为 Δl_i，那么该区域边界的周长为

$$P = \sum_{i=1}^{n} \Delta l_i = n_e + (n - n_e)\sqrt{2} \tag{8-29}$$

式中，n_e 为链码序列中偶数码个数；n 为链码序列中码的总个数。

　　（2）计算区域的面积。对 x 轴的积分 S 就是面积，即

$$S = \sum_{j=1}^{n} a_{i0}\left(y_{i-1} + \frac{1}{2}a_{i2}\right) \tag{8-30}$$

式中，$y_i = y_{i-1} + a_{i2}$，y_0 为初始点的纵坐标，a_{i0} 和 a_{i2} 分别为链码第 i 环的长度在 $k=0$（水平）和 $k=2$（垂直）方向的分量。对于封闭链码（初始点坐标与终点坐标相同），y_0 能任意选择。按顺时针方向编码，根据式（8-30）得到链码所代表的包围区域的面积。

　　（3）对 x 轴的一阶矩（$k=0$），有

$$M_1^x = \sum_{i=1}^{n} \frac{1}{2}a_{i0}\left[y_{i-1}^2 + a_{i2}\left(y_{i-1} + \frac{1}{3}a_{i2}\right)\right] \tag{8-31}$$

　　（4）对 x 轴的二阶矩（$k=0$），有

$$M_2^x = \sum_{i=1}^{n} \frac{1}{3}a_{i0}\left[y_{i-1}^3 + \frac{3}{2}a_{i2}y_{i-1}^2 + a_{i2}^2\left(y_{i-1} + \frac{1}{4}a_{i2}\right)\right] \tag{8-32}$$

　　（5）对型心位置 (x_c, y_c)，有

$$\begin{cases} x_c = \dfrac{M_1^y}{S} \\[2mm] y_c = \dfrac{M_1^x}{S} \end{cases} \tag{8-33}$$

　　S、M_1^x 分别由式（8-30）和式（8-31）得到。M_1^y 是链码关于 y 轴的一阶矩，它的计算过程为：先将链码的每个方向码做旋转 90°的变换，得

$$a_i' = a_i + 2 \pmod 8 \quad i = 1, 2, \cdots, n \tag{8-34}$$

然后利用式（8-31）进行计算。

　　（6）两点之间的距离。如果链中任意两个离散点之间的码为 $a_1a_2\cdots a_m$，那么这两点间的距离为

$$d = \left[\left(\sum_{i=1}^{m} a_{i0}\right)^2 + \left(\sum_{i=1}^{m} a_{i2}\right)^2\right]^{\frac{1}{2}} \tag{8-35}$$

　　根据链码还可以计算其他形状特征。

　　链码的优点是：①简化表示、节约存储量；②计算简单方便，表达直观；③可了解线段的弯曲度。但是在描述形状时，信息并不完全，这些形状特征与具体形状之间并不一一对应，而是一对多的关系。通过这些特征并不能唯一地得到原来的图形。所以，这些特征可用于形状的描述，而不能用于形状的分类识别，但起补充作用。

2. 傅里叶描述子

　　区域边界可以用简单曲线来表示。设封闭曲线在直角坐标系表示为 $y = f(x)$，其中 x 为横坐标，y 为纵坐标。若以 $y = f(x)$ 直接进行傅里叶变换，则变换的结果依赖于坐标 x 和 y 的值，不能满足平移和旋转不变性要求。为了解决这个问题，引入以封闭曲线弧长 l 为自

变量的参数表示形式,即

$$Z(l) = (x(l), y(l)) \tag{8-36}$$

若封闭曲线的全长为 L,则 $L \geqslant l \geqslant 0$。若曲线的起始点 $l=0$,则 $\theta(l)$ 是曲线上某点切线方向。设 $\varphi(l)$ 为曲线从起始点到弧长为 l 的点曲线的旋转角度,$\varphi(l)$ 随弧长 l 而变化,显然它是平移和旋转不变的,如图 8-17 所示。则

$$\varphi(l) = \theta(l) - \theta(0) \tag{8-37}$$

把 $\varphi(l)$ 化为 $[0, 2\pi]$ 上的周期函数,用傅里叶级数展开,那么变换后的系数可用来描述区域边界的形状特征。因此,$\varphi(l)$ 的变化规律可以用来描述封闭曲线 r 的形状。

引入新的变量 t,弧长 l 为

$$l = \frac{L(t)}{2\pi} \tag{8-38}$$

则 $l \in [0, L]$,$t \in [0, 2\pi]$。定义

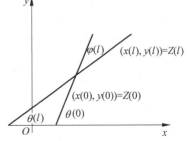

图 8-17　傅里叶描述图解

$$\varphi^*(t) = \varphi\left(\frac{L(t)}{2\pi}\right) + t \tag{8-39}$$

那么,$\varphi^*(t)$ 为 $[0, 2\pi]$ 上的周期函数,且 $\varphi^*(0) = \varphi^*(2\pi) = 0$。$\varphi^*(t)$ 在封闭曲线 r 平移和旋转条件下均为不变,并且 $\varphi^*(t)$ 与 r 封闭曲线是一一对应的关系。由于 $\varphi^*(t)$ 为周期函数,可用傅里叶系数对它进行描述,在 $[0, 2\pi]$ 上展开成傅里叶级数为

$$\varphi^*(t) = a_0 + \sum_{k=1}^{\infty} a_n \cos kt + b_n \sin kt \tag{8-40}$$

式中:

$$\begin{cases} a_0 = \dfrac{1}{2\pi} \displaystyle\int_0^{2\pi} \varphi^*(t) \, dt \\[3mm] a_n = \dfrac{1}{\pi} \displaystyle\int_0^{2\pi} \varphi^*(t) \cos nt \, dt \\[3mm] b_n = \dfrac{1}{\pi} \displaystyle\int_0^{2\pi} \varphi^*(t) \sin nt \, dt \end{cases} \tag{8-41}$$

其中,$n = 1, 2, \cdots$。

曲线 r 是由多边形折线的逼近构成的,假设曲线 r 的折线有 m 个顶点,即 $v_0, v_1, v_2, \cdots, v_{m-1}$,且该多边形的边长 $v_{i-1} v_i$ 的长度为 $\Delta l_i (i=1, 2, \cdots, m)$,则它的周长 $L = \sum\limits_{i=1}^{m} \Delta l_i$。令 $\lambda = \dfrac{L(t)}{2\pi}$,那么在多边形的情况下,傅里叶级数的系数分别为

$$\begin{cases} a_0 = \dfrac{1}{2\pi} \displaystyle\int_0^{2\pi} \varphi^*(t) \, dt = \dfrac{1}{L} \int_0^L \varphi(\lambda) \, d\lambda + \pi = -\pi - \dfrac{1}{L} \sum_{k=1}^{m} l_k (\varphi_k - \varphi_{k-1}) \\[4mm] a_n = \dfrac{2}{L} \displaystyle\int_0^L \left[\varphi(\lambda) + \dfrac{2\pi\lambda}{L} \right] \cos \dfrac{2\pi n\lambda}{L} \, d\lambda = \dfrac{2}{L} \sum_{k=0}^{m-1} \int_k^{l_{k+1}} \left[\varphi(\lambda) + \dfrac{2\pi\lambda}{L} \right] \cos \dfrac{2\pi n\lambda}{L} \, d\lambda \\[4mm] \quad = -\dfrac{1}{n\pi} \sum_{k=1}^{m} (\varphi_k - \varphi_{k-1}) \sin \dfrac{2\pi n l_k}{L} \\[4mm] b_n = \dfrac{1}{n\pi} \sum_{k=1}^{m} (\varphi_k - \varphi_{k-1}) \sin \dfrac{2\pi n l_k}{L} \end{cases} \tag{8-42}$$

式中，$n=1,2,\cdots$。这样，曲线 r 就可用傅里叶级数来描述，故称为傅里叶描述子。傅里叶描述子是区域外形边界变换的一种经典方法，在二维和三维的形状分析中起着重要的作用。

3. 骨架化

骨架化是一种将区域结构形状简化为图形的重要方法。下面介绍距离变换和中轴变换两种骨架化的方法。

距离变换是把任意图形转换成线划图的最有效方法之一。它是求二值图像中各个 1 像素到 0 像素的最短距离的处理。

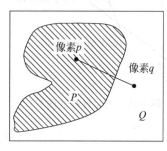

图 8-18　二值图像

对图 8-18 所示的二值图像，图像中两个像素 p 和 q 间的距离可以用适当的距离函数来测量。设 P 为 $B(p)=1$ 的像素区域，Q 为 $B(q)=0$ 的像素区域，求从 P 中任意像素到 Q 的最小距离叫做二值图像的距离变换。

下面以 4-邻接方式为例，介绍二值图像距离变换的并行处理算法原理。

对二值图像 $f(i,j)$，距离变换 k 次的图像为 $g^k(i,j)$，当 $f(i,j)=1$ 时，$g^0(i,j)=C$（非常大）；$f(i,j)=0$ 时，$g^0(i,j)=0$。对图像 $f(i,j)$ 进行以下处理，即

$$g^{k+1}(i,j) = \begin{cases} \min\{g^k(i,j),g^k(i,j-1)+1,g^k(i-1,j)+1, \\ \quad g^k(i+1,j)+1,g^k(i,j+1)+1\}, & \text{当 } f(i,j)=1 \text{ 时} \\ 0, & \text{当 } f(i,j)=0 \text{ 时} \end{cases} \tag{8-43}$$

对全部 i、j 取 $g^{k+1}(i,j)=g^k(i,j)$ 时，g^k 便是所求的距离变换图像。

在经过距离变换得到的图像中，最大值点的集合就形成骨架，即位于图像中心部分的线状像素的集合。也可以看作是图形各内接圆中心的集合，它反映了原图形的形状。给定距离和骨架就能恢复该图形，但恢复的图形不能保证原始图形的连接性。该方法常用于图形压缩、提取图形幅宽和形状特征等。

一个区域的骨架化还可以采用 Blum 于 1967 年提出的中轴变换。物体的内部一点位于中轴上的充要条件是，它是一个物体与边界相切于两个相邻点的圆的圆心。与中轴上每点相联系的一个值是上述圆的半径，它代表了从该点到边界的最短距离。具体而言，就是对于区域 R 中的每个点 p，找到它在区域 R 边界上最接近的点，如果 p 有多个这样的点，就认为 p 属于区域 R 的中轴。其中最接近的描述由距离的定义来决定，比如欧氏距离、街区距离、棋盘距离等。尽管区域的中轴变换能生成比较好的骨架，但由于计算区域中的每个内部点到其边界点的距离，直接实现这一定义需要大量的计算。

找出中轴的另一个方法是用腐蚀法，该方法通过依次一层一层地去除外部周边点来找到中轴。在此过程中，如果去掉某一点会使物体变为不连通，那么该点就在中轴上，它的值就是已去除的层数。

中轴变换对于找出细长而弯曲物体的中心轴线很有用。通常，它仅作为一幅图使用，而忽略它所产生的值。其他的形状描述子，如物体具有的分支数和物体的总长，可以从中轴变换图本身计算出来。

对二值图像来说，中轴变换能够保持物体的原本形状。这意味着该变换是可逆的，并且物体可以由它的中轴变换重建。对数字图像用矩形采样网格编程处理时，逆变换可能会与

原来物体有细小的差别。图8-19(a)是一个染色体的数字图像,图8-19(b)显示了它的中轴变换。中轴变换还可以对灰度图像进行计算。

4. 细化

从二值图像中提取线宽为1像素的中心线的操作称为细化。细化从处理方法上分为顺序处理和并行处理,从连接性上分为8-邻接细化和4-邻接细化。这里介绍以8-邻接细化中有代表性的希尔迪奇(Hilditch)方法。

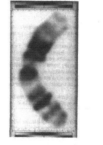

(a) 染色体数字图像　(b) 中轴变换

图8-19　中轴变换的例子

像素(i,j)记为p,其8-邻域的像素用p_k表示,如图8-20(a)所示,$k \in N_8 = \{0,1,2,\cdots,7\}$。二值图像细化步骤如下:

(1) 按光栅扫描顺序研究二值图像的像素p,当p完全满足以下6个条件时,把$B(p)$置换成-1。但是,条件2、条件3、条件5是在并行处理方式中所用的各像素的值。条件4及条件6是在顺序处理方式中所用的各像素的值。对已置换成-1的像素,在不用当前处理结果的并行处理方式中,把该像素的值复原到1,而在用当前处理结果的顺序处理方式中,仍为-1。

条件1:$B(p) = 1$

条件2:p是边界像素的条件,即

$$\sum_{k \in N_4} a_{2k} \geqslant 1 \quad N_4 = \{0,1,2,3\} \tag{8-44}$$

式中,$a_k = \begin{cases} 1, & B(p_k) = 0 \\ 0, & \text{其他情况} \end{cases}$,因为像素是8-邻接,所以对于像素$p$,假如$p_0$、$p_2$、$p_4$、$p_6$中至少有一个是0时,则$p$就是边界像素。

条件3:不删除端点的条件,即

$$\sum_{k \in N_8} (1 - a_k) \geqslant 2 \quad N_8 = \{0,1,2,\cdots,7\} \tag{8-45}$$

对像素p来说,从p_0至p_7中只有一个像素为1时,则把p叫做端点。这时$\sum (1-a_k) = 1$。

条件4:保存孤立点的条件,即

$$\sum_{k \in N_8} C_k \geqslant 1 \quad C_k = \begin{cases} 1, & B(p_k = 1) \\ 0, & \text{其他情况} \end{cases} \tag{8-46}$$

当$p_0 \sim p_7$全部像素都不是1时,p是孤立点,这时$\sum C_k = 0$。

条件5:保持连接性的条件,即

$$N_C^{(8)}(p) = 1 \tag{8-47}$$

$N_C^{(8)}(p)$是像素p的连接数[图8-20(b)]。如图8-20(a)、(b)所示,对p_{01}、p_{02}来说,式(8-47)的$N_C^{(8)}(p)$的值是1,即使消除这个像素,也就是把这个像素的值变为0,也不改变连接性。可是对p_{03}、p_{04}来说,因为式(8-47)的$N_C^{(8)}(p)$的值是2,所以不能消除这个像素。从图8-20(c)、(d)中明显可以看到,如果消除p_{03}和p_{04},则斜线的连接性就失掉了。

条件6:对于线宽为2的线段,只单向消除的条件,即

$$B(p_i) \neq -1 \quad \text{或} \quad X_C(p) = 1 \quad i \in N_8 = \{0,1,2,\cdots,7\} \tag{8-48}$$

$X_C(p)$是$B(p_i)=0$时，像素p的连接数$N_C^{(8)}(p)$。以图 8-21 为例说明这个条件。对p_{02}像素，式(8-48)成立，即从p_0至p_7的像素，$B(p_i)\neq-1$，因此，p_{02}可以消除，使$B(p_{02})=-1$。另外对p_{01}来说，$B(p_{02})=-1$，而且$X_C(p)$（p_{02}为 0 时，像素p_{01}的连接数）为 2，不满足式(8-48)，所以p_{01}不能消除。同理，p_{03}可以消除，p_{04}不能消除。

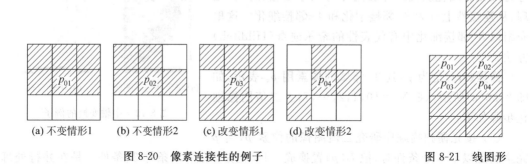

(a) 不变情形1　(b) 不变情形2　(c) 改变情形1　(d) 改变情形2

图 8-20　像素连接性的例子　　　　　　　图 8-21　线图形

（2）对于$B(i,j)=-1$的全部像素(i,j)，使$B(i,j)=0$。然后反复进行（1）的操作，直到$B(i,j)=-1$的像素不存在时结束线的细化处理。这时，能够得到宽度为 1 的线图形。

除了上述 Hilditch 消除方法外，还有其他细化方法，如掩模细化、内接圆细化等。细化方法不同，所得细化图形多少有些不同。另外，不管是哪种细化方法，都存在着不足，如噪声的影响等，在线图形的外围上有尖状突起的时候，如不消除它，到最后判断时将有分支。但像这种外围上的不规则性在被增强的形状上有时在中心线上表现出来，出现毛刺。所以，消除噪声和去毛刺法有待进一步研究。

5. 区域边界的 Hough 变换和广义 Hough 变换

Hough 变换和广义 Hough 变换的目的是寻找一种从区域边界到参数空间的变换，并用大多数边界点满足的对应参数来描述这个区域的边界。对于区域边界由于噪声干扰或一个目标被另一个目标遮盖而引起的边界发生某些间断的情形，Hough 变换和广义 Hough 变换是一种行之有效的形状分析工具。

Hough 变换方法是利用图像全局特性直接检测目标轮廓，即可将边缘像素连接起来组成区域封闭边界的一种常见方法。在预先知道区域形状的条件下，利用 Hough 变换可以方便地得到边界曲线而将不连续的边缘像素点连接起来。Hough 变换的主要优点是受噪声和曲线间断的影响较小。

Hough 变换的基本思想是点一线的对偶性。图像变换前在图像空间，变换后在参数空间。如图 8-22(a) 所示，在直角坐标系中一条直线 l，原点到该直线的垂直距离为ρ，垂线与x轴的夹角为θ，则这条直线方程为

$$\rho = x\cos\theta + y\sin\theta \tag{8-49}$$

而这条直线用极坐标表示则为点(ρ,θ)，如图 8-22(b) 所示。可见，直角坐标系中的一条直线对应极坐标系中的一点，这种线到点的变换就是 Hough 变换。

在直角坐标系中过任一点(x_0,y_0)的直线系，如图 8-22(c) 所示，满足

$$\rho = x_0\cos\theta + y_0\sin\theta = (x_0^2 + y_0^2)^{\frac{3}{2}}\sin(\theta + \phi) \tag{8-50}$$

其中：

$$\phi = \arctan\left(\frac{y_0}{x_0}\right) \tag{8-51}$$

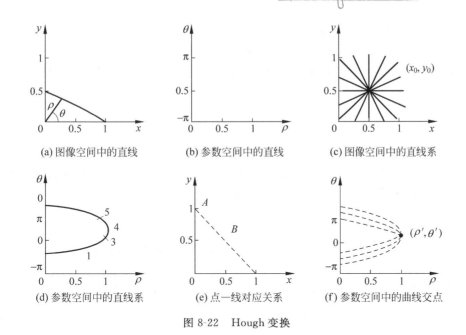

图 8-22 Hough 变换

而这些直线在极坐标系中所对应的点(ρ,θ)构成图 8-22(d)中的一条正弦曲线;反之,在极坐标系中位于这条正弦曲线上的点,对应直角坐标系中过点(x_0,y_0)的一条直线,如图 8-22(e)所示。设平面上有若干点,过每点的直线系分别对应于极坐标上的一条正弦曲线。若这些正弦曲线有共同的交点(ρ',θ'),如图 8-22(f)所示,则这些点共线,且对应的直线方程为

$$\rho' = x\cos\theta' + y\sin\theta' \tag{8-52}$$

因此,图像空间中共线的点对应于参数空间中相交的线。反过来,在参数空间中相交于同一点的所有线在图像空间中都有共线的点与之对应。这就是点线对偶性。因此,当给定图像空间中的一些边缘点时,就可以通过 Hough 变换确定连接这些点的直线方程。把在图像空间中的直线检测问题转换到参数空间中对点的检测问题,通过在参数空间里进行简单的累加统计即可完成检测任务。毋庸置疑,检测点应该比检测线容易,因而 Hough 变换虽然简单,但作用不容小觑。这就是 Hough 变换检测直线的原理。其算法步骤如下:

(1) 在ρ,θ的极值范围内对其分别进行m、n等分,设一个二维数组的下标与ρ_i,θ_j的取值对应。

(2) 对图像上的边缘点作 Hough 变换,求每个点在$\theta_j(j=0,1,\cdots,n)$变换后ρ_i,判断(ρ_i,θ_j)与哪个数组元素对应,则让该数组元素值加 1。

(3) 比较数组元素值的大小,最大值所对应的(ρ_i,θ_j)就是这些共线点对应的直线方程的参数。共线方程为

$$\rho_i = x\cos\theta_j + y\sin\theta_j \tag{8-53}$$

在具体计算时,需要在参数空间建立一个二维的累加数组。设这个累加数组为 $\text{sum}(\rho,\theta)$,如图 8-23 所示,其中,$(\rho_{\min},\theta_{\min})$和$(\rho_{\max},\theta_{\max})$分别为预期的取值范围。开始时置数组 $\text{sum}(\rho,\theta)$为 0,然后对每一个图像空间中的给定边缘点,记θ取遍θ轴上的所有可能值,并根据式(8-53)计算出对应的ρ,再根据θ和ρ的值(设都已经取整)对 $\text{sum}(\rho,\theta)$进行累加,即 $\text{sum}(\rho,\theta)=\text{sum}(\rho,\theta)+1$。累加结束后,根据 $\text{sum}(\rho,\theta)$的值就可以知道有多少点是共线的,即 $\text{sum}(\rho,\theta)$的值就是在(ρ,θ)处共线点的个数。从而 Hough 变换不仅能判断图像中是否

存在直线，还能确定直线的具体位置。由上可知，对 ρ、θ 量化过粗，直线参数就不精确，过细则计算量增加。因此，对 ρ、θ 量化要兼顾参数量化精度和计算量。

此外 Hough 变换可推广用于检测图像中是否存在某一特定形状物体，特别对于较难用解析公式表示的某些形状物，可用广义 Hough 变换去找出图像中这种任意形状的存在位置。例如，寻找圆，设圆的方程为

$$(x-a)^2 + (y-b)^2 = R^2 \tag{8-54}$$

这时参数空间增加到三维，由 a、b、R 组成，如像找直线那样直接计算，计算量增大，不合适。若已知圆的边缘点（当然图中还有其他非圆的边缘点混在一起），而且边缘方向已知，则可减少一维处理，把式(8-54)对 x 取导数，有

$$2(x-a) + 2(y-b) \cdot \frac{dy}{dx} = 0 \tag{8-55}$$

这表示参数 a 和 b 不独立，利用式(8-55)后，解式(8-55)只需用两个参数（如 a 和 R）组成参数空间，计算量就缩减很多。

又如寻找椭圆，为检测图中是否存在椭圆边缘，可仿照上述步骤进行。设椭圆方程为

$$\frac{(x-x_0)^2}{a^2} + \frac{(y-y_0)^2}{b^2} = 1 \tag{8-56}$$

取导数为

$$\frac{x-x_0}{a^2} + \frac{y-y_0}{b^2} \cdot \frac{dy}{dx} = 0 \tag{8-57}$$

可见这里有 3 个独立参数，只需要从 (a,b,x_0,y_0) 中选择 3 个参数进行检测。

再如图 8-24 所示的任意形状物，在形状物中可确定一个任意点 (x_c,y_c) 为参考点，从边界上任一点 (x,y) 到参考点 (x_c,y_c) 的长度为 r。它是 ϕ 的函数，ϕ 是 (x,y) 边界点上的梯度方向。通常是把 r 表示为 ϕ 的参数 $r(\phi)$。(x_c,y_c) 到边界连线的角度为 $\alpha(\phi)$，则 (x_c,y_c) 应满足式(8-58)，即

$$\begin{cases} x_c = x + r(\phi)\cos\alpha(\phi) \\ y_c = y + r(\phi)\sin\alpha(\phi) \end{cases} \tag{8-58}$$

式中，(x,y) 为边界上任一点；ϕ 为该点的梯度方向。设已知边界 R，可按 ϕ 的大小列成一个二维表格，即 $\phi_i \sim (\alpha,r)$ 表，ϕ_i 确定后可查出 α 和 r，经式(8-58)计算可得到 (x_c,y_c)。

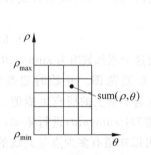

图 8-23　参数空间中的累加数组

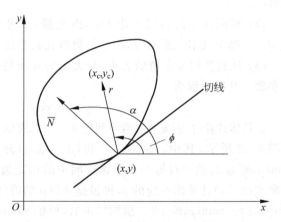

图 8-24　广义 Hough 变换

对已知形状建立 R 表格后,开辟一个二维存储区,对未知图像各点都查已建立的 R 表,然后计算 (x_c, y_c),若未知图像各点计算出的 (x_c, y_c) 很集中,就表示已找到该形状的边界。集中的程度就是找最大值。具体步骤如下:

(1) 对将要找寻的某物边界建立一个 R 表,这是一个二维表,以 ϕ_i 的步进值求 r 和 α。

(2) 在需要判断被测图像中有无已知某物时,也可对该图像某物各点在内存中建立一存储区,存储内容是累加的。把 x_c,y_c 从最小到最大用步进表示,并作为地址,记做 $A(x_{\text{cmin}-\text{max}}, y_{\text{cmin}-\text{max}})$,存储阵列内容初始化为零。

(3) 对图像边界上每一点 (x_i, y_i),计算 ϕ,查原来的 R 表计算 (x_c, y_c),即

$$\begin{cases} x_c = x + r(\phi)\cos[\alpha(\phi)] \\ y_c = y + r(\phi)\sin[\alpha(\phi)] \end{cases} \tag{8-59}$$

(4) 使相应的存储阵列 $A(x_c, y_c)$ 加 1,即

$$A(x_c, y_c) = A(x_c + y_c) + 1 \tag{8-60}$$

在阵列中找一最大值,就找出了图像中符合要找的某物体边界。

8.4 图像的纹理分析技术

纹理分析是从遥感图像分析技术中发展起来的。纹理分析的方法大致分为统计方法和结构方法两大类。前者从图像有关属性的统计分析出发;后者则着力找出纹理及基元,然后从结构组成上探索纹理的规律,或者直接探索纹理构成的结构规律。例如,遥感图像中的森林、山脉、草地的纹理细而无规则,一般采用统计方法。对比较有规则的纹理,一般采用结构方法。对于这两类方法,其中占主导地位的仍然是统计方法。目前对于统计方法,有进行纹理区域统计特性研究的;有对像素邻域内的灰度或其他属性的一阶统计特性进行研究的;有对一对像素或多像素的灰度或其他属性的二阶甚至高阶统计特性进行研究的;也有用模型,如 Markov 模型、Fractal 模型来描述纹理的。总之,用统计方法进行纹理分析的方法很多,本节着重介绍其中最经典、最常用的几种纹理特征提取和分析的方法。在介绍具体的方法之前,先看看纹理分析的概念。

8.4.1 纹理分析概念

纹理是图像分析中常用的概念,指的是图像像素灰度级或颜色的某种变化,主要研究如何获得图像纹理特征和结构的定量描述和解释,以便于图像分析、分割和理解。尽管纹理在图像分类和图像分析中所起的作用非常重要,而且存在范围非常广泛,从多光谱卫星图片到细胞组织的图像几乎都包含有各式各样的纹理,但是关于图像纹理的精确定义至今尚未做出。一般来说,可以认为纹理由许多相互接近、相互编织的元素构成,并常具有周期性。图 8-25 给出了几种不同的纹理图像。

图像中反复出现的纹理基元和它们的规则排列形成了图像的纹理。纹理基元是指由像素组成的具有一定形状和大小的多种图像基元的组合,如圆斑、块状、花布的花纹等。纹理是真实图像固有的特征之一,任何物体的表面在放大到一定程度后均会显现出纹理结构,量化区域的纹理内容可以对区域进行描述。因此,纹理是图像中一个重要而又难以描述的特

性,至今还没有公认的定义。总的来说,对于纹理的定义大体可以从 3 个方面来描述:其一,具有某种局部的序列性,并在该序列更大的区域内不断重复;其二,序列由基本部分非随机排列组成;其三,各个部分大致都是均匀的统一体。

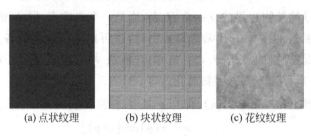

(a) 点状纹理　　　(b) 块状纹理　　　(c) 花纹纹理

图 8-25　几种纹理图像

纹理分析是指通过一定的图像处理技术抽取出纹理特征,从而获得纹理的定量或定性描述的处理过程。纹理特征是从图像中计算出来的一个值,它对区域内部灰度级变化的特征进行量化。通常纹理特征与物体的位置、走向、尺寸、形状有关,但与平均灰度级(亮度)无关。纹理分析的基本过程是先从像素出发,在纹理图像中提取出一些辨识力比较强的特征,作为检测出的纹理基元,并找出纹理基元排列的信息,建立纹理基元模型,然后再利用此纹理基元模型对纹理图像进一步分割、分类或是辨识等处理。目前,已有不少纹理特征提取及辨识的方法,但由于在实际处理的纹理图像中纹理的随机性非常大,因此很难找到一种广泛适用的纹理模型,而通常使用的纹理模型往往是针对某些特定应用而专门设计的。

纹理分析及其相关问题作为一个相当重要的研究领域,已引起广泛的研究和讨论,目前已成功应用于许多重要的工业领域,如气象云图多是纹理型的,在红外云图上各种云类呈现的纹理特征完全不同,所以可以用纹理作为模式识别的一大特征。卫星或飞机从地球表面取得的遥感图像大部分呈纹理型,地表的山脉、草地、沙漠、大片森林、城市建筑群等均表现了不同的纹理特征,利用纹理特征进行分析,可以进行区域识别、国土整治、森林利用、城市发展、土地荒漠化等在国民经济的各方面很有价值的宏观研究与应用。在显微图像中,细胞图像的细胞核结构变化信息反映在图像上是纹理变化、催化剂表面图像等具有明显的纹理特征,对其进行纹理特征分析,可以得到细胞性质的鉴别信息、催化剂的活性信息。

8.4.2　空间灰度共生矩阵

在灰度直方图中,由于各个像素的灰度是独立进行处理的,因此不能很好地反映纹理中灰度级空间相关性的规律。为了解决这个问题,很自然的希望研究图像中两个像素灰度级联合分布的统计形式,正是基于这种思想,1973 年 Haralick 等人提出了用灰度共生矩阵来描述纹理特征,这个方法能很好地表征图像表面灰度分布的周期规律。虽然这个方法已有了较长的研究历史,但目前仍然是一种重要的纹理分析方法。

灰度共生矩阵就是从 $N \times N$ 的图像 $f(x,y)$ 的灰度为 i 的像素出发,统计与距离为 $\delta = (dx^2 + dy^2)^{1/2}$,灰度为 j 的像素同时出现的概率 $P(i,j,\delta,\theta)$,如图 8-26 所示。用数学表达式则为 $P(i,j,\delta,\theta) = \{[(x,y),(x+dx,y+dy)] \mid f(x,y) = i, f(x+dx,y+dy) = j\}$。根据这个定义,所构成的灰度共生矩阵的第 i 行、第 j 列元素,表示图像上所有在 θ 方向,相隔为 δ,一个灰度 i 值和另一个灰度 j 值的像素点对出现的频率。这里 θ 取值一般为 0°、45°、90°、

135°。δ的取值与图像有关,一般根据实验确定。(x,y)是图像中的像素坐标,x、y的取值范围为$[0,N-1]$,L为图像的最大灰度级数目,i、j取值范围为$[0,L-1]$。根据这种定义所获得的灰度共生矩阵为$L\times L$。因此,如果一幅图像的灰度级数目为256,那么灰度共生矩阵则为256×256,这样计算出来的灰度共生矩阵太大,不利于计算。鉴于此问题,一般则采取一个预处理。即在计算灰度共生矩阵之前,根据图像直方图,将其变换为16级的灰度图像,然后求灰度共生矩阵。下面以图8-27所示的数字灰度图像为例,具体讨论各个方向灰度共生矩阵的获取。

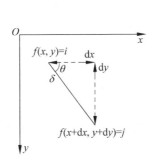

图8-26　灰度共生矩阵的像素对

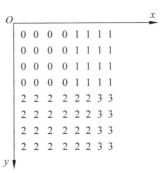

图8-27　一幅数字灰度图像

1. 0°方向灰度共生矩阵

当$\theta=0°$时,$dx=1$,$dy=0$,由于所给图像(图8-27)中只有4个灰度级,因此所求得的灰度共生矩阵的大小为4×4,其具体计算过程如下,首先根据灰度共生矩阵中的位置,实际为图像中的灰度对,对图8-27所示的图像按水平方向逐行进行统计[图8-28(a)],将得到的数目作为灰度共生矩阵中相应位置的数值。比如要计算灰度共生矩阵中位置为$(0,0)$的值,则对图像从上到下、从左到右依次进行扫描统计,相邻两个像素间隔为1,对于第一行,统计

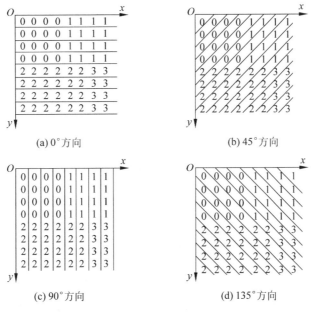

(a) 0°方向

(b) 45°方向

(c) 90°方向

(d) 135°方向

图8-28　灰度共生矩阵计算示意图

出来位置为(0,0)的值为3,具有这样的值的行数共4行,所以灰度共生矩阵中位置为(0,0)的值为12。又比如计算位置为(0,1)的值,第一行中满足这个条件的只有1个,逐行扫描中发现满足这个条件的还有3行,也就是说,满足(0,1)这样的灰度对的行数共4行,每行一个,即灰度共生矩阵中位置为(0,1)的值为4。依次类推,则可以将0°方向灰度共生矩阵计算出来,其结果如图8-29(a)所示。

2. 45°方向灰度共生矩阵

当$\theta=45°$时,$dx=1$,$dy=-1$,其具体计算过程如下,首先根据灰度共生矩阵中的位置,实际为图像中的灰度对,对图8-27所示的图像按图8-28(b)所示方向逐行进行统计,将得到的数目作为灰度共生矩阵中相应位置的数值。45°方向灰度共生矩阵计算结果如图8-29(b)所示。

3. 90°方向灰度共生矩阵

当$\theta=90°$时,$dx=0$,$dy=-1$,其具体计算过程如下,首先根据灰度共生矩阵中的位置,实际为图像中的灰度对,对图8-27所示的图像按图8-28(c)所示方向逐行进行统计,将得到的数目作为灰度共生矩阵中相应位置的数值。90°方向灰度共生矩阵计算结果如图8-29(c)所示。

4. 135°方向灰度共生矩阵

当$\theta=135°$时,$dx=-1$,$dy=-1$,其具体计算过程如下,首先根据灰度共生矩阵中的位置,实际为图像中的灰度对,对图8-27所示的图像按图8-28(d)所示方向逐行进行统计,将得到的数目作为灰度共生矩阵中相应位置的数值。135°方向灰度共生矩阵计算结果如图8-29(d)所示。

$$\boldsymbol{P}(0°)=\begin{bmatrix}12 & 4 & 0 & 0\\ 4 & 12 & 0 & 0\\ 0 & 0 & 20 & 4\\ 0 & 0 & 4 & 4\end{bmatrix}\qquad \boldsymbol{P}(45°)=\begin{bmatrix}9 & 3 & 4 & 0\\ 3 & 9 & 1 & 2\\ 4 & 1 & 15 & 3\\ 0 & 2 & 3 & 3\end{bmatrix}$$

(a)　　　　　　　　　　(b)

$$\boldsymbol{P}(90°)=\begin{bmatrix}12 & 0 & 4 & 0\\ 0 & 12 & 2 & 2\\ 4 & 2 & 18 & 0\\ 0 & 2 & 0 & 6\end{bmatrix}\qquad \boldsymbol{P}(135°)=\begin{bmatrix}9 & 3 & 3 & 0\\ 3 & 9 & 3 & 1\\ 3 & 3 & 15 & 3\\ 0 & 1 & 3 & 3\end{bmatrix}$$

(c)　　　　　　　　　　(d)

图 8-29　灰度共生矩阵计算结果

　　灰度共生矩阵反映了图像灰度关于方向、相邻间隔、变化幅度的综合信息,它可作为分析图像基元和排列结构的信息。作为纹理分析的特征量,往往不是直接应用计算的灰度共生矩阵,而是在灰度共生矩阵的基础上再提取纹理特征量。基于共生矩阵就可以定义和计算几个常用的纹理描述符,具体定义如下。

　　熵值是图像所具有的信息量的度量,纹理信息也属于图像的信息。若图像没有任何纹理,则灰度共生矩阵几乎为零矩阵,熵值接近为零。若图像为较多的细小纹理,则灰度共生矩阵中的数值近似相等,图像的熵值最大;若仅有较少的纹理,则灰度共生矩阵中的数值差

别较大,图像的熵值就较小。熵值的定义为

$$H = -\sum_{i=1}^{N}\sum_{j=1}^{N} P_{ij} \log P_{ij} \tag{8-61}$$

另外,还有惯性、能量等也是常用的纹理特征。其定义分别为

惯性

$$I = \sum_{i=1}^{N}\sum_{j=1}^{N} (i-j)^2 P_{ij} \tag{8-62}$$

能量

$$E = \sum_{i=1}^{N}\sum_{j=1}^{N} P_{ij}^2 \tag{8-63}$$

8.4.3 纹理能量测量

若只依据单像元及其邻域的灰度分布或某种属性去作纹理测量,其方法就称为二阶统计分析方法。前面介绍的灰度共生矩阵是一种典型的二阶统计分析方法。显然,一阶方法比二阶方法简单。Laws的纹理能量测量方法是一种典型的一阶分析方法,在纹理分析领域有一定的影响。

Laws纹理测量的基本思想是设置两个窗口:一是微窗口,可以为 3×3、5×5 或 7×7、通常取 5×5,用来测量以像元为中心的小区域内灰度的不规则性,以形成属性,也称为窗口滤波;二是宏窗口,可以为 15×15 或 32×32,用来在更大的窗口上求属性量的一阶统计特性,常为均值或标准偏差,也称为能量变换。其具体实现就是用定义的一些模板与图像进行卷积,以便于检测出不同的纹理能量信息,图 8-30 给出了 4 个比较强的 5×5 模板,这 4 个模板可以分别检测出水平边缘、高频点、V 形状和垂直边缘的属性。

$$
\begin{bmatrix}
-1 & -4 & -6 & -4 & -1 \\
-2 & -8 & -12 & -8 & -2 \\
0 & 0 & 0 & 0 & 0 \\
2 & 2 & 12 & 8 & 2 \\
1 & 4 & 6 & 4 & 1
\end{bmatrix}
\qquad
\begin{bmatrix}
1 & -4 & 6 & -4 & 1 \\
-4 & 16 & -24 & 16 & -4 \\
6 & -24 & 36 & -24 & 6 \\
-4 & 16 & -24 & 16 & -4 \\
1 & -4 & 6 & -4 & 1
\end{bmatrix}
$$

(a)   (b)

$$
\begin{bmatrix}
-1 & 0 & 2 & 0 & -1 \\
-2 & 0 & 4 & 0 & -2 \\
0 & 0 & 0 & 0 & 0 \\
2 & 0 & -4 & 0 & 2 \\
1 & 0 & -2 & 0 & 1
\end{bmatrix}
\qquad
\begin{bmatrix}
-1 & 0 & 2 & 0 & -1 \\
-4 & 0 & 0 & 0 & -4 \\
-6 & 0 & 12 & 0 & -6 \\
-4 & 0 & 8 & 0 & -4 \\
-1 & 0 & 2 & 0 & -1
\end{bmatrix}
$$

(c)   (d)

图 8-30 纹理能量检测模板

8.4.4 纹理的结构分析方法和纹理梯度

1. 纹理的结构分析方法

纹理的结构分析方法是除统计方法之外的另一类纹理分析方法。该方法认为纹理是

由结构基元按照某种重复性规则而构成的模式，其表述过程实际是对纹理基元的提取以及对基元分布规则的描述。纹理的空间组织可以是随机的，可能一个基元对相邻基元有成对的依赖关系，或者几个基元同时相互关联。这样的关联可能是结构的、概率的或是函数的。

纹理基元可以是一个像素点，也可以是若干个灰度上比较接近的像素点的集合，由基元可以构成较为基本的、同时也是比较小的子纹理，最后由纹理按某种空间组织规则合成为一幅完整的纹理图像。图 8-31(a)中给出了 3 个纹理基元合成为一个子纹理的过程，对产生的子纹理应用规则的空间组织规则形成了如图 8-31(b)所示的纹理图像。根据纹理图像的基元组成可以明确：如果给出纹理基元 $h(x,y)$ 的排列规则 $r(x,y)$，就能够将这些基元按照规定的方式组织成所需的纹理模式 $t(x,y)$。可将纹理 $t(x,y)$ 定义为

$$t(x,y) = h(x,y) \otimes r(x,y) \tag{8-64}$$

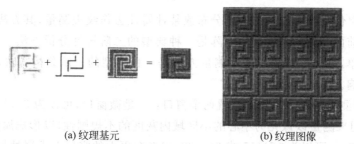

(a) 纹理基元   (b) 纹理图像

图 8-31　纹理的基元

2. 纹理梯度

纹理基本上是区域特性，图像中的区域对应景物中的表面，纹理基元在尺寸和方向上的变化，可以反映出景物中表面相对于照相机的转动倾斜。通常将利用纹理基元的变化去确定表面法线方向的技术，称为纹理梯度技术，也就是常说的从纹理到形状的研究。

举个简单的例子，假定景物中的表面为平面，现在来研究这个平面上的纹理，可以有以下几种方法：

(1) 将纹理图像分割为纹理基元，这些基元投影尺寸的变化速率决定了这个平面方向上投影基元尺寸变化最快的方向是纹理梯度的方向，这个方向可以确定该表面相对于相机转动了多少。如果给出了照相机的几何知识，利用纹理梯度的幅度还能帮助确定表面到底倾斜了多少。

(2) 要了解纹理基元自身的形状，由圆做纹理基元时，在成像过程中以椭圆形式出现，椭圆的主轴方向决定了椭圆所在表面相对于相机的转动，而短轴与长轴之比则反映了椭圆所在表面的倾斜程度。

(3) 假设纹理是纹理基元的规则网，纹理基元是平面上的小线段，小线段的方向是景物中平面上的两个正交方向。根据几何投影，景物中同一平面上有相同方向的直线，在投影成像平面上将会聚成点，这些点称为收远点，这两个收远点的连线提供了图像所在平面的方向，而平面对 z 轴的垂直位置确定了这平面的倾斜。

8.5　局部特征描述

8.5.1　概述

局部特征是从图像的内容出发,从图像局部区域中抽取的特征,包括边缘、角点、线、曲线和特别属性的区域等。因此,图像局部特征具备在多种图像变换下的不变性(如旋转、尺度、仿射、灰度不变性等)、无需预先对图像分割、低冗余性和独特性等特点,被广泛用于物体识别、图像匹配、图像分类、纹理分类、机器人定位及图像检索等领域。

一个好的局部特征应该具有下列性质:

(1)可重复性。局部特征的可重复性主要依赖于不变性和鲁棒性两方面。不变性是指局部特征不随图像大的变形而改变,鲁棒性是指局部特征对于小的变形不敏感,小的变形包括图像噪声、离散化效应、压缩、图像模糊等。

(2)独特性。特征的幅值模式需要呈现多样性,以便于区分和匹配。

(3)局部性。特征应该是局部的,以保证在没有先验分割的情况下,对于遮挡和杂乱背景具有鲁棒性。

(4)数量性。检测到的特征数目一定要多,即使在小的物体上也会有足够的特征。也就是说,特征的密集度最好能在一定程度上反映图像的内容。

(5)准确性。得到的特征应该能在图像的空间位置和特征的尺度方面被精确定位。

(6)高效性。指特征检测的时间效率越高越好,以便于满足实时性要求。

常见的局部不变特征分为角点类和区域类,因此局部不变特征的提取方法也顺理成章地分为角点检测子和区域检测子,如图 8-32 所示。

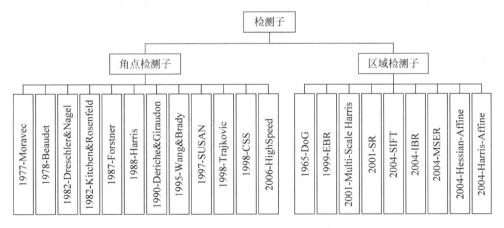

图 8-32　局部特征检测子的分类

8.5.2　角点检测

角点对应于物体的拐角,道路的十字路口、丁字路口等,图 8-33 所示为不同角点类型。角点可以定义为两个边缘的交点;也可定义为邻域内具有两个主方向的特征点。角点检测子与边缘检测一样采用局部坐标系,角点微分算子包括像素点的曲线曲率和灰度梯度,大的曲率意味着是两个边缘的角点,灰度梯度大则意味着是边缘点。角点所在的邻域也是图像中稳定的、信息量比较丰富的区域,这些邻域还可能具有各种的不变性,如旋转不变性、尺度不变性、仿射不变性和光照亮度不变性等。如果侧重于使用高斯微分算子来检测尺度空间三维中的角点,则采用的是第一种角点定义,即角点是两个边缘的交点。

图 8-33　不同类型的角点

从 20 世纪 70 年代至今,已有很多角点检测算法,这些角点检测算法大致可分为基于模板的角点检测、基于边缘特征的角点检测和基于亮度变化的角点检测三大类。基于边缘的角点检测方法很大程度上依赖于图像的分割和边缘提取,具有相当大的难度和计算量。基于灰度的方法是通过计算点的曲率和梯度来检测角点,弥补了基于边缘角点检测方法的不足,是目前研究的重点,此类方法主要有 Moravec 算子、Forstner 算子、Harris 算子和 SUSAN 算子等。Moravec 的角点检测方法通过灰度自相关函数来考虑一个像素和其邻域像素的相似性,在最小强度变化中寻找一个局部最大,这种角点检测方法的响应值是各向异性、有噪声和对边缘敏感。为了克服这种缺点,Harris 用微分算子替代了亮度块的方向移动,构造了具有结构信息的 2×2 Harris 矩阵,如果这个矩阵具有两个比较大的特征值,则被认为是一个角点特征。本节主要介绍 Harris 算子和 SUSAN 算子的角点检测。

1. Harris 角点检测

人类视觉对角点的识别通常是通过一个局部的小区域或小窗口完成的。经典的 Harris 角点检测是基于亮度变化的角点检测算法,具有较高的稳定性和鲁棒性,能够在图像旋转、灰度变化及噪声干扰等情况下准确地检测到角点。其基本思想是以图像中的某一点 (x,y) 为中心,从给定的图像局部小窗口 w 观察图像特征。对于平坦区域,任意方向移动小窗口 w,没有灰度变化;如果沿着边缘方向移动小窗口 w,无灰度变化就是边缘;如果窗口 w 向任意方向的移动都导致图像灰度的明显变化就确定为角点。Harris 算子以二阶矩阵(又称为自相关矩阵)为基础,图像 $I(x,y)$ 中点 (x,y) 处平移 $(\Delta x,\Delta y)$ 后的自相似性可以通过自相关函数给出,即

$$c(x,y,\Delta x,\Delta y) = \sum_{(u,v) \in W(x,y)} w(u,v) \left(I(u,v) - I(u+\Delta x,v+\Delta y) \right)^2 \qquad (8\text{-}65)$$

式中,$W(x,y)$ 是以点 (x,y) 为中心的窗口;$w(u,v)$ 为加权函数,它既可以是常数,也可以是高斯加权函数 $\mathrm{e}^{\frac{-(u-x)^2-(v-y)^2}{2\sigma^2}}$。根据泰勒级数展开,对图像 $I(x,y)$ 在平移 $(\Delta x,\Delta y)$ 后进行一阶近似,有

$$I(u+\Delta x,v+\Delta y) \approx I(u,v) + I_x(u,v)\Delta x + I_y(u,v)\Delta y$$

$$= I(u,v) + [I_x(u,v) \quad I_y(u,v)] \begin{bmatrix} \Delta x \\ \Delta y \end{bmatrix} \qquad (8\text{-}66)$$

式中,I_x、I_y 分别为图像 $I(x,y)$ 在 x 和 y 两个方向的偏导数。

因此式(8-65)就可以近似写成

$$c(x,y,\Delta x,\Delta y) = \sum_{(u,v) \in W(x,y)} w(u,v) \left(I(u,v) - I(u+\Delta x,v+\Delta y) \right)^2$$

$$\approx \sum_{(u,v) \in W(x,y)} w(u,v) \left([I_x(u,v) - I_y(u,v)] \begin{bmatrix} \Delta x \\ \Delta y \end{bmatrix} \right)$$

$$= \begin{bmatrix} \Delta x & \Delta y \end{bmatrix} M(x,y) \begin{bmatrix} \Delta x \\ \Delta y \end{bmatrix} \tag{8-67}$$

其中

$$M(x,y) = \sum_{(u,v) \in W(x,y)} w(u,v) \begin{bmatrix} I_x^2(x,y) & I_x(x,y)I_y(x,y) \\ I_x(x,y)I_y(x,y) & I_y^2(x,y) \end{bmatrix}$$

$$= \begin{bmatrix} \sum_w I_x^2(x,y) & \sum_w I_x(x,y)I_y(x,y) \\ \sum_w I_x(x,y)I_y(x,y) & \sum_w I_y^2(x,y) \end{bmatrix} \tag{8-68}$$

也就是说,图像 $I(x,y)$ 在点 (x,y) 处平移 $(\Delta x, \Delta y)$ 后的自相关函数可以近似为二次函数,如式(8-67)。矩阵 $M(x,y)$ 是一个实对称矩阵,在某一点图像灰度自相关函数的极值曲率可以由矩阵 $M(x,y)$ 的特征值近似表示,如果矩阵 $M(x,y)$ 的两个特征值都比较大,说明在该点的图像灰度自相关函数的两个正交方向上的极值曲率均较大,则该点为角点。椭圆函数特征值与图像中的角点、直线(边缘)、平面之间关系为:①椭圆函数一个特征值大,一个特征值小,$\lambda_1 > \lambda_2$ 或 $\lambda_2 > \lambda_1$ 的情况,则表明在图像中是边缘。自相关函数值表现为某一方向上大,在其他方向上小。②椭圆函数两个特征值都小,且近似相等,则表明在图像中是一个平面。自相关函数值表现为在各个方向都小。③椭圆函数的两个特征值都大,且近似相等,则表明在图像中是角点。自相关函数值表现为在所有方向上都增大。

尽管椭圆函数的特征值描述了图像中的角点、边缘和平面,但在角点判别中,Harris 算子并不需要计算具体的特征值,而是采用角点响应函数 R 作为检测角点特征的依据,即

$$R = \det M - \alpha (\text{trace} M)^2 \tag{8-69}$$

式中,$\det M$ 为矩阵 $M = \begin{bmatrix} A & B \\ B & C \end{bmatrix}$ 的行列式;$\text{trace} M$ 为矩阵 M 的迹;α 为经验常数,通常取值范围为 $0.04 \sim 0.06$。事实上,特征值是隐含在 $\det M$ 和 $\text{trace} M$ 中的,因为

$$\begin{cases} \det M = \lambda_1 \lambda_2 = AC - B^2 \\ \text{trace} M = \lambda_1 + \lambda_2 = A + C \end{cases} \tag{8-70}$$

根据响应值 R 大于零和小于零可以分别区分出图像中的边缘和角点,根据响应值 R 的绝对值比较小可以确定图像区域是属于一个平面。

在 Harris 角点检测中,对响应值 R 小于某一阈值的置为零,阈值提高,可以减少提取的角点数目;阈值减小,可以增加提取的角点数目,另外,邻域大小的改变将会影响提取角点的数目和容忍度,通常在 3×3 或 5×5 的邻域内进行非最大值抑制,局部最大值点即为图像中的角点。通过在局部极值点的邻域内对角点响应函数进行二次逼近,Harris 算子可以达到亚像素的定位精度。

Harris 角点实现步骤如下:

① 利用水平和垂直差分算子对图像每个像素进行滤波以求得 I_x 和 I_y,进而求得 $M(x,y)$ 中的 4 个元素的值。

② 对 $M(x,y)$ 中 4 个元素进行高斯平滑滤波,得到新的 $M(x,y)$。

③ 利用 $M(x,y)$ 计算对应于每个像素的角点响应函数 R。

④ 在角点响应函数矩阵中,同时满足 R 大于某一阈值和在某邻域内进行非最大值抑制

后的局部最大值这两个条件的点被确定为角点。这里通常采用的邻域大小为 3×3 或 5×5。

在使用 Harris 角点检测算子时，需要设置参数 α，而 α 的大小将影响角点响应值 R，进而影响角点提取数量。从式(8-69)中可以看出，增大 α 的值，将减小角点响应值 R，从而降低角点检测的灵敏性，减少被检测角点的数量；减小 α 的值，将增大角点响应值 R，从而增加角点检测的灵敏性，增加被检测角点的数量。从 Harris 角点检测的原理不难发现，在角点检测时，采用微分算子对图像进行微分运算，而微分运算对图像密度的拉伸或收缩、亮度的升高或下降不敏感。另外，由于角点判断是利用二阶矩阵来描述的，这个二阶矩阵可以表示为一个椭圆，而椭圆旋转并不会使特征值发生变化，因此 Harris 角点检测算子具有旋转不变性。

2. SUSAN 角点检测

基于局部梯度的方法对噪声影响比较敏感而且计算量大，英国学者 Smith 和 Brady 提出了一种基于形态学的角点特征检测方法。

如果多个像素属于同一目标，那么在相对较小的局部邻域内像素的亮度应该是一致的。基于这一假说，SUSAN 角点检测是基于最小核值相似区的一种处理灰度图像的局部区域角点提取算子。其原理为：用一个固定半径的圆形窗口模板在图像上滑动，圆形窗口模板中心像素点称为核。若模板内像素的灰度与模板核的灰度差值小于一定的阈值时，认为该点与核具有相似的灰度，所有满足这样条件的像素组成的区域称为核值相似区(Univalue Segment Assimilating Nucleus, USAN)。根据与核的灰度值的关系，圆形邻域内的所有像素被分为相似像素和不相似像素。通过这种方式为每个像素点生成一个关联的局部灰度相似性区域，区域的大小包含了该像素点处的图像结构信息。SUSAN 算子最突出的优点在于对于局部噪声不敏感，抗噪声的性能很好，且运算量小、速度快，具有平移和旋转不变性。具体表示为

$$c(r,r_0) = \begin{cases} 1, & \text{若 } |I(r)-I(r_0)| \leqslant t \\ 0, & \text{若 } |I(r)-I(r_0)| > t \end{cases} \tag{8-71}$$

式中，$c(r,r_0)$ 为模板内属于 SUSAN 区域的像素的判别函数；r_0 为模板核在二维图像中的位置；r 为模板内其他任意位置；$I(r_0)$ 是模板核的灰度值；$I(r)$ 为模板内其他任意像素的灰度值；t 为灰度差阈值，表示所能检测特征点的最小对比度，即能忽略的噪声的最大容限。图像中某一点的 SUSAN 区域大小可用式(8-72)表示，即

$$n(r_0) = \sum_{r \in \text{neibor}(r_0)} c(r,r_0) \tag{8-72}$$

$n(r_0)$ 就是模板核在 r_0 处模板内图像 USAN 的像元数量，USAN 区域的大小，反映了图像局部特征的强度，当模板完全处于背景或目标中时，USAN 区域最大，当模板移向目标边缘时，USAN 区域逐渐变小，当模板中心处于角点位置时，USAN 区域很小，也就是说在角点处，$n(r_0)$ 的值应该达到局部最小。

用模板扫描整个图像获得每个像素的 USAN 区域后，为了进行非最大值抑制，USAN 特征图像的定义为

$$R(r_0) = \begin{cases} g - n(r_0), & \text{若 } n(r_0) < g \\ 0, & \text{其他} \end{cases} \tag{8-73}$$

式中,g 为固定阈值,通常 $g=n_{max}$,n_{max} 为 $n(r_0)$ 所能达到的最大值。g 的大小不仅决定了所得到角点的尖锐程度,也决定了它能从 USAN 区域响应矩阵中提取特征的多寡,g 越小,所得到的特征点越尖锐。提取边缘时,g 值要大些,一般最大取 $3n_{max}/4$。当 USAN 的面积达到最小时,$R(r_0)$ 就达到最大。

SUSAN 算法可以一次性快速检测出角点、交点和边缘点,而且无方向性,并在 USAN 特征图像中保留着目标及背景的完整特征。由于 USAN 区域的计算是对核子邻域中相似灰度像素的累加,这实际上是一个积分的过程,对于高斯噪声具有很好的抑制作用。而且 SUSAN 算子检测避免了梯度计算,实现简单,计算量小。对于小目标图像,所有目标点都可以看作特征点,在低对比度图像中目标边缘模糊,基于 SUSAN 检测中对比度越低阈值 t 应越小的原则,应适当降低 t 的取值。

SUSAN 角点检测算子的实现步骤如下:
① 对图像中的每个像元,将核放在该像元上。
② 用式(8-72)计算模板圆内像元与核像元相似的像元数量,该像元数量即为 USAN。
③ 用式(8-73)计算角点的响应值。
④ 基于非最大值抑制,找到角点集。

8.5.3 区域描述子

与传统区域分割不同,这里所说的区域应该具有旋转、尺度以及仿射不变性的适应能力,同时区域一定要具有某种显著性特征,是图像中稳定的区域。目前稳定区域局部特征主要的描述子有最大稳定极值区域(Maximally Stable Extremal Regions,MSER)、基于边缘区域(Edge-Based Regions,EBR)、基于密度极值区域(Intensity Extrema-Based Regions,IBR)和显著性区域(Salient Regions,SR)。这里重点介绍最大稳定极值区域 MSER 描述子。

8.5.3.1 MSER 区域描述子

MSER 是由 Matas 等人借鉴分水岭算法的思想提出的最大稳定极值区域特征检测方法,目前广泛应用在物体识别、图像检索、场景分类等领域。MSER 思想类似于分水岭图像分割算法,极值区域通过分析图像像素点灰度值关系,构造出 4 连通图像区域。该类区域仅仅取决于区域内部与边界像素点间的灰度值关系,使得区域内部的像素点灰度值都比区域边界像素点灰度值大(极大值区域),或区域内部的像素点灰度值都比区域边界像素点灰度值小(极小值区域)。通常一幅图像的极值区域是很多的,Matas 提出一个稳定性判定条件,以获取指定阈值范围内的最大稳定极值区域。通过这种方法构造的区域不受图像连续性几何形变的影响,且对光照的线性变化也不敏感,因此能在不同图像上重复、可靠提取到相同内容的图像区域。通过不断的改变阈值对图像进行二值化分割,算法提取那些在一系列阈值下面积稳定的区域作为最稳定极值区域特征。

MSER 区域检测子是一种局部仿射不变特征检测子。MSER 先将目标图像转化成灰度图像,然后在灰度图像上进行定义。假设灰度图像 $I(x,y)$ 存在所有可能的阈值图像,阈值 $t\in(0,1,\cdots,255)$,对应阈值图像分别为 $I_0,I_1,\cdots,I_{255}$。如果图像 $I(x,y)$ 中某个像素低于阈值,就将该像素置为 0,不小于阈值就将该像素置为 1。下面给出最稳定极值区域的数学定义。

对于灰度图像 $I(x,y):D\in Z^2\to S$，如果 S 具有全序结构，即满足自反性、非对称性和传递二值关系，且 $S=\{0,1,\cdots,255\}$。像素间邻接关系定义为 $A\subset D\times D$（如 4-邻域或 8-邻域），如果 $\sum\limits_{q=1}^{d}|p_i-q_i|\leqslant1$，那么 p、q 就相邻，表示为 pAq。因此图像中区域 Q 定义为 D 上满足邻接关系 A 的连通子集，即对任意点 $p,q\in Q$，则有 $pAa_1,a_1Aa_2,a_nAq(a_i\in Q,i=1,2,\cdots,n)$。区域 Q 的边界 ∂Q 是由不属于 Q，但至少与 Q 中一个像素满足邻接关系的点集，即 $\partial Q=\{q|q\in D/Q,\exists\,p\in Q,qAp\}$ 构成。对于极值区域 $Q\subset D$ 和边界 ∂Q，如果满足 $\forall\,p\in Q$ 和 $\forall\,q\in\partial Q,I(p)>I(q)$ 恒成立，则称 Q 为极大值区域；反之如果 $I(p)<I(q)$ 恒成立，则称 Q 为极小值区域。令序列 $Q_1,Q_2,\cdots,Q_{i-1},Q_i,\cdots$ 表示一组相互嵌套的极值区域，即 $Q_{i-1}\subset Q_i$。如果 Q_i 的面积变化率 $q_i=\dfrac{|Q_{i+\Delta}-Q_{i-\Delta}|}{|Q_i|}$ 在 i 处取得局部最小值，则称 Q_i 为最稳定极值区域。其中 Δ 表示阈值的微小变化，$|.|$ 表示区域面积（即区域覆盖的像素个数）。

MSER 特征提取的结果是任意形状的区域特征，区域由包含它的边界像素点来定义，区域内的像素灰度值一致的低于或高于其区域外的灰度值。MSER 的一个主要优点就是它对连续或非线性的空间变换都有很好的鲁棒性。

8.5.3.2 SIFT 特征描述子

尺度不变特征变换（SIFT）算法由 D. G. Lowe 提出，是目前较为流行的特征提取方法。SIFT 算法将尺度不变区域检测算子与基于梯度分布的描述子相结合，是一种提取局部特征的算法，它利用金字塔和高斯核滤波差分来快速地求解高斯—拉普拉斯空间中的极值点，提取位置、尺度、旋转不变量。SIFT 算法主要分为 5 个步骤。

1. 尺度空间的生成

尺度空间理论目的是模拟图像数据的多尺度特征，主要思想是利用高斯核对原始图像进行尺度变换，获得图像多尺度下的尺度空间表示序列，并对这些序列进行尺度空间特征的提取。于是一幅二维图像的尺度空间函数 $L(x,y,\sigma)$ 是由一个可变尺度高斯函数 $G(x,y,\sigma)$ 与图像 $I(x,y)$ 卷积产生的，其定义为

$$L(x,y,\sigma)=G(x,y,\sigma)\otimes I(x,y) \tag{8-74}$$

式中，$\otimes$ 为在 x 和 y 两个方向上进行卷积操作；σ 为高斯分布的方差；而尺度可变高斯函数 $G(x,y,\sigma)$ 定义为

$$G(x,y,\sigma)=\frac{1}{2\pi\sigma^2}\mathrm{e}^{\frac{-(x^2+y^2)}{2\sigma^2}} \tag{8-75}$$

(x,y) 是图像 $I(x,y)$ 的空间坐标点，σ 也是尺度因子，其值越小表示该图像被平滑得越小，其值越大则表示该图像被平滑得越大。

在尺度空间中，大尺度图像对应于图像的概貌特征，小尺度对应于图像的细节特征。因此选择合适的尺度因子平滑是建立尺度空间的关键。Low 等人为了更加高效地在尺度空间检测到稳定的特征点，在优化 LOG 的基础上，提出 LOG 的近似算法 DOG。DOG 的响应值图像 $D(x,y,\sigma)$ 定义为

$$D(x,y,\sigma)=(G(x,y,k\sigma)-G(x,y,\sigma))*I(x,y)=L(x,y,k\sigma)-L(x,y,\sigma) \tag{8-76}$$

式中，k 为两相邻尺度空间倍数的常数。由 $\dfrac{\partial G}{\partial\sigma}=\sigma\nabla^2 G$ 有限差分运算可以得到

$$G(x,y,k\sigma) - G(x,y,\sigma) = (k-1)\sigma^2 \, \nabla^2 G \qquad (8\text{-}77)$$

由于常数$(k-1)$并不影响极值点的位置,所以从式(8-76)得出的$D(x,y,\sigma)$是$\sigma^2 \, \nabla^2 G$的近似表示,因此 DOG 算子是尺度归一化 LOG 算子的近似表示。相对于 LOG 而言,DOG算子直接使用高斯卷积核,不需要像 LOG 算子一样需使用两个方向的高斯二阶微分卷积核,省去了对卷积核生成的运算量;其次,DOG 保留了各个高斯尺度空间的图像,在生成某一空间尺度的特征时,可以直接用式(8-74)产生尺度空间图像,而不需要重新再次生成该尺度的图像;再次,由于 DOG 是对 LOG 的近似和简化,因此具有了类似 LOG 算子的性质,对极值点的检测比 Harris 和其他点检测方法具有更好的稳定性、更强的抗噪声能力。

高斯卷积具有尺寸大小的选择问题,使用同一尺寸的滤波器对两幅包含有不同尺寸的同一物体的图像求局部极值,将有可能出现一方求得极值,而另一方却没有的情况,但是对于物体的尺寸都一致的情况,它们的局部极值将会相同。SIFT 算法的精妙之处在于 DOG图像通过图像金字塔的方法来解决这一问题,把两幅图像想象成是连续的,分别以它们作为底面作四棱锥,就像金字塔,其中每一个截面与原图像相似,那么两个金字塔中必然会有包含大小一致的物体的无穷个截面,但应用只能是离散的,所以只能构造有限层,层数越多当然越好,但处理时间会相应增加,层数太少向下采样的截面中可能找不到尺寸大小一致的两个物体的图像。有了图像金字塔就可以对每一层求出局部极值,不过这样的稳定点数目将会十分可观,所以需要使用某种方法抑制去除一部分点,但又使得同一尺度下的稳定点得以保存。在这一步中主要是建立高斯金字塔和 DOG 金字塔。

(1) 建立高斯金字塔。为了得到在不同尺度空间下的稳定特征点,将图像$I(x,y)$与不同尺度因子下的高斯核$G(x,y,\sigma)$进行卷积操作,构成图像高斯金字塔。

图像金字塔的构建:图像金字塔共O组(Octave),一般选择 4 组;每组有S层(Level)尺度图像,一般S选择 5 层;下一组的图像由上一组图像按照隔点降采样得到,其目的是为了减少卷积运算的工作量。图 8-34 给出了高斯金字塔的构成。

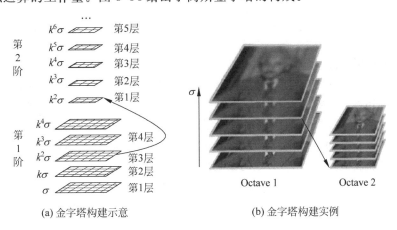

(a) 金字塔构建示意   (b) 金字塔构建实例

图 8-34 高斯金字塔构建

为了得到更多的特征点,在高斯金字塔的构建中,第一组的第一层图像是放大 2 倍的原始图像,在同一组中相邻两层的尺度因子比例系数是k,因此第一组第二层的尺度因子是$k\sigma$,然后依次类推其他层的尺度因子;第二组的第一层是由第一组的中间层尺度图像进行子抽样获得的,其尺度因子是$k^2\sigma$,因此第二组第二层的尺度因子是第一层的k倍,即$k^3\sigma$;

第三组的第一层是由第二组的中间层尺度图像进行子采样得到的，其他组的构成依次类推。

（2）建立 DOG 金字塔。DOG 的结构是通过每组上下相邻两层的高斯尺度空间图像相减得到的，用 $G(x,y,\sigma)$ 表示。DOG 金字塔通过高斯金字塔中相邻尺度空间函数相减即可，如图 8-35 所示。在图 8-35 中，DOG 金字塔的第一层的尺度因子与高斯金字塔的第一层是一致的，其他组的也一样。

2. 检测尺度空间极值点

Lowe 等人提出利用不同尺度的高斯差分方程同图像进行卷积，通过在图像二维平面空间和尺度空间，同时寻找局部极值点以实现尺度不变性。

为了寻找尺度空间的极值点，每一个采样点要和它所有的相邻点进行比较（最底层和最顶层除外），看是否比它的图像域和尺度域的相邻点大或者小，图 8-36 给出了利用 DOG 图像进行极值点检测的示例。从图 8-36 中可以看出中间的检测点×和它同尺度的 8 个邻域点以及上下相邻尺度对应的 9×2 个点，共 26 个点相比较，以确保在尺度空间和二维图像空间都检测到极值点。如果一个点在 DOG 尺度空间本层以及上下相邻尺度空间的层面上的 26 个相邻点中是最大或者最小时，就认为该点是图像在该尺度下的一个特征点。

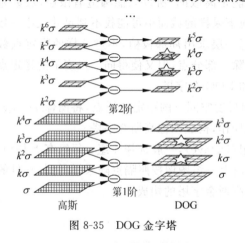

图 8-35　DOG 金字塔

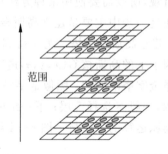

图 8-36　DOG 图像中的极值点检测

3. 精确定位极值点

由于 DOG 对噪声和边缘比较敏感，因此在经过第二步的 DOG 尺度空间检测得到候选的特征点后，利用候选特征点周围的数据对特征点进行精确定位。通过拟合三维二次函数来精确确定特征点的位置和尺度，同时去除低对比度的关键点和不稳定的边缘响应点（因为 DOG 算子会产生较强的边缘响应），以增强匹配稳定性，提高抗噪声能力。尺度空间函数 $D(x,y,\sigma)$ 在局部极值点 (x_0,y_0,σ) 处的泰勒展开式为

$$D(x,y,\sigma) = D(x_0,y_0,\sigma_0) + \frac{\partial \boldsymbol{D}^{\mathrm{T}}}{\partial \boldsymbol{X}}\boldsymbol{X} + \frac{1}{2}\boldsymbol{X}^{\mathrm{T}}\frac{\partial^2 \boldsymbol{D}}{\partial \boldsymbol{X}^2}\boldsymbol{X} \tag{8-78}$$

其中：

$$\boldsymbol{X} = (x,y,\sigma)^{\mathrm{T}}, \quad \frac{\partial \boldsymbol{D}}{\partial \boldsymbol{X}} = \begin{bmatrix} \dfrac{\partial \boldsymbol{D}}{\partial x} \\[2mm] \dfrac{\partial \boldsymbol{D}}{\partial y} \\[2mm] \dfrac{\partial \boldsymbol{D}}{\partial \sigma} \end{bmatrix}, \quad \frac{\partial^2 \boldsymbol{D}}{\partial \boldsymbol{X}^2} = \begin{bmatrix} \dfrac{\partial^2 \boldsymbol{D}}{\partial x^2} & \dfrac{\partial^2 \boldsymbol{D}}{\partial xy} & \dfrac{\partial^2 \boldsymbol{D}}{\partial x\sigma} \\[2mm] \dfrac{\partial^2 \boldsymbol{D}}{\partial yx} & \dfrac{\partial^2 \boldsymbol{D}}{\partial y^2} & \dfrac{\partial^2 \boldsymbol{D}}{\partial y\sigma} \\[2mm] \dfrac{\partial^2 \boldsymbol{D}}{\partial \sigma x} & \dfrac{\partial^2 \boldsymbol{D}}{\partial \sigma y} & \dfrac{\partial^2 \boldsymbol{D}}{\partial \sigma^2} \end{bmatrix}$$

$$\frac{\partial^2 \boldsymbol{D}}{\partial \sigma^2} = \frac{(D_{k+1}^{x,y} - D_k^{x,y}) - (D_{k-1}^{x,y} - D_k^{x,y})}{4}, \quad \frac{\partial^2 \boldsymbol{D}}{\partial x\sigma} = \frac{(D_{k}^{x+1,y} - D_{k}^{x-1,y}) - (D_{k}^{x+1,y} - D_{k}^{x-1,y})}{4}$$

式(8-78)中的一阶和二阶导数是通过附近区域的差分来近似求出的,列出其中的几个,其他的二阶导数依此类推。对式(8-78)求导,并令其导数为零,得精确的极值位置为

$$X_{\max} = -\left[\frac{\partial^2 \boldsymbol{D}}{\partial \boldsymbol{X}^2}\right]^{-1} \frac{\partial \boldsymbol{D}}{\partial \boldsymbol{X}} \tag{8-79}$$

用式(8-79)精确确定的特征点去除低对比度的特征点,只要将式(8-79)代入式(8-78)中,保留公式中的前两项,即

$$D(X_{\max}) = D(x_0, y_0, \sigma_0) + \frac{1}{2} \frac{\partial \boldsymbol{D}^{\mathrm{T}}}{\partial \boldsymbol{X}} \tag{8-80}$$

若 $|D(X_{\max})| \geqslant 0.03$,则保留该特征点,否则丢弃。

去除不稳定的边缘响应点则可以利用特征点处的偏导数计算 Hessian 矩阵,其中偏导数的计算是通过特征点附近区域的差分来近似估计。Hessian 矩阵计算表达式为

$$\boldsymbol{H} = \begin{bmatrix} D_{xx} & D_{xy} \\ D_{xy} & D_{yy} \end{bmatrix} \tag{8-81}$$

通过 2×2 的 Hessian 矩阵 $\boldsymbol{H}$ 来计算主曲率,由于 $D(x, y, \sigma)$ 的主曲率与 $\boldsymbol{H}$ 矩阵的特征值成比例,因此不用求解 $\boldsymbol{H}$ 矩阵的特征值,而采用求解比率来代替。其比率 Ratio 公式为

$$\mathrm{Ratio} = \frac{\mathrm{Tr}(\boldsymbol{H})^2}{\mathrm{Der}(\boldsymbol{H})} = \frac{(r+1)^2}{r} \tag{8-82}$$

式中,$\mathrm{Tr}(\boldsymbol{H})$、$\mathrm{Der}(\boldsymbol{H})$ 分别表示 $\boldsymbol{H}$ 矩阵的迹和行列式,通常设 $r=10$,若 $\mathrm{Ratio} \leqslant (r+1)^2/r$,则保留该特征点,否则就丢弃该特征点。

4. 为每个特征点指定方向参数

为了使得到的特征点具有旋转不变性,利用特征点邻域像素的梯度方向分布特性,为每个特征点指定方向参数,使算子具备旋转不变性。SIFT 采用方向直方图来确定其主方向。空间位置在 (x, y) 处的梯度值和方向的计算式为

$$\begin{cases} m(x, y) = \sqrt{(L(x+1, y) - L(x-1, y))^2 + (L(x, y+1) - L(x, y-1))^2} \\ \theta(x, y) = \arctan \dfrac{L(x, y+1) - L(x, y-1)}{L(x+1, y) - L(x-1, y)} \end{cases} \tag{8-83}$$

式中,L 为每个特征点各自所在的尺度;(x, y) 为要确定的那一组的那一层。在实际计算时,在以特征点为中心的邻域窗口内采样,并用梯度方向直方图统计邻域像素的梯度方向。梯度直方图的范围是 $0° \sim 360°$,其中每 $10°$ 一个柱,总共 36 个柱。直方图的峰值则代表了该特征点处邻域梯度的主方向,即作为该特征点的方向。图 8-37 是采用 7 个柱时使用梯度直方图为特征点确定主方向的示例。

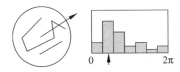

图 8-37 由梯度方向直方图确定主梯度方向

在梯度方向直方图中,当存在另一个相当于主峰值 80% 能量的峰值时,则将这个方向认为是该特征点的辅方向。一个特征点可能会被指定具有多个方向(一个主方向,一个以上

辅方向），这可以增强匹配的鲁棒性。至此，图像的特征点已检测完毕，每个特征点有 3 个信息：位置、所处的尺度、方向。

5. 特征点描述子的生成

首先将坐标轴旋转为关键点的方向，以确保旋转不变性。接下来以特征点为中心，取 8×8 的窗口（特征点所在的行和列不取），图 8-38(a)所示的中央黑点为当前特征点的位置，每个小方格代表特征点邻域所在尺度空间的一个像素，箭头方向代表该像素的梯度方向，箭头长度代表梯度模值，图 8-38(a)中的圈代表高斯加权的范围（越靠近特征点的像素梯度方向信息贡献越大）。然后在每个 4×4 的小块上计算 8 个方向的梯度方向直方图，绘制每个梯度方向的累加值，形成一个种子点，如图 8-38(b)所示。此图中一个关键点由 2×2 共 4 个种子点组成，每个种子点有 8 个方向矢量信息，因此可产生 32 维的 SIFT 特征矢量，即特征点描述子。这种邻域方向性信息联合的思想增强了算法抗噪声的能力，同时对于含有定位误差的特征匹配也提供了较好的容错性。

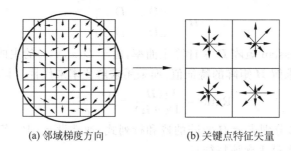

(a) 邻域梯度方向　　　　　　　　　(b) 关键点特征矢量

图 8-38　图像梯度及特征点描述子

实际计算过程中，为了增强匹配的稳健性，Lowe 建议对每个关键点使用 4×4 共 16 个种子点来描述，这样对于一个特征点就可以产生 128 个数据，即最终形成 128 维的 SIFT 特征矢量。此时 SIFT 特征矢量已经去除了尺度变化、旋转等几何变形因素的影响，再继续将特征矢量的长度归一化，则可以进一步去除光照变化的影响。

8.6　小结

图像特征是指图像的原始特性或属性。常见的图像特征可以分为灰度特征、纹理特征和几何形状特征等。其中灰度特征和纹理特征属于内部特征，需要借助分割图像从原始图像上测量。几何形状特征属于外部特征，可以从分割图像上测量。本章重点讨论了颜色特征、形状特征和纹理特征的描绘技术，但对于这些方法，到底挑选哪一种方法是由所面对的问题决定的。目的就是选择能够有利于描绘对象或对象类之间本质差异的描绘子。

颜色特征反映彩色图像的整体特性，一幅图像可以用它的颜色特性近似描述。根据颜色与空间属性的关系，颜色特征的表示方法可以有颜色矩、颜色直方图、颜色相关等几种方法。颜色矩是以数学方法为基础的，它通过计算矩来描述颜色的分布。颜色矩通常直接在 RGB 空间计算，由于多数信息只与低阶矩有关，实际运用中只需提取颜色特征的一阶矩、二阶矩、三阶矩来表示颜色特征。颜色直方图描述图像颜色分布的统计特性。彩色图像的直方图可以直接在 RGB 图像上生成。颜色集同时考虑了颜色空间的选择和颜色空间的划分。使用颜色集表示颜色信息时,通常采用颜色空间 HSL。颜色相关矢量表示方法与颜色直方图相似,但它同时考虑了空间信息。

形状特征描述是在提取图像中的各目标形状特征基础上,对其进行表示。它是进行图像识别和理解的基础。任何一个景物形状特征均可由其几何属性、统计属性等进行描述。通常,可以通过一类物体的形状将它们从其他物体中区分出来。形状特征可以独立地或与尺寸测量值结合使用。在图像形状特征分析中,最基础的概念是图像的连接性和距离。物体的特征中反映其尺寸的是面积、长、宽和周长。物体的形状可以由圆形度的度量以及不变矩反映出来,其编码则可以采用链码和中轴变换来进行。几种常用的形状特征提取与分析方法包括区域内部空间域分析、区域内部变换分析和区域边界的形状特征描述。

区域内部空间域分析是直接在图像的空间域对区域内提取形状特征。主要有欧拉数、凹凸性、距离和区域的测量。图像的欧拉数是图像的拓扑特性之一,它表明了图像的连通性。在图像处理中,往往需要计算两个像素点之间的距离。常采用的距离有欧氏距离、街区距离和棋盘距离 3 种形式。区域的大小及形状表示方法主要包括面积、周长、圆形度和形状复杂性等。此外,常用的特征量还有区域的幅宽、占有率和直径等。

区域内部变换分析是形状分析的经典方法,它包括求区域的各阶统计矩、投影和截口等。中心矩是反映区域中的灰度相对于灰度中心是如何分布的度量,利用中心矩可以提取区域的一些基本形状特征。为了使矩描述子与大小、平移、旋转无关,可以用二阶和三阶规格化中心矩导出 7 个不变矩组。不变矩描述分割出的区域时,具有对平移、旋转和尺寸大小都不变的性质。

区域外部形状是指构成区域边界的像素集合。形状描述子就是一种对物体形状的简洁描述。包括区域边界的链码、傅里叶描述算子、骨架化、细化、区域边界的 Hough 变换和广义 Hough 变换等。

纹理分析方法大致分为统计方法和结构方法两大类。前者从图像有关属性的统计分析出发;后者则着力找出纹理及基元,然后从结构组成上探索纹理的规律,或者直接探索纹理构成的结构规律。最经典、最常用的几种纹理特征提取和分析的方法有灰度共生矩阵、纹理能量测量以及纹理的结构分析方法和纹理梯度。

局部特征是从图像中局部区域中抽取的特征,包括边缘、角点、线、曲线和特别属性的区域等。因此,图像局部特征具备在多种图像变换下的不变性(如旋转、尺度、仿射、灰度不变性等)、无需预先对图像分割、低冗余性和独特性等特点,被广泛用于物体识别、图像匹配、图像分类、纹理分类、机器人定位及图像检索等领域。

习题

1. 简述特征分析的作用。

2. 比较颜色矩、颜色直方图、颜色集和颜色相关矢量在描述颜色特征的异同点,并举例说明其应用场合。

3. 比较欧氏距离、街区距离和棋盘距离三者的关系。

4. 简述以链码方式取得轮廓数据的思想，并说明该方法有什么优、缺点。

5. 请对下面两图作细化运算。

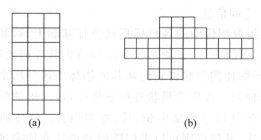

(a)　　　　　　　　　　　(b)

6. Hough 变换检测线的主要弱点是什么？请提出一些解决方法。

7. 纹理结构分析有哪些方法？各有什么特点？

8. 计算以下图像在 $\Delta x = 1, \Delta y = 0$ 的灰度共生矩阵。

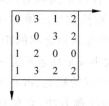

9. 试比较全局特征和局部特征。

10. 简述 Harris 角点检测的基本思想。

11. 简述 SUSAN 角点检测的基本思想。

12. 简述 MSER 区域描述子的基本思想。

13. 简述 SIFT 特征描述子的基本思想。

第9章

图像匹配与识别

计算机图像处理除了改善视觉效果的目的外，还有一个更重要的目的就是为了用计算机代替人们去认识图像和找出图像中人们感兴趣的目标，也就是图像识别。本章主要介绍图像匹配与识别技术的一些基本概念和基本方法，目的是让读者对图像匹配与识别的常用方法及最新方法，如基于匹配的识别、统计模式识别、句法模式识别、模糊模式识别、人工神经网络识别和支持矢量机识别等有个初步了解。

9.1 图像识别的基本概念

"识别"这两个字分开来解释有"认识"和"区别"的含义。说"识别某物体"包含有认识它而且能从一堆物体中把它与别的物体区别开来的意思。通常说"你认识某事物"，这一定是你的经历中曾经见过它或接触过它，因而了解它的某些特性，一旦你认识了它，自然也能把它与其他事物区别开来，人就具有这样的本领。例如，桌上放了一堆文具，而你需要一支笔，你会很快从它们中间抓起一支笔；人的识别能力在于，不管桌上放的是什么形式的笔——铅笔、钢笔、圆珠笔或彩色笔——你总能将它从一堆文具中挑选出来。人何以具有这样的本领呢？这是因为你从前见到过笔，使用过笔，对它能写字的功能有认识，而且对它的外形也了解。这些特征，经过你的实践构成一个"笔的模式"存储在你的大脑里，这个"模式"就是用来描述笔的一个、两个或多个特征。当下次遇到这类物体——一支具体的笔时，尽管你以前可能并未见到过，但是你也能从它的特征中去鉴别符合存储在你的头脑中的这个模式的事物，就能判定它就是笔；否则，就不是。故有人称这种识别为"模式识别"。这里所说的模式，广义地说，是客观事物存在的形式。模式所指的不是事物本身，而是从事物获得的信息，即模式是一组特征的组合。模式识别是人类的一项基本智能，在日常生活中，人们经常在进行"模式识别"。人们通过视觉所摄取的客观世界的灰度、彩色、形状及空间等信息，并经过大脑高度综合加工而形成的各种图像形式。例如，人看到一个景物，能回答出它是什么，看到一个数字，能说出它是几，这是人对物体的识别。随着计算机的出现以及人工智能的兴起，人们希望计算机能够代替人类对事物进行识别、分类。模式识别就是研究用计算机完成自动识别事物的工作。模式识别的研究对象基本上可概括为两大类：一类是有直觉形象的，如图像、文字等；另一类是没有直觉形象而只有数据的，如语声、心电脉冲、地震波等。但是，对模式识别来说，无论是数据还是平面图形或立体景物，都是除掉它们的物理内容而找出它们的共性,把具有同一共性的归为一类,而具有另一种共性者归为另一类。

图像识别是模式识别技术在图像领域中的具体运用,是运用模式识别的原理,以图像的主要特征为基础,利用计算机对图像中的物体进行分类,或者可以说是找出图像中有哪些物体。一个图像识别系统可用图 9-1 所示的框图来表示。

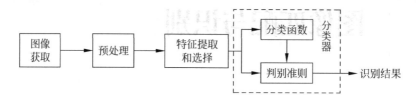

图 9-1　图像识别系统框图

图像获取是把物体形状和外观输入计算机以备后续处理;图像预处理是去除干扰、噪声及差异,将原始图像变成适合于计算机特征提取的形式,它包括图像的变换、增强、恢复、几何及彩色校正等;特征提取和选择是对获得的图像数据进行加工,去粗取精,抽取出若干个能够反映事物本质的特征。之所以需要提取特征,是由于图像数据量很大,并且含有许多与识别无关的信息,直接进行识别费时费力,有时甚至无法实现。因此,将大量信息缩减为反映事物重要信息的参数,既压缩了数据,又能够抓住事物的本质,有利于图像识别。特征提取和选择非常关键,若提取的不恰当,就会影响后续的分类识别。应该提取和选择什么样的特征,取决于待识别对象的物理和形态特性,因而有各种各样的提取方法,如几何特征、颜色特征、纹理特征等。分类识别是根据提取的特征参数,采用某种分类判别函数和判别准则,对图像进行分类和辨识。

图像识别是人工智能的一个重要研究领域,已经在天气预报、卫星航空图片解释、工业产品检测、字符识别、支票识别、身份证识别、指纹识别、医学图像分析、成像制导、目标告警和跟踪等许多方面得到了成功的应用。

9.2　图像识别方法分类

图像识别方法很多,一般可以归纳为以下 5 种方法:模板匹配方法、统计识别方法、模糊识别方法、人工神经网络识别方法和句法结构识别方法。

1. 模板匹配方法

为了确定图像中是否存在某一目标,可以把该目标从标准图像中预先分割出来作为模板,通过模板匹配的方法在图像中寻找该目标。常用的匹配识别方法有灰度匹配和特征匹配。灰度匹配是用目标模板内的像素灰度分布表征目标(也称为参考图像),按某种相似性度量并通过某种搜索方法在搜索范围内寻找相似度最大并达到设定阈值的区域。特征匹配则用特征矢量描述目标模板和待识别区域,如直方图、变换系数以及点、线等特征,模板匹配时可以用特征矢量差作为模板与某图像区域的相似性量度。

2. 统计识别方法

统计模式识别方法是受数学中的决策理论的启发而产生的一种识别方法,它一般假定被识别的对象或经过特征提取得到的特征矢量是符合一定分布规律的随机变量。其基本思想是将特征提取阶段得到的特征矢量定义在一个特征空间中,这个空间包含了所有的特征矢量,不同的特征矢量,或者说不同类别的对象都对应于空间中的一点。在分类阶段,则利用统计决策的原理对特征空间进行划分,从而达到识别不同特征对象的目的。统计模式识别的主要方法有判别函数法、K 近邻分类法、非线性映射法、特征分析法及主成分分析法等。其中统计模式识别中应用的统计决策分类理论相对比较成熟,研究的重点是特征提取。

3. 模糊识别方法

模糊识别的理论基础是模糊数学。它根据人辨识事物的思维逻辑,吸取人脑的识别特点,将计算机中常用的二值逻辑转向连续逻辑。模糊识别的结果是用被识别对象隶属于某一类别的程度,即隶属度来表示的,一个对象可以在某种程度上属于某一类别,而在另一种程度上属于另一类别,一般常规识别方法则要求一个对象只能属于某一类别。

4. 人工神经网络识别方法

人工神经网络的研究也源于对生物神经系统的研究。它将若干个处理单元(即神经元)通过一定的互联模型连接成一个网络,这个网络通过一定的机制(如误差后向传播)可以模仿人的神经系统的动作过程,以达到识别分类的目的。人工神经网络区别于其他识别方法的最大特点是它对待识别的对象不要求有太多的分析与了解,具有一定的智能化处理的特点。

5. 句法结构识别方法

句法结构模式识别着眼于对待识别对象的结构特征的描述。它将一个识别对象看成是一个语言结构,如一个句子是由单词和标点符号按照一定的语法规则生成的,同样,一幅图像是由点、线、面等基本元素按照一定的规则构成的。剖析这些基本元素,看它们是以什么规则构成图像,这些基本元素相当于句子中的单词,它们如何构成图像就相当于语法规则。此时,图像识别就相当于检查图像所代表的某一类句型是否符合事先规定的语法,如果语法正确就识别出结果。

9.3 基于匹配的图像识别

9.3.1 全局模板匹配

为了从图像中确定出是否存在某一目标,可把某目标从标准图像中预先分割出来作为全局描述的模板,然后去搜索在另一幅图像中有无这种模板目标。模板目标和另一幅图像可能分别来自不同的传感器,因此可能大小、方向、位置都不同。所以,应先进行规格化再求匹配。假设图像 $f(x,y)$ 大小为 $M \times N$,若目标模板是 $J \times K$ 大小的 $w(x,y)$,此处 $J<M,K<N$,常用相关度量 $R(x,y)$ 来表示它们之间的相关性(此处设目标物大小不变),即

$$R(m,n) = \sum_x \sum_y f(x,y)w(x-m,y-n) \quad (9\text{-}1)$$

式中,$m=0,1,2,\cdots,M-1$; $n=0,1,2,\cdots,N-1$。在 $f(x,y)$ 的任意值 (m,n) 处求 $R(m,n)$,如图 9-2 所示。

这时可求 $f(x,y)$ 和 $w(x,y)$ 两幅图像的规格化相

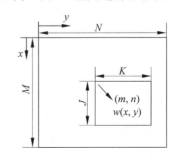

图 9-2 在点 (m,n) 处的全局样本相关

关度,定义为

$$R(m,n) = \frac{\displaystyle\sum_{j=1}^{J}\sum_{k=1}^{K} f_1(j,k) w(j-m,k-n)}{\left[\displaystyle\sum_{j=1}^{J}\sum_{k=1}^{K} f_1^2(j,k)\right]^{\frac{1}{2}} \left[\displaystyle\sum_{j=1}^{J}\sum_{k=1}^{K} w^2(j-m,k-n)\right]^{\frac{1}{2}}} \tag{9-2}$$

式(9-2)中设模板所框出范围都是 j,k 从 1 到 $J、K$ 计算,而 (m,n) 则为 $f(x,y)$ 的 $M \times N$ 小区中任一点,式(9-2)中 $f_1(x,y)$ 是 $f(x,y)$ 在 (m,n) 点框出 $J \times K$ 大小的 $f(x,y)$ 区,当 $m、n$ 改变时,可搜索到一个 $R(m,n)$ 最大值,即为模板配准或匹配的位置。式(9-2)也可用矢量来表示,若图像和目标模板用 $\boldsymbol{f}$ 和 $\boldsymbol{w}_1$ 矢量表示,则相关计算为

$$R(m,n) = \frac{\boldsymbol{f}^{\mathrm{T}} \boldsymbol{w}_1(m,n)}{[\boldsymbol{f}^{\mathrm{T}}\boldsymbol{f}]^{\frac{1}{2}} [\boldsymbol{w}_1^{\mathrm{T}}\boldsymbol{w}]^{\frac{1}{2}}} \tag{9-3}$$

式中, $\boldsymbol{w}_1$ 为 $w(j-m,k-n)$ 形成的矢量。

全局匹配时,也可以计算模板和图像重合部分的非相似度。值越小,表示匹配程度越好。

9.3.2 模板矢量匹配

若用矢量描述模板,则相关匹配可以用求矢量差的方法求相关,如用相似度 $D(m,n)$ 作为模板 $w(n,j)$ 与图像 $f(j,k)$ 某子区的匹配度量。把图像被 $J \times K$ 框出部分用矢量表示,模板也用矢量表示,这时两个矢量相似度可用两个矢量的矢量差 $D(m,n)$ 表示,即

$$D(m,n) = \sum_{j}\sum_{k} \left[\boldsymbol{f}(j,k) - \boldsymbol{w}(j-m,k-n) \right]^2 \tag{9-4}$$

规定一个最小矢量差的阈值 T,若

$$D(m,n) < T \tag{9-5}$$

则说明在 (m,n) 位置上匹配,应该指出矢量仅为 $J \times K$ 维。

模板匹配中使用的模板相当大。要从大幅面图像中寻找与模板最一致的地方,不仅计算量大,而且花费时间也相当多。为使模板匹配高速化,Barnea 等人提出了序贯相似性检测(Sequent Similiarity Detection Algorithm,SSDA)。

在数字图像的场合,SSDA 法用式(9-6)计算图像 $f(x,y)$ 在点 (u,v) 的非相似度 $m(u,v)$ 作为匹配尺度,式(9-6)中 (u,v) 表示的不是模板中心坐标,而是它左上角坐标,模板的大小为 $m \times n$。

$$m(u,v) = \sum_{k=1}^{n}\sum_{l=1}^{m} \mid f(k+u-1,l+v-1) - w(k,l) \mid \tag{9-6}$$

如果在 (u,v) 处图像中有和模板一致的图案,则 $m(u,v)$ 值很小;相反则较大。特别是在模板和图像重叠部分完全不一致的场合下,如果在模板内的各像素与图像重合部分对应像素的灰度差的绝对值依次增加下去,其和就会急剧地增大。因此,在做加法的过程中,如果灰度差的绝对值部分和超过了某一阈值,就认为这位置上不存在和模板一致的图案,从而转移到下一个位置上计算 $m(u,v)$。由于计算 $m(u,v)$ 只是加减运算,而这一计算在大多数情况下中途便停止了,因此能大幅度地缩短计算时间,提高匹配速度。

还有一种把在图像上的模板移动分为粗检索和细检索两个阶段进行的匹配方法。首先进行粗检索,它不是让模板每次移动一个像素,而是每隔若干个像素把模板和图像重叠,并计算匹配的尺度,从而求出对象物大致存在的范围。然后仅在这个范围内,让模板每隔一个

像素移动一次,根据求出的匹配尺度确定对象物所在的位置。这样,整体上计算模板匹配的次数减少,计算时间缩短,匹配速度就提高了。但是用这种方法具有漏掉图像中最适当位置的危险。

9.4　统计识别方法

统计模式识别方法是受数学中的决策理论的启发而产生的一种识别方法。在该方法中,模式被表示为 n 维特征矢量,每个模式是 d 维特征空间的一个点。统计模式识别是依据样本在特征空间中的分布来划分类别的。选择的特征应尽量使不同种类的模式位于 n 维特征矢量空间中不相交的区域,具有相似特征的模式在特征空间中的点互相接近,分布在特征空间的某个区域中,形成"集团"。统计决策理论的基本思想就是在不同的模式类中建立一个决策边界,利用决策函数把一个给定的模式归入相应的模式类中。统计模式识别的基本模型包括两种操作模型:训练和分类。训练主要利用已有样本完成对决策边界的划分,并采取一定的学习机制以保证基于样本的划分是最优的(这里最优的意义是分类错误最小);分类则是对输入的模式利用其特征和训练得来的决策函数划分到相应的模式类中。因此,统计模式识别问题可以归结为对一组给定的样本集合,找出其最优的分类判决函数。

假设样本可以分为 m 个模式类 $\omega_1,\omega_2,\omega_3,\cdots,\omega_m$,每个模式由一个 n 维模式矢量 $\boldsymbol{X}$ 表示:$\boldsymbol{X}=[x_1\ x_2\cdots\ x_n]^{\mathrm{T}}$,其中 x_i 为描述模式的第 i 个特征。对于给定的 m 个模式类,此时的识别过程就是要确定此 n 维模式矢量 $\boldsymbol{X}$ 是否属于模式类 ω_i,以及模式矢量中的每一个 $\boldsymbol{X}$ 可以划归到哪一个 ω_i 模式类。该问题也可以转化为对决策函数 $d_1(\boldsymbol{X}),d_2(\boldsymbol{X}),\cdots,d_m(\boldsymbol{X})$ 的确定,如果模式 $\boldsymbol{X}$ 属于模式类 ω_i,就有

$$d_i(\boldsymbol{X}) > d_j(\boldsymbol{X}) \quad j=1,2,\cdots,m;\ i\neq j \tag{9-7}$$

对式(9-7)可以从另一个角度考虑:如果将未知模式代入所有的决策函数,得到第 i 个决策函数的计算结果最大,那么就可以将这个未知模式划归到第 i 个模式类。当然,在对决策函数进行计算时,不排除出现 $d_i(\boldsymbol{X})=d_j(\boldsymbol{X})$ 的可能。对于这种情况,实际得到的是第 i 个模式类与第 j 个模式类的决策边界,对于决策边界上的未知模式,可以通过式(9-8)对其进行补充判断,即

$$\begin{cases} \boldsymbol{X}\in\omega_i, & d_i(\boldsymbol{X}) > d_j(\boldsymbol{X}) \\ \boldsymbol{X}\in\omega_j, & d_i(\boldsymbol{X}) < d_j(\boldsymbol{X}) \end{cases} \tag{9-8}$$

可见,对模式的识别关键在于找到合适的判别函数。

由于求解最优判决函数的出发点和途径不同,因此产生了各种不同的分类方法,其中,贝叶斯分类方法是一种常用且实用的方法。贝叶斯分类方法以贝叶斯定理为基础,是一种具有最小错误率的概率分类方法。在贝叶斯分类方法中,把样本属于某个类别作为条件,样本的特征矢量取值作为结果,把模式识别的分类决策过程看作是一种根据结果推测条件的推理过程。特征空间中有多个模式类,当样本属于某类时,其特征矢量会以一定的概率取得不同的值;现有取了某值的待识别的样本特征矢量,则它按不同概率有可能属于不同的类,贝叶斯分类方法将它按概率的大小划归到某一类别中去。

设 $\omega_i(i=1,2,\cdots,m)$ 是特征空间中不同的类,每类都有其出现的先验概率 $P(\omega_i)$。在每

类中，样本特征矢量的取值服从一定的概率分布，其类条件概率密度为 $P(\boldsymbol{X}|\omega_i)$，当有待识别的特征矢量 $\boldsymbol{X}$ 时，其属于各类的后验概率 $P(\omega_i|\boldsymbol{X})$ 为

$$P(\omega_i \mid \boldsymbol{X}) = \frac{P(\boldsymbol{X} \mid \omega_i)P(\omega_i)}{P(\boldsymbol{X})} \tag{9-9}$$

在式(9-9)中，类条件概率密度 $P(\boldsymbol{X}|\omega_i)$ 也称为类 ω_i 对特征矢量 $\boldsymbol{X}$ 的似然函数，表达了某类中的样本取特征值 $\boldsymbol{X}$ 的可能性；$P(\boldsymbol{X})$ 称为全概率，它表达了在各种条件下特征 $\boldsymbol{X}$ 出现的总体概率，由先验概率和类条件概率计算得到，即

$$P(\boldsymbol{X}) = \sum_{i=1}^{m} P(\boldsymbol{X} \mid \omega_i)P(\omega_i)$$

如果根据样本属于各类的后验概率对该样本进行分类决策，就称为贝叶斯分类，其分类决策规则可表示为

若

$$P(\omega_i \mid \boldsymbol{X}) > P(\omega_j \mid \boldsymbol{X}) \quad j = 1, 2, \cdots, m; j \neq i$$

则

$$\boldsymbol{X} \in \omega_i \tag{9-10}$$

在没有获得任何信息的时候，如果要进行分类判别，只能依据各类出现的先验概率，将样本划分到先验概率大的一类中。而在获得了更多关于样本特征的信息后，可以依照贝叶斯公式对先验概率进行修正，得到后验概率，提高了分类决策的准确性和置信度。

采用贝叶斯分类器必须满足下面两个条件：①要决策分类的类别数是一定的；②各类别总体的概率分布是已知的。

先验概率和类条件概率是计算后验概率的基础，一般是通过训练大量样本来估算，其基础是"大数定律"。然而大部分情况下，可利用的样本数总显得太少，使得计算条件概率函数通常是非常困难的，这也是贝叶斯方法存在的缺点。

9.5 人工神经网络识别方法

统计模式识别依据图像的统计特征与训练样本之间的统计关系对图像进行分类，没有考虑图像中物体的纹理、形状、大小等特征，而人在识别图像时，则是对图像的各种特征进行综合分析，得到最终的识别结果。模糊模式识别方法虽然充分考虑了人识别物体的模糊性特点，但识别的依据依然是图像的统计特征。人工神经网络识别技术则是一种全新的模式识别技术，它充分吸收人识别物体的特点，除了利用图像本身的统计特征外，还可以利用图像的几何空间等特征，最为重要的是，它还利用了人在以往识别图像时所积累的经验。在被分类图像的信息引导下，通过自学习，修改自身的结构及识别方式，从而提高图像的分类精度和分类速度，以取得满意的分类结果。神经网络模式识别已成为模式识别的一种主要方法，随着神经网络技术的发展，神经网络模式识别在模式识别领域中起着越来越重要的作用。

人工神经网络的研究源于对生物神经系统的研究。它将若干个处理单元（即神经元）通过一定的互联模型连接成一个网络，这个网络通过一定的机制（如误差后向传播）可以模仿人的神经系统的动作过程，以达到识别分类的目的。人工神经网络区别于其他识别方法的最大特点是它对待识别的对象不要求有太多的分析与了解，具有一定的智能化处理的特点。

设计一个神经网络模式识别系统的重点在于模型的构成和学习算法的选择。一般来说,网络结构是根据所研究领域及要解决的问题确定的。通过对所研究问题的大量资料数据的分析及当前的神经网络理论发展水平,建立合适的模型,并针对所选的模型采用相应的学习算法,在网络学习过程中,不断地调整网络参数,直到输出结果满足要求为止。当神经网络训练稳定后,则可以用于分类了。

神经网络的模型很多,其中反向误差传播算法(Back Propagation,BP)是应用最为广泛,也是最成功的一种。由于BP网络采用的是监督学习方式进行训练,因此只能用于监督模式识别问题。另一种应用较多的神经网络是自组织神经网络。这种网络与多层前馈网络不同,采用的是非监督学习方式进行神经网络的训练,因此可以用于非监督模式识别问题。下面将简单介绍这两种人工神经网络的识别方法。

9.5.1　BP神经网络图像识别

BP神经网络实质是把一组样本输入、输出问题转化为一个非线性优化问题,并通过梯度算法和迭代运算求解权值的一种学习算法。BP网络是一种分层型网络,由输入层、隐含层和输出层组成,其中隐含层可以有两个以上。具有一个隐含层的3层BP网络是基本的BP网络模型,如图9-3所示。图9-3中,$\boldsymbol{X}^{\mathrm{T}}=(x_0,x_1,\cdots,x_{M-1})$为输入模式矢量,$\boldsymbol{Y}^{\mathrm{T}}=(y_0,y_1,\cdots,y_{N-1})$为网络输出,$w_{ji}$为输入层与隐含层神经单元(节点)间的连接权值,$w_{kj}$为隐含层与输出层神经单元间的连接权值。

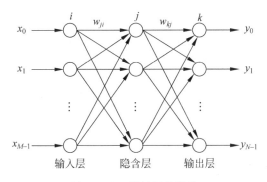

图 9-3　BP神经网络结构

输入层单元数目一般与待分类图像的数据维数或特征矢量的维数相同,输出层单元数目则与待分类的模式类数目相同,隐含层的单元数则由具体问题的复杂程度、误差下降情况等来确定,一般依据经验选取。每个单元对其输入信号的响应由作用函数(也称为激励函数)确定。单元的作用函数通常选在(0,1)内连续取值的 Sigmoid 函数,函数形式为

$$f(x) = \frac{1}{1 + \mathrm{e}^{-dx}} \tag{9-11}$$

式中,d 为调整激励函数形式的参数。d 较小时可近似线性函数,d 较大时可近似阈值函数。

把输入的模式映射到相应的类别所需的知识由权值来体现,这些权值通过网络训练确定。训练网络需要提供数量足够和典型性好的训练样本集,每个样本包括输入矢量和与之相对应的代表正确分类的期望输出组成。BP网络的学习过程由正向传播和反向传播组成。在正向传播过程中,输入信息从输入层经各隐含层处理后传向输出层。每一层神经元的状

态只影响下一层神经元的状态。如果输出层得不到期望的输出，则转入反向传播，将误差信号沿原来的神经元连接通路返回。返回过程中，逐一修改各层神经元连接的权值，使误差在每个训练循环中按梯度下降。这种过程不断重复，直到误差信号达到允许的范围停止训练。下面以图 9-3 所示的 3 层网络为例，具体说明 BP 网络学习算法。

设网络的输入节点数为 M，隐含层节点数为 S，输出层节点数为 N。输入模式矢量为 $\boldsymbol{X}^{\mathrm{T}} = (x_0, x_1, \cdots, x_{M-1})$，输出矢量为 $\hat{\boldsymbol{Y}}^{\mathrm{T}} = (\hat{y}_0, \hat{y}_1, \cdots, \hat{y}_{N-1})$，其期望输出矢量为 $\boldsymbol{Y}^{\mathrm{T}} = (y_0, y_1, \cdots, y_{N-1})$，网络误差定义为

$$E = \frac{1}{2} \sum_{k=0}^{N-1} (y_k - \hat{y}_k)^2 \tag{9-12}$$

BP 网络的算法步骤可归纳如下：

① 初始化。置所有权值为 $(-1, 1)$ 均匀分布的随机数，设置精度控制参数 ε，设置最大循环次数 D。

② 前向传播计算。对每个输入样本根据网络结构和权值分别计算各层节点的输出。

输入层：第 i 个节点的输出为

$$O_i = x_i, \quad i = 0, 1, 2, \cdots, M-1$$

隐含层：第 j 个节点的输入为

$$\mathrm{net}_j = \sum_{i=0}^{M-1} w_{ji} O_i, \quad j = 0, 1, 2, \cdots, S-1$$

第 j 个节点的输出为

$$O_j = f(\mathrm{net}_j), \quad j = 0, 1, 2, \cdots, S-1$$

输出层：第 k 个节点的输入为

$$\mathrm{net}_k = \sum_{j=0}^{S-1} w_{kj} O_j, \quad k = 0, 1, 2, \cdots, N-1$$

第 k 个节点的输出为

$$O_k = f(\mathrm{net}_k), \quad k = 0, 1, 2, \cdots, N-1$$

③ 反向传播和权值修正。

若网络输出误差 E 不能满足精度要求，则沿着梯度变化的反方向改变连接权值，使网络逐渐收敛，即取权值修正量为

$$\Delta w = -\mu \frac{\partial E}{\partial w} \tag{9-13}$$

式中，μ 为动量因子或冲量系数。

① 隐含层与输出层之间的权值修正，有

$$\Delta w_{kj} = -\mu \frac{\partial E}{\partial w_{jk}} = -\mu \frac{\partial E}{\partial \mathrm{net}_k} \frac{\partial \mathrm{net}_k}{\partial w_{jk}} = -\mu \frac{\partial E}{\partial \mathrm{net}_k} O_j = \mu \delta_k O_j \tag{9-14}$$

其中

$$\delta_k = -\frac{\partial E}{\partial \mathrm{net}_k} = -\frac{\partial E}{\partial \hat{y}_k} \frac{\partial \hat{y}_k}{\partial \mathrm{net}_k} = -\frac{\partial \left[\frac{1}{2} \sum_{k=0}^{N-1} (y_k - \hat{y}_k)^2 \right]}{\partial \hat{y}_k} \cdot f'(\mathrm{net}_k) = (y_k - \hat{y}_k) f'(\mathrm{net}_k)$$

$$\tag{9-15}$$

② 输入层与隐含层之间的权值修正公式,有

$$\Delta w_{ji} = -\mu \frac{\partial E}{\partial w_{ji}} = -\mu \frac{\partial E}{\partial \mathrm{net}_j} \frac{\partial \mathrm{net}_j}{\partial w_{ij}} = -\mu \frac{\partial E}{\partial \mathrm{net}_j} O_i = \mu \delta_j O_i \qquad (9\text{-}16)$$

其中

$$\delta_j = -\frac{\partial E}{\partial \mathrm{net}_j} = -\frac{\partial E}{\partial \hat{y}_j} \frac{\partial \hat{y}_j}{\partial \mathrm{net}_j} = -\frac{\partial \left[\frac{1}{2} \sum\limits_{k=0}^{N-1} (y_k - \hat{y}_k)^2 \right]}{\partial \hat{y}_j} f'(\mathrm{net}_j)$$

$$= \sum_{k=0}^{N-1} (y_k - \hat{y}_k) \frac{\partial \hat{y}_k}{\partial \mathrm{net}_k} \frac{\partial \mathrm{net}_k}{\partial \hat{y}_j} f'(\mathrm{net}_j) = f'(\mathrm{net}_j) \sum_{k=0}^{N-1} (y_k - \hat{y}_k) f'(\mathrm{net}_k) \frac{\partial \sum\limits_{j=0}^{S-1} w_{jk} O_j}{\partial O_j}$$

$$= f'(\mathrm{net}_j) \sum_{k=0}^{N-1} (y_k - \hat{y}_k) f'(\mathrm{net}_k) w_{jk} = f'(\mathrm{net}_j) \sum_{k=0}^{N-1} \delta_k w_{jk} \qquad (9\text{-}17)$$

这里看到,隐含层神经元的 δ_j 可由输出层的 δ_k 来计算。从最外层——输出层开始,由式(9-15)计算 δ_k,然后将误差向后传到内层。这就是"误差反向传播"算法名称的由来。

③ 对训练样本集中的每一个样本重复步骤②、③,直到对整个训练样本集的误差 $E \leqslant \varepsilon$ 或循环次数超过 D 时停止训练。若循环次数已经超过 D 仍然没有达到精度要求,表明学习没有达到预期设想,可重新设置参数。

④ 分类识别。给训练好的网络输入待识别的模式矢量,网络根据在学习过程中所得到的权值系数向前传播,经各隐含层传播到输出层,最终根据输出结果与每类期望值的对比,将图像归为误差最小的一类。

从上述 BP 算法可以看出,BP 模型把一组样本的 I/O 问题变为一个非线性优化问题,它使用的是优化中最普通的梯度下降法。如果把神经网络看成输入到输出的映射,则这个映射是一个高度非线性映射。将 BP 网络用于图像模式识别时,输入模式的特征矢量的各个分量可以是图像的灰度值或特征值,输出模式则是一个二值矢量,相应类别的值为 1,其他类别的值为 0,如假定图像有 4 个类别,则第 2 个类别样本的输出值为 0100。

下面以手写体字符识别为例,介绍 BP 神经网络的应用。

用 BP 神经网络进行手写体数字识别时,整个过程由数据采集和预处理、特征提取、分类识别 3 部分组成。

1. 数据采集和预处理

数据采集是通过光电扫描仪、CCD 器件或电子传真机等获得的二维数字图像。

预处理包括二值化与去噪、归一化、细化与特征抽取 3 部分组成。

采用一定的方法(如最大类间方差法)进行二值化处理后,利用中值滤波方法消除孤立点、线的噪声,这样图中就只剩下手写体数字。

归一化是把输入的数字图像变为统一规格大小的图像。因为输入的点阵图形有大有小,所以首先应该去掉多余的信息,保留有用的信息,使处理后的图形处于一个正方形内,以便于从该正方形变换到一个规格化正方形时,使畸变达到最小。这里归一化图像的大小是 32×32。

细化与特征抽取是为了减小网络规模而进行的处理。因 32×32 点阵的信息如果直接作为神经网络的输入,则输入节点数为 $32 \times 32 = 1024$,再加上隐含层节点数和输出层的节

点数,势必造成神经网络过于庞大,占用大量的内存;也会使得神经网络的学习和收敛速度大为降低,耗费大量的机器时间和资源。因此需要对(32×32)的点阵进行细化处理,再抽取有用的特征信息,以减小神经网络的规模。具体做法如下:

(1) 将 32×32 的正方形点阵划分成 4×4 的 16 个子正方形,每个正方形都是 8×8 点阵,对每个子正方形,从左至右、从上到下地扫描,统计每个子正方形内横向为"1"的点数[注意：若$(x,y_1)=1,(x,y_2)=1,(x,y_3)=1\cdots,y_1<y_2<y_3\cdots y_8$,则此 y 方向只记一个点数]$S_i(0\leqslant S_i\leqslant8,0\leqslant i\leqslant15)$,这一步对应于细化过程,如图 9-4 所示。

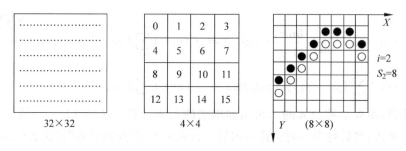

图 9-4　点阵的细化与特征抽取

(2) 将得到的每个 S_i 再处理成 $x_i=S_i/8(0\leqslant S_i\leqslant8)(0\leqslant x_i\leqslant8),0\leqslant i\leqslant15$,这一步对应于特征抽取。这样便完成了抽取 32×32 点阵的有用特征信息,使得神经网络的输入节点数从 32×32＝1024 下降到了 4×4＝16。

2. 网络结构

采用图 9-3 所示的 3 层 BP 网络。第一层为输入层,节点数 16,输入模式矢量为 $\boldsymbol{X}^{\mathrm{T}}=(x_0,x_1,\cdots,x_{15})$,且 $0\leqslant x_i\leqslant1(i=0,1,\cdots,15)$。

第二层为隐含层,节点数取 3。它接受输入节点传来的信息,再经非线性函数作用后,输出到输出层的节点。

第三层为输出层,节点数取 10,从上到下分别对应 $0,1,\cdots,9$ 这 10 个数字的输出,该层接受第二层各个节点的信息输入,经非线性函数作用后,产生 0～1 之间的最后输出 $\boldsymbol{Y}^{\mathrm{T}}=(y_0,y_1,\cdots,y_9)$。规定当 $y_i\geqslant0.5(i=0,1,\cdots,9)$ 且 $y_i>y_j(i\neq j)$ 时,则 y_i 为有效输出结果。

网络各节点的非线性作用函数选为 Sigmoid 型函数,μ 取 0.9,精度 ε 为 0.0001,最大训练次数为 5000。

9.5.2　自组织神经网络识别方法

生物学研究表明,在人脑的感觉通道上,神经元的组织原理是有序排列的。当外界的特定时空信息输入时,大脑皮层的特定区域兴奋,而且类似的外界信息在对应的区域是连续映像的。据此 T. Kohonen 教授提出了一种自组织特征映射网络(Self-Organizing feature Map,SOM)。Kohonen 认为,一个神经网络可以分为不同的区域,各区域对输入模式有不同的响应特征。当外界输入不同的样本到 SOM 网络中,开始时输入样本引起输出兴奋的位置各不相同,但通过网络自组织后会形成一些输出群,它们分别代表了输入样本的分布,反映了输入样本的图形分布特征,所以 SOM 网络常常被称为特性图。

自组织神经网络不需要提供理想输出信号,它可以对样本空间进行学习,并自适应地改变网络参数与结构,这就是"自组织"的由来。SOM 网络对输入数据有选择地给予响应,将相似的输入样本在网络上就近配置,能够自动找出输入模式之间的类似度,根据它们的相似度分为若干类。

SOM 网络由输入层和输出层(映射层)构成。输入层节点数与样本维数相同。输出层也称为竞争层,其神经元互相连接,神经元的排列可以是一维线阵,也可以是二维平面阵和三维栅格阵。最典型的结构是二维形式,如图 9-5 所示。在每个输入节点与输出节点之间以可变权值进行连接。在网络中,每个输出节点都有一个拓扑邻域,常用的有正方形和六边形(图 9-6)等。邻域的大小与其所包含的节点数有关,没有特定的形状,可按实际情况的不同而不同,并随着算法的进程而改变。

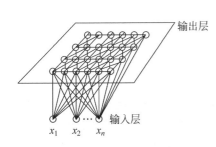
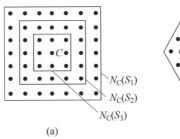
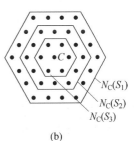

图 9-5　自组织特征映射　　　　图 9-6　以节点 C 为中心的两种形式的邻域

SOM 网络通过对大量样本的学习来调整网络权值,使网络的输出能够反映样本数据的分布情况。当某类模式输入时,对某一输出神经元将给予最大的刺激(称为获胜神经元),对其邻近神经元的影响是由近及远,由兴奋逐渐变为抑制。在训练开始阶段,输出层哪个位置的节点将对哪类输入模式产生最大响应是不确定的。当输入模式的类别改变时,二维平面的获胜节点也会改变。获胜节点周围的节点因侧向相互兴奋作用也产生较大影响,于是获胜节点及其优胜邻域内的所有节点所连接的权矢量均向输入方向作不同程度的调整,调整力度依邻域内各节点距离获胜节点的远近而逐渐减小。网络通过自组织方式,用大量训练样本调整网络权值,最后使输出层各节点成为对特定模式类敏感的神经元,对应的权矢量成为各输入模式的中心矢量。并且当两个模式类的特征接近时,代表这两类的节点在位置上也接近。从而在输出层形成能反映样本模式类分布情况的有序特征图。

假设样本空间 $\boldsymbol{X}=\{\boldsymbol{X}_1,\boldsymbol{X}_2,\cdots,\boldsymbol{X}_p\}$ 是 R^N 中的 N 维子集。$\boldsymbol{X}_k=(x_{k1},x_{k2},\cdots,x_{kN})(0\leqslant k\leqslant p-1)$ 为输入模式矢量,x_{kj} 称为 $\boldsymbol{X}_k$ 的第 j 个特征。其中 N 表示输入空间模式矢量的维数或特征数,也是神经网络输入层的神经元个数。输出层由 C 个神经元组成,每个神经元连接权矢量的维数与输入空间模式的特征维数一致。两层之间的动态连接权矢量为 $\boldsymbol{W}_j=(w_{j1},w_{j2},\cdots,w_{jN})^{\mathrm{T}}(j=1,\cdots,C)$。

寻找与输入模式矢量对应的最佳匹配的输出神经元的方法是:计算输入模式矢量与所有输出神经元权矢量的距离,选择距离最小的权矢量对应的神经元作为最佳匹配的输出神经元(即获胜神经元)。因此,获胜神经元 j' 定义为

$$j' = \arg\min_{1\leqslant j\leqslant C}\{D_j^2\} \tag{9-18}$$

其中

$$D_j^2 = \sum_{i=0}^{N-1}(x_i - w_{ij})^2 \tag{9-19}$$

由于获胜神经元对于它周围最近的神经元也会产生一定的兴奋作用,也即在获胜神经元周围存在一个拓扑邻域。在这个拓扑邻域中,获胜神经元本身是这个拓扑邻域中刺激最大的点,以它为中心,离它越远的神经元则抑制作用越强。并且该拓扑邻域开始定得较大,随着训练次数的增加不断收缩,最终收缩到半径为零。每一个神经元的拓扑邻域 $N_{j'}$ 用一个邻域函数表示,一个简单的函数为

$$h_{jj'}(t) = \begin{cases} \alpha(t), & j \in N_{j'} \\ 0, & j \notin N_{j'} \end{cases}$$ (9-20)

式中,$\alpha(t)$ 为学习率,其范围为 $0 < \alpha(t) < 1$。$\alpha(t)$ 和邻域 $N_{j'}$ 的半径 d 均定义为一个随时间增加而逐渐减小的线性函数,即

$$\alpha(t) = \alpha_0 \left(\frac{1-t}{T} \right)$$ (9-21)

$$d(t) = d_0 \left(\frac{1-t}{T} \right)$$ (9-22)

式中,t、T 分别为当前和最大迭代次数;α_0、d_0 分别为学习率和邻域半径的初始值。

对于自组织神经网络而言,网络中输出层节点的连接权值要求根据输入矢量进行相应的修改。基于输出层获胜神经元与其周围的兴奋神经元间的邻域关系,其连接权值的修正公式为

$$w_{ij}(t+1) = w_{ij}(t) + h_{jj'}(t)(x_{ki} - w_{ij}(t))$$ (9-23)

式(9-23)反映了获胜神经元和它周围邻域内的神经元逐渐向输入矢量靠近。

当训练正常结束时,赋予每个输出节点一个连接权值,并确定了一个 Kohonen 神经网络的网络结构,即建立了一个分类器。然后用该训练好的 Kohonen 神经网络分类器根据式(9-18)进行模式分类,并根据式(9-24)获得待分类模式 k 属于第 j 类的可能性程度:

$$M_k^i = 1 - \frac{d_j^2}{\sum_{j=1}^{c} d_j^2}$$ (9-24)

式中,$0 \leqslant M_k^i \leqslant 1$,为输入模式属于 j 类的可能性程度。全局最小距离的类别将有一个可能性程度为 1 的值,也就是这个可能性程度越高,输入模式就更有可能属于该类。SOM 网络学习算法总结在表 9-1 中。

表 9-1　基本 SOM 算法步骤

(1)	初始化:设置输出层神经元个数 M、最大迭代次数 T、迭代停止的常数 ε、初始学习率 α_0 和初始邻域半径 d_0,并令 $t=0$;给网络的连接权 $\{w_{ij}\}$ 赋予 $(0,1)$ 区间内的随机值
(2)	从训练样本集中随机取一个模式矢量 $\boldsymbol{X}_k = (x_{k1}, x_{k2}, \cdots, x_{kN})$ 输入给网络
(3)	用式(9-19)计算输入矢量 $\boldsymbol{X}_k$ 与所有输出节点 j 的权值间的距离
(4)	根据式(9-18),找出与输入样本矢量 $\boldsymbol{X}_k$ 最佳匹配的节点 j'
(5)	根据式(9-22)确定 j' 的邻域,根据式(9-23)修正邻域内的各节点对应的连接权矢量
(6)	令 $k=k+1$,输入下一个模式矢量 $\boldsymbol{X}_k$,若 k 小于训练样本数目,则返回到步骤(3),否则进入下一步
(7)	计算 $w_{ij}(t)$ 与 $w_{ij}(t+1)$ 的差值 $E_t = \sum_{i,j} (w_{ij}(t) - w_{ij}(t+1))^2$
(8)	如果 $E_t \leqslant \varepsilon$,则训练结束;否则调整学习率 $\alpha(t)$ 和更新邻域半径 $d(t)$,进入下一次迭代,即 $t=t+1$,返回步骤(2)

自组织神经网络可以较好地完成聚类的任务,其中每一个神经元节点对应一个聚类中心,与普通聚类算法不同的是,所得的聚类之间仍然保持一定的关系,就是在自组织网络节点平面上相邻或相隔较近的节点对应的类别,它们之间的相似性要比相隔较远的类别之间的相似性大。因此可以根据各个类别在节点平面上的相对位置进行类别的合并和类别之间关系的分析。但在实际应用中对学习率 $\alpha(t)$ 和邻域 $N_{j'}$ 的半径 $d(t)$ 形式的选择没有一般化的数学方法,通常是根据经验选取。一般的原则是初始邻域中的半径 $d(t)$ 较大,乃至覆盖整个输入平面,然后逐步收缩到 0,$\alpha(t)$ 开始下降速度较快,可以很快捕捉到输入矢量的大致概率结构,然后在较小的基值上缓慢下降至 0,这样可以精细地调整权值,使之符合输入空间的概率结构。

9.6 支持矢量机识别方法

支持矢量机(Support Vector Machine,SVM)是 Vapnik 领导的 AT&T Bell 实验室研究小组根据统计学理论提出的一种新的通用学习方法,它是建立在统计学理论(Statistical Learning Theory,SLT)和结构风险最小原理基础上的,能较好地解决小样本、非线性、高维数和局部极小点等实际问题。支持矢量为训练集中一组特征子集,使得对特征子集的线性划分等价于对整个数据集的分割。目前,SVM 算法在模式识别、回归估计、概率密度函数估计等方面都有应用,并且该算法在精度上在某些领域已经超过传统的学习算法,表现出更好的学习性能。

9.6.1 SVM 算法的基本思想

对于两类的情况,假设训练集可被一个超平面线性划分,该超平面集为 $H:(w \cdot x)+b=0$。H_1、H_2 分别为过各类中离分类超平面最近的样本,且平行于分类超平面的平面,它们之间的距离叫做分类间隔。对于线性可分的情况,可假定

$$\begin{cases} H_1: (w \cdot x_i)+b \geqslant 1, & y_i = 1 \\ H_2: (w \cdot x_i)+b \leqslant -1, & y_i = -1 \end{cases} \qquad (9\text{-}25)$$

归一化得

$$y_i[(w \cdot x_i)+b] \geqslant 1, \quad i=1,\cdots,l \qquad (9\text{-}26)$$

H_1 和 H_2 到 H 的距离为 $1/\|w\|$,分类间隔为 $2/\|w\|$。

使分类间隔最大,即使 $1/2\|w\|^2$ 最小的分类面叫最优分类超平面(图 9-7)。而 H_1 和 H_2 上的训练样本点称作支持矢量。因此,求最佳 (w,b) 可归结为二次规划问题:

$$\min_{w,b} \frac{1}{2}\|w\|^2$$

$$\text{s. t. } y_i(w \cdot x_i+b) \geqslant 1, \quad i=1,2,\cdots,l \qquad (9\text{-}27)$$

规划问题式(9-27)的对偶问题,即最大化目标函数,即

$$W(\alpha)=\sum_{i=1}^{l}\alpha_i-\frac{1}{2}\sum_{i,j=1}^{l}\alpha_i\alpha_j y_i y_j(x_i \cdot x_j)$$

$$\text{s. t. } \alpha_i \geqslant 0, \quad i=1,\cdots,l$$

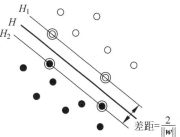

图 9-7 最优分类超平面

$$\sum_{i=1}^{l} \alpha_i y_i = 0 \tag{9-28}$$

其解可通过引入拉格郎日优化函数求得。式(9-28)中 α_i 为与每个样本对应的拉格郎日乘子。解中只有一部分（通常是少部分）α_i 不为零，对应的样本 $\boldsymbol{x}_i$ 就是支持矢量。这样，有

$$\boldsymbol{w}^* = \sum_{\text{Support Vector}} \alpha_i y_i \boldsymbol{x}_i \tag{9-29}$$

$$b^* = y_i - \boldsymbol{w}^* \cdot \boldsymbol{x}_i \tag{9-30}$$

相应的分类决策函数为

$$f(\boldsymbol{x}) = \text{Sign}(\boldsymbol{w}^* \cdot \boldsymbol{x} + b^*) = \text{Sign}\left(\sum_{i=1}^{l} \alpha_i^* y_i (\boldsymbol{x} \cdot \boldsymbol{x}_i) + b^*\right) \tag{9-31}$$

对于非线性情况，SVM 的基本思想是通过事先确定的非线性映射将输入矢量 $\boldsymbol{x}$ 映射到一个高维特征空间中，然后在此高维空间中构建最优超平面。由于目标函数和决策函数中的矢量之间都只涉及点积运算，因此只要采用满足 Mercer 条件的核函数（Kernel Function），它就对应某一变换空间中的内积。

$$K(x_i, x_j) = \psi(x_i) \cdot \psi(x_j) \tag{9-32}$$

相应的二次规划问题的目标函数变为

$$\begin{aligned}
W(\alpha) &= \sum_{i=1}^{l} \alpha_i - \frac{1}{2} \sum_{i,j=1}^{l} \alpha_i \alpha_j y_i y_j \{\psi(x_i) \cdot \psi(x_j)\} \\
&= \sum_{i=1}^{l} \alpha_i - \frac{1}{2} \sum_{i,j=1}^{l} \alpha_i \alpha_j y_i y_j K(x_i, x_j)
\end{aligned} \tag{9-33}$$

通常并不需要明确知道 ψ，只需要选择合适的核函数 K 就可以确定一个支持矢量机。

针对某一特定问题，核函数的类型选择是至关重要的。目前使用的核函数主要有线性核函数、多项式核函数、径向基核函数（RBF）、Sigmoid（S 形）核函数及样条核函数等。

9.6.2 SVM 算法的分类过程

SVM 算法的分类过程如下：

(1) 输入两类训练样本，对于图像而言，每个样本对应一个像素点。每个像素有 R、G、B 3 个值，相应的样本维数为 3。根据这些样本构造出训练样本矩阵和对应的类别样本矩阵。类别样本矩阵中的值为样本的分类类别，如 1 和 -1。

(2) 利用式(9-28)，采用合适的优化算法（不同的 SVM 算法的优化算法不同）以及合适的核函数，求解矢量 α。矢量 α 大小与训练样本数相等，矢量 α 中的每一项 α_i 与每个训练样本相对应，且其中大部分为零。

(3) 利用矢量 α，训练样本矩阵和对应的类别样本矩阵求得 b^*。如果对于线性可分情况，还可以根据式(9-29)求得 $\boldsymbol{w}^*$。这样便可以得到最终的分类决策函数的具体表达式。

(4) 输入测试样本，利用分类决策函数得出最后的分类结果。如果 $f(x)$ 大于零，表示这个样本属于第一类，即这个像素点属于要识别的某类，用一种颜色表示（如黑色）；反之，这个样本属于第二类，用另一种颜色表示（如灰色）。

SVM 可借助 LibSVM 工具箱来实现。LibSVM 是中国台湾大学林智仁（Lin Chih-

Jen)等开发设计的一个简单、易于使用和快速有效的 SVM 模式识别与回归的软件包,不但提供了编译好的可在 Windows 系列系统的执行文件,还提供了源代码,方便改进、修改以及在其他操作系统上应用;该软件对 SVM 所涉及的参数调节相对比较少,提供了很多的默认参数,利用这些默认参数可以解决很多问题;并提供了交互检验(Cross Validation)的功能。目前,LibSVM 拥有 C、Java、MATLAB、C♯、Ruby、Python、R、Perl、Common LISP、LabView 等数十种语言版本。最常使用的是 C、MATLAB、Java 和命令行(C 语言编译的工具)的版本。该软件包可在 http://www.csie.ntu.edu.tw/~cjlin/免费获得。

9.6.3 人脸识别应用

人脸识别的关键是特征提取和分类器设计。本例采用 Gabor 小波变换提取特征并采用 SVM 进行分类。

二维 Gabor 滤波器能够提取出图像特定区域内多尺度、多方向空间频率的局部细微特征,因此它广泛应用于人脸识别中。二维 Gabor 滤波器的函数形式可以表示为

$$g_{\mu,v} = \frac{\bm{k}_{\mu,v}^2}{\sigma^2} \exp\left(-\frac{\bm{k}_{\mu,v}^2(x^2+y^2)}{2\sigma^2}\right) \cdot \left[\exp\left(\mathrm{i}\bm{k}_{\mu,v} \cdot \begin{pmatrix} x \\ y \end{pmatrix}\right) - \exp\left(-\frac{\sigma^2}{2}\right)\right] \tag{9-34}$$

式中,(x,y) 为给定位置的图像坐标;μ 和 v 分别定义 Gabor 核的方向和尺度;σ 为高斯窗的尺度因子,它控制滤波器的尺度大小和带宽;$\bm{k}_{\mu,v}$ 为一个频率矢量,它决定了 Gabor 核的尺度和方向,定义为

$$\begin{cases} \bm{k}_{\mu,v} = k_v \mathrm{e}^{\mathrm{i}\varphi_\mu} \\ k_v = \dfrac{k_{\max}}{f^v} \\ f = \sqrt{2} \\ \varphi_\mu = \dfrac{\pi\mu}{8} \end{cases} \tag{9-35}$$

式中,$k_{\max}$ 为最大频率;f 为频域内核函数的空间因子。一般应用中,Gabor 小波通常取5个不同的尺度 $v \in \{0,\cdots,4\}$ 和 8 个不同的方向 $\mu \in \{0,\cdots,7\}$。

Gabor 小波变换在人脸特征提取中一般分为 4 个步骤。

1. 确定尺度和方向

在提取人脸图像的 Gabor 特征时,通常采用多个尺度和方向上的 Gabor 滤波器组成的滤波器组来进行特征提取。根据经验,一般采用由 5 个尺度($V=\{0,1,2,3,4\}$)和 8 个方向($\{U=0,1,2,3,4,5,6,7\}$)的 Gabor 滤波器组来提取图像不同尺度和方向的特征信息,构成特征矢量。这样可以产生 40 个不同的 Gabor 小波函数,采用 40 个函数,对图像中某一点进行 Gabor 小波变换,就可以得到 40 个复数,分为实部和虚部,取实部 40 个系数,采用这种方法来表征图像特征点。

2. 输入图像与滤波器进行卷积

在提取人脸面部图像的 Gabor 特征时,将输入图像 $I(z)$ 与 Gabor 滤波器组的各个滤波器进行卷积,即得到 Gabor 变换结果。图像 $I(z)$ 与方向为 μ、尺度为 v 的 Gabor 滤波器滤波后的结果可表示为

$$O_{\mu,v}(x,y) = I(x,y) * g_{u,v}(x,y) \tag{9-36}$$

式中，$I(x,y)$ 为图像的灰度值；* 表示卷积操作。由于 $O_{\mu,v}(x,y)$ 为复数形式，所以取其幅度信息为

$$G_{\mu,v}(z) = \sqrt{\mathrm{Re}\,(O_{\mu,v}(z))^2 + \mathrm{Im}\,(O_{\mu,v}(z))^2} \qquad (9\text{-}37)$$

作为描述人脸的 Gabor 特征。一般可取 $\sigma = \sqrt{2\pi}$，$k_{max} = \pi/2$，$f = \sqrt{2}$。

图 9-8 给出了图像的 Gabor 特征表示示意图，其中图 9-8(a)所示为 Gabor 核的实部，图 9-8(b)所示为图像分 Gabor 小波表示的幅度。由此得到 40 维的人脸特征矢量 $O(x,y) = (O_{0,0}, \cdots, O_{4,7})$。

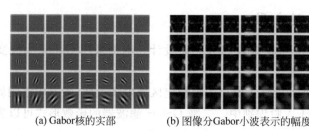

(a) Gabor核的实部　　　(b) 图像分Gabor小波表示的幅度

图 9-8　图像的 Gabor 特征表示示意图

3. 构成行矢量

Gabor 特征经过简单连接形成一个列矢量，表示为

$$x = [G'_{0,0}\,G'_{0,1} \cdots G'_{4,7}] \qquad (9\text{-}38)$$

用它作为描述人脸的特征矢量。

以 ORL 人脸数据库为例，其人脸库大小为 112×92 的人脸部图像，采用 40 个滤波器与其进行卷积，得到的 Gabor 特征矢量 M 的维数为 $112 \times 92 \times 22 = 412\,160$。

4. 均匀采样

如此高的维数在进行后续分类时将带来非常大的计算量，另外，相邻特征之间是高度相关和冗余的，所以如此密集的提取特征也是没有必要的，因此，需要稀疏部分 Gabor 特征。一般采用均匀采样的方式对 Gabor 特征进行一次降维，采样后的特征矢量为

$$G^\rho = [G'_{0,0}\,G'_{0,1} \cdots G'_{7,4}] \qquad (9\text{-}39)$$

ρ 是降维因子，当 $\rho = 2$ 时，原始特征将为 $1/2$，$412\,160$ 维的 Gabor 特征减小为 $412\,160/2 = 206\,080$。虽然降低了特征维数，同样也会造成有用信息的丢失。

人脸识别是个多类问题，但支持矢量机一般用来解决两类分类问题，目前用于多分类的 SVM 有一对一方法、一对多方法等。其中，分类效果的是一对一的方法，在一个 K 类分类的问题中，需要 $K(K-1)/2$ 个 SVM，它所需要的 SVM 分类器个数与 K 成平方关系。因此，随着 K 规模增大，需要训练的 SVM 数量也就越来越大。

在多类 SVM 训练阶段，首先把 N 个训练样本构建 $n(n-1)/2$ 个 SVM 二分器，再把每个 SVM 二分器的训练结果保存到一个数组中。多类问题的 SVM 训练算法如表 9-2 所示。

输入：训练样本集（TrainData）、类别数（NumClass）、每类样本数（NumPerClass）、错误代码系数（C）、径向基函数参数（G）。

输出：多类 SVM 训练结果 CA。

表 9-2　多类问题的 SVM 训练算法

```
MultiTrain(TrainData,NumClass,NumPerClass,C,G)
{
for i = 1 to NumClass - 1
for j = i + 1 to NumClass
计算第 i 类训练样本在 TrainData 中的起止位置
读取第 i 类训练样本数据,并存储在 X(1: NumPerClass(i))中
计算第 j 类训练样本在 TrainData 中的起止位置
读取第 j 类训练样本数据,并存储在 X(NumPerClass(i) + 1:NumPerClass(i) + NumPerClass(j))中
    设置两两分类的类标签 Y
    CA{i}{j} = svmtrain(X,Y,核函数参数)
    end for
    end for
    保存训练结果
}
```

在多类 SVM 分类阶段,首先把 N 个测试样本依次送入训练得到的 $n(n-1)/2$ 个 SVM 二分器,再通过投票决定分类的结果。多类问题的 SVM 分类算法如表 9-3 所示。

输入:测试样本集(TestData)、多类 SVM 训练结果(CA)、类别数(NumClass)。

输出:多类 SVM 分类结果(Class)。

表 9-3　多类问题的 SVM 分类算法

```
MultiTest(TestData,CA,NumClass,Class)
{
初始化投票箱(Vote)
for i = 1 to NumClass - 1
for j = i + 1 to NumClass
Classes = svmclassify(CA{i}{j},TestData)
if Classes = = 1 then vote(i) = vote(i) + 1
if Classes = = 0 then vote(j) = vote(j) + 1
end for
end for
Class = Max(vote);//提取分类结果
}
```

9.7　模糊识别方法

模糊识别的理论基础是模糊数学。它根据人辨识事物的思维逻辑,吸取人脑的识别特点,将计算机中常用的二值逻辑转向连续逻辑。模糊识别的结果是用被识别对象隶属于某一类别的程度,即隶属度来表示的,一个对象可以在某种程度上属于某一类别,而在另一种程度上属于另一类别,一般常规识别方法则要求一个对象只能属于某一类别。

常规的分类方法规定一个像素只能属于一个类别,也称为硬分类。一幅图像可能包含多个物体,每个物体都由许多像素构成,因此将一个像素只归为某一个类别是有一定依据的。但是在物体的交界处,由于成像过程和数字化过程中分辨率及其他因素的影响,图像中物体边缘处的一个像素可能包含了两个物体的信息。换言之,就是这个像素既可能属于类别 i,也可能属于类别 j,也就是常说的混合像素。对于这种情况就不可能明确地将其归为

一个类别，而是应该按照某种规则将其划分到两个或者多个类别中。模糊模式识别认为一个像素可以在某种程度上属于一个类别，而在另一种程度上属于另一个类别。这种程度通过模糊数学中的隶属函数来表示。

应用模糊模式识别方法对图像进行分类的关键是确定每一个类别的隶属函数。不同类型的图像，其隶属函数的计算也不尽相同。一般需要根据具体的应用和专业知识来确定。通常在类别隶属度方面选用最大隶属度原则，即以模式的描述属性作为模糊子集，分别计算场景中所有模式隶属于该模糊子集的隶属度，选择其中的最大者作为分类。这样的分类与前面所说的硬性分类是一致的。在实际中，也可以灵活地修改判决规则，使一个像素在分类时可以被同时划分为多个类别，如规定像素对某类的隶属度不小于 0.5 就可以将该像素划分为该类，就可以解决前面所说的混合像素的分类问题。

9.8　句法识别方法

统计模式识别方法发展较早，应用很广，它的缺点是对已知条件要求太多，如已知类别的先验概率、条件概率等。当图像非常复杂、类别很多时，用统计识别方法对图像进行分类将十分困难，甚至难以实现。而结构（句法）模式识别则注重模式结构，采用形式语言理论来分析和理解，对复杂图像的识别有独到之处。这里简要介绍句法模式识别的概念和基本原理。

句法是描述语法规则的一种法则。一个完整的句子一定是主语＋谓语或主语＋谓语＋宾语（或表语）的基本结构构成。一种特定的语言，一定类型的句子之间是有一定的结构顺序的。无规则的任意组合，必然达不到正确的思想交流。形容词、副词、冠词等可以与名词、动词构成"短语"，丰富句子要表达的思想内容。而这些短语的构成也是有特定规律的。如果用一个树状结构来描述一个句子，则如图 9-9 所示。

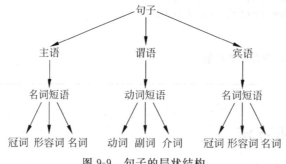

图 9-9　句子的层状结构

只有按照上述层状结构规则（或称为写作规则）才能组合成一定规则的句子。

自然句法规则的思想可以移植到图像的模式识别中。尽管自然界的景物组合是千变万化的，但仔细分析可以看出，某一对象的结构也存在一些不变的规则。分析图 9-10(a)所示的一座房子，它一定是由屋顶和墙面构成。组成屋顶的几何图形，可以是三角形、梯形、四边形、圆形等，组成墙平面的几何图形也是由矩形、平行四边形（透视效果）等构成，至少某一个墙面应该有门，而窗的高度不低于门等。进一步，还可以提出一些用来刻画构成一所房子的规则，如屋顶一定在墙面之上，且由墙面支撑。一所房子的这些规则就像构成一个句子的句法规则一样，是不能改变的。如果将描述房子的规则（它构成一个房子的模式）存于计算机，而任务是要在一张风景照片上去识别有无房子,那么就可按照片上所有景物的外形匹配是否符合房子的模式(房子构成规则)。符合房子模式的就输出为"有房子",否则,输出"无房子"。如果风景照片上有一棵树,如图 9-10(b)所示,尽管顶部有三角形存在,也能寻找到一个支撑的矩形,但却找不到有"门",这不符合一所房子的结构规则,因而不会把它当成是一所房子。

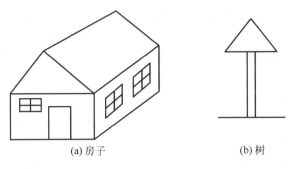

(a) 房子   (b) 树

图 9-10   物体的几何图形

可见,句法模式识别是将一个复杂的模式分解成一系列更简单的模式(子模式),对子模式继续分解,最后分解成最简单的子模式(或称基元),借助于一种形式语言对模式的结构进行描述,从而识别图像。模式、子模式、基元类似于英文句子的短语、单词、字母,这种识别方法类似语言的句法结构分析。因此称为句法模式识别。

句法模式识别系统框图如图 9-11 所示。它由识别和分析两部分组成。

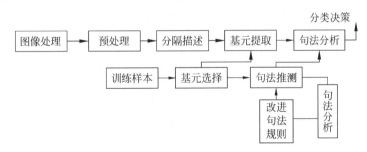

图 9-11   句法模式识别系统框图

分析部分包括基元的选择和句法推断。分析部分是用一些已知结构信息的图像作为训练样本,构造出一些句法规则。它类似于统计分类法中的"学习"过程。

识别部分包括预处理、分割描述、基元提取和结构分析。预处理主要包括编码、增强等系列操作。结构分析是用学习所得的句法规则对未知结构信息的图像所表示的句子进行句法分析。如果能够被已知结构信息的句法分析出来,那么这个未知图像就有这种结构信息,否则,就是不具有这种结构信息的图像。

9.9   小结

本章概要介绍了模式识别的基本概念及常用方法与最新方法,如基于匹配的识别、统计模式识别、句法模式识别、模糊模式识别、人工神经网络识别和支持矢量机识别等,目的是让读者对图像匹配与识别有个初步了解。

模式识别的目的是对图像中的物体进行分类，或者可以说是找出图像中有哪些物体。一个计算机模式识别系统基本上是由4个相互关联而又有明显区别的过程组成的，即信息获取部分、预处理部分、特征提取与选择和决策分类。模式识别包括统计模式识别、模糊模式识别、人工神经网络模式识别和句法结构模式识别四类。统计模式识别是最经典的分类识别方法，在图像模式识别中有着非常广泛的应用，并且其结果经常用作评价其他识别方法的参照对象。模糊识别和人工神经网络识别则是近些年发展起来的识别方法，是许多从事模式识别方法研究人员的研究重点。句法模式识别立足于图像的结构进行识别，需要将图像进行分解，提取基元，并将基元按照待识别对象的结构规则去组成一个模式，在识别过程中极易受到随机噪声的干扰，而且目前的图像处理算法在实现句法模式识别所要求的图像分解及基元的提取上有一定难度。因此，句法模式识别在图像识别中的实用性还有待提高。

图像匹配是在图像中寻找是否有所关心的目标。常用的图像匹配方法有两种：全局匹配和特征匹配。全局匹配是把目标的每一像素和图像的每一像素都作相关性匹配，以寻找图像中有无该目标。特征匹配则仅仅对目标的某些特征如幅度、直方图、频率系数以及点、线等几何特征作匹配和相关运算。

统计模式识别认为图像可能包含有一个或若干个不同的物体，对于每一个物体都应当属于若干事先定义的模式类之一。在给定一幅含有多个物体的数字图像的条件下，统计模式识别由图像分割、特征提取和分类3个主要过程组成。

句法模式识别将一个复杂的模式分解成一系列更简单的子模式，对子模式继续分解，最后分解成最简单的基元，借助于一种形式语言对模式的结构进行描述，从而识别图像。句法模式识别由识别和分析两部分组成。分析部分包括基元的选择和句法推断，识别部分包括预处理、分割描述、基元提取和结构分析。

模糊模式识别认为一个像素是可分的，即一个像素可以在某种程度上属于一个类别，而在另一种程度上属于另一个类别。这种程度通过模糊数学中的隶属函数来表示。

人工神经网络识别技术是一种全新的模式识别技术，它除了利用图像本身的统计特征外，还可以利用图像的几何空间等特征，最为重要的是它还利用了人在以往识别图像时所积累的经验。在被分类图像的信息引导下，通过自学习，修改自身的结构及识别方式，从而提高图像的分类精度和分类速度，以取得满意的分类结果。在模式识别中应用最多的也是最成功的当数多层前馈网络，它是一种监督学习的过程；另一个就是自组织神经网络，它则是一个非监督学习的过程。

支持矢量机是根据统计学理论提出的一种新的通用学习方法，它是建立在统计学理论和结构风险最小原理基础上的，能较好地解决小样本、非线性、高维数和局部极小点等实际问题。对于线性分类问题，实际上就是寻找超平面的过程，利用该超平面进行分类；对于非线性的问题，则通过事先确定的非线性映射将输入矢量映射到一个高维特征空间中，然后在此高维空间中构建最优超平面。

习题

1. 什么是模式和模式识别？简述模式识别系统的基本组成。

2. 常用的模式识别方法分成哪几类？试解释之。

3. 给定一个 256×256 的 Lena 灰度图像和匹配模板图像（如下图所示），用全局模板匹配方法编程实现给定模板的定位，并用红色方框标出最佳定位区域。

4. 给定下列数据点(1,7)、(2,1)、(3,2)、(4,3)、(3,5)、(2,6)、(6,2)、(2,9)、(3,10)、(3,5)、(4,10)、(5,8)、(4,1)、(5,3)、(7,4)、(8,5)，其中两类的参考数据点分别为(2,8)和(5,3)，请利用最小距离分类方法设计一个两类问题的分类器。

5. 简述模糊模式识别方法的基本思想。

6. 简述 BP 神经网络的识别过程。

7. 简述 SVM 算法的基本思想。

## 第 10 章

基于MATLAB图像处理应用实例

MATLAB 是 MathWork 公司于 1982 年推出的一款高性能的数值计算和可视化软件，它集数值分析、矩阵运算、信号处理和图形显示于一体，拥有界面简洁、友好的用户环境。其强大的图形功能以及丰富的图像处理工具函数，使得 MATLAB 特别适合于图像处理学习和应用。本章将在简要介绍 MATLAB 的基本功能及使用方法的基础上，围绕图像中数字水印的嵌入与提取、图像融合、图像修复、图像配准等几个应用实例，介绍基于 MATLAB 的图像处理应用系统的设计与实现。

10.1 MATLAB 简介

10.1.1 MATLAB 基础

MATLAB 是一个交互式系统，其基本数据元素是无需定义的数组。与高级语言相比，它只需极少的代码就可以解决众多的数值问题。因此，特别适合解决需要矩阵运算的工程问题，在数字图像处理领域有重要的用途。

MATLAB 是一种面向数组（Array）的编程语言，其数据类型的最大特点是每一种类型都以数组为基础，从数组中派生出来。事实上，MATLAB 把每种类型的数据都作为数组来处理。在 MATLAB 中有 6 种基本的数据类型，即 char（字符）、double（双精度数值）、sparse（稀疏数据）、storage（存储型）、cell（单元数组）和 struct（结构）。数据类型间的关系如图 10-1 所示。

在图 10-1 中，存储型是一个虚拟数据类型，是 MATLAB 5.3 版以后新增的定义，它包括 int8（8 位整型）、uint8（无符号 8 位整型）、int16（16 位整型）、uint16（无符号 16 位整型）、int32（32 位整型）和 uint32（无符号 32 位整型）。

最常用的数据类型只有双精度型和字符型，所有 MATLAB 计算都把数据当作双精度型处理。其他数据类型只在一些特殊条件下使用。例如，无符号 8 位整型一般用于储存图像数据；单元数组和结构数组一般用在大型程序中；稀疏数据一般用于处理电路、医学、有限元素法及偏微分方程中出现的稀疏矩阵（一个矩阵中，如果包含许多零元素，此矩阵即可称为稀疏矩阵）。存储型数组一般只用于内存的有效储存，可对这些类型的数组进行操作，但不能进行任何数学运算，否则必须使用 double 函数把它转换为双精度类型。

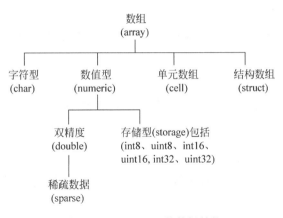

图 10-1 MATLAB 的数据结构

10.1.2 MATLAB 的运行

MATLAB 有两种常用的工作模式：一种是在命令窗口中直接输入简单命令；另一种是 M 文件的编程工作方式。前者适用于命令行比较简单的情形，而后者适用于进行大量的复杂计算的情形。

图 10-2 是 MATLAB 启动后桌面布置方式的默认设置，包含一个工具栏、3 个区域、5 个工作窗口，这 5 个工作窗口分别为发射台（Launch Pad）、工作区（Workspace）、命令历史（Command History）、当前路径（Current Directory）和命令窗口（Command Windows）。MATLAB 的工作窗口是一个标准的 Windows 界面，可以利用菜单命令完成对工作窗口的操作，使用方法与一般的 Windows 应用程序相同。其中最为重要的是命令窗口，如图 10-2 中最右端的子窗口所示。

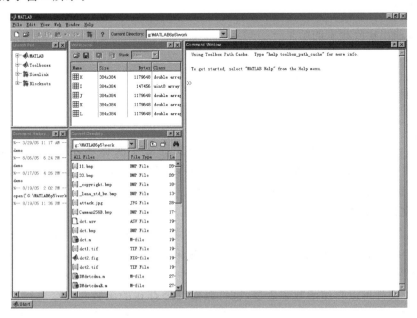

图 10-2 MATLAB 工作环境

1. 命令行输入方式

MATLAB 是以矩阵为基本运算单元的，因此，此处以矩阵的乘法运算为例介绍 MATLAB 命令行输入的工作模式。

例 10-1 已知矩阵 $A = \begin{bmatrix} 2 & 1 & -3 & -1 \\ 3 & 1 & 0 & 7 \\ -1 & 2 & 4 & -2 \\ 1 & 0 & -1 & 5 \end{bmatrix}$，矩阵 $B = \begin{bmatrix} 3 & -1 & 0 & 4 \\ 2 & 1 & 5 & -2 \\ -1 & 0 & 7 & 5 \\ -4 & 8 & 0 & 1 \end{bmatrix}$，求解矩

阵 A 乘以矩阵 B 形成的新矩阵。

只需在 MATLAB 命令窗口内提示符号（＞＞）之后输入以下表达式，并按 Enter 键即可：

```
>> A = [2 1 -3 -1;3 1 0 7; -1 2 4 -2;1 0 -1 5];
>> B = [3 -1 0 4;2 1 5 -2; -1 0 7 5; -4 8 0 1];
>> A * B
ans =
    15    -9   -16   -10
   -17    54     5    17
     5   -13    38    10
   -16    39    -7     4
```

MATLAB 会将运算结果直接存入默认变量 ans，它代表 MATLAB 运算后的答案 (Answer)，并在屏幕上显示其运算结果。

若不想让 MATLAB 每次都显示运算结果，只需在表达式最后加上分号（;）即可。此时 MATLAB 只会将运算结果直接存入默认变量 ans 内，而不会显示在屏幕上。使用者也可以将运算结果储存于自己设定的变量 C 内，如输入以下表达式按 Enter 键：

```
>> A = [2 1 -3 -1;3 1 0 7; -1 2 4 -2;1 0 -1 5];
>> B = [3 -1 0 4;2 1 5 -2; -1 0 7 5; -4 8 0 1];
>> C = A * B
```

会直接输出矩阵相乘的结果：

```
C =
    15    -9   -16   -10
   -17    54     5    17
     5   -13    38    10
   -16    39    -7     4
```

通过这一例子可以发现：一般高级语言需要编写 4 次循环才能求的矩阵乘法，在 MATLAB 中只需使用一行代码。由此可以看到 MATLAB 在矩阵运算方面的强大功能，这为图像处理提供了丰富、准确、快捷的运行环境。

2. M 文件的编程工作方式

MATLAB 提供了 M 文件编辑器作为编制和调试 M 文件的工作界面。在 MATLAB 的运行环境中，用鼠标单击菜单栏上的 File→Open 命令，选择 M-file 选项，或者直接单击工具栏中的"新建"按钮，进入 MATLAB 的 M 文件编辑器，如图 10-3 所示。

利用 M 文件可以自编函数和命令，也可以对已经存在的函数和命令进行修改和扩充，因此对 MATLAB 的二次开发非常方便。在 MATLAB 中，M 文件有两种形式，一种是命令文件（脚本文件 Script-file），另一种是函数文件（Function-file）。下面将通过具体实例较为

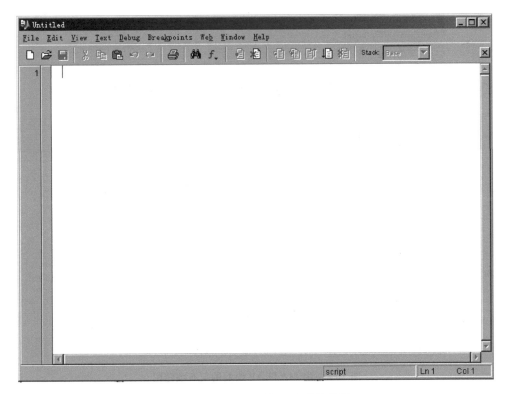

图 10-3 MATLAB 的 M 文件编辑器

详细地举例说明命令文件(脚本文件)的建立和运行。

例 10-2 建立命令文件,并绘制宝石项链图。

(1) 进入 MATLAB 的 M 文件编辑器。

(2) 在编辑器窗口中输入文件内容:

```
t = (0:0.02:2) * pi;          % (0:0.02:2)表示(0,2)内以 0.02 为间隔的矢量
x = sin(t);
y = cos(t);
z = cos(2 * t);
plot3(x, y, z, 'b - ', x, y, z, 'bd')
view([ - 80,60])
box on
legend('链子', '宝石');
```

(3) 单击 File→Save 菜单命令,将所写文件自动保存在磁盘目录 D:\MATLAB\work 上,并取名为 diamond. m。

(4) 在 MATLAB 命令窗口中直接输入文件名 diamond 并按 Enter 键,运行结束后即可得到图 10-4 所示的宝石项链图。

计算机编程语言允许程序员根据某些结构来控制程序的执行次序。MATLAB 和大多数计算机语言一样,提供了设计程序所必需的程序结构,即顺序结构、循环结构和分支结构。在 MATLAB 中,循环结构由 for-end 循环语句和 while-end 循环语句实现,分支结构由 if-end 语句和 switch-case-end 语句实现。

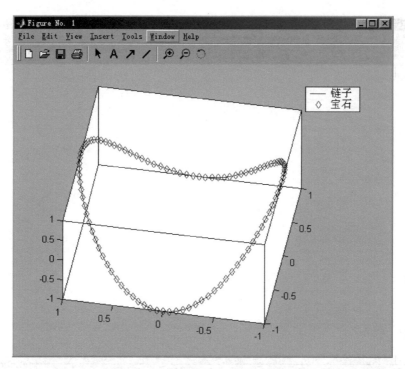

图 10-4　用 MATLAB 绘制的宝石项链图

10.1.3　MATLAB 图像处理功能

MATLAB 提供了强大的矩阵运算功能，如特征值和特征矢量计算、矩阵求逆等都可以直接通过 MATLAB 提供的函数求出。MATLAB 还提供了用于小波分析、图像处理、信号处理、虚拟现实、神经网络等许多工具包。其中，图像处理工具包提供了许多可用于图像处理的相关函数，按功能可以分为以下几类：图像显示、图像文件输入与输出、几何操作、像素值和统计、图像分析与增强、图像滤波、线性二维滤波器设计、图像变换、邻域和块操作、二值图像操作、颜色映射和颜色空间转换、图像类型和类型转换、工具包参数获取和设置等。常用的函数包括以下几种：

（1）函数名：uint8

格式：uint8（A）；

功能：将数据 A 转换为 8 位无符号整数类型数据。

如：watermarked_image_uint8＝uint8(watermarked_image_round)；

（2）函数名：double

格式：double(A)；

功能：将数据 A 转换为 64 位双精度浮点类型数据。

如：double(imread('lena. bmp'))；

在 MATLAB 中，灰度图像由一个 uint8、uint16 或一个双精度类型 double 的数组来描述。由于 MATLAB 不支持 uint8 类型数据的矩阵运算，所以在进行某些图像点运算处理时，首先要将图像数据转换为双精度类型参加运算，计算完以后再将其转换为 uint8 类型存储或显示图像。

（3）函数名：imread

格式：imread（'文件名'，文件格式）

功能：读取图像文件数据。

如：Z＝imread（'lena. bmp'）

其功能为将文件格式为 bmp 的图像文件，即 lena. bmp 图像数据读取出来，并作为无符号8 位整型数据（unit8）放入二维数组变量 Z 中。

（4）函数名：imwrite

格式：imwrite（A，'文件名'，文件格式）

功能：保存图像文件数据。

如：imwrite（ZA，'watermarked. bmp'，'bmp'）

其功能为将变量 ZA 中的图像数据写入文件名为 watermarked. bmp 的文件中，保存格式为 bmp。

（5）函数名：imshow

格式：imshow（I，[LOW HIGH]）

功能：显示灰度图像。

如：imshow（ZA，[]）

其功能为显示灰度图像 ZA，并指定灰度级范围[LOW HIGH]，若不确定数据的范围[LOW HIGH]，可使用空矢量作为参数显示图像，即 imshow（ZA，[]）。imread 、imwrite、imshow可以将格式为 bmp 的图像文件转换为只含图像数据的矩阵，也可以将处理过的数据矩阵转换成图像文件，并能对处理前后的图像文件进行显示，因而，可以很方便地用于数字图像中数字水印的嵌入与检测。

（6）函数名：subplot

格式：subplot（m，n，p）

功能：将一个图形窗口划分为多个显示区域。

如：subplot（2，2，1）

其功能将图形窗口划分为两个功能矩形显示区域，并激活第 1 个显示区域，常与 imshow 函数并用，可以将多幅图像显示在同一个单独的图形窗口中。

（7）函数名：fft2

格式：B＝fft2（A，[M，N]）

其中，A 表示要变换的矩阵，M 和 N 是可选参数，通过补 0 元素或截取多余元素，使 A 成为 $m \times n$ 阶矩阵，然后计算其二维 FFT。B 表示变换后得到的二维 FFT 系数矩阵。

功能：对矩阵 A 做二维快速傅里叶变换。

（8）函数名：fftshift

功能：把傅里叶变换结果中的直流分量移到中间位置。

格式：B＝fftshift（A）

若 A 为矢量，则 fftshift 将其左、右半部互换；若 A 为矩阵，则交换 A 的 1、3 象限和 2、4象限。对多维阵列，fftshift 对每一维的两个"半空间"进行交换。fftshift 常用于 FFT 结果的可视化。

（9）函数名：ifft2

功能：对矩阵 **B** 做二维快速逆傅里叶逆变换。

格式：A＝ifft2(B,[M,N])

其中，**B** 表示要变换的矩阵，M 和 N 是可选参数，通过补 0 元素或截取多余元素，使 **B** 成为 $m \times n$ 阶矩阵，然后计算其二维 FFT。**A** 表示经过二维傅里叶逆变换后的系数矩阵。

例 10-3 计算并显示图像的傅里叶变换 FFT 及逆变换 IFFT。

```
I = imread('lena.bmp');
subplot(1,3,1),imshow(uint8(I));                    % 显示原始图像
J = fft2(I);                                        % 图像 FFT 变换
B = fftshift(J); subplot(1,3,2),imshow(log(abs(B)),[]); % 显示 FFT 变换结果
H = ifft2(J); subplot(1,3,3),imshow(uint8(H));      % 使用逆变换复原图像并显示结果
```

执行结果如图 10-5 所示。

(a) Lena原图　　(b) 经过FFT变换后的频谱图像　　(c) 经IFFT后的图像

图 10-5　原始图像与 FFT 和 IFFT 变换后的图像比较

（10）函数名：dct2

功能：求矩阵 **A** 的 DCT 变换系数。

格式：B＝dct2(A,[M,N])

其中，**A** 表示要变换的矩阵，M 和 N 是可选参数，通过补 0 元素或截取多余元素，使 **A** 成为 $m \times n$ 阶矩阵，然后计算其二维离散余弦变换。**B** 表示变换后得到的离散余弦变换系数矩阵。

（11）函数名：idct2

功能：计算逆 DCT 变换。

格式：A＝idct2(B,[M,N])

其中，**B** 表示要变换的矩阵，M 和 N 是可选参数，通过补 0 元素或截取多余元素，使 **B** 成为 $m \times n$ 阶矩阵，然后计算其二维离散余弦逆变换。**A** 表示 **B** 经过二维离散余弦逆变换后得到的系数矩阵。

（12）函数名：rand

rand 函数共 8 种，与图像处理相关的主要有两种。因此仅对这两种做一个简要的介绍。

格式：rand('state',J); rand(N,M)

功能：rand('state',J) 将随机数生成器设置到第 J 个状态，其值可以任意设定。不同的状态 J 将生成不同的随机矩阵，而设定了相同的状态 J，就可生成相同的随机数矩阵。rand(N,M)产生元素值在(0.0,1.0)内的 $N \times M$ 阶均匀分布随机矩阵。通常 rand('state',J)与 rand(N,M)联合使用。

如在命令窗口输入以下表达式：

```
>> rand('state',7);
>> B = rand(1,4)
```

按 Enter 键后显示：

```
B =
    0.2381    0.0388    0.9320    0.5062
```

即通过表达式 rand('state',7)将随机数生成器的当前状态设定为 $J=7$；表达式 rand(1,4) 根据当前的状态 J 的数值生成一个基于状态 J 的1数值的随机矩阵，其元素值在(0.0,1.0)内均匀分布。

10.2 案例一：数字水印嵌入与提取

10.2.1 数字水印的相关概念

数字水印技术(Digital Watermarking)是通过一定的算法将一些标志性信息直接嵌入到多媒体内容中，但不影响原内容的价值和使用，并且不能被人的感知系统觉察或注意到，只有通过专用的检测器或阅读器才能提取。其中的水印信息可以是作者的序列号、公司标志、有特殊意义的文本等信息，可用来识别文件、图像或音乐制品的来源、版本、原作者、拥有者、发行人、合法使用人等对数字产品的拥有权。如图 10-6 所示，图 10-6(a)所示为原始图像，又称为宿主图像。图 10-6(b)所示为水印图像，图 10-6(c)所示为嵌入水印后的图像，而图 10-6(a)、(c)不应引起人眼任何视觉上的差异。与加密技术不同，数字水印技术并不能阻止盗版活动的发生，但它可以判别对象是否受到保护，监视被保护数据的传播、鉴别媒体内容的真伪和非法地复制作品、解决版权纠纷并为法庭提供证据。

(a) 原始图像　　　　(b) 水印图像　　　　(c) 嵌入水印后的图像

图 10-6　图像中嵌入数字水印

例如，数字作品的所有者可以使用密钥生成一个水印，并将其嵌入原始数据中，然后公开发布其含水印的作品。当该作品被盗版或出现版权纠纷时，所有者即可利用水印作为依据来保护自己的权益。数字作品的所有者也可以在作品的每一副本中加入唯一的水印来保护作者的合法权益。一旦出现未经授权的副本，就可以根据从此副本中恢复出来的水印确定其副本的来源。此外，在复印设备中加上水印检测器就能进行复制控制。这样一旦检测器检测到待复印的作品含有水印就会停止复制，从而打击非法复制、保护版权。数字作品也常用于法庭、医学、新闻和商业，此时也可以通过数字水印技术确定它们的内容是否被修改、伪造或经特殊处理过。因此，数字水印技术具有极为广泛的应用前景。

10.2.2 数字水印的分类

数字水印可以按多种标准进行分类。常见的分类有以下几种。

（1）根据数字水印是否可见可以分为可见水印和不可见水印。

① 可见水印。嵌入的水印是可见的。例如，IBM利用可视水印使文献仅能用于科学研究，而不能进行商业交易。

② 不可见水印。要求具有透明性，这是目前大多数水印技术的要求。由于不可见水印的应用面较广，对媒体的保护作用更好，因而是目前研究的主流，下面如果没有特殊说明，所说的数字水印总指的是不可见水印。

（2）根据数字水印的作用可以将数字水印分为鲁棒水印、脆弱水印和半脆弱水印。

① 鲁棒水印。鲁棒水印的主要目的在于保护数字作品的版权，它要求嵌入后的水印能够经受各种常用的信号处理操作，包括无意的或恶意的处理，如有损压缩、滤波、平滑、信号裁剪、图像增强、重采样、几何变形等。鲁棒水印在经过各种处理后，只要宿主信息没有被破坏到不可使用的程度，都应该能够检测出来。因此，该类水印的稳健性要求较高。

② 脆弱水印。又称为完全脆弱性水印，要求水印能够检测出对图像像素值进行的任何改变操作。脆弱水印的目的在于保护数字作品的完整性，鉴别数字作品的真伪。

③ 半脆弱水印。要求水印能够抵抗一定程度的有益的数字信号处理操作，如 JPEG 压缩等。这类水印比完全脆弱水印稍微鲁棒一些，即允许图像有一定的改变，它是在一定程度上的完整性检验。

（3）根据水印实现的方法不同可分为时（空）域数字水印和频域数字水印两种。

时（空）域数字水印是直接在信号空间上叠加水印信号。而基于变换域的数字水印技术往往采用类似于扩频图像的技术来隐藏水印信息。这类技术一般基于常用的图像变换（基于局部或是全局的变换），包括离散余弦变换（DCT）、离散小波变换（DWT）、傅里叶变换（DFT 或 FFT）等。

此外，根据数字水印的内容还可以分为无意义水印和有意义水印，根据提取数字水印时是否需要原图像和原水印的参与可以分为私有水印和公开水印等。

本章重点结合 MATLAB 的使用，介绍基于 DCT 域的鲁棒水印、基于空域的脆弱水印和基于 DWT 域的脆弱水印的实现。

10.2.3 数字水印系统的组成

在介绍具体数字水印系统设计之前，首先了解一下数字水印系统的组成。

数字水印系统一般包括 3 个基本方面：水印的生成、水印的嵌入和水印的提取或检测。数字水印技术实际上是通过对水印载体介质的分析、嵌入信息的预处理、信息嵌入点的选择、嵌入方式的设计、嵌入调制的控制等几个相关技术环节进行合理优化，寻求满足不可感知性、安全可靠性、稳健性等诸条件约束下的准最优化设计问题。而作为水印信息的重要组成部分——密钥，则是每个设计方案的重要特色，往往可以在信息预处理、嵌入点的选择和调制控制等不同环节入手完成密钥的嵌入。

数字水印嵌入的一般过程基本框架示意图如图 10-7 和图 10-8 所示。

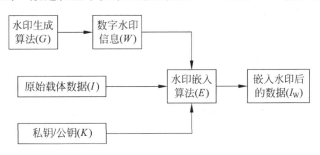

图 10-7 水印嵌入的一般过程基本框图

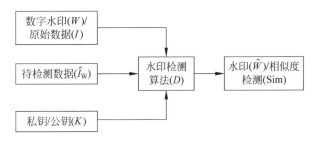

图 10-8 水印检测的一般过程基本框图

图 10-7 展示了水印的嵌入过程。该系统的输入是水印信息 W、原始载体数据 I 和一个可选的私钥(或公钥)K。其中原始载体数据 I 代表要保护的多媒体产品,如图像、文档、音频、视频等;水印信息 W 可以是任何形式的数据,如字符、二值图像、灰度图像或彩色图像、3D 图像等。水印生成算法 G 应保证水印的唯一性、有效性、不可逆性等属性。密钥 K 可用来加强安全性,以避免未授权的恢复和修复水印。所有的实用系统必须使用一个密钥,有的甚至使用几个密钥的组合。

水印的嵌入算法很多,式(10-1)给出了水印嵌入过程的通用公式,即

$$I_w = E(I, W, K) \tag{10-1}$$

式中,I_w 为嵌入水印后的数据(即水印载体数据);I 为原始载体数据,W 为水印集合;K 为密钥集合。这里密钥 K 是可选项,一般用于水印信号的生成。

图 10-8 是水印的检测过程。水印检测过程根据检测是否需要原始信息可分为以下 3 种:

(1) 需要原始载体数据 I 进行检测,有

$$\hat{W} = D(\hat{I}_w, I, K) \tag{10-2}$$

(2) 需要原始水印 W 进行检测,有

$$\hat{W} = D(\hat{I}_w, W, K) \tag{10-3}$$

(3) 无需原始信息即可进行检测,有

$$\hat{W} = D(\hat{I}_w, K) \tag{10-4}$$

式中,$\hat{W}$ 为提取出的水印;D 为水印检测算法;$\hat{I}_w$ 为在传输过程中受到攻击后的水印载体数据。检测水印的手段可以分为两种:一是在有原始信息的情况下,可以做嵌入信号的提

取或相关性验证；二是在没有原始信息的情况下，必须对嵌入信息做全搜索或分布假设检验等。如果信号为随机信号或伪随机信号，证明检测信号是水印信号的方法一般就是做相似度检验。水印相似度检验的通用公式为

$$\text{Sim} = \frac{W * \hat{W}}{\sqrt{W * W}} \quad \text{或} \quad \text{Sim} = \frac{W * \hat{W}}{\sqrt{W * W} \ \sqrt{\hat{W} * \hat{W}}} \qquad (10-5)$$

式中，$\hat{W}$ 为提取出的水印；W 为原始水印；Sim 为不同信号的相似度。

10.2.4　水印系统设计

1. 基于 DCT 域的鲁棒水印实现

在了解数字水印的基本概念及流程后，本节将以 MATLAB 为开发环境，具体介绍基于 DCT 域的鲁棒数字水印的系统实现。

（1）水印的嵌入。基于 DCT 的鲁棒水印嵌入流程如图 10-9 所示。

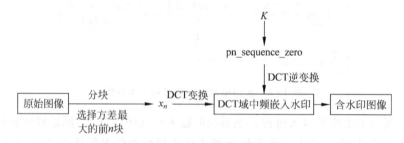

图 10-9　基于 DCT 的鲁棒水印嵌入流程

原始图像按 8×8 分块。首先计算所有子块的方差值，并选择方差值最大的前 n 块 x_n，然后依据系统密钥 K 在其 DCT 中频嵌入随机序列 pn_sequence_zero，最后通过子块的 DCT 逆变换生成含水印的图像。K 与 pn_sequence_zero 配合使用用于嵌入位置的选择。

具体步骤如下：

① 原始图像的分块 DCT 变换。为了与国际压缩标准兼容，以便算法可以在压缩域中实现，将原始图像分割为互不重叠的 8×8 子块，再对每个子块进行 DCT 变换。

② 基于纹理掩蔽特性的块分类。根据人类视觉系统（HVS）的照度掩蔽特性和纹理掩蔽特性可知：背景的亮度越高，纹理越复杂，人类视觉对其轻微的变换就越不敏感。因此，为了实现原始图像和嵌入水印后的图像之间的感知相似性，应该将水印信号尽可能地嵌入到图像中纹理较复杂的子块。此处将子块的方差值 σ^2 作为衡量子块纹理的复杂程度。计算子块的平均灰度 m 和方差 σ^2，公式为

$$m = \frac{1}{n^2} \sum_{i=0}^{n-1} \sum_{j=0}^{n-1} x(i,j), \quad \sigma^2 = \frac{1}{n^2} \sum_{i=0}^{n-1} \sum_{j=0}^{n-1} \left[x(i,j) - m^2 \right] \qquad (10-6)$$

方差 σ^2 的大小反映了块的平滑程度。当 σ^2 较小时，块比较均匀，反之，则块包含着较为复杂的纹理或边缘。当将过多的信息嵌入到图像的平滑区域，容易引起块效应现象，导致图像品质的下降。根据对人眼视觉模型的分析，将水印图像嵌入到纹理复杂区域符合水印算法的要求。具体可使用 MATLAB 的 SORT 函数对方差值进行从小到大排序，以便将水印嵌入到纹理复杂的子块中。

③ 水印的产生和嵌入。将二值水印图像[图 10-6(b)]组成一维行矢量，作为水印信息。

在水印的嵌入过程中，采用的是一种基于 DCT 中频的数字水印技术。通过对人类视觉系统的研究，发现人眼对位于低频部分的噪声相对敏感，为了使水印不易被察觉，应将水印嵌入到较高频部分；但是将水印信息嵌入到高频部分，很容易因量化、低通滤波等处理而丢失信息，影响水印的鲁棒性。为了解决低频和高频的矛盾，这里采用折中的办法，将水印信息嵌入到宿主图像的中频部分。图 10-10 就是要嵌入水印的子块中频位置。具体嵌入位置由 K 与 sequence 参数确定。

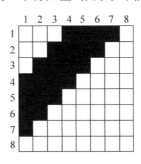

图 10-10　8×8 块 DCT 系数嵌入水印的中频位置

④ 分块 DCT 反变换。根据上面的步骤，用 MATLAB 实现的数字水印嵌入程序代码如下：

```
clear all;                                      % 清除工作空间中所有对象
k = 20;                                          % 设置水印强度
blocksize = 8;                                   % 设定图像的分块大小为 8 定图
midband = [ 0,0,0,1,1,1,1,0;                     % 定义 DCT 中频系数的选取
            0,0,1,1,1,1,0,0;
            0,1,1,1,1,0,0,0;
            1,1,1,1,0,0,0,0;
            1,1,1,0,0,0,0,0;
            1,1,0,0,0,0,0,0;
            1,0,0,0,0,0,0,0;
            0,0,0,0,0,0,0,0 ];
message = double(imread('copyright.bmp'));       % 读入水印图像"copyright.bmp",
                                                 % 并转换为双精度数组
Mm = size(message,1);                            % 计算图像的高度
Nm = size(message,2);                            % 计算图像的宽度
n = Mm * Nm;
message = round(reshape(message,1,n)./256);      % 将水印图像转变为 1 维行矢量,
                                                 % message 由 0、1 构成

cover_object = double(imread('lena.bmp'));       % 读入原始宿主图像 lena.bmp,并
                                                 % 转换为双精度数组

Mc = size(cover_object,1);    Nc = size(cover_object,2);    % 计算原始宿主图像的高度与宽度
c = Mc/8; d = Nc/8; m = c * d;                   % 计算图像划分的图像块
% 计算宿主图像每一块的方差
xx = 1;
for j = 1:c
    for i = 1:d
        pjhd(xx) = 1/64 * sum(sum(cover_object((1 + (j-1) * 8):j*8,(1 + (i-1) * 8):i*8)));
        fc(xx) = 1/64 * sum(sum((cover_object((1 + (j-1) * 8):j*8,(1 + (i-1) * 8):i*8) -
pjhd(xx)).^2));
        xx = xx + 1;
    end
end
A = sort(fc); B = A((c * d - n + 1):c * d);      % 取出方差最大的前 n 块
% 将水印信息嵌入到方差最大的前 n 块
fc_o = ones(1,c * d);
for g = 1:n
```

```
        for h = 1:c * d
            if B(g) == fc(h)
                fc_o(h) = message(g);
                h = c * d;
            end
        end
    end
message_vector = fc_o;
watermarked_image = cover_object;
% 设置 MATLAB 随机数生成器状态 J,作为系统密钥 K
rand('state',7);
% 根据当前的随机数生成器状态 J,生成 0、1 的伪随机序列
pn_sequence_zero = round(rand(1,sum(sum(midband))));
% 嵌入水印
x = 1; y = 1;
for (kk = 1:m)
    % 分块 DCT 变换
    dct_block = dct2(cover_object(y:y + blocksize - 1,x:x + blocksize - 1));
    % 纹理大(方差最大的前 n 块)并且被标示的水印信息为 0 的块在其 DCT 中频系数嵌入伪随机序列
    ll = 1;
    if (message_vector(kk) == 0)
        for ii = 1:blocksize
            for jj = 1:blocksize
                if (midband(jj,ii) == 1)
                    dct_block(jj,ii) = dct_block(jj,ii) + k * pn_sequence_zero(ll);
                    ll = ll + 1;
                end
            end
        end
    end
    % 分块 DCT 反变换
    watermarked_image(y:y + blocksize - 1,x:x + blocksize - 1) = idct2(dct_block);
    % 换行
    if (x + blocksize) >= Nc
        x = 1; y = y + blocksize;
    else
        x = x + blocksize;
    end
end
watermarked_image_int = uint8(watermarked_image);
% 生成并输出嵌入水印后的图像
imwrite(watermarked_image_int,'dct2_watermarked.bmp','bmp');
% 显示峰值信噪比
xsz = 255 * 255 * Mc * Nc/sum(sum((cover_object - watermarked_image).^2));
psnr = 10 * log10(xsz)
% 显示嵌入水印后的图像
figure(1)
imshow(watermarked_image_int,[])
title('Watermarked Image')
```

嵌入过程中涉及多个一维数组：message 与 B 是 1 行 n 列的一维数组；fc、fc_o(即 message_vector)均是 1 行 m 列的一维数组；pn_sequence_zero 是 1 行 22 列的一维数组。message

由嵌入的水印图像决定，pn_sequence_zero 由系统当前的伪随机数生成器状态 J 唯一确定，message 与 pn_sequence_zero 均由 0、1 构成。

具体实现过程中，先将一维数组 fc_o 全置为 1，方差数组 fc 按降序排序得到方差最大的前 n 数值，组成数组 B；其次，修改方差最大的图像块对应的 fc_o(i) 值，使得 fc_o(i)＝message(1)；修改方差次之的图像块对应的 fc_o(i) 值，使得 fc_o(i)＝message(2)；依此类推，修改完 m 个数值得到一维数值 message_vector；最后选择 message_vector(i)（即 fc_o(i)）为 0 的图像块作为实际嵌入水印的图像块，当选定的图像块在 DCT 中频的 22 个系数嵌入伪随机序列 pn_sequence_zero 的 K 倍后，所有图像块进行 DCT 逆变换，生成含水印图像。

图 10-11 给出了水印嵌入的一个案例。图 10-11(a) 是 480×480 的 8bit 灰度图像 Lena；图 10-11(b) 是二值水印图像，大小为 50×20 的二值图像(只包含 0,1)；图 10-11(c) 是在 Lena 图像中嵌入水印之后的图像。

(a) 原始图像 　　　　　(b) 水印图像 　　　　(c) 嵌入水印后的图像

图 10-11　数字水印的嵌入

从结果可以看到，原始宿主图像在嵌入水印之后基本上没有可见的失真，其峰值信噪比 PSNR＝45.6286dB。PSNR 越大，不可见性就越好，因此该方法具有较好的不可见性。

(2) 水印的提取。基于 DCT 的数字水印提取过程如下：

① 原始图像和待测图像在 DCT 域进行求差运算，比较相关性，确定序列 message_vector。

② 根据图像块的方差值的大小确定纹理块，从而确定水印曾经的嵌入位置。

③ 与嵌入时的步骤相似，根据序列 message_vector 以及纹理块复杂度的次序形成一维水印序列。

④ 将水印序列重新组成二维水印恢复图像，并据此进行图像的版权认证。

根据上面的步骤，用 MATLAB 实现的数字水印嵌入程序代码如下：

```
clear all; blocksize = 8;
midband = [ 0,0,0,1,1,1,1,0;
            0,0,1,1,1,1,0,0;
            0,1,1,1,1,0,0,0;
            1,1,1,1,0,0,0,0;
            1,1,1,0,0,0,0,0;
            1,1,0,0,0,0,0,0;
            1,0,0,0,0,0,0,0;
            0,0,0,0,0,0,0,0 ];
cover_object = double(imread(lena.bmp));                    % 读入原始宿主图像
watermarked_image = double(imread(dct2_watermarked.bmp));   % 读入待检测的图像
```

```
Mw = size(watermarked_image, 1); Nw = size(watermarked_image, 2);
c = Mw/8; d = Nw/8; m = c * d;
orig_watermark = double(imread(copyright.bmp));                    % 读入水印图像
Mo = size(orig_watermark, 1); No = size(orig_watermark, 2); n = Mo * No;
rand('state', 7);                                                  % 设置相同的随机数生成器状态
                                                                  % J, 作为检测时的系统密钥 K
pn_sequence_zero = round(rand(1, sum(sum(midband))));              % 生成相同的伪随机序列提取
                                                                  % 水印
x = 1; y = 1;
for (kk = 1:m)
        % 原始图像和待检测图像分别分块 DCT 变换
        dct_block1 = dct2(watermarked_image(y:y + blocksize - 1, x:x + blocksize - 1));
        dct_block2 = dct2(cover_object(y:y + blocksize - 1, x:x + blocksize - 1));
        ll = 1;
        for ii = 1:blocksize
            for jj = 1:blocksize
                if (midband(jj, ii) == 1)
                    sequence(ll) = dct_block1(jj, ii) - dct_block2(jj, ii);
                    ll = ll + 1;
                end
            end
        end
        % 计算两个序列的相关性
        if (sequence == 0)
            correlation(kk) = 0;
        else
        correlation(kk) = corr2(pn_sequence_zero, sequence);
        end
        % 换行
        if (x + blocksize) >= Nw
            x = 1; y = y + blocksize;
        else
            x = x + blocksize;
        end
end
% 相关性大于 0.5 嵌入 0, 不大于 0.5 则表明曾经被嵌入
for (kk = 1:m)
    if (correlation(kk) > 0.5)
        message_vector(kk) = 0;
    else
        message_vector(kk) = 1;
    end
end
% 计算原始图像的方差
xx = 1;
for j = 1:c
    for i = 1:d
        pjhd(xx) = 1/64 * sum(sum(cover_object((1 + (j - 1) * 8):j * 8, (1 + (i - 1) * 8):i * 8)));
        fc(xx) = 1/64 * sum(sum((cover_object((1 + (j - 1) * 8):j * 8, (1 + (i - 1) * 8):i * 8) -
pjhd(xx)).^2));
        xx = xx + 1;
    end
end
% 取出方差最大的前 n 块
```

```
A = sort(fc); B = A((c * d - n + 1):c * d);
% 根据原始图像方差最大的前 n 块的位置把水印信息提取出来
fc_o = ones(1,n);
for g = 1:n
    for h = 1:c * d
        if B(g) == fc(h)
            fc_o(g) = message_vector(h);
            h = c * d;
        end
    end
end
message_vector = fc_o;
% 重组嵌入的图像信息
message = reshape(message_vector(1:Mo * No),Mo,No);
% 计算提取的水印和原始水印的相似程度
sim = corr2(orig_watermark,message)
% 把水印信息保存为文件名为 message.bmp 的位图图像
imwrite(message,'message.bmp','bmp');
```

提取的水印图像如图 10-12 所示。图 10-12(a)是给出的待提取水印的图像,图 10-12(b)是根据上述水印提取过程提取出来的水印图像。

(a) 待提取水印图像   (b) 提取的水印图像

图 10-12 数字水印的提取结果

2. 基于空域的脆弱水印实现

通过脆弱水印技术可以判断多媒体内容(如图像)是否完整,防止非法篡改和伪造。即使图像发生轻微的变化,也能通过对水印信息的检测来鉴定图像信息的真伪,判断是否发生篡改并对其篡改的部分进行定位。因此,脆弱水印技术在电子商务、新闻出版、医学数据库等诸多领域具有广阔的应用前景。

基于空域的数字水印算法一般修改图像的像素值,将水印信息直接加载在数据上。该类方法最具代表性的是最低有效位(LSB)法。最低有效位法是指通过修改图像像素值的最低有效位,以达到将水印信息嵌入到宿主图像;一旦图像被篡改,最低有效位的信息也随之改变,就能通过相应的检测程序定位发生篡改的区域。

在介绍该算法实现之前,继续介绍几个相关函数。

(1) 函数名: svd

格式: svd(X)

功能: 实现矩阵 $\boldsymbol{X}$ 的奇异值分解。

如$[U,S,V]=svd(ZM(9:17,1:8))$

其功能为将矩阵 ZM 中指定的矩阵（ZM 中第 9～17 行，第 1～8 列）进行奇异值分解，生成 3 个矩阵 U、S 和 V，使得 $X=U \times S \times V'$，其中 S 为对角矩阵（$S_{ij}=0,i \neq j$），V' 为 V 的转置阵。

（2）函数名：qr

格式：qr(X)

功能：实现矩阵 X 的 QR 分解。

如$[Q,R]=qr(ZM(9:17,1:8))$

其功能为将矩阵 ZM 中指定的矩阵进行 QR 分解，生成两个矩阵 Q 和 R，使得 $X=QR$，其中 R 为上三角矩阵。

矩阵的 LU 分解与矩阵的 QR 分解类似，也是将矩阵 X 分解为两个矩阵的乘积形式，即 X 可分解成 $X=LU$，其中 U 亦为上三角矩阵。

矩阵的均值、奇异值分解值、QR 分解值、LU 分解值及矩阵的迹均可以作为每个图像块独有的特征。本节将具体结合图像块的分解值（基于奇异值分解、QR 分解或 LU 分解）以及均值作为每个图像块的特定水印信息，完成脆弱水印的完整性认证。

3. 水印的嵌入

水印嵌入的框架图如图 10-13 所示。

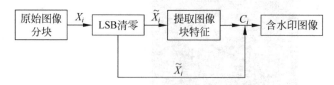

图 10-13　LSB 水印嵌入算法框架图

水印嵌入步骤如下：

（1）将原始图最低有效位（LSB）清 0，并分为互不重叠的 8×8 图像块 X_i。

（2）计算每个 8×8 块分解（如基于 LU 分解）后矩阵 u 的迹，并将其作为嵌入的水印信息 $C_i(s)$。

（3）使用 mean2() 函数计算每个 8×8 块相邻近 16 邻近每图像块的均值，并嵌入到该 8×8 图像块特定的 LSB 位。为了减少该类纠错信息的嵌入量，提高水印信息的不可见性，仅取均值的十分位作为用于防止拼贴攻击的水印信息。

（4）再将步骤（2）中计算的水印信息 $C_i(s)$ 嵌入到由位置矩阵 B 决定的 8×8 图像块 $\tilde{X}_i(k,j)$ 中相应的 LSB 位，嵌入判别公式为

$$LSB_i(k,j) \begin{cases} 嵌入信息 \ C_i(s), & B(k,j)=1 \\ 不嵌入信息, & B_{(k,j)}=0 \end{cases} \tag{10-7}$$

其中，$0 \leqslant k \leqslant 7, 0 \leqslant j \leqslant 7$。

（5）生成并显示含水印的图像。相关代码如下：

```
Z = double(imread('lena.bmp'));
Mc = size(Z,1);                              % 图像的高度
Nc = size(Z,2);                              % 图像的宽度
c = Mc/8;    d = Nc/8;    m = c * d;    n = (c-2) * (d-2);
```

```
blocksize = 8;
% 设定嵌入信息的位置矩阵
  B = [1 0 1 0 1 1 0 1;
       1 0 1 0 1 0 1 1;
       0 1 1 0 0 0 0 0;
       0 1 0 1 1 1 0 0;
       0 1 0 0 0 1 0 0;
       1 0 0 1 1 1 1 1;
       0 1 1 1 0 0 1 0;
       1 0 1 1 1 1 1 0];
ZM = floor(Z./2) * 2;                                           % 下取整
ZC = ZM;
blo = blocksize/2;
x = 9;  y = 9;
for (kk = 1:n)
    mean = mean2(ZC(y - 4:y + blocksize - 1 + 4, x - 4:x + blocksize - 1 + 4));
    mean = mod(floor(mean * 10), 10);                          % 取小数位后第一位
    meann = mean;
    i = 0;
    while (meann ~ = 0)
        ZM(y + blocksize - 1, x + blocksize - 4 + i) = ZM(y + blocksize - 1, x + blocksize - 4 + i) +
mod(meann, 2);
        meann = floor(meann /2);
        i = i + 1;
    end
    if (x + 2 * blocksize) > = Nc
        x = 9;  y = y + blocksize;
    else
        x = x + blocksize;
    end
end
x = 1;  y = 1;
ZN = floor(ZM./2) * 2;
for (kk = 1:m)
    % qr 分解
    [q, u] = qr(ZM(y:y + blocksize - 1, x:x + blocksize - 1));
    % 或奇异值分解
    % [s, u, v] = svd(ZM(y:y + blocksize - 1, x:x + blocksize - 1));
    % 或 lu 分解
    % [l, u] = lu(ZN(y:y + blocksize - 1, x:x + blocksize - 1));
tra = floor(trace(u) * 1000);
        for ii = 1:blocksize
            for jj = 1:blocksize
                if (B(ii, jj) == 1&tra ~ = 0)
                    ZM(y + ii - 1, x + jj - 1) = ZM(y + ii - 1, x + jj - 1) + mod(tra, 2);
                    tra = floor(tra /2);
                end
            end
        end
    if (x + blocksize) > = Nc
        x = 1;  y = y + blocksize;
    else
        x = x + blocksize;
    end
```

```
end
xsz = 480 * 480 * max(max(Z.^2))/sum(sum((Z − ZM).^2));
psnr = 10 * log10(xsz)
% 进行拼贴攻击
ZM(65:136,209:256) = ZM(209:280,289:336);
ZA = uint8(ZM); imshow(ZA,[]); imwrite(ZA,'watermarked.bmp','bmp');
```

4. 水印的提取及篡改检测

篡改检测的框架如图 10-14 所示。

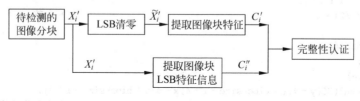

图 10-14   篡改检测算法框架图

篡改检测步骤如下：

（1）将待检测图像分为互不重叠的 8×8 图像块 X_i'。

（2）与水印嵌入过程类似，计算出每个 8×8 块的水印信息 $C_i'(s)$。

（3）将步骤（2）中计算的水印信息 $C_i'(s)$ 与 LSB 平面提取的数值 $C_i''(s)$ 相比较，若相异则可发生篡改。篡改表示函数为

$$X_i' = \begin{cases} 1, & X_i' 被篡改 \\ X_i', & X_i' 没有被篡改 \end{cases} \tag{10-8}$$

与水印嵌入过程类似，使用 mean2() 函数计算每个 8×8 块相邻近 16 邻近每图像块的均值。与该 8×8 图像块特定的 LSB 位提取出的信息相比较，若相异也判断发生篡改。

篡改检测部分代码如下：

```
    clear all
    Z = double(imread('watermarked.bmp'));
    Mc = size(Z,1);                                    % 图像的高度
    Nc = size(Z,2);                                    % 图像的宽度
    c = Mc/8; d = Nc/8; m = c * d; blocksize = 8; n = (c − 2) * (d − 2);
    % 设定提取信息的位置矩阵
B = [ 1 0 1 0 1 1 0 1;
    1 0 1 0 1 0 1 1;
    0 1 1 0 0 0 0 0;
    0 1 0 1 1 1 0 0;
    0 1 0 0 0 1 0 0;
    1 0 0 1 1 1 1 1;
    0 1 1 1 0 0 1 0;
    1 0 1 1 1 1 1 0];
    ZM = floor(Z./2) * 2;
    ZX = Z − ZM;                                        % 提取 LSB 平面水印信息
    x = 1;    y = 1;
    for (kk = 1:m)
        [l,u] = lu(ZM(y:y + blocksize − 1,x:x + blocksize − 1));
        tra = floor(trace(u) * 1000);
        k = 0;    tra1 = 0;    trae = tra;
```

```
            for ii = 1:blocksize
                for jj = 1:blocksize
                    if (B(ii,jj) == 1&trae~ = 0)
                        tra1 = ZX(y + ii - 1,x + jj - 1) * 2^k + tra1;
                            k = k + 1;
                            trae = floor(trae /2);
                    end
                end
            end
        if (tra1~ = tra)
            Z(y:y + blocksize - 1,x:x + blocksize - 1) = 1;
        end
        if (x + blocksize) > = Nc
            x = 1;       y = y + blocksize;
        else
            x = x + blocksize;
        end
    end
    x = 9;       y = 9;
    for (kk = 1:n)
        mean = mean2(ZM(y - 4:y + blocksize - 1 + 4,x - 4:x + blocksize - 1 + 4));
        mean = mod(floor(mean * 10),10);                      % 取小数位后第一位
        meann = mean;
        k = 0; meanm = 0;
        while (meann~ = 0)
            meanm = ZX(y + blocksize - 1,x + blocksize - 4 + k) * 2^k + meanm;
            k = k + 1;
            meann = floor(meann /2);
        end
        if (mean~ = meanm)
            Z(y:y + blocksize - 1,x:x + blocksize - 1) = 1;
        end
        if (x + 2 * blocksize) > = Nc
            x = 9;       y = y + blocksize;
        else
            x = x + blocksize;
        end
    end
    figure; ZA = uint8(Z); imshow(ZA,[]);
```

图 10-15 给出了图像篡改和检测的一个实例。图 10-15(a)所示为 480×480 的 8bit 灰度 Lena 图像,图 10-15(b)所示为采用 mean2 算法嵌入水印后的 Lena 图,该图具有较高的峰值信噪比值,其中 PSNR＝51.151dB,满足脆弱水印对嵌入信息不可见性的要求。为了测试篡改图像的检测及定位能力,对添加水印后的图像也进行了相同的 3 处篡改,如图 10-15(c) 所示。一处添加了日期字符;一处替换了唇部;一处进行了拼贴攻击,即将含水印(209：280,289：336)区域的图像复制到(65：136,209：256)区域。图 10-15(d)中黑色部分代表该算法可以检测出的篡改区域。实验结果表明,该算法不仅可以精确定位篡改的位置,而且由于使用了 MATLAB 中的 mean2()函数增加各子块间的相关性以及系统的安全性,从而有效地防止了"拼贴攻击"。

(a) 原始图　　　　(b) 嵌入水印图　　　(c) 嵌入水印图的篡改　　(d) 检测篡改结果

图 10-15　Lena 图像篡改和检测效果示意图

10.3　案例二：图像配准

10.3.1　图像配准概述

图像配准(Image Registration)是指将不同时间、不同传感器(成像设备)或不同条件下(天气状况、照度、摄像位置和角度等)获取的两幅或多幅图像进行匹配、叠加的过程。它已经被广泛地应用于遥感数据分析、计算机视觉、图像处理等领域。

图像配准流程如下：首先对两幅图像进行特征提取得到特征点；通过进行相似性度量找到匹配的特征点对；然后通过匹配的特征点对得到图像空间坐标变换参数；最后由坐标变换参数进行图像配准。

根据如何确定配准控制点的方法和图像配准中利用的图像信息区别可将图像配准方法分为 3 个主要类别：基于灰度信息法、变换域法和基于特征法。

1. 基于灰度信息的配准

基于灰度信息的图像配准方法一般不需要对图像进行复杂的预处理，而是利用灰度图像本身具有的一些统计信息来度量图像的相似程度。主要特点是实现简单，但应用范围较窄，不能直接用于校正图像的非线性形变，在最优变换的搜索过程中往往需要巨大的运算量。基于灰度信息的图像配准方法大致可以分为 3 类：互相关法(也称模板匹配法)、序贯相似度检测匹配法(Sequential Similarity Detection Algorithms，SSDA)和交互信息法。

(1) 互相关法。互相关法是一种匹配度量，通过计算模板图像和搜索窗口之间的互相关值，来确定匹配的程度。互相关值最大时的搜索窗口位置决定了模板图像在待配准图像中的位置，通常用于进行模板匹配和模式识别。

定义一个基准图像 $I(x,y)$ 与模板图像 $T(x,y)$，令模板图像在基准图像中移动，并计算两者之间的相似程度，峰值出现的地方即是配准位置，在每个位移点 (i,j) 上，两者的相似度为

$$D(i,j) = \frac{\sum_x \sum_y T(x,y) I(x-i,y-j)}{\sqrt{\sum_x \sum_y I^2(x-i,y-j)}} \tag{10-9}$$

也可通过相关系数来度量图像的相似度，相关系数定义为

$$R(I,T) = \frac{\sum_x \sum_y [T(x,y) - \mu_T][I(x,y) - \mu_I]}{\sqrt{\sum_x \sum_y [T(x,y) - \mu_T]^2 \sum_x \sum_y [I(x,y) - \mu_I]^2}} \tag{10-10}$$

式中，μ_I 和 μ_T 分别为基准图像与模板图像的均值。此方法从理论上能更准确地描述两幅图的相似程度，且可以用快速傅里叶变换使计算效率大大提高。

（2）序贯相似度检测匹配法（SSDA）。序贯相似度检测匹配法的最主要的特点是处理速度快。该方法先选择一个简单的固定阈值 T，若在某点上计算两幅图像残差和的过程中，残差和大于该固定阈值 T，就认为当前点不是匹配点，从而终止当前的残差和的计算，转向别的点去计算残差和，最后找到残差和增长最慢的点就是匹配点。

对于大部分非匹配点来说，只需计算模板中的前几个像素点，而只有匹配点附近的点才需要计算整个模板。这样平均起来每一点的运算次数将远远小于实测图像的点数，从而达到减少整个匹配过程计算量的目的。参考图像 $I(x,y)$ 与待配准图像 $T(x,y)$ 之间的相似度评测函数为

$$E(i,j) = \sum_x \sum_y |T(x,y) - I(x-i,y-j)| \tag{10-11}$$

归一化后的相似性函数为

$$E(i,j) = \sum_x \sum_y |T(x,y) - \mu_T - I(x-i,y-j) + \mu_{I(x,y)}| \tag{10-12}$$

式中，μ_T 为模板图像的均值，μ_T 表示在位移 (i,j) 时的窗口内基准图像均值。

（3）交互信息法。交互信息法是基于信息理论的交互信息相似性准则，初衷是为了解决多模态医学图像的配准问题。

交互信息用来比较两幅图像的统计依赖性。首先将图像的灰度视作具有独立样本的空间均匀随机过程，相关的随机场可以采用高斯-马尔科夫随机场模型建立，用统计特征及概率密度函数来描述图像的统计性质。交互信息是两个随机变量 A 和 B 之间统计相关性的量度，或是一个变量包含另一个变量的信息量的量度。

交互信息是用 A 和 B 的个体熵和联合熵来表示，即

$$I(A,B) = -\sum_{x,y \in A,B} P_{xy}(x,y) \lg \frac{P_{xy}(x,y)}{P_x(x) * P_y(y)} \tag{10-13}$$

式中，$P_x(x)$ 和 $P_y(y)$ 分别为随机变量 A 和 B 的边缘概率密度；$P_{xy}(x,y)$ 为两个随机变量的联合概率密度分布。交互信息用于图像配准的关键思想是：如果两幅图像匹配，它们的交互信息达到最大值。在图像配准应用中，通常联合概率密度和边缘概率密度可以用两幅图像重叠区域的联合概率直方图和边缘概率直方图来估计，或者用 Parzen 窗概率密度估计法来估计，从而计算交互信息。但交互信息是建立在概率密度估计的基础上的，有时需要建立参数化的概率密度模型，它要求的计算量很大，并且要求图像之间有很大的重叠区域，由此函数可能出现病态，且有大量的局部极值。

2. 基于变换域的配准

最主要的变换域的图像配准方法是傅里叶变换方法。相位相关是配准两幅图像平移失配的基本傅里叶变换方法。相位相关依据的是傅里叶变换的平移性质。给定两幅图像，它们之间的唯一区别是存在一个位移 (x_0,y_0)，即

$$f_2(x,y) = f_1(x-x_0,y-y_0) \tag{10-14}$$

则它们之间的傅里叶变换满足式（10-15），即

$$F_2(u,v) = F_1(u,v) \exp[-j2\pi(ux_0 + vy_0)] \tag{10-15}$$

这就是说，两幅图像有相同的傅里叶变换幅度和不同的相位关系，而相位关系是由它们

之间的平移直接决定的。两幅图像的交叉功率谱为

$$\frac{F_2(u,v)F_1^*(u,v)}{|F_2(u,v)F_1^*(u,v)|} = \exp[-\mathrm{j}2\pi(ux_0+vy_0)] \tag{10-16}$$

这里 * 为共轭运算，可以看出两幅图像的相位差就等于它们交叉功率谱的相位。对其进行傅里叶反变换会得到一个脉冲函数，它在其他各处几乎为零，只在平移的位置上不为零，这个位置就是要确定的配准位置。

旋转在傅里叶变换中是一个不变量。根据傅里叶变换的旋转性质，旋转一幅图像，在频域相当于对其傅里叶变换做相同角度的旋转。两幅图像之间的区别是一个平移量(t_x,t_y)和一个旋转量 θ，它们的傅里叶变换满足

$$F_2(\xi,\eta) = \mathrm{e}^{-\mathrm{j}2\pi(\xi t_x+\eta t_y)}F_1(\xi\cos\theta+\eta\sin-\xi\sin\theta+\eta\cos\theta) \tag{10-17}$$

设 F_1 和 F_2 的幅度分别为 M_1 和 M_2，则有

$$M_2(\xi,\eta) = M_1(\xi\cos\theta+\eta\sin\theta-\xi\sin\theta+\eta\cos\theta) \tag{10-18}$$

从式（10-18）容易看出，两个频谱的幅度是一样的，只是有一个旋转关系。也就是说，这个旋转关系通过对其中一个频谱幅度进行旋转，用最优化方法寻找最匹配的旋转角度就可以确定。

3. 基于特征的配准

基于特征的配准方法首先要对待配准图像进行预处理，也就是图像分割和特征提取的过程，再利用提取得到的特征完成两幅图像特征之间的匹配，通过特征的匹配关系建立图像之间的配准映射关系。由于图像中有很多种可以利用的特征，因而产生了多种基于特征的方法。常用到的图像特征有特征点（包括角点、高曲率点等）、直线段、边缘、轮廓、闭合区域、特征结构以及统计特征，如矩不变量、重心等。

点特征是配准中常用到的图像特征之一，其中主要应用的是图像中的角点，图像中的角点在计算机视觉模式识别以及图像配准领域都有非常广泛的应用。基于角点的图像配准的主要思路是：首先在两幅图像中分别提取角点，再以不同的方法建立两幅图像中角点的相互关联，从而确立同名角点，最后以同名角点作为控制点，确定图像之间的配准变换。由于角点的提取已经有了相当多的方法可循，因此基于角点的方法最困难的问题就是怎样建立两幅图像之间同名点的关联。已报道的解决点匹配问题的方法包括松弛法、相对距离直方图聚集束检测法、Hausdorff 距离及相关方法等。这些方法都对检测到的角点要求比较苛刻，比如有求同样多的数目，简单的变换关系等，因而不能适应普遍的配准应用。

10.3.2　基于 RANSAC 算法的 Harris 角点配准

基于随机抽样一致性（RANdom SAmple Consensus，RANSAC）算法的 Harris 角点配准是基于特征的匹配方法。它首先利用 Harris 角点检测算法检测图像中的 Harris 角点，然后根据提取的特征点之间的局部特性进行粗略匹配，找到待匹配点集合之间的对应关系。相关法匹配的相似度度量标准一般以互相关表示，即

$$C(u,v) = \frac{\iint_\phi [I_1(x,y)-\bar{I}_1][I_2(x,y)-\bar{I}_2(u,v)\mathrm{d}x\mathrm{d}y]}{\sqrt{\iint_\phi [I_1(x,y)-\bar{I}_1]^2\mathrm{d}x\mathrm{d}y\iint_\phi [I_2(x,y)-\bar{I}_2(u,v)]^2\mathrm{d}x\mathrm{d}y}} \tag{10-19}$$

互相关的度量虽然精确，但是计算非常复杂，且在粗匹配中没有必要得到这样的精度，

完全通过粗匹配就得到相当的精度也是不现实的,因此,实际应用中常用以下方法简化计算,即

$$\text{SAD}(u,v) = \sum_x \sum_y \mid I_1(x,y) - I_2(x+u,y+v) \mid \qquad (10\text{-}20)$$

$$\text{SSD}(u,v) = \sum_x \sum_y (I_1(x,y) - I_2(x+u,y+v))^2 \qquad (10\text{-}21)$$

在特征点粗匹配以后,虽然可以去除大部分的错误匹配点对,但仍然有很多点不符合要求,主要是由于灰度信息相似,在几何关系上有较大误差的点对,这样的点对称为伪匹配点对。如果针对这些匹配点对直接进行两幅图像变换矩阵的估计,几何变换参数会产生较大的偏差。使用 RANSAC 算法消除伪匹配点。

RANSAC 是一种估计数学模型的参数的迭代算法,其主要特点是模型的参数随着迭代次数的增加其正确率会逐步得到提高。主要思路是通过采样和验证的策略,求解大部分样本(特征点)都能满足数学模型的参数。迭代时,每次从数据集中采样模型需要的最少数目的样本,计算模型的参数,然后在数据集中统计符合该模型参数的样本数目,最多样本符合的参数被认为是最终模型的参数值。符合模型的样本点叫做内点,不符合模型的样本点叫做外点或野点。在 RANSAC 算法中内外点判定的阈值、估计次数和一致性集合大小阈值这 3 个参数会影响算法的性能。

RANSAC 基本思想描述如下:

(1) 考虑一个最小抽样集的势为 n 的模型(n 为初始化模型参数所需的最小样本数)和一个样本集 P,集合 P 的样本数 $\sharp(P) > n$,从 P 中随机抽取包含 n 个样本的 P 的子集 S 初始化模型 M。

(2) 余集 $SC = P/S$ 中与模型 M 的误差小于某一设定阈值 t 的样本集以及 S 构成 $S*$。认为 $S*$ 是内点集,它们构成 S 的一致集(Consensus Set)。

(3) 若 $\sharp(S*) * N$,认为得到正确的模型参数,并利用集 $S*$(内点 inliers)采用最小二乘等方法重新计算新的模型 $M*$;重新随机抽取新的 S,重复以上过程。

在完成一定的抽样次数后,若未找到一致集则算法失败,否则选取抽样后得到的最大一致集判断内外点,算法结束。代码如下:

```
function points = kp_harris(im)
%使用 harris 算法提取图像的关键点
    %输入
    %im     :灰度图像
    %输出
    %points :提取的关键点

    im = double(im(:,:,1));
    sigma = 1.5;

    %产生掩码
    s_D = 0.7 * sigma;
    x   = - round(3 * s_D):round(3 * s_D);
    dx = x .* exp( - x.* x/(2 * s_D * s_D)) ./ (s_D * s_D * s_D * sqrt(2 * pi));
    dy = dx';
```

```
      % 图像导数
      Ix = conv2(im, dx, 'same');
      Iy = conv2(im, dy, 'same');

      % 自相关矩阵的求和
      s_I = sigma;
      g = fspecial('gaussian', max(1, fix(6 * s_I + 1)), s_I);
      Ix2 = conv2(Ix.^2, g, 'same'); % 平滑图像导数的平方
      Iy2 = conv2(Iy.^2, g, 'same');
      Ixy = conv2(Ix. * Iy, g, 'same');

      % 兴趣点的响应
      cim = (Ix2. * Iy2 - Ixy.^2)./(Ix2 + Iy2 + eps);

      % 在 3 × 3 的邻域内找到局部极大值
      [r,c,max_local] = findLocalMaximum(cim, 3 * s_I);

      % 设定阈值为最大值的百分之一
      t = 0.1 * max(max_local(:));

      % 找到大于阈值的局部极大值
      [r,c] = find(max_local >= t);

      % 建立兴趣点
      points = [r,c];
   end


   function [row,col,max_local] = findLocalMaximum(val,radius)
      % 对于给定的值确定局部极大值
      % 输入
      % val          : N × M 的矩阵包含的值
      % radius       : 邻域半径
      % 输出
      % row          : 局部极大值所在行
      % col          : 局部极大值所在列
      % max_local    : N × M 矩阵的不同的局部极大值
      mask    = fspecial('disk', radius) > 0;
      nb      = sum(mask(:));
      highest             = ordfilt2(val, nb, mask);
      second_highest      = ordfilt2(val, nb - 1, mask);
      index               = highest == val & highest ~= second_highest;
      max_local           = zeros(size(val));
      max_local(index)    = val(index);
      [row,col]           = find(index == 1);

   end
```

RANSAC 代码：

```
function [final_inliers flag bestmodel] = AffinePairwiseRansac(frames_a1, frames_a2, all_
matches)
```

```
% 首先确定有多少匹配点
MIN_START_VALUES = 4;
num_matches = size(all_matches,2);
if (num_matches < MIN_START_VALUES)
    final_inliers = [];
    bestmodel = [];
    flag = -1;
    return
end
% 可能根据值的不同而改变
Z_OFFSET = 640;
COND_THRESH = 45;

% RANSAC 参数
NUM_START_VALUES = 3;                                % 确定模型只需要 3 对匹配
K = 50;
ERROR_THRESHOLD = 10;                                % 误差的阈值,以像素为单位
D = 1;                          % 必须符合任何给定的仿射变换的额外的点的数目
N = NUM_START_VALUES;
RADIUS = 30;
MIN_NUM_OUTSIDE_RADIUS = 1;

iteration = 0;
besterror = inf;
bestmodel = [];
final_inliers = [];
max_inliers = 0;
while (iteration < K)
    % 以 NUM_START_VALUES 个不同的值开始
    uniqueValues = [];
    max_index = size(all_matches, 2);
    while (length(uniqueValues) < NUM_START_VALUES)
        value = ceil(max_index * rand(1,1));
        if (length(find(value == uniqueValues)) == 0)
            % 不同的非 0 值
            uniqueValues = [uniqueValues value];
        end
    end

    % uniqueValues 是 all_matche 中的索引
    maybeinliers = all_matches(:, uniqueValues);
                                % 以 NUM_START_VALUES 个不同的随机值开始
                                % 确保点是分散的
    point_matrix = [frames_a1(:, maybeinliers(1, :)); Z_OFFSET * ones(1, NUM_START_
VALUES)];
    if (cond(point_matrix) > COND_THRESH)
        iteration = iteration + 1;
        continue;
    end

    M_maybemodel = getModel(maybeinliers, frames_a1, frames_a2);
```

```
        if (prod(size(M_maybemodel)) == 0)
            iteration = iteration + 1;
            continue;
        end


    alsoinliers = [];
    %计算内点
    fori = 1:size(all_matches, 2)
        temp = find(all_matches(1,i) == maybeinliers(1,:));
        if (length(temp) == 0)
            %点不在 maybeinlier 中
            a1 = frames_a1(1:2,all_matches(1,i));
            a2 = frames_a2(1:2,all_matches(2,i));
            if (getError(M_maybemodel, a1, a2) < ERROR_THRESHOLD )
                alsoinliers = [alsoinliers all_matches(:,i)];
            end
        end
    end


    if (size(alsoinliers,2) > 0)
        num = 0;
        dist = [];
        fori = 1:NUM_START_VALUES
            diff =     frames_a1(1:2,alsoinliers(1, :)) - …
                repmat(frames_a1(1:2, maybeinliers(1, i)), [1, size(alsoinliers, 2)]);
            dist = [dist;sqrt(sum(diff.^2))];
        end
        num = sum(sum(dist > RADIUS) == NUM_START_VALUES);
        if (num < MIN_NUM_OUTSIDE_RADIUS)
            iteration = iteration + 1;
            continue;
        end
    end


    %判断模型是好的程度
    if (size(alsoinliers,2) > D)
        %意味着找到了一个好的模型
        %判断好的程度
        %先找一个新模型
        all_inliers = [maybeinliers alsoinliers];
        M_bettermodel = getModel(all_inliers, frames_a1, frames_a2);
        %新模型可能不好
    if (prod(size(M_bettermodel)) == 0)
            iteration = iteration + 1;
            continue;
        end

        %为模型计算误差
thiserror = getModelError(M_bettermodel,all_inliers, frames_a1, frames_a2);
        ifmax_inliers < size(all_inliers, 2) | (thiserror < besterror & max_inliers == size
```

```
(all_inliers, 2))
            bestmodel = M_bettermodel;
            besterror = thiserror;
            final_inliers = all_inliers;
            max_inliers = size(final_inliers, 2);
        end

    end

    %重复 K 次
    iteration = iteration + 1;
end

% bestmodel 具有最好的模型
if (prod(size(bestmodel)) ~ = 0)
    %找到一个模型
    fprintf('Error of best_model ~ % f pixels\n', besterror);
    flag = 1;
else
    flag = -1;
    final_inliers = [];
    bestmodel = [];
    fprintf('No good model found !\n');
end
end

function error = getModelError(M ,matches, frames_a1, frames_a2)
        nummatches = size(matches,2);
        error = 0;
        fori = 1:nummatches
                a1 = frames_a1(1:2, matches(1,i));
                a2 = frames_a2(1:2, matches(2,i));
                error = error + getError(M, a1, a2);
        end
        error = error/nummatches;
  end

function M = getModel(matches, frames_a1, frames_a2)
        %从 1 变换到 2
        %投影变换模型
        singular_thresh = 1e-6;
        scaling_ratio_thresh = 5;
        scale_thresh = 0.005;

        %估计 M
        M = zeros(3,3);
        Y = []; X = [];
          fori = 1:size(matches,2)
            a1 = frames_a1(1:2, matches(1,i));
            a2 = frames_a2(1:2, matches(2,i));
            Y = [Y; a2];
```

```
        X = [X; a1(1) a1(2) 1 00 0; 0 0 0 a1(1) a1(2) 1];
    end

        %检查矩阵是否奇异
        if (1/cond(X) < singular_thresh)
            M = [];
            return
        end

        M = X\Y;
        %需要返回一个3×3的矩阵,最后一行为(0,0,1)
 M = [reshape(M, 3,2)'; 00 1];

        %不能有极端的映射                              %肯定不能含有反射
[u, s, v] = svd(M(1:2,1:2));
        if (det(u * v') < 0)
            %存在一个反射
            M = [];
            return
        end

        %在两个维度不能有极端的缩放比例
        if (cond(M(1:2,1:2)) > scaling_ratio_thresh)
            %差的匹配
            M = [];
            return
        end

        %检查极端的缩放
        if (s(1,1) < scale_thresh | s(2,2) < scale_thresh)
            M = [];
        end
    end

function error = getError(M, a1, a2)
        %a2_model
        %计算映射误差
        a2_model   = M * ([a1;1]);                         %3×1的向量,只有前两个值有用

error =  dist(a2, a2_model(1:2));
end

function d =   dist(one, two)
    d = sqrt(sum((one - two).^2));
end

function [final_inliers flag bestmodel] = PerspectivePairwiseRansac(frames_a1, frames_a2,
all_matches)

    %首先确定有多少匹配的点
    MIN_START_VALUES = 20;
```

```
num_matches = size(all_matches,2);
if (num_matches < MIN_START_VALUES)
    final_inliers = [];
    bestmodel = [];
    flag = -1;
    return
end

% RANSAC 参数
K = 150;
NUM_START_VALUES = 4;                        % 使用 4 个点的最小二乘解
ERROR_THRESHOLD = 10;                        % 错误阈值,以像素为单位
D = 8;                                       % 以 4 对点开始,至少另外 8 个点符合模型

iteration = 0;
besterror = inf;
bestmodel = [];
final_inliers = [];
max_inliers = 0;

while (iteration < K)
    uniqueValues = [];
    max_index = size(all_matches, 2);
    while (length(uniqueValues) < NUM_START_VALUES)
        value = ceil(max_index * rand(1,1));
        if (length(find(value == uniqueValues)) == 0)
            uniqueValues = [uniqueValues value];
        end
    end
    % uniqueValues 是 all_matches 中的索引
    maybeinliers = all_matches(:, uniqueValues);  % 以 NUM_START_VALUE 个不同的随机值开始
M_maybemodel = getModel(maybeinliers, frames_a1, frames_a2);
    if (prod(size(M_maybemodel)) == 0)
        iteration = iteration + 1;
        continue;
    end

    alsoinliers = [];

    % 找出内点
    for i = 1:size(all_matches, 2)
        temp = find(all_matches(1,i) == maybeinliers(1,:));
        if (length(temp) == 0)
            % 点不在 maybeinliers 中
            a1 = frames_a1(1:2,all_matches(1,i));
            a2 = frames_a2(1:2,all_matches(2,i));
            if (getError(M_maybemodel, a1, a2) < ERROR_THRESHOLD )
                alsoinliers = [alsoinliers all_matches(:,i)];
            end
        end
    end
```

```
    % 判断模型是好的程度
        if (size(alsoinliers,2) > D)
            % 意味着找到了一个好的模型
            % 判断好的程度
            % 先找一个新模型
                all_inliers = [maybeinliers alsoinliers];
                M_bettermodel = getModel(all_inliers, frames_a1, frames_a2);

                % 新的模型可能不好
                if (prod(size(M_bettermodel)) == 0)
                    iteration = iteration + 1;
                    continue;
                end

                % 计算模型的误差
                thiserror = getModelError(M_bettermodel,all_inliers, frames_a1, frames_a2);
                ifmax_inliers < size(all_inliers, 2) | (thiserror < besterror & max_inliers ==
size(all_inliers, 2))
                    bestmodel = M_bettermodel;
                    besterror = thiserror;
                    final_inliers = all_inliers;
                    max_inliers = size(final_inliers, 2);
                end

        end

        % 重复 K 次
        iteration = iteration + 1;
    end

    if (prod(size(bestmodel)) ~ = 0)
        % 找到一个模型
        fprintf('Error of best_model ~ % f pixels\n', besterror);
        flag = 1;
    else
        flag = -1;
        final_inliers = [];
        bestmodel = [];
        fprintf('No good model found !\n');
    end
end

function error = getModelError(M ,matches, frames_a1, frames_a2)
        nummatches = size(matches,2);
        error = 0;
        fori = 1:nummatches
                a1 = frames_a1(1:2, matches(1,i));
                a2 = frames_a2(1:2, matches(2,i));
                error = error + getError(M, a1, a2);
        end
```

```
        error = error/nummatches;
end


function P = getModel(matches, frames_a1, frames_a2)
    % 从 1 到 2 的变换
    % 使用最小平方方法

    nummatches = size(matches,2);
    LHS = [];
    for i = 1:nummatches
        a1 = frames_a1(1:2, matches(1,i)); x = a1(1); y = a1(2);
        a2 = frames_a2(1:2, matches(2,i)); X = a2(1); Y = a2(2);
        LHS = [LHS; x y 1 0 0 0 -X*x -X*y; 0 0 0 x y 1 -Y*x -Y*y];
    end
    RHS = reshape(frames_a2(1:2, matches(2, :)),nummatches*2, 1);
    P = reshape([(LHS\RHS);1], 3,3)';
    % 获取 P 的形式为
    % [a b c; d e f; g h 1];
end


    function error = getError(P, a1, a2)
        % a1 的对应点
        temp = P*[a1;1];
        a2_model(1) = temp(1)/temp(3);
        a2_model(2) = temp(2)/temp(3);
        error = dist(a2_model', a2);
    end



    function d = dist(one, two)
        d = sqrt(sum((one-two).^2));
    end
```

图 10-16~图 10-18 给出了使用 Harris 角点和 RANSAC 算法进行拼接的过程。其中，图 10-16 是两张待拼接的原始图像，图 10-17 是 Harris 角点检测算法检测结果，图 10-18 是拼接后的图像。

(a) 图像A   (b) 图像B

图 10-16　两张待拼接的原始图像

图 10-17　Harris 角点算法检测结果　　　　　图 10-18　拼接后的图像

10.4　案例三：图像融合

10.4.1　图像融合概述

图像融合是指将多源信道所采集到的关于同一目标的图像或同一信道中不同时刻获得的同一目标的图像经过一定的图像处理，提取各自信道的信息，最后综合成一个图像，以供观察或进一步处理的过程。图像融合的一般模型如图 10-19 所示。

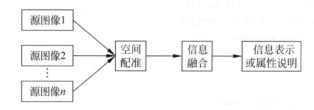

图 10-19　图像融合的一般模型

10.4.2　图像融合分类

根据信息表征层次的不同，多传感器信息融合可分为像素级融合、特征级融合和决策级融合。

1. 像素级融合

像素级融合是直接在原始数据层上进行的融合，这是最低层次的融合。这种融合的主要优点是能保持尽可能多的现场数据，提供其他融合层次所不能提供的更丰富、精确、可靠的信息。像素级图像融合有利于图像的进一步分析、处理与理解（如场景分析/监视、图像分割、特征提取、目标识别、图像恢复等），可以提供最优决策和识别性能。在进行像素级图像融合之前，必须对参加融合的各图像进行精确的配准，其配准精度一般应达到像素级。这也是像素级图像融合所具有的局限性，此外，像素级图像融合处理的数据量太大，处理时间长，实时性差。

2. 特征级融合

特征级融合属于中间层次,它先对来自各传感器的原始信息进行特征提取(特征可以是目标的边缘、方向、速度等),然后对特征信息进行综合分析和处理。若传感器获得的数据是图像数据,则典型的特征就是从图像像素信息中抽象提取出来的线型、边缘、纹理、光谱、相似亮度区域、相似景深区域等,然后实现多传感器图像特征融合及分类。特征级融合的优点在于实现了可观的信息压缩,有利于实时处理,并且由于所提取的特征直接与决策分析有关,因而融合结果能最大限度地给出决策分析所需的特征信息。

3. 决策级融合

决策级融合是一种高层次融合。在这一层次的融合过程中,每个传感器先分别建立对同一目标的初步判决和结论,然后对来自各传感器的决策进行相关处理,最后进行决策级的融合处理,从而获得最终的联合判决。多种逻辑推理方法、统计方法、信息论方法等都可用于决策级融合,如贝叶斯(Bayesian)推理、D-S(Dempster-Shafer)证据推理、聚类分析、神经网络等。决策级融合具有良好的实时性和容错性,并且对传感器同质性和信息配准也没有特别的要求,但由于决策级融合是最高级别的融合,需要前级融合结果作为输入,所以预处理的代价较高。

10.4.3　像素域图像融合实现

像素级多传感器图像融合可简单地描述为把多个传感器得到的图像经过去噪、时空配准和重采样后,再运用某种融合算法得到合成图像的过程。一个完整的像素级图像融合过程如图 10-20 所示。

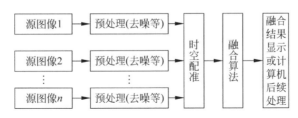

图 10-20　像素级图像融合的过程

在这几个步骤中,时间和空间的配准是非常重要的,其精度直接影响到图像融合算法的效果。由于不同传感器的成像机理不同,获取图像的时间、角度、环境也不同,获得的图像往往会存在差异,会使系统产生对目标的错误描述信息。图像融合的前期工作就是图像配准,图像配准是图像融合问题中提高精度和有效性的瓶颈,配准效果将直接影响到其后续图像融合处理工作的效果。

简单像素级图像融合算法不对源图像进行任何的图像分解或只进行简单的变换,然后对各个源图像中对应像素点分别进行运算,最终融合成一幅新的图像。此类算法中典型的有加权平均法、逻辑滤波法、数学形态法、图像代数法、模拟退火法、金字塔图像融合法、小波变换图像融合法等。本节仅以空间域的像素级融合为例,介绍其 MATLAB 实现。

1. 极值融合法

极值融合法只用对两幅待配准的图像取对应像素点的灰度值较大(或较小)即可。代码如下:

```
% 读入两幅图像
g1 = imread('img1.png');
g2 = imread('img2.png');
% 转换为灰度图像
g1 = rgb2gray(g1);
g2 = rgb2gray(g2);
% 取两幅图像的极大值
f = max(g1,g2);
```

2. 加权平均法

加权平均法将源图像对应像素的灰度值进行加权平均，生成新的图像，它是最直接的融合方法。其中平均方法是加权平均的特例，使用平均方法进行图像融合，提高了融合图像的信噪比，但削弱了图像的对比度，尤其是对于只出现在其中一幅图像上的有用信号。

加权平均法的优点是简单直观，适合实时处理。但简单的叠加会使合成图像的对比度降低，当融合图像的灰度差异很大时，还会出现明显的拼接痕迹，不利于人眼识别和后续的计算机目标识别过程。代码如下：

```
% 读入两幅图像
g1 = imread('img1.png');
g2 = imread('img2.png');
% 转换为灰度图像
g1 = rgb2gray(g1);
g2 = rgb2gray(g2);
% 设置权重
a = 0.6;
% 加权平均
F = g1 * a + g2 * (1 - a);
```

3. TOET 融合法

TOET 算法的过程如下：

（1）首先求取两幅图像所对应的像素值较小的部分，即

$$A^\frown B = \min\{A(x,y), B(x,y)\} \tag{10-22}$$

（2）求两幅图像的特征成分。

（3）求图像 A 中扣除图像 B 的特征成分，得到 A^*，从图像 B 中扣除图像 A 的特征成分，得到 B^*。

（4）求图像 A 和 B 的不同部分。

（5）将步骤（3）和步骤（4）中的结果，按照不同的权重相加计算出融合图像的像素值，a、b、c 为权重系数。

$$f = a(A - AC) + b(B - B^*) + c(A^* - B^*) \tag{10-23}$$

经过 TOET 算法融合的图像虽然比加权平均融合图像有所改善，但仍然与加权平均相似，融合后的图像并没有突出原有图像的特征，因此融合效果不够理想。

```
% 读入两幅图像
g1 = imread('img1.png');
g2 = imread('img2.png');
% 转换为灰度图像
g1 = rgb2gray(g1);
g2 = rgb2gray(g2);
```

```
% 两图像的共同成分
common = min(g1,g2);
% 两图像的特征成分
g1_sp = g1 - common;
g2_sp = g2 - common;
% 设置参数
a = 0.2;b = 0.2;c = 0.6;
% 找到|g2_sp| >= |g1_sp|对应的坐标
i = abs(g2_sp) > = abs(g1_sp);
[m,n] = find(i);
num = min(size(m),size(n));
for k = 1:num
    f(m(k),n(k)) = a * (g1(m(k),n(k)) - g2_sp(m(k),n(k))) + b * (g2(m(k),n(k)) - g1_sp(m(k),
    n(k))) + c * (g2_sp(m(k),n(k)) - g1_sp(m(k),n(k)));
end
% 找到|g2_sp|<|g1_sp|对应的坐标
i = abs(g2_sp) < abs(g1_sp);
[m,n] = find(i);
num = min(size(m),size(n));
for k = 1:num
    % 把 g2_sp - g1_sp 置为 0
    f(m(k),n(k)) = a * (g1(m(k),n(k)) - g2_sp(m(k),n(k))) + b * (g2(m(k),n(k)) - g1_sp(m(k),
n(k)));
end
```

图 10-21 分别给出了利用极值法、加权平均法和 TOET 法的融合结果。

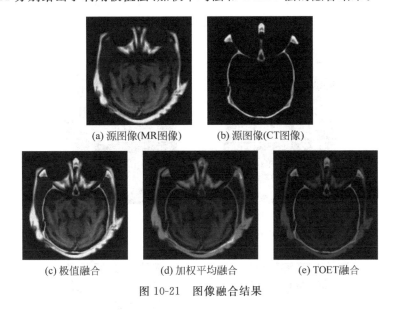

(a) 源图像(MR图像)　　　　　(b) 源图像(CT图像)

(c) 极值融合　　　　(d) 加权平均融合　　　　(e) TOET融合

图 10-21　图像融合结果

10.5　案例四：图像修复

10.5.1　图像修复概述

图像修复就是对图像信息缺损区域进行信息填充的过程,其目的是对有信息缺损的图像进行恢复,并且使观察者无法察觉到图像曾经缺损或已被修复。M. Bertalmio 最早从事这方面的研究，并把它叫做 Inpainting，意指把绘画中破损区域重新画上去。实际上，图像修复是一个病态问题，就是说无论采用何种修复方法，只能利用图像中部分剩余信息来近似原始的完整图像，而通过这种近似得到的图像只是符合人眼视觉心理学的近似图像，并没有真正恢复图像原来的面貌。因此，图像修复本身是一个主观过程，可能因不同的图像或不同的修复算法以及不同的修复者而产生不同的修复结果。

图像修复技术属于图像复原的研究领域，是图像处理的一个核心技术。该技术在老照片的修复以及文物保护、影视特技制作、虚拟现实、多余物体剔除（如视频图像中删除部分人物、文字、小标题等）、数据压缩、网络数据传输等许多领域都有着重大的应用价值和应用前景，近年来受到国内外的广泛关注。

图 10-22～图 10-24 分别给出了对珍贵美术作品和照片出现的裂痕和划痕修复、数字图像上字幕移除后空白区域修复以及目标物体移除后空白区域的修复。

(a) 破损照片   (b) 修复后的照片

图 10-22　美术照片的修复

(a) 带文字的图片   (b) 文字移除后的图片

图 10-23　目标物体的移除（一）

(a) 原图片   (b) 目标物体(麦克风)的移除

图 10-24　目标物体的移除（二）

10.5.2　图像修复的数学模型

图像修复技术主要分为两大类：基于结构的图像修复技术和基于纹理的图像修复技术。基于偏微分方程(Partial Differential Equation,PDE)的图像修复算法是最早提出的基于结构的图像修复技术,其中,典型的算法包括 BSCB(Bertalmio-Sapiro-Caselles-Ballester)模型和 CDD(Curvature Driven Diffusions)模型,以及之后的全变分(Total Variation,TV)模型、Euler's Elastica 模型、Mumford-Shah 模型、Mumford-Shah-Euler 模型变分模型图像修复算法,这类算法仅适应于破损面积较小且包含信息较平滑的图像。基于纹理的图像修复技术能够修复较大面积的破损区域,修复效果也有相当大的提高。主要包含基于图像分解的修复和基于样本的图像修复。

1. 基于结构的图像修复

基于结构的图像修复,即基于变分 PDE 的图像修复,其主要思想是：利用图像中待修补区域的边缘信息,并采用传播机制将信息传播到待修复的区域内,以便得到较好的修补效果。实际上,基于 PDE 的图像修复就是利用物理学中的热扩散方程将待修补区域周围的信息传播到修补区域中,将图像修复过程转化为一系列的偏微分方程或能量泛函模型,从而通过数值迭代和智能优化的方法来处理图像。

BSCB 模型,建立一个以等照度线为延伸方向的图像修复模型,该模型在保持等照度线与边缘的夹角的同时,把图像信息沿着等照度线方向扩散。该模型算法在较窄区域的破损或断裂时可以得到不错的修复效果,但是由于算法本身的特性,导致在具体实现过程中执行速度较慢。

TV 模型,使用一个欧拉-拉格朗日方程,通过最小化方程的能量泛函数和各向异性扩散来完成图像修复。TV 模型能够用来修复较小的破损区域,并且能取得较好的效果,但是TV 模型是采用最短的直线来连接发生断裂的条状结构,因此无法很好地连接断裂边缘,所以修复过程中容易破坏视觉的连通性。

CDD 模型,基于曲率驱动扩散的修复模型,在等照度线扩散过程中加入了轮廓的几何曲率,在一定程度上加强了视觉连通性,同时可以修复比 TV 模型更大的区域。但 CDD 模型对破损区域依然采用直线逼近的方法,因此受损边界仍然会存在模糊甚至不光滑的现象。

Mumford-Shah 模型和 Mumford-Shah-Euler 模型,都是建立图像的数据模型和先验模型,从而把图像修补问题转化为泛函求极值的问题,并使用变分方法修复破损图像。

基于变分 PDE 图像修复是利用扩散原理,把图像的原有信息逐步向中心扩散,对于较小的修补区域,能取得较好的修复效果。但由于 PDE 方法本身并没有考虑到修复的先后顺序,且没有针对图像中的高频部分做出充分的考虑,因此在传播的过程中会引入模糊,这个缺点在修复较大破损区域时效果会比较明显。同时因为基于 PDE 的修复方法只考虑到了图像的结构层,纹理中有价值的信息通常被 PDE 模型模糊处理,因此基于 PDE 的修复方法无法在纹理区域修复中取得好效果。

2. 基于纹理的图像修复

基于纹理的图像修复能够从整体上把握图像的结构和纹理细节,修复质量比较理想,而且在速度上也明显优于基于变分 PDE 的图像修复,主要用于填充图像中大块丢失的信息。目前,这一类技术包含以下两种方法：一种是基于图像分解的修复技术,其主要思想是将图像分解为结构部分和纹理部分，当把图像分解成这两个部分以后，再用 BSCB 模型来修补结构部分，同时用非参数采样纹理合成技术来填充纹理部分，最后把这两部分修补的结果叠加起来，就是最终的修补图像；另一种方法是基于样本的图像修复，该种算法的主要思想是，从待修补区域的边界上选取一个像素点，同时以该点为中心，根据图像的纹理特征，选取大小合适的纹理块，然后在待修补区域的周围寻找与之最相近的纹理匹配块来替代该纹理块。其中，以 Criminisi 等人提出一种基于样本块的图像修复算法（Criminisi 算法）最为经典，这种算法在考虑结构和纹理信息的基础上，提出一种新的图像修复顺序，即按照图像块的置信项和数据项（结构函数）决定的优先级函数的值，来判断修复的先后顺序，并且根据一定的准则在图像中已知的部分寻找待修复像素块的最优匹配块，最后用最优匹配块中的信息更新待修复的像素块，直至整个破损区域修复完毕。

图 10-25　图像修复示意图

假设图像 v_0 为一幅受到污染或破坏的图像，修复的过程就是通过 v_0 信息重建原始图像 v 操作。如图 10-25 所示，设整幅图像为 $\Phi \cup \Omega$，其中破损区域为 Ω，那么 $v_0|_\phi$ 就表示了图像中的已知信息。

根据贝叶斯模型中的最大后验概率概念，图像修复就是要计算出 $p(v|v_0)$ 取得最大值时所对应的原始图像 v。由贝叶斯公式可得

$$p(v \mid v_0) = \frac{p(v_0 \mid v)p(v)}{p(v_0)} \tag{10-24}$$

对于一给定的 v_0，式(10-24)中 $p(v_0)$ 是一常量，因此可以简化为分子 $p(v_0|v)p(v)$ 的最大化求解。分子中的数据模型 $p(v_0|v)$ 所代表的是如何对原始图像 v 进行操作，得到待修复图像 v_0 的方法。分子中的另一分量先验模型 $p(v)$ 代表的是原始图像 v 具备的特征和满足的性质。根据上述模型分析可知，图像修复与以下两个因素密切相关：一是对图像中已知信息 v_0 如何操作利用；二是原始图像本身的特性。

10.5.3　基于样本的图像修复算法

Criminisi 提出的修复算法的过程是一个等照度线驱动的图像取样过程。如图 10-26 所示，设图像 I 表示输入的图像，图像的源区域标记为 Φ，待修复的目标区域标记为 Ω；$\delta\Omega$ 表示待修复目标区域的边缘。p 为待修复边缘上的任意一点，Ψ_p 表示以像素点 p 为中心的像素块，n_p 是像素点 p 与边缘正交的单位矢量，$\nabla I_p^\perp$ 是点 p 处的等照度线的方向（梯度的垂直方向）和强度。

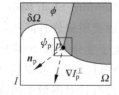

图 10-26　Criminisi 算法示意图

Criminisi 算法最核心的思想就是考虑目标区域的填充优先顺序问题，即填充目标区域时，计算轮廓上的所有目标块的优先级，具有高优先级的目标块优先填充并获得更新。待修复目标区域的边缘 $\delta\Omega$ 上每一个像素点都对应一个矩形修补块，这个修补块是以这个像素点为中心的像素块，大小为设置的模块大小（一般来说，设置的模块要比样本区域最大的纹理元稍微大一些，这里假设模块的大小为 9×9）。选定边缘 $\delta\Omega$ 上最高优先权的修补块，对其进行填充修补。假设 Ψ_p 是以点 $p \in \delta\Omega$ 为中心的修补块，则它的优先权 $P(p)$ 定义为

$$P(p) = C(p)D(p) \tag{10-25}$$

式中，$C(p)$ 为修补块 Ψ_p 的置信项，定义为

$$C(p) = \sum_{q \in \Psi_p \cap \Phi} \frac{C(q)}{|\Psi_p|} \tag{10-26}$$

式中，$|\Psi_p|$ 为修补块 Ψ_p 的面积，这里为模块的大小（9×9）；$C(q)$ 为像素点 q 的置信项，初始化为

$$C(q) = \begin{cases} 0 & \forall q \in \Omega \\ 1 & \forall q \in \Phi \end{cases} \tag{10-27}$$

由式(10-26)、式(10-27)可知，修补块里位于样本区域的像素点多，即已填充好的像素点多，这个修补块的置信项就会高。

式(10-25)中，数据项 $D(p)$ 表示轮廓 $\delta\Omega$ 前沿等照度线强度函数，定义为

$$D(p) = \frac{|\nabla I_p^{\perp} \cdot \boldsymbol{n}_p|}{\alpha} \tag{10-28}$$

式中，$\boldsymbol{n}_p$ 为边缘 $\delta\Omega$ 上 p 点的法矢量，$\nabla I_p^{\perp}$ 为点 p 处等照度线的方向和强度；α 为归一化因子（对于 8 位的灰度图像 $\alpha = 255$）。由式(10-28)可知，边缘 $\delta\Omega$ 上 p 点的等照度线强度大，与法矢量之间的夹角小，则计算出来 $D(p)$ 的数据项值就大，反映了图像的结构信息。

当边缘 $\delta\Omega$ 上各个像素点的优先级值计算出来，则具有最大优先级的点 p 对应的像素块 Ψ_p 就确定下来，确定了待修补块 Ψ_p，就要对其进行修复，在整个图像的已知信息区域中寻找与 Ψ_p 最相似的图像块 $\Psi_{\hat{q}}$ 满足以下条件，即

$$\Psi_{\hat{q}} = \arg \min_{\Psi_q \in \Phi} d(\Psi_p, \Psi_q) \tag{10-29}$$

式中，$d(\Psi_p, \Psi_q)$ 为两个像素块 Ψ_p 和 Ψ_q 之间的距离，用像素点颜色平方差之和（Sum of Squared Differences，SSD）作为距离测量，SSD 的定义为

$$\mathrm{SSD} = \sqrt{\sum_{i=1}^{m} \sum_{j=1}^{n} (p_{ij} - q_{ij})^2} \tag{10-30}$$

式中，m、n 为像素块的长度和宽度；p 为待修复像素块中的像素；q 为匹配像素块中的像素。通过比较各匹配像素块对应的 SSD 值，找出 SSD 最小值对应的像素块，并用其对应的信息更新待修复像素块 Ψ_p 中的未知信息，即待修补块 Ψ_p 的颜色值为 $\Psi_{\hat{q}}$ 内对应的位置上点的颜色值，这种填充方式成功地扩散了图像的纹理和结构信息。

在 Criminisi 算法中，当完成一次修复后，由于原来的未知像素变为已知像素，由式(10-27)可知这些像素点的置信项发生了变化，需要更新，即

$$C(p) = C(\hat{p}), \forall p \in \Psi_{\hat{p}} \cap \Omega \tag{10-31}$$

由于待修复目标区域的边缘路径发生了变化，获得了一个新的修复边缘，如果这个新的修复区域为空，则说明整个待修复区域已填充完毕。

因此，基于样本的 Criminisi 图像修复算法的具体步骤如下：

① 输入待修复图像，提取待修复区域的边缘 $\delta\Omega$（初始时手工选择待修复区域 Ω）。

② 根据式(10-25)计算 $\delta\Omega$ 上所有像素点的优先级，选取最高优先级的块 Ψ_p 作为待修复的像素块。其中置信项 $C(p)$ 表示待修复像素块中已知像素点的数目在整个像素块中所占的比例，数据项 $D(p)$ 就是某像素点 p 处等照度线与法矢量的点积。

③ 在整幅图像的已知信息区域 Φ 中寻找与 Ψ_p 最相似的图像块 $\Psi_{\hat{q}}$，并用对应的像素

信息填充 Ψ_p 的未知像素。其中，$\Psi_{\hat{q}}$ 是根据式(10-29)确定的，即已知区域中与 Ψ_p 颜色平方差之和最小的像素块。

④ 更新置信项，即用像素点 p 的置信度直接作为已修复完像素块 Ψ_p 中所有未知像素的置信项，更新待修复区域的边缘。

重复上述步骤，直到目标区域 $\Omega=\varnothing$ 退出循环，则修复完毕。

基于样本图像修复的 MATLAB 代码如下：

```
function[ inpaintedImg, origImg, fillImg, C, D, fillMovie] = inpaint( imgFilename, fillFilename,
fillColor)
% 输入：
% imgFilename                      原始图像的文件名
% fillFilename                     待修复区域以某种颜色填充确定的图像文件名
% fillColor                        目标区域填充颜色的 RGB 矢量
% 输出：
% inpaintedImg                     修复完的图像
% origImg                          原始图像
% fillImg                          填充区域图像
% C                                待修复区域每个像素点置信项构成的矩阵
% D                                待修复区域每个像素点数据项构成的矩阵
% fillMovie                        图像修复过程的 MATLAB 动画
%
% 示例：
% [ i1, i2, i3, c, d, mov] = inpaint( 'bungee0.png', 'bungee1.png', [ 0 255 0]);
% plotall;
% close; movie( mov);
% 输入图像
[ img, fillImg, fillRegion] = loadimgs( imgFilename, fillFilename, fillColor);
img = double( img);
origImg = img;
ind = img2ind( img);
sz = [ size( img, 1) size( img, 2)];
sourceRegion = ~fillRegion;              //源区域
% 初始化等照度线值，即梯值，方向垂直于梯度方向
[ Ix(:,:,3) Iy(:,:,3)] = gradient( img(:,:,3));
[ Ix(:,:,2) Iy(:,:,2)] = gradient( img(:,:,2));
[ Ix(:,:,1) Iy(:,:,1)] = gradient( img(:,:,1));
Ix = sum( Ix, 3)/(3 * 255); Iy = sum( Iy, 3)/(3 * 255);
temp = Ix; Ix = - Iy; Iy = temp;         % 旋转 90°
% 初始化置信项和数据项
C = double( sourceRegion);
D = repmat( - .1, sz);
% 修复的可视化过程
if nargout == 6
    fillMovie(1).cdata = uint8( img);
    fillMovie(1).colormap = [ ];
    origImg(1,1,:) = fillColor;
    iter = 2;
end
rand( 'state', 0);
```

```
iter = 0;
% 循环直到目标区域为空,修复完整
while any(fillRegion(:))
    % 找到目标区域的边缘
    dR = find(conv2(double(fillRegion),[1,1,1;1,-8,1;1,1,1],'same')>0);
    % 正规化梯度
    [Nx,Ny] = gradient(double(~fillRegion));
    N = [Nx(dR(:)) Ny(dR(:))];
    N = normr(N);
    N(~isfinite(N)) = 0;
    % 计算边缘上各像素点的置信项
    for k = dR'
        Hp = getpatch(sz,k);
        q = Hp(~(fillRegion(Hp)));
        C(k) = sum(C(q))/numel(Hp);
    end
    % 计算数据像,根据公式 p(p) = C(p)D(p)求取优先级
    D(dR) = abs(Ix(dR).*N(:,1) + Iy(dR).*N(:,2)) + 0.001;
    priorities = C(dR).*D(dR);
    % 确定最大优先级的像素块 Hp
    [unused,ndx] = max(priorities(:));
    p = dR(ndx(1));
    [Hp,rows,cols] = getpatch(sz,p);
    toFill = fillRegion(Hp);
    % 确定用于修复像素块 Hp 的最优相似块 Hq
    Hq = bestexemplar(img,img(rows,cols,:),toFill',sourceRegion);
    % 更新待修复区域
    fillRegion(Hp(toFill)) = false;
    % 更新修复区域的置信项和等照度线的值
    C(Hp(toFill))  = C(p);
    Ix(Hp(toFill)) = Ix(Hq(toFill));
    Iy(Hp(toFill)) = Iy(Hq(toFill));
    % 用最优像素块 Hq 修复待修复的像素块 Hp
    ind(Hp(toFill)) = ind(Hq(toFill));
    img(rows,cols,:) = ind2img(ind(rows,cols),origImg);
    % 修复的可视化过程
    if nargout == 6
        ind2 = ind;
        ind2(fillRegion) = 1;
        fillMovie(iter).cdata = uint8(ind2img(ind2,origImg));
        fillMovie(iter).colormap = [];
    end
    iter = iter + 1;
end
inpaintedImg = img;
% ------------------------------------------------------------
% 在已知信息的源区域确定与待修复像素块误差最小的像素块
% ------------------------------------------------------------
function Hq = bestexemplar(img,Ip,toFill,sourceRegion)
m = size(Ip,1); mm = size(img,1); n = size(Ip,2); nn = size(img,2);
best = bestexemplarhelper(mm,nn,m,n,img,Ip,toFill,sourceRegion);
```

```
Hq = sub2ndx(best(1):best(2),(best(3):best(4))',mm);
%  ───────────────────────────────────────────────────────
%返回以 P 为中心的 9×9 的像素块
%  ───────────────────────────────────────────────────────
function [Hp,rows,cols] = getpatch(sz,p)
%[x,y] = ind2sub(sz,p);  %2*w+1 为像素块大小
w = 4; p = p−1; y = floor(p/sz(1)) + 1; p = rem(p,sz(1)); x = floor(p) + 1;
rows = max(x−w,1):min(x+w,sz(1));
cols = (max(y−w,1):min(y+w,sz(2)))';
Hp = sub2ndx(rows,cols,sz(1));
%  ───────────────────────────────────────────────────────
%将(rows,cols)下标转换成对应的索引值
%  ───────────────────────────────────────────────────────
function N = sub2ndx(rows,cols,nTotalRows)
X = rows(ones(length(cols),1),:);
Y = cols(:,ones(1,length(rows)));
N = X + (Y−1) * nTotalRows;
%  ───────────────────────────────────────────────────────
%将索引图像转换成 RGB 图像
%  ───────────────────────────────────────────────────────
function img2 = ind2img(ind,img)
for i = 3:−1:1,temp = img(:,:,i); img2(:,:,i) = temp(ind); end;
%  ───────────────────────────────────────────────────────
%将 RGB 图像转化成索引图像
%  ───────────────────────────────────────────────────────
function ind = img2ind(img)
s = size(img); ind = reshape(1:s(1) * s(2),s(1),s(2));
%  ───────────────────────────────────────────────────────
%使用 fillColor 作为标记值,根据源区域和目标区域确定待修复区域的边缘
%  ───────────────────────────────────────────────────────
function [img,fillImg,fillRegion] = loadimgs(imgFilename,fillFilename,fillColor)
img = imread(imgFilename); fillImg = imread(fillFilename);
fillRegion = fillImg(:,:,1) == fillColor(1) & …
    fillImg(:,:,2) == fillColor(2) & fillImg(:,:,3) == fillColor(3);
```

图 10-27 给出了对墙面进行修复的仿真实验,从修复的结果可以看出,该方法对墙面的纹理结构信息能获得准确的纹理特征。

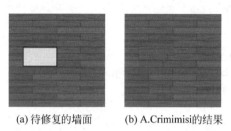

(a) 待修复的墙面   (b) A.Crimimisi的结果

图 10-27　墙面的修复结果比较

10.6　小结

MATLAB 是一种具有强大的数值计算功能的编程工具,在图像处理、信号处理、神经网络中都有着广泛的应用。同样,它也可以用于图像处理中的图像数字水印技术中。本章

在介绍 MATLAB 的特点、主要功能的基础上，给出了数字水印的基本概念、分类和组成，并结合 3 个实例分析了利用 MATLAB 实现数字水印系统所涉及的主要技术。

MATLAB 是一种面向数组的编程语言，其数据类型的最大特点是每一种类型都以数组为基础，从数组中派生出来。在 MATLAB 中，有字符、双精度数值、稀疏数据、存储型、单元数组和结构 6 种基本的数据类型，最常用的数据类型是双精度型和字符型，所有 MATLAB 计算都把数据当作双精度型处理。其他数据类型只在一些特殊条件下使用。MATLAB 有两种常用的工作模式：一种是在命令窗口中直接输入简单的命令；另一种是 M 文件的编程工作方式。前者适用于命令行比较简单，并且处理的问题相对较为特殊、差错处理比较简单的情况。而后者则适用于进行大量的重复性计算和输入的情形。

MATLAB 提供了强大的矩阵运算功能。如特征值和特征矢量计算、矩阵求逆等都可以直接通过 MATLAB 提供的函数求出。MATLAB 还提供了用于小波分析、图像处理、信号处理、虚拟现实、神经网络等许多工具包。其中，图像处理工具包提供了许多可用于图像处理的相关函数。按功能可以分为：图像显示；图像文件输入与输出；几何操作；像素值和统计；图像分析与增强；图像滤波；线性二维滤波器设计；图像变换；邻域和块操作；二值图像操作；颜色映射和颜色空间转换；图像类型和类型转换；工具包参数获取和设置等。

数字水印技术是通过一定的算法将一些标志性信息直接嵌入到多媒体内容中，但不影响原内容的价值和使用，并且不能被人的感知系统觉察或注意到，只有通过专用的检测器或阅读器才能提取。其中的水印信息可以是作者的序列号、公司标志、有特殊意义的文本等信息，可用来识别文件、图像或音乐制品的来源、版本、原作者、拥有者、发行人、合法使用人等对数字产品的拥有权。根据数字水印是否可见可以分为可见水印和不可见水印；根据数字水印的作用可以将数字水印分为鲁棒水印、脆弱水印和半脆弱水印；根据水印实现的方法不同可分为空域数字水印和频域数字水印等。一个数字水印系统一般包括水印的生成、水印的嵌入和水印的提取或检测 3 个基本方面。

图像配准是指将不同时间、不同传感器或不同条件下获取的两幅或多幅图像进行匹配、叠加的过程。配准技术的流程如下：首先对两幅图像进行特征提取得到特征点；通过进行相似性度量找到匹配的特征点对；然后通过匹配的特征点对得到图像空间坐标变换参数；最后由坐标变换参数进行图像配准。根据如何确定配准控制点的方法和图像配准中利用的图像信息区别可将图像配准方法分为 3 个主要类别：基于灰度信息法、变换域法和基于特征法。

图像融合是指将多源信道所采集到的关于同一目标的图像或同一信道中不同时刻获得的同一目标的图像经过一定的图像处理，提取各自信道的信息，最后综合成一幅图像，以供观察或进一步处理的过程。根据信息表征层次的不同，多传感器信息融合可分为像素级融合、特征级融合和决策级融合。

图像修复是对图像上信息缺损区域进行信息填充的过程，其目的是对有信息缺损的图像进行恢复，并且要使观察者无法察觉到图像曾经缺损。图像修复技术主要分为两大类：基于结构的图像修复技术和基于纹理的图像修复技术。

本章只是结合 MATLAB 的使用，面向数字水印、图像配准、图像融合和图像修复等应用，简要介绍了几种基本方法。目的并不是让读者掌握数字水印、图像配准、图像融合和图像修复方法，而是借助几个实例让读者掌握如何利用 MATLAB 实现数字图像处理的相关算法，从而加深对数字图像处理技术的理解。

习题

1. MATLAB 的主要特点包括哪些？为什么 MATLAB 适合于数字图像处理？
2. 使用 MATLAB 工具箱对一幅图像进行小波变换，观察变换后有何特点。
3. 什么是数字水印？数字水印主要可分成几类？
4. 举例说明水印的主要用途。
5. 简述数字水印的嵌入和提取过程。
6. 编程实现 10.4 节基于空域的脆弱水印的嵌入与检测过程。
7. 简述图像融合的基本过程。
8. 简述图像配准的基本过程。
9. 简述图像修复的基本过程。

## 第11章

基于C++的图像系统设计

在现代自动化生产过程中,人们广泛将图像系统应用于检测表面质量,确定目标物体的准确位置,精确量化目标物体的外形尺寸,分析目标物体存在的各类缺陷和瑕疵,识别数字、文字、图案、商标、批号、钢印等,已应用于塑料薄膜、金属、平板显示、非织造、印刷、玻璃、造纸等行业。本章以C++为开发环境,结合实际应用系统开发,简要介绍了两个图像系统设计案例。

11.1 概述

实际的图像系统由于受光照等环境因素影响较大,因此,选择合适的光源、镜头和相机,保证获取高质量的可处理的图像至关重要,也是图像系统成功的关键。

11.1.1 工业光源的选择

光源的作用不仅仅是使检测部件能够被摄像头"看见",更重要的是使需要寻找的特征非常明显。好的光源应该能够产生最大的对比度,亮度足够,且对部件的位置变化不敏感。有时,一个完整的图像系统无法支持工作,但是仅仅优化一下光源就可以使系统正常工作。

光源选型有对比度、亮度和鲁棒性等几个基本要素。

(1) 对比度。图像系统中,加入光源的最重要任务就是使需要被观察的特征与需要被忽略的图像特征之间产生最大的对比度,从而易于对特征的区分。好的照明应该能够保证需要检测的特征突出于其他背景。

(2) 亮度。当选择两种光源的时候,最佳的选择是选择更亮的那个。当光源不够亮时,可能有 3 种不好的情况会出现。第一,相机的信噪比不够;由于光源的亮度不够,图像的对比度必然不够,在图像上出现噪声的可能性也随即增大。其次,光源的亮度不够,必然要加大光圈,从而减小了景深。另外,当光源的亮度不够时,自然光等随机光对系统的影响会最大。

(3) 鲁棒性。测试好光源的方法之一是看光源对部件的位置敏感度是否最小。当光源放置在摄像头视野的不同区域或不同角度时,结果图像应该不会随之变化。方向性很强的光源,增大了对高亮区域的镜面反射发生的可能性,这不利于后面的特征提取。

实际光源选择时,可依据以下几种方式选择。

1. 根据光源的造型选择光源

（1）环形视觉光源。广泛应用于工业显微、线路板照明、晶片及工件检测、视觉定位等系统中。

（2）背光源。能充分突出测量或检测物体的轮廓信息，主要应用为轮廓检测、电子元件的外部检测、检测透明胶片的污点、SOP 和 CSP 检测、液晶文字的检查、小型电子元件及 QFP 以及 SOP 的尺寸和外形、轴承的外观和尺寸检查、半导体引线框的外观和尺寸检查等。

（3）条形光源。适合较大被检测物体的表面照明，可以从任何角度提供配合物体的斜射照明，在条形结构中具有高亮度的分布，广泛应用于金属表面检查、表面裂缝检查、胶片和纸张包装破损检测、管脚平整度、LCD 破损检测、定位标记检测和 LED 缺陷检查等。

（4）方形倾斜光源。方形光源在四边配置条形光，每边可独立控制照明及角度，适应不同高度的应用，实现高精度的照明。主要用于 LCD 面板标签检测、陶制封装件的外部和裂缝检测、QFC、SOP 检测、金属板表面检查等。

（5）漫反射圆顶光源。无影光源所发出的光线通过半球形内壁的漫反射板多次反射，实现全空间区域的漫射光照明，对于凹凸不平表面检测起到特殊作用，可以完全消除阴影，主要用于球形或曲面物体缺陷检测、金属、镜面或玻璃等具有光泽物体的表面检测。

（6）同轴光源。同轴光源为反射度极高的表面提供对位及表面检查照明，如金属表面、薄膜、晶片、胶片及玻璃等的划伤检查、芯片和硅晶片的破损检测、玻璃板的表面损伤、PC 母板的图谱检测、印刷版的图形检查等。

（7）光纤冷光源。具有良好的光纤耦合效率，应用于工业半导体和集成电路板的检测光源、观察分析照明、视觉照明、对温度有要求的特殊场合。

2. 依据光源的颜色与波长选择光源

由于光源颜色与波长的多样性，在进行图像系统设计时，要根据目标与背景来确定所选光源的颜色。在使用彩色照相机时，通常选择白色；使用单色照相机时，就需要根据不同的检测工件具体选用合适的光源。下面介绍依据光源的颜色和波长如何正确合理地选择检测光源。

（1）使用互补色进行检测。互补色是色环中正好相对的颜色。使用互补色光线照射物体时，物体呈现的颜色将接近黑色，使得工件与背景之间差异明显，可获得精确的检测结果。

（2）使用波长进行检测。不同波长的光线呈现不同的颜色。波长决定特定颜色的特征，如容易透射（红光波长较长）、容易散射（蓝光波长较短）。针对不同的应用，可以选择不同色光照明以获得对比度高的图像。

11.1.2　工业相机的选择

工业相机由两大基本部件组成：图像感光芯片和数字化数据接口。图像感光芯片由数十万至数百万个像素组成。像素把光线的强度转换为电压输出。这些像素的电压被以灰度值的形式输出，所有像素放在一起就形成了图像，发送给计算机。工业相机的数据接口主要有 USB 2.0、1394 和千兆以太网 3 种。

工业相机按照芯片类型可以分为 CCD 相机、CMOS 相机；按照传感器的结构特性可以分为线阵相机、面阵相机；按照扫描方式可以分为隔行扫描相机、逐行扫描相机；按照分辨率大小可以分为普通分辨率相机、高分辨率相机；按照输出信号方式可以分为模拟相机、数字相机；按照输出色彩可以分为单色(黑白)相机、彩色相机；按照输出信号速度可以分为普通速度相机、高速相机；按照响应频率范围可以分为可见光(普通)相机、红外相机、紫外相机等。

1. 专业相机选择

在设计实际图像处理系统时，处理的对象是从工业相机来的图像，所以，工业相机的选择是不可缺少的而且是非常重要的一步。选择工业相机时，首先要弄清楚需求，是静态拍照还是动态拍照？拍照的频率是多少？是做缺陷检测还是尺寸测量或者是定位？产品的大小(视野)是多少？需要达到多少精度？现场环境情况如何？有没有其他的特殊要求等。如果是动态拍照，运动速度是多少？为此，需要根据运动速度选择最小曝光时间以及是否需要逐行扫描的相机。而相机的帧率(最高拍照频率)跟像素有关，通常分辨率越高帧率越低，不同品牌的工业相机的帧率略有不同，根据检测任务的不同、产品的大小、需要达到的分辨率以及所用软件的性能可以计算出所需工业相机的分辨率。此外，还需根据现场环境，如温度、湿度、干扰情况以及光照条件来选择不同的工业相机。

例 11-1 某企业需要对某工件产品进行尺寸测量，其产品大小是 $18\text{mm} \times 10\text{mm}$，要求检测精度为 0.01mm，采用流水线作业，检测速度为 10 件/s，现场环境是普通工业环境，不考虑干扰问题，该如何选择相机？

解 首先我们知道是流水线作业，速度比较快，因此选用逐行扫描相机；视野大小可以设定为 $20\text{mm} \times 12\text{mm}$(考虑每次机械定位的误差，将视野比物体适当放大)，假如能够取到很好的图像(比如可以打背光)，而且软件的测量精度可以考虑 1/2 亚像素精度，那么需要的相机分辨率就是 $20 \div 0.01 \div 2 = 1000$ 像素，另一方向是 $12 \div 0.01 \div 2 = 600$ 像素，也就是说，相机的分辨率至少需要 1000×600 像素，帧率在 10 帧/s，因此选择 1024×768 像素(软件性能和机械精度不能精确的情况下也可以考虑 1280×1024 像素)，帧率在 10 帧/s 以上的即可。

2. 非专业相机选择

图像系统应用于工业、医疗、科研、安保等领域时，各个领域的不同应用往往需要不同的解决方案。由于图像系统的核心部分(如工业相机、工业光源、图像处理软件等)往往价格比较昂贵，因此对于一些要求不是很高的场合，如高等学校进行教学科研或小型企业进行生产辅助等，一般只需要得到较高的图像质量，对系统的速度、精度往往要求不是非常高。因此，通过精心设计自制实验平台，利用非专业的设备去替代专业设备，并在性能上尽量接近专业设备，将会有很大的实用价值。

针对专业系统的各个部件，可以考虑用生活中便于获得的部件来替代。比如，数码单反相机在社会上的普及率已大幅提高，它在每秒拍摄照片数这项性能上比工业相机差一些，但在成像精度上比工业相机还高，因此在一些实时性要求不高的场合，完全能够用数码单反相机来替代工业相机。并且，与单反相机相配套有丰富的镜头群，其中也不乏光学性能优异的镜头，完全可以媲美甚至超越工业镜头。但是单反相机和镜头的类型和数量很多，同样也存在一个选型的问题。

1）数码单反相机

单反就是指单镜头反光，单反相机就是拥有该功能的相机。这是当今最流行的取景系统，大多数 35mm 照相机都采用这种取景器。在这种系统中，反光镜和棱镜的独到设计使得摄影者可以从取景器中直接观察到通过镜头的影像。因此，可以准确地看见胶片即将"看见"的相同影像。数码单反相机就是使用了单反新技术的数码相机。作为专业级的数码相机，用其拍摄出来的照片，无论是在清晰度还是在照片质量上都是一般相机不可比拟的。

全画幅数码单反相机是指相机的感光芯片的大小是和传统 135 胶片相机的感光面积相同，都是 24mm×36mm，所以叫全幅。因为制造成本的原因，入门型和中低档的单反相机的感光芯片都是采用比 135 胶片面积小的芯片，统称非全画幅，如 APS-C 画幅的感光芯片尺寸为 23.6mm×15.8mm。因此在拍摄时，如果不是使用专用的数码镜头，焦距就会存在变化倍率，这就是原来传统胶片套机配的是 28～80mm，而现在数码入门套机配的是 17～55mm 的原因。全画幅相机因为感光芯片的面积大，成像质量也要好些，因此如果已有一款全画幅相机，那自然是替代方案中的最佳选择。

2）数码单反相机镜头

单反数码相机的一个很大的特点就是可以更换不同规格的镜头，这是单反相机天生的优点，是普通数码相机不能比拟的。摄影镜头的类型很多，很难按某一特征来进行比较科学的严格分类。一般来说，只能粗略地分为定焦距镜头和变焦距镜头两大类。

（1）定焦距摄影镜头。定焦距摄影镜头俗称定焦头，它是焦距恒定不变的摄影镜头。定焦距镜头拥有一个庞大的家族，其焦距从几毫米的鱼眼头到 2000mm 的望远头；从普通摄影镜头到特殊摄影镜头可以说应有尽有。

根据焦距的长短，可将定焦距镜头分为以下几种类型：

① 广角镜头。一般低于 35mm 的镜头为广角镜头，低于 28mm 的为超广角镜头。广角镜头视角广，纵深感强，景物会有变形，比较适合拍摄较大场景的照片，如建筑、集会等。

② 中焦镜头。一般在 36～134mm 的镜头为中焦镜头。中焦镜头比较接近人正常的视角和透视感，景物变形小，适合拍摄人像、风景照等。

③ 长焦镜头。一般高于 135mm 以上的镜头为长焦镜头，也被称为远摄镜。其中，大于 300mm 以上的为超长焦镜头。长焦镜头视角小，透视感弱，景物变形小，适合拍摄无法接近的事物，如野生动物、舞台等，也可以利用长焦镜头虚化背景的作用拍摄人像。

（2）变焦距摄影镜头。可变焦距摄影镜头是指它能在规定的范围内任意调整镜头本身的焦距，使它从广角到中焦到长焦之间随意调整。变焦镜头因其焦段变化，分类不能一概而论。假设其焦段在广角、中焦、长焦的一段或者两段间变化，也可以称为广角变焦镜头、中长变焦镜头等。

（3）其他特殊镜头。此外还有一些特殊镜头，如微距镜头、柔焦镜头、调整透视镜头等。其中，微距摄影镜头是以专门拍摄微小被摄物或翻拍小画面图片为目的的摄影镜头，这种镜头的分辨率相当高，畸变像差极小，且反差较高，色彩还原佳。微距摄影镜头在近摄时具有很不错的解像力，可在整个对焦范围内保持成像质量不发生太大的变化。

根据被测目标的尺寸或者拍摄的需求不同，可以有不同的镜头选择方案。定焦镜头制造工艺相对变焦镜头简单，技术更为成熟，光学性能和成像质量更佳。但变焦镜头普适性好，虽然光学性能较定焦镜头稍差，但只要变焦倍数不大于 3 倍，成像效果也是完全可以接受的。而物距镜头是拍摄小目标的最佳选择。

3）其他部件

若是只需要白色光源，可以采用普通的节能灯来替代工业光源。由于图像系统使用人工光源，光照条件足够充分，所以对于快门速度、镜头光圈、ISO 值等参数的要求不是特别高。可通过试验获得一个满意的曝光参数配合，为了获得高质量图像，参数设置的大体原则是设置较小的 ISO 值使噪点比较少，使用较小的光圈使景深比较大，在前面两个参数确定的情况下，可使用相机光圈优先模式让相机自动选择合适的快门速度，从而获得一张清晰的曝光正确的照片。

工业领域的图像系统中，数据传输一般使用 USB 2.0、1394 和千兆以太网 3 种数据接口。而单反相机有配套的数据线，在对数据量和实时性要求不高的情况下，可以用配套数据线作为替代。

此外，生产图像处理设备的厂商一般在卖设备的同时也会卖相应设备的控制软件，这进一步提高了整个系统的费用。如单反相机都有相应的开发包，程序开发人员可以利用开发包中提供的函数编写控制软件，使操作者可以直接在计算机上控制单反相机的操作，如设置曝光参数、选择对焦点、按快门等，这样可以避免由于手动操作相机带来的位置偏差；通过软件操作也可以实现把拍摄到的照片直接传到计算机中，并且进行图像的后期处理和最终应用。

11.1.3　工业镜头的选择

1. 镜头主要参数

（1）焦距。焦距是从镜头的中心点到胶平面上所形成的清晰影像之间的距离。焦距的大小决定着视角的大小，焦距值小视角大，所观察的范围也大；焦距值大视角小，观察范围小。根据焦距能否调节，可分为定焦镜头和变焦镜头两大类。

（2）光圈。用 F 表示，以镜头焦距 f 和通光孔径 D 的比值来衡量。每个镜头上都标有最大 F 值，如 8mm/F1.4 代表最大孔径为 5.7mm。F 值越小光圈越大，F 值越大光圈越小。

（3）对应最大 CCD 尺寸。镜头成像直径可覆盖的最大 CCD 芯片尺寸。尺寸有 $1/2''$、$2/3''$、$1''$ 和 $1''$ 以上。

（4）接口。镜头与相机的连接方式。常用的包括 C、CS、F、V、T2、Leica、M42x1、M75x0.75 等。

（5）景深。景深是指在被摄物体聚焦清楚后，在物体前后一定距离内，其影像仍然清晰的范围。景深随镜头的光圈值、焦距、拍摄距离而变化。光圈越大景深越小，光圈越小景深越大；焦距越长景深越小，焦距越短景深越大；距离拍摄体越近景深越小，距离拍摄体越远景深越大。

（6）分辨率。分辨率代表镜头记录物体细节的能力，以每毫米里面能够分辨黑白线对的数量为计量单位（线对/毫米（lp/mm））。分辨率越高的镜头成像越清晰。

（7）工作距离。镜头的第一个工作面到被测物体的距离。

（8）视野范围。相机实际拍到的尺寸。

（9）光学放大倍数。CCD/FOV，即芯片尺寸除以视野范围。

2. 镜头的选择

（1）选择镜头接口和最大 CCD 尺寸。镜头接口只要可跟相机接口匹配安装或通过外加转换口匹配安装就可以了；镜头可支持的最大 CCD 尺寸应不小于选配相机 CCD 芯片尺寸。

（2）选择镜头焦距。如图 11-1 所示，在已知相机 CCD 尺寸（w：宽；h：高）、工作距离（L）和视野（W：宽；H：高）的情况下，可以用式（11-1）计算出所需镜头的焦距（f）。

$$f = w \times L/W \quad \text{或} \quad f = h \times L/H \tag{11-1}$$

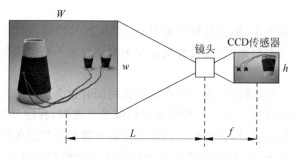

图 11-1   视野和焦距的示意图

例如，假设用 $1/2''$ CCD 摄像头观测，被测物体宽 440mm，高 330mm，镜头焦点距物体 2500mm。由式（11-1）可以算出

$$f = 6.4 \times 2500/440 \approx 36\text{mm} \quad \text{或} \quad f = 4.8 \times 2500/330 \approx 36\text{mm}$$

（3）选择镜头光圈。镜头的光圈大小决定图像的亮度，在拍摄高速运动物体、曝光时间很短的应用中，应该选用大光圈镜头，以提高图像亮度。但要注意的是光圈变大会减小景深。

（4）选择远心镜头。远心镜头是为了纠正传统镜头的视差而特殊设计的镜头，它可以在一定的物距范围内，使得到的图像放大倍率不会随物距的变化而变化。这对被测物不在同一物面上的情况是非常重要的应用。此外，远心镜头与普通镜头相比，还具有低畸变、高景深、高分辨率等特性。远心镜头由于其特有的平行光路设计，一直为对镜头畸变要求很高的机器视觉应用场合所青睐，广泛应用于半导体、机械零部件、科研、激光测径、印钞等相关行业，主要完成精密测量、定位等工作任务。

11.1.4   图像系统实验平台案例

假设待测目标的大小不超过 A3 幅面，即 290mm×420mm，精度要求是 0.1mm。那么相机的分辨率应该为 2900×4200 像素，即照片大约是 1200 万像素，这对于现在的数字单反相机及配套镜头而言都能满足。当然，单反相机本身也是比较昂贵的，但是它的家庭普及率正逐步提高，借用家用的单反相机成为自制系统的一部分是一个可以考虑的方案。为了获得更高的图像质量，可以考虑选用全幅相机。

由于镜头视角越大，被测目标的透视效果会越强，因此考虑把镜头离被测目标尽量远一些，比如设置距离为 1m（照片会有一定的畸变）。由于全幅相机的 CMOS 高度为 24mm，A3 纸高度为 290mm（考虑留边，为 300mm），那么可以测算使用的镜头焦距为 $f = 24 \times 1000/300 = 80$mm，即可以选用焦距为 80mm 左右的定焦镜头或焦距跨越 80mm 的变焦镜头。虽然定焦镜的成像精度更高，但变焦镜可以根据被测目标的大小进行调节，使被测目标总能充满整幅照片,若从通用性方面考虑可采用变焦倍数不大于 3 倍的变焦镜。图 11-2 给出了自行设计的一个图像处理系统平台示意图,该平台已应用于某公司产品缺陷检测中。

如图 11-2 所示,选定一个固定平面作为操作平台,在平台上自制一个高 1m 的四棱台框架,框架的锥角不能小于镜头的视角,即相机应该拍摄不到框架。框架的外侧四周封上 4 块不透光面板构成遮光罩,用于隔绝外部环境光线对被测目标的干扰。遮光罩顶部用坚固的板材封闭,但需切开一个圆孔,孔径大小以能容纳镜头为准。遮光罩的一侧面板可以打开或在底部安装一个抽屉,便于放置被测目标。在框架的内侧安装 4 块磨砂玻璃,也构成一个上端开孔的四棱台柔光罩,只是这个柔光罩的体积比遮光罩略小。它的作用是柔化灯光,使被测目标上的光照均匀。

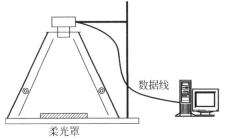

图 11-2　自制实验平台示意图

实验平台的光源是 4 根普通的 20W 节能灯管,灯管被安装在遮光罩和磨砂玻璃罩之间,灯管的高度最好能调节,但必须保证 4 根灯管的安装高度相同。由于灯管夹在遮光罩和磨砂玻璃罩之间,因此被测目标上的光线将全部来自人工光源,不会受到环境光的影响,保证了拍摄光照环境的稳定性。

相机可安装在支架的横臂上或直接固定在遮光罩的上端平台上,镜头朝下由平台圆孔塞入,对准被测目标。若使用变焦镜头的话,需要适当提升镜头高度,使变焦环置于圆孔之外便于操作。通过配套的数据线可将相机与计算机相连,用于控制相机并且传送拍摄数据。

需要注意的是,在高精度的图像测量系统中,为确定空间物体表面某点的三维几何位置与其在图像中对应点之间的相互关系,必须建立相机成像的几何模型,这些几何模型参数就是相机参数。在大多数条件下这些参数必须通过实验与计算才能得到,这个求解参数的过程称为相机标定(或摄像机标定)。在图像系统中,相机参数的标定是非常关键的环节,其标定结果的精度及算法的稳定性直接影响相机工作产生结果的准确性。通过定期的标定可以矫正和补偿由于镜头畸变和 CCD 安装误差等因素所带来的系统失真,提高系统的精度等级和可靠性。在标定过程中,高刻画精度的定标模板和与之相匹配的标定算法是保证标定精度的必要条件。由于高精度标定板的价格很贵,因此在要求不高的场合也可以考虑自制标定板。比如可以选用比 A3 幅面略大的硬质面板材料,在上面绘制黑白棋盘格。

在满足拍摄幅面的情况下,固定好相机高度及镜头焦距,即确定了某种拍摄模式。把标定板放在被测目标相同的位置上进行拍摄,得到的标定板照片不可避免地产生畸变。通过一些相机标定的算法(如张正友标定算法)计算出校正畸变图像所需的参数,就能确定当前拍摄模式下的畸变模型。当再使用相同的拍摄模式对实际的被测目标进行拍摄时,得到的照片通过相同的畸变模型就能还原出无畸变的图像。即以标准的棋盘格的畸变情况为参照反向修正被测目标的照片,当然在拍摄模式变化的情况下需要重新计算畸变模型。

至此,一个简易的图像系统实验平台就构建完成了。它借用家用的单反相机及镜头,选用廉价的材料搭建遮光罩和柔光罩,并用普通的节能灯替代专业光源,通过单反相机的开发库编写控制软件,通过单反相机的配套数据线传递控制信号和照片数据。这样平台价格低廉,性能接近专业设备,且通用性强,适合教学科研及小型企业使用。

11.2 基于 OpenCV 的棋盘格摄像机标定

本节将以 OpenCV 作为开发环境，在介绍其基本功能及使用方法的基础上，设计并实现摄像机标定。

11.2.1 OpenCV 简介

OpenCV 于 1999 年由 Intel 公司建立，如今由 Willow Garage 公司提供支持。OpenCV 是一个开源的跨平台计算机视觉库，可以运行在 Linux、Windows 和 Mac OS 操作系统上。它轻量级而且高效，由一系列 C 函数和少量 C++ 类构成，同时提供了 Python、Ruby、MATLAB 等语言的接口，实现了图像处理和计算机视觉方面的很多通用算法。OpenCV 拥有 300 多个 C 函数的跨平台的中、高层 API。它不依赖于其他的外部库——尽管也可以使用某些外部库。OpenCV 对非商业应用和商业应用都是免费的。

1. OpenCV 的功能及核心模块

（1）OpenCV 主要功能。

① 图像数据操作（内存分配与释放，图像复制、设定和转换）。

② 图像/视频的输入/输出（支持文件或摄像头的输入，图像/视频文件的输出）。

③ 矩阵/矢量数据操作及线性代数运算（矩阵乘积、矩阵方程求解、特征值、奇异值分解）。

④ 支持多种动态数据结构（链表、队列、数据集、树、图）。

⑤ 基本图像处理（去噪、边缘检测、角点检测、采样与插值、色彩变换、形态学处理、直方图、图像金字塔结构）。

⑥ 结构分析（连通域/分支、轮廓处理、距离转换、图像矩、模板匹配、霍夫变换、多项式逼近、曲线拟合、椭圆拟合、狄劳尼三角化）。

⑦ 摄像头定标（寻找和跟踪定标模式、参数定标、基本矩阵估计、单位矩阵估计、立体视觉匹配）。

⑧ 运动分析（光流、动作分割、目标跟踪）。

⑨ 目标识别（特征方法、HMM 模型）。

⑩ 基本的 GUI（显示图像/视频、键盘/鼠标操作、滑动条）。

⑪ 图像标注（直线、曲线、多边形、文本标注）。

（2）OpenCV 核心模块。

① Core。核心函数模块，定义了基本数据结构和算法以及一些其他的模块。

② Imgproc。图像处理函数模块，该模块包括了图像滤波、图像几何变换、色彩空间转换、直方图处理等。

③ Video。运动分析和目标跟踪模块，该模块包括光流计算、运动模板训练、背景分离。

④ calib3d。基本的多视角几何算法，单个立体摄像头标定，物体姿态估计，立体相似性算法，3D 信息的重建。

⑤ features2d。2D 特征检测，描述，特征匹配，包括 SURF、FAST 算子等。

⑥ objdetect。物体检测和预定义好的分类器实例（比如人脸、眼睛、面部、人、车辆等）。

⑦ highgui。视频捕捉、图像和视频的编码与解码、图形交互界面的接口。

⑧ gpu。利用 GPU 对 OpenCV 模块进行加速算法。

⑨ ml。机器学习模块(SVM、决策树、Boosting 等)。

2. VC 6.0 下 OpenCV 配置

OpenCV 的发布版本可以从互联网免费下载得到。软件下载地址为：http://sourceforge. net/projects/opencvlibrary,中文官方网站：www. opencv. org. cn。

在 VC 6.0 下配置 OpenCV 时,运行解压程序,按照图 11-3 所示的主界面并根据提示操作。

图 11-3　OpenCV 安装程序主界面

安装完成后,检查 C:\Program Files\OpenCV\bin 是否已经被加入到环境变量 PATH,如果没有,右击我的电脑,在弹出的快捷菜单中选择"属性"→"高级"→"环境变量"命令,如图 11-4 所示。

图 11-4　加入到环境变量

添加完环境变量后打开 VC 6.0。

1）全局设置

执行菜单 Tools→Options 命令，在 Directories 列表框中先设置 lib 路径，选择 Library files 选项，如图 11-5 所示，在下方填入路径：

C:\Program Files\OpenCV\lib

然后选择 include files，在下方填入路径：

C:\Program Files\OpenCV\cxcore\include
C:\Program Files\OpenCV\cv\include
C:\Program Files\OpenCV\cvaux\include
C:\Program Files\OpenCV\ml\include
C:\Program Files\OpenCV\otherlibs\highgui
C:\Program Files\OpenCV\otherlibs\cvcam\include

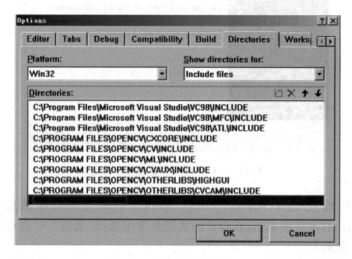

图 11-5　VC 6.0 Directories 列表框中添加 OpenCV 的 include 路径

选择 source files，在下方填入路径：

C:\Program Files\OpenCV\cv\src
C:\Program Files\OpenCV\cxcore\src
C:\Program Files\OpenCV\cvaux\src
C:\Program Files\OpenCV\otherlibs\highgui
C:\Program Files\OpenCV\otherlibs\cvcam\src\windows

点击 OK 按钮，完成设置。

2）项目设置

每创建一个将要使用 OpenCV 的 VC Project，都需要给它指定需要的 lib。执行菜单中 Project→Settings 命令，将 Setting For 选为 Win32 Debug，然后选择右边的 Link 选项卡，如图 11-6 所示，在 Object/library modules 输入框中附加上：

cxcore.lib
cv.lib ml.lib
cvaux.lib

highgui.lib
cvcam.lib

如果不需要这么多 lib，可以只添加需要的 lib。

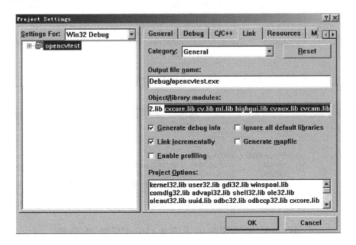

图 11-6　VC 6.0 Link 选项卡下添加 OpenCV 的 lib 文件

至此，VC 6.0 下的 OpenCV 配置完成。

3. VS 2010 下 OpenCV 配置

安装完 OpenCV 后，在用户变量处，新建 PATH 和 OPENCV 两项，如图 11-7 所示。

PATH: D:\OpenCV2.3\build\x86\vc10\bin
OPENCV: D:\OpenCV2.3\build

图 11-7　添加环境变量 OpenCV 和 Path

配置完环境变量后，打开 VS 2010，新建一个"Win32 控制台程序"，"空项目"即可：

（1）在"视图"中打开"属性管理器"。

（2）在"属性管理器"中双击 Demo 的项目名称。

（3）在"Demo 属性页"→"VC++目录"→"包含目录"中追加下面内容：D:\OpenCV2.3\build\include；D:\OpenCV2.3\build\include\opencv；D:\OpenCV2.3\build\include\opencv2，如图 11-8 所示。

在"Demo 属性页"→"VC++目录"→"库目录"中追加下面内容：D:\OpenCV2.3\build\x86\vc10\lib，如图 11-9 所示。

图 11-8　在 VS 2010 下添加 OpenCV 的 include 路径

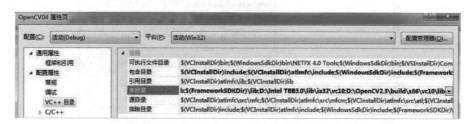

图 11-9　在 VS 2010 下添加 OpenCV 的 lib 路径

在"Demo 属性页"（"配置"＝＝"Debug"）→"配置属性"→"链接器"→"输入"→"附加依赖项"中追加下面内容：opencv_core230d.lib；opencv_highgui230d.lib；opencv_video230d.lib；opencv_ml230d.lib；opencv_legacy230d.lib；opencv_imgproc230d.lib，如图 11-10 所示。

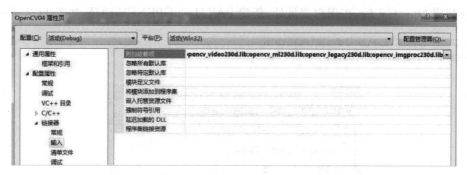

图 11-10　在 VS 2010 的 Debug 标签下添加 OpenCV 的 lib 文件

在"Demo 属性页"（"配置"＝＝"Release"）→"配置属性"→"链接器"→"输入"→"附加依赖项"中追加下面内容：opencv_core230.lib；opencv_highgui230.lib；opencv_video230.lib；opencv_ml230.lib；opencv_legacy230.lib；opencv_imgproc230.lib，如图 11-11 所示。

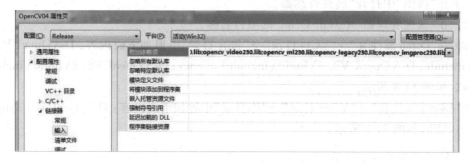

图 11-11　在 VS 2010 的 Release 标签下添加 OpenCV 的 lib 文件

配置完成后,新建 Demo 程序写入以下测试代码,如果能成功编译,则说明配置成功。

```cpp
# include "highgui.h"
int main()
{
    const char * imagename = "D:/Demo.jpg";        //随便放一张 jpg 图片在 D 盘或另行设置目录
    cv::Mat img = cv::imread(imagename);
    if(img.empty())return - 1;                      //是否加载成功
    if(!img.data)return - 1;
    cv::namedWindow("image",CV_WINDOW_AUTOSIZE);
    cv::imshow("image",img);
    cv::waitKey();
    return 0;
}
```

4. 基于 OpenCV 的简单图像处理程序举例

例 11-2 从文件中读取一幅图像并在屏幕上显示。

```cpp
# include "highgui.h"
int main(int argc,char * * argv)
{
    if(argc < 2)
    {
        exit(1);
    }
        //读入一张图片
    IplImage * image = cvLoadImage(argv[1]);
    if(NULL == image)//如果读入失败,退出程序
    {
    exit(1);
    }
        //创建一个窗口,标题为 Example
    cvNamedWindow("Example",CV_WINDOW_AUTOSIZE);
        //在窗口 Example 中显示图片 image
    cvShowImage("Example",image);
        //暂停程序,等待用户触发一个按键
    cvWaitKey(0);
        //释放图像所分配的内存
    cvReleaseImage(&image);
    //销毁窗口
    cvDestroyWindow("Example");
    return 0;
}
```

函数说明:

(1) IplImage * image = cvLoadImage(argv[1]);

该函数声明了一个 IplImage 图像的指针,然后根据图像名称的字符串 argv[1],将该幅图像加载到内存。

(2) cvNamedWindow("Example",CV_WINDOW_AUTOSIZE);

该函数创建一个窗口,用"Example"标识,也是窗口标题栏上显示的名称,第二个参数定义了窗口的属性。该参数可以省略,默认是 1,宏定义为 CV_WINDOW_AUTOSIZE,自

动根据图像的大小调整窗口大小,2.0目前只支持一个值。

（3）cvShowImage("Example",image);

该函数作用是在窗口"Example"中显示读入的 image 这幅图像。第一个参数是 const char * name 型,表示窗口的名称,第二个参数是 const CvArr * image 型,它的作用是作为一个函数参数,指定了一个函数可以接受多种类型的参数,比如 IplImage,还有矩阵结构体 CvMat,或者点序列 CvSeq。

（4）cvWaitKey(0);

该函数的功能是使程序暂停,当参数是0或负数时,只有当用户触发一个按键时,程序才继续向下运行,当参数是正整数时,表示暂停一段时间,单位是毫秒。函数返回值是一个 int,是用户按键的 ASCII 码的整数值。

（5）cvReleaseImage(&image);

该函数的作用是释放图像所占的内存。

（6）cvDestroyWindow("Example");

该函数的作用是释放为窗口所分配的所有内存,包括窗口内部的图像内存缓冲区,该缓冲区中保存了与图像指针相关的图像文件像素信息的一个副本。

例 11-3 从一个文件中读取图像,将色彩值颠倒,并显示结果。

```
# include < stdlib. h >
# include < stdio. h >
# include < math. h >
# include < cv. h >
# include < highgui. h >
int main( int argc, char * argv[ ])
{
    IplImage * img = 0;
    int height, width, step, channels; uchar * data; int i, j, k;
    if(argc < 2)
    {
        printf("Usage:main < image - file - name >\n\7");
        exit(0);
    }
//载入图像
    img = cvLoadImage(argv[1]);
    if(!img)
    {
        printf("Could not load image file: % s\n", argv[1]);
        exit(0);
    }
//获取图像数据
    height   = img - > height;
    width    = img - > width;
    step     = img - > widthStep;
    channels = img - > nChannels;
    data     = (uchar * )img - > imageData;
    printf("Processing a % dx % d image with % d channels\n", height, width, channels);
//创建窗口
    cvNamedWindow("mainWin", CV_WINDOW_AUTOSIZE);
    cvMoveWindow("mainWin", 100, 100);
```

```
//反色图像
    for(i = 0;i < height;i++)
    for(j = 0;j < width;j++)
        for(k = 0;k < channels;k++)
            data[i * step + j * channels + k] = 255 - data[i * step + j * channels + k];
//显示图像
    cvShowImage("mainWin",img);
//wait for a key
    cvWaitKey(0);
//release the image
    cvReleaseImage(&img);
    return0;
}
```

例 11-4 用 Canny 算子计算图像边缘。

```
# include "StdAfx.h"
# include "cv.h"
# include "cxcore.h"
# include "highgui.h"
int main(int argc,char * * argv)
{
    //声明 IplImage 指针
    IplImage * img = NULL;
    IplImage * cannyImg = NULL;
    char * filename;
    filename = "lena.png";
    img = cvLoadImage(filename,1);
    //载入图像,强制转化为 Gray
    if((img = cvLoadImage(filename,0)) != 0)
    {
        //为 Canny 边缘图像申请空间
        cannyImg = cvCreateImage(cvGetSize(img),IPL_DEPTH_8U,1);
        //Canny 边缘检测
        cvCanny(img,cannyImg,50,150,3);
        //创建窗口
        cvNamedWindow("src",1);
        cvNamedWindow("canny",1);
        //显示图像
        cvShowImage("src",img);
        cvShowImage("canny",cannyImg);
        cvWaitKey(0); //等待按键
        //销毁窗口
        cvDestroyWindow("src");
        cvDestroyWindow("canny");
        //释放图像
        cvReleaseImage(&img);
        cvReleaseImage(&cannyImg);
        return 0;
    }
    return - 1;
}
```

说明：

void cvCanny(const CvArr * image,CvArr * edges,double threshold1,double threshold2,int aperture_size=3);

该函数采用 Canny 算法发现输入图像的边缘而且在输出图像中标识这些边缘。threshold1 和 threshold2 中的小的阈值用来控制边缘连接，大的阈值用来控制强边缘的初始分割。

参数说明：

image：单通道输入图像。

edges：存储边缘的输出图像。

threshold1 和 threshold2：两个阈值分别为高阈值和低阈值，所有灰度大于高阈值的像素都肯定是边缘像素，而灰度大于低阈值的像素则要看它们是否与大于高阈值的像素结合在一起（邻接），如果相邻则也认为是边缘像素。这个方法可减弱噪声在最终边缘图像中的影响。

aperture_size：Sobel 算子内核大小，确定 Sobel 模板的大小，必须是 1、3、5 或 7。除了尺寸为 1，其他情况下，模板大小均为 aperture_size × aperture_size 用来计算差分。对 aperture_size=1 的情况，使用 3×1 或 1×3 内核（不进行高斯平滑操作）。

例 11-5 角点检测。

```c
# include < stdio. h>
# include "cv. h"
# include "highgui. h"
# define MAX_CORNERS 100
int main(void)
{
    int cornersCount = MAX_CORNERS;            //得到的角点数目
    CvPoint2D32f corners[MAX_CORNERS];         //输出角点集合
    IplImage * srcImage = 0, * grayImage = 0, * corners1 = 0, * corners2 = 0;
    int i;
    CvScalar color = CV_RGB(255,0,0);
    char * filename = "pic3.png";
    cvNamedWindow("image",1);
    //Load the image to be processed
    srcImage = cvLoadImage(filename,1);
    grayImage = cvCreateImage(cvGetSize(srcImage),IPL_DEPTH_8U,1);
    //copy the source image to copy image after converting the format
    //复制并转换为灰度图像
    cvCvtColor(srcImage,grayImage,CV_BGR2GRAY);
    //create empty images os same size as the copied images
    //两幅临时 32 位浮点图像,cvGoodFeaturesToTrack 会用到
    corners1 = cvCreateImage(cvGetSize(srcImage),IPL_DEPTH_32F,1);
    corners2 = cvCreateImage(cvGetSize(srcImage),IPL_DEPTH_32F,1);
    cvGoodFeaturesToTrack(grayImage,corners1,corners2,corners,&cornersCount,0.05,30,0,3,
    0,0.4);
    printf("num corners found: % d/n",cornersCount);
    //开始画出每个点
    if (cornersCount > 0)
    {
        for (i = 0;i < cornersCount;i++)
        {
```

```
            cvCircle(srcImage,cvPoint((int)(corners[i].x),(int)(corners[i].y)),2,color,2,
            CV_AA,0);
        }
    }
    cvShowImage("image",srcImage);
    cvSaveImage("imagedst.png",srcImage);
    cvReleaseImage(&srcImage);
    cvReleaseImage(&grayImage);
    cvReleaseImage(&corners1);
    cvReleaseImage(&corners2);
    cvWaitKey(0);
    return 0;
}
```

说明：

void cvGoodFeaturesToTrack（const CvArr * image, CvArr * eig_image, CvArr * temp_image, CvPoint2D32f * corners, int * corner_count, double quality_level, double min_distance, const CvArr * mask=NULL）；

函数 cvGoodFeaturesToTrack 在图像中寻找具有大特征值的角点。该函数首先用 cvCornerMinEigenVal 计算输入图像的每一个像素点的最小特征值，并将结果存储到变量 eig_image 中。然后进行非最大值抑制（仅保留 3×3 邻域中的局部最大值）。接着将最小特征值小于 quality_level max(eig_image(x,y)) 排除掉。最后，函数确保所有发现的角点之间具有足够的距离（最强的角点第一个保留，然后检查新的角点与已有角点之间的距离大于 min_distance）。

参数说明：

image：输入图像，8 位或浮点 32bit，单通道。

eig_image：临时浮点 32 位图像，尺寸与输入图像一致。

temp_image：另外一个临时图像，格式与尺寸与 eig_image 一致。

corners：输出参数，检测到的角点。

corner_count：输出参数，检测到的角点数目。

quality_level：最大最小特征值的乘法因子。定义可接受图像角点的最小质量因子，是角点特征值的阈值，用于区分噪声点和角点。

min_distance：限制因子。得到的角点的最小距离，使用 Euclidian 距离。控制角点与角点之间的距离，距离小于这个参数，则被归为一个角点。

mask：ROI 感兴趣区域。函数在 ROI 中计算角点，如果 mask 为 NULL，则选择整个图像。

例 11-6 图像的膨胀腐蚀。

```
# include < opencv2/core/core.hpp >
# include < opencv2/highgui/highgui.hpp >
# include < opencv2/imgproc/imgproc.hpp >
using namespace cv;
int main(void)
{
    IplImage * img, * erode, * dilate;
    img = cvLoadImage("C:\\Users\\arbin\\Desktop\\fusion\\img2.png",0);
    erode = cvCreateImage(cvGetSize(img),img -> depth,1);
```

```
    dilate = cvCreateImage(cvGetSize(img), img - > depth, 1);
    cvErode(img, erode, NULL);
    cvDilate(img, erode, NULL);
    cvNamedWindow("erode");
    cvNameWindow("dilate");
    cvShowImage("erode", erode);
    cvShowImage("dilate", dilate);
    cvWaitKey(0);
        cvDestroyWindow("erode");
    cvDestroyWindow("dilate");
    cvReleaseImage(&img);
    cvReleaseImage(&erode);
    cvReleaseImage(&dilate);
    return 0;
}
```

该程序函数及参数说明如下：

（1）void cvErode(const CvArr * src, CvArr * dst, IplConvKernel * element = NULL, int iterations = 1)；

该函数 cvErode 对输入图像使用指定的结构元素进行腐蚀，该结构决定每个具有最小值像素点的邻域形状。

函数支持 in-place 模式。腐蚀可以重复进行 iterations 次，对彩色图像，每个彩色通道单独处理。

src：输入图像。

dst：输出图像。

element：用于腐蚀的结构元素。若为 NULL，则使用 3×3 长方形的结构元素。

iterations：腐蚀的次数。

（2）void cvDilate(const CvArr * src, CvArr * dst, IplConvKernel * element = NULL, int iterations = 1)；

该函数对输入图像使用指定的结构元素进行膨胀，该结构决定每个具有最小值像素点的邻域形状。

src：输入图像。

dst：输出图像。

element：用于膨胀的结构元素。若为 NULL，则使用 3×3 长方形的结构元素。

iterations：膨胀的次数。

11.2.2　棋盘格摄像机标定

当使用普通低成本摄像机来配置测量用的图像系统时，为了保证测量精度，物体的三维空间坐标系与图像坐标系之间的变换关系不能简单地用线性映射变换来建模。尤其当需要采用广角镜头以获取尽可能大范围场景的图像信息时，必须对畸变图像进行校正。

造成图像畸变的原因是成像系统不能使图像与实际景物在全视场范围内严格满足针孔成像模型（或中心投影关系），使中心投影射线发生弯曲造成的。畸变可分为径向畸变和切向畸变两种。径向畸变主要是由于组成摄像机光学系统的透镜组不完善造成的，是由目标点偏离光轴而引起的畸变。由于透镜系统的远光轴区域的放大率与光轴附近的放大率不同,使得图像中的点向内(远光轴区域的放大率比光轴附近的大)或向外(远光轴区域的放大率比光轴附近的小)偏离光轴中心,这种偏离是关于圆对称的。如图 11-12 所示,d_r 为径向畸变。在垂直于以像主点为中心的辐射线的垂线上的畸变,如图 11-12 所示,d_t 为切向畸变。如能预先知道畸变模型,则进行几何校正后就可应用针孔摄像机模型来进行计算。然而制造商一般不提供镜头的畸变模型,并且批量生产中不可避免地导致同一规格型号镜头的畸变参数一般也不相同。这就需要用简便的方法来获取镜头畸变参数。

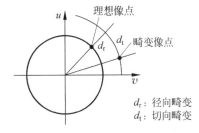

图 11-12　摄像机像点的径向与切向畸变示意图

在普通光学镜头(非广角镜头)中径向畸变起主要作用,因为切向畸变影响较小,校正的主要目标是径向误差。

已有的径向畸变标定方法大致可分为三类。第一类使用标定模板,根据模板上特征点的图像位置与其理想位置的偏差或对应来求畸变参数;如果已知特征点空间坐标及若干摄像机运动,则可同时求出摄像机内外参数。第二类不用标定模板,其基于映射变换将直线映射为曲线的性质,迭代求取将图像中应是直线的曲线映射回直线的变换。第三类是盲校正方法,它不需要模板,也不必知道景物知识,其原理是镜头畸变在频域中引入了高阶相关性,这种相关性可利用多谱分析来检测,畸变量通过使相关性最小而得到。由于没有利用空间点与图像点的对应关系,所以一般来说后两类方法不像第一类方法适用于图像测量。一般来说,当应用场合所要求的精度很高且摄像机的参数不经常变化时,第一类标定方法为首选。根据标定物的不同,可以将第一类标定方法分为两类:①基于三维立体靶标的摄像机标定;②基于二维平面靶标的摄像机标定。一般来讲,三维立体靶标的制作成本较高,且加工精度受到一定的限制。工业应用上常常用更为方便的二维平面靶标标定方法。本节着重介绍基于棋盘格的二维平面靶标标定方法及其 OpenCV 实现。为此,首先介绍相机模型及用于摄像机标定的主要函数。

1. 针孔相机模型和变形

一幅视图是通过透视变换将三维空间中的点投影到图像平面。投影公式为

$$s \cdot m' = A \cdot [R \mid t] \cdot M' \tag{11-2}$$

或者

$$s \cdot \begin{bmatrix} u \\ v \\ 1 \end{bmatrix} = \begin{bmatrix} fx & 0 & cx \\ 0 & fy & cy \\ 0 & 0 & 1 \end{bmatrix} \cdot \begin{bmatrix} r_{11} & r_{12} & r_{13} & t_1 \\ r_{21} & r_{22} & r_{23} & t_2 \\ t_{31} & r_{32} & r_{33} & t_3 \end{bmatrix} \cdot \begin{bmatrix} X \\ Y \\ Z \\ 1 \end{bmatrix} \tag{11-3}$$

式中,(X,Y,Z) 为世界坐标;(u,v) 为点投影在图像平面的坐标,以像素为单位;A 为内参数矩阵;(cx,cy) 为基准点(通常在图像的中心);(fx,fy) 为以像素为单位的焦距。内参数矩阵不依赖场景的视图,一旦计算出,可以被重复使用(只要焦距固定)。旋转—平移矩阵 $[R \mid t]$ 被称为外参数矩阵,将点 (X,Y,Z) 的坐标变换到某个坐标系,这个坐标系相对于摄像机来说是固定不变的。上面的变换等价于下面的形式($Z \neq 0$),即

$$\begin{bmatrix} x \\ y \\ z \end{bmatrix} = \boldsymbol{R} \cdot \begin{bmatrix} X \\ Y \\ Z \end{bmatrix} + t \tag{11-4}$$

$$\begin{cases} x' = x/z \\ y' = y/z \\ u = fx \cdot x' + cx \\ v = fy \cdot y' + cy \end{cases} \tag{11-5}$$

真正的镜头通常有一些形变，主要的形变为径向形变，也会有轻微的切向形变。所以上面的模型可以扩展为

$$\begin{bmatrix} x \\ y \\ z \end{bmatrix} = \boldsymbol{R} \cdot \begin{bmatrix} X \\ Y \\ Z \end{bmatrix} + t \tag{11-6}$$

$$\begin{cases} x' = x/z \\ y' = y/z \\ x'' = x' \cdot (1 + k_1 \cdot r^2 + k_2 \cdot r^4) + 2 \cdot p_1 \cdot x' \cdot y' + p_2 \cdot (r_2 + 2x'^2) \\ y'' = y' \cdot (1 + k_1 \cdot r^2 + k_2 \cdot r^4) + p_1 \cdot (r_2 + 2 \cdot y'^2) + 2 \cdot p_2 \cdot x' \cdot y' \end{cases} \tag{11-7}$$

其中

$$r^2 = x'^2 + y'^2$$
$$u = fx \cdot x'' + cx$$
$$v = fy \cdot y'' + cy$$

式中，k_1 和 k_2 为径向形变系数；p_1 和 p_2 为切向形变系数。OpenCV 中没有考虑高阶系数。形变系数与拍摄的场景无关，因此它们是内参数，而且与拍摄图像的分辨率无关。后面的函数使用上面提到的模型来做以下事情：

给定内参数和外参数，投影三维点到图像平面。

给定内参数、几个三维点坐标及其对应的图像坐标，来计算外参数。

根据已知的定标模式，从几个角度（每个角度都有几个对应好的三维-二维点对）的照片来计算相机的外参数和内参数。

2. 摄像机标定的主要函数接口

1) ProjectPoints2

功能：投影三维点到图像平面上。

格式：

```
void cvProjectPoints2(
const cvMat * object_points, const cvMat * rotation_vector,
const cvMat * translation_vector, const cvMat * intrinsic_matrix,
const cvMat * distortion_coeffs, cvMat * image_points,
cvMat * dpdrot = NULL, cvMat * dpdt = NULL, cvMat * dpdf = NULL,
cvMat * dpdc = NULL, cvMat * dpddist = NULL);
```

参数说明：

object_points：物体点的坐标，为 $3 \times N$ 或者 $N \times 3$ 的矩阵，这里 N 是视图中的所有点的数目。

rotation_vector：旋转矢量，1×3 或者 3×1。

translation_vector：平移矢量，1×3 或者 3×1。

intrinsic_matrix：摄像机内参数矩阵 $\boldsymbol{A}$：$\begin{bmatrix} fx & 0 & cx \\ 0 & fy & cy \\ 0 & 0 & 1 \end{bmatrix}$

distortion_coeffs：形变参数矢量，4×1 或者 1×4，为 $[k_1, k_2, p_1, p_2]$。如果是 NULL，所有形变系数都设为 0。

image_points：输出数组，存储图像点坐标。大小为 $2 \times N$ 或者 $N \times 2$，这里 N 是视图中的所有点的数目。

dpdrot：可选参数，关于旋转矢量部分的图像上点的导数，$N \times 3$ 矩阵。

dpdt：可选参数，关于平移矢量部分的图像上点的导数，$N \times 3$ 矩阵。

dpdf：可选参数，关于 fx 和 fy 的图像上点的导数，$N \times 2$ 矩阵。

dpdc：可选参数，关于 cx 和 cy 的图像上点的导数，$N \times 2$ 矩阵。

dpddist：可选参数，关于形变系数的图像上点的导数，$N \times 4$ 矩阵。

说明：

函数 cvProjectPoints2 通过给定的内参数和外参数计算三维点投影到二维图像平面上的坐标。另外，这个函数可以计算关于投影参数的图像点偏导数的雅可比矩阵。雅可比矩阵可以用在 cvCalibrateCamera2 和 cvFindExtrinsicCameraParams2 函数的全局优化中。这个函数也可以用来计算内参数和外参数的反投影误差。注意，将内参数和（或）外参数设置为特定值，这个函数可以用来计算外变换（或内变换）。

2）FindHomography

功能：计算两个平面之间的透视变换。

格式：

```
void cvFindHomography(
const cvMat * src_points,const cvMat * dst_points,cvMat * homography);
```

参数说明：

src_points：原始平面的点坐标，大小为 $2 \times N$、$N \times 2$、$3 \times N$ 或者 $N \times 3$ 矩阵（后两个表示齐次坐标），这里 N 表示点的数目。

dst_points：目标平面的点坐标大小为 $2 \times N$、$N \times 2$、$3 \times N$ 或者 $N \times 3$ 矩阵（后两个表示齐次坐标）。

homography：输出的 3×3 的 Homography 矩阵。

说明：

函数 cvFindHomography 计算源平面和目标平面之间的透视变换 $\boldsymbol{H} = [h_{ij}]_{i,j}$，即

$$S_i \begin{bmatrix} x'_i \\ y'_i \\ 1 \end{bmatrix} \approx \boldsymbol{H} \begin{bmatrix} x_i \\ y_i \\ 1 \end{bmatrix} \tag{11-8}$$

使得反投影错误最小，即

$$\sum_i \left[\left(x'_i - \frac{h_{11} x_i + h_{12} y_i + h_{13}}{h_{31} x_i + h_{32} y_i + h_{33}} \right)^2 + \left(y'_i - \frac{h_{21} x_i + h_{22} y_i + h_{23}}{h_{31} x_i + h_{32} y_i + h_{33}} \right)^2 \right] \tag{11-9}$$

这个函数可以用来计算初始的内参数和外参数矩阵。由于 Homography 矩阵的尺度可变，所以它被规一化使得 $h_{33}=1$。

3）CalibrateCamera2

功能：利用定标来计算摄像机的内参数和外参数。

格式：

```
void cvCalibrateCamera2(
const cvMat * object_points,const cvMat * image_points,
const cvMat * point_counts,cvSize image_size,
cvMat * intrinsic_matrix,cvMat * distortion_coeffs,
cvMat * rotation_vectors = NULL,cvMat * translation_vectors = NULL,
int flags = 0);
```

参数说明：

object_points：定标点的世界坐标，为 $3\times N$ 或者 $N\times3$ 的矩阵，这里 N 是所有视图中点的总数。

image_points：定标点的图像坐标，为 $2\times N$ 或者 $N\times2$ 的矩阵，这里 N 是所有视图中点的总数。

point_counts：矢量，指定不同视图里点的数目，$1\times M$ 或者 $M\times1$ 矢量，M 是视图数目。

image_size：图像大小，只用在初始化内参数时。

intrinsic_matrix：输出内参矩阵 $\boldsymbol{A}=\begin{bmatrix} fx & 0 & cx \\ 0 & fy & cy \\ 0 & 0 & 1 \end{bmatrix}$，如果指定 CV_CALIB_USE_

INTRINSIC_GUESS 和（或）CV_CALIB_FIX_ASPECT_RATION，fx、fy、cx 和 cy 部分或者全部必须被初始化。

distortion_coeffs：输出大小为 4×1 或者 1×4 的矢量，里面为形变参数 $[k_1,k_2,p_1,p_2]$。

rotation_vectors：输出大小为 $3\times M$ 或者 $M\times3$ 的矩阵，里面为旋转矢量。

translation_vectors：输出大小为 $3\times M$ 或 $M\times3$ 的矩阵，里面为平移矢量。

flags：不同的标志，可以是 0，或者下面值的组合：

CV_CALIB_USE_INTRINSIC_GUESS：内参数矩阵包含 fx、fy、cx 和 cy 的初始值，否则，(cx,cy) 被初始化到图像中心（这里用到图像大小），焦距用最小平方差方式计算得到。注意，如果内部参数已知，没有必要使用这个函数，使用 cvFindExtrinsicCameraParams2 即可。

CV_CALIB_FIX_PRINCIPAL_POINT：主点在全局优化过程中不变，一直在中心位置或者在其他指定的位置（当 CV_CALIB_USE_INTRINSIC_GUESS 设置的时候）。

CV_CALIB_FIX_ASPECT_RATIO：优化过程中认为 fx 和 fy 中只有一个独立变量，保持比例 fx/fy 不变，fx/fy 的值跟内参数矩阵初始化时的值一样。在这种情况下，(fx,fy) 的实际初始值或者从输入内存矩阵中读取（当 CV_CALIB_USE_INTRINSIC_GUESS 被指定时），或者采用估计值（后者情况中 fx 和 fy 可能被设置为任意值，只有比值被使用）。

CV_CALIB_ZERO_TANGENT_DIST：切向形变参数 (p_1,p_2) 被设置为 0，其值在优化过程中保持为 0。

函数 cvCalibrateCamera2 从每个视图中估计相机的内参数和外参数。三维物体上的点和它们对应的在每个视图的二维投影必须被指定。这些可以通过使用一个已知几何形状且具有容易检测的特征点的物体来实现。这样的一个物体被称为定标设备或者定标模式，OpenCV有内建的把棋盘当作定标设备方法。目前，传入初始化的内参数（当CV_CALIB_USE_INTRINSIC_GUESS不被设置时）只支持平面定标设备（物体点的 Z 坐标必须为全0或者全1）。不过三维定标设备依然可以用在提供初始内参数矩阵情况。在内参数和外参数矩阵的初始值都计算出之后，它们会被优化用来减小反投影误差（图像上的实际坐标与cvProjectPoints2计算出的图像坐标的差的平方和）。

4）FindExtrinsicCameraParams2

功能：计算指定视图的摄像机外参数。

格式：

```
void cvFindExtrinsicCameraParams2(
const cvMat * object_points,const cvMat * image_points,
const cvMat * intrinsic_matrix,const cvMat * distortion_coeffs,
cvMat * rotation_vector,cvMat * translation_vector);
```

参数说明：

object_points：定标点的坐标，为 $3×N$ 或者 $N×3$ 的矩阵，这里 N 是视图中点的个数。

image_points：定标点在图像内的坐标，为 $2×N$ 或者 $N×2$ 的矩阵，这里 N 是视图中点的个数。

intrinsic_matrix：内参矩阵 $\boldsymbol{A}=\begin{bmatrix} fx & 0 & cx \\ 0 & fy & cy \\ 0 & 0 & 1 \end{bmatrix}$。

distortion_coeffs：大小为 $4×1$ 或者 $1×4$ 的矢量，里面为形变参数 $[k_1,k_2,p_1,p_2]$。如果是NULL，则所有的形变系数都为0。

rotation_vector：输出大小为 $3×1$ 或者 $1×3$ 的矩阵，里面为旋转向量。

translation_vector：大小为 $3×1$ 或 $1×3$ 的矩阵，里面为平移向量。

函数cvFindExtrinsicCameraParams2使用已知的内参数和某个视图的外参数来估计相机的外参数。三维物体上的点坐标和相应的二维投影必须被指定。这个函数也可以用来最小化反投影误差。

5）Rodrigues2

功能：进行旋转矩阵和旋转矢量间的转换。

格式：

```
int cvRodrigues2(const cvMat * src,cvMat * dst,cvMat * jacobian = 0);
```

参数说明：

src：输入的旋转矢量（$3×1$ 或者 $1×3$）或者旋转矩阵（$3×3$）。

dst：输出的旋转矩阵（$3×3$）或者旋转矢量（$3×1$ 或者 $1×3$）。

jacobian：可选的输出雅可比矩阵（$3×9$ 或者 $9×3$），关于输入部分的输出数组的偏导数。

函数转换旋转矢量到旋转矩阵，或者相反。旋转矢量是旋转矩阵的紧凑表示形式。旋转矢量的方向是旋转轴，矢量的长度是围绕旋转轴的旋转角。旋转矩阵 $\boldsymbol{R}$，与其对应的旋转矢量 $\boldsymbol{r}$，通过下面公式转换：

$$\theta \leftarrow \text{norm}(\boldsymbol{r})$$
$$\boldsymbol{r} \leftarrow r/\theta$$

$$\boldsymbol{R} = \cos(\theta)\boldsymbol{I} + (1-\cos(\theta))\boldsymbol{rr}^{\mathrm{T}} + \sin(\theta)\begin{bmatrix} 0 & -r_z & r_y \\ r_z & 0 & -r_x \\ -r_y & r_x & 0 \end{bmatrix} \tag{11-10}$$

反变换也可以很容易地通过如下公式实现：

$$\sin\theta\begin{bmatrix} 0 & -r_z & r_y \\ r_z & 0 & -r_x \\ -r_y & r_x & 0 \end{bmatrix} = \frac{\boldsymbol{R} - \boldsymbol{R}^{\mathrm{T}}}{2} \tag{11-11}$$

旋转矢量是只有 3 个自由度的旋转矩阵一种方便的表示，这种表示方式被用在函数 cvFindExtrinsicCameraParams2 和 cvCalibrateCamera2 内部的全局最优化中。

6）Undistort2

功能：校正图像因相机镜头引起的变形。

格式：

```
void cvUndistort2(
const cvArr * src,cvArr * dst,const cvMat * intrinsic_matrix,
const cvMat * distortion_coeffs);
```

参数说明：

src：原始图像（已经变形的图像）。只能变换 32fC1 的图像。

dst：结果图像（已经校正的图像）。

intrinsic_matrix：相机内参数矩阵，格式为 $\begin{bmatrix} fx & 0 & cx \\ 0 & fy & cy \\ 0 & 0 & 1 \end{bmatrix}$。

distortion_coeffs：4 个变形系数组成的矢量，大小为 4×1 或者 1×4，格式为 $[k_1, k_2, p_1, p_2]$。

函数 cvUndistort2 对图像进行变换来抵消径向和切向镜头变形。相机参数和变形参数可以通过函数 cvCalibrateCamera2 取得。使用本节开始时提到的公式，对每个输出图像像素计算其在输入图像中的位置，然后输出图像的像素值通过双线性插值来计算。如果图像的分辨率与定标时用的图像分辨率不一样，fx、fy、cx 和 cy 需要相应调整，因为形变并没有变化。

7）InitUndistortMap

功能：计算形变和非形变图像的对应（map）。

格式：

```
void cvInitUndistortMap(const cvMat * intrinsic_matrix,const cvMat * distortion_coeffs,
cvArr * mapx,cvArr * mapy);
```

参数说明：

intrinsic_matrix：摄像机内参数矩阵 $\boldsymbol{A} = [fx\ 0\ cx;\ 0\ fy\ cy;\ 0\ 0\ 1]$。

distortion_coeffs：形变系数矢量 $[k_1, k_2, p_1, p_2]$，大小为 4×1 或者 1×4。

mapx：x 坐标的对应矩阵。

mapy：y 坐标的对应矩阵。

函数 cvInitUndistortMap 预先计算非形变对应一正确图像的每个像素在形变图像里的坐标。这个对应可以传递给 cvRemap 函数（与输入和输出图像一起）。

8）FindChessboardCorners

功能：寻找棋盘图的内角点位置。

格式：

```
int cvFindChessboardCorners(
const void * image, cvSize pattern_size, cvPoint2D32f * corners,
int * corner_count = NULL, int flags = CV_CALIB_CB_ADAPTIVE_THRESH);
```

参数说明：

image：输入的棋盘图，必须是 8 位的灰度或者彩色图像。

pattern_size：棋盘图中每行和每列角点的个数。

corners：检测到的角点。

corner_count：输出角点的个数。如果不是 NULL，函数将检测到的角点的个数存储于此变量。

flags：各种操作标志，可以是 0 或者下面值的组合：

CV_CALIB_CB_ADAPTIVE_THRESH：使用自适应阈值（通过平均图像亮度计算得到）将图像转换为黑白图，而不是一个固定的阈值。

CV_CALIB_CB_NORMALIZE_IMAGE：在利用固定阈值或者自适应的阈值进行二值化之前，先使用 cvNormalizeHist 来均衡化图像亮度。

CV_CALIB_CB_FILTER_QUADS：使用其他的准则（如轮廓面积、周长、方形形状）来去除在轮廓检测阶段检测到的错误方块。

函数 cvFindChessboardCorners 试图确定输入图像是否是棋盘模式，并确定角点的位置。如果所有角点都被检测到且它们都被以一定顺序排布（一行一行的，每行从左到右），函数返回非零值，否则在函数不能发现所有角点或者记录它们的情况下，函数返回 0。例如，一个正常的棋盘图有 8×8 个方块和 7×7 个内角点，内角点是黑色方块相互连通的位置。这个函数检测到的坐标只是一个大约的值，如果要精确地确定它们的位置，可以使用函数 cvFindCornerSubPix。

9）DrawChessboardCorners

功能：绘制检测到的棋盘角点。

格式：

```
void cvDrawChessboardCorners(cvArr * image, cvSize pattern_size,
                             cvPoint2D32f * corners, int count,
                             int pattern_was_found);
```

参数说明：

image：结果图像，必须是 8 位彩色图像。

pattern_size：每行和每列的内角点数目。

corners：检测到的角点数组。

count：角点数目。

pattern_was_found：指示完整的棋盘被发现（≠0）还是没有发现（＝0）。可以传输 cvFindChessboardCorners 函数的返回值。

当棋盘没有完全检测出时，函数 cvDrawChessboardCorners 以红色圆圈绘制检测到的棋盘角点；如果整个棋盘都检测到，则用直线连接所有的角点。

11.2.3 摄像机标定的步骤

① 自制一张标定图片，用 A4 纸打印出来，设定距离，再设定标定棋盘的格子数目，如 8×6，图 11-13 给出了自制的 8×8 标定图片。

② 利用 cvFindChessboardCorners 找到棋盘在摄像头中的二维位置，这里 cvFindChessboardCorners 不太稳定，需要图像增强处理。

③ 计算实际的距离，设定为 21.6mm，即在 A4 纸上为 2cm。

④ 用 cvCalibrateCamera2 计算内参数。

⑤ 用 cvUndistort2 纠正图像的变形。

标定程序代码如下：

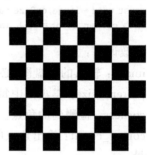

图 11-13　自制的 8×8 标定图片

```
# include "stdafx. h"
# include < stdio. h >
# include < stdlib. h >
# include < string. h >
//以下是 OpenCV 头文件
# include < cxcore. h >
# include < cv. h >
# include < highgui. h >
# include < cvaux. h >
void InitCorners3D(cvMat * Corners3D, cvSize ChessBoardSize, int Nimages, float SquareSize);
void makeChessBoard();
int myFindChessboardCorners(const void * image, cvSize pattern_size,
                            cvPoint2D32f * corners, int * corner_count = NULL,
                            int flags = CV_CALIB_CB_ADAPTIVE_THRESH);
inline int drawCorssMark(IplImage * dst, cvPoint pt)
/ **************************************************
    Function:          main_loop
    Description:       绘制一个十字标记
    Calls:
    Called By:
    Input:             RGB image, pt
    Output:
    Return:
    Others:            需要检查坐标是否越界 to do list
    ************************************************** /
{
    const int cross_len = 4;
    cvPoint pt1, pt2, pt3, pt4;
```

```cpp
        pt1.x = pt.x;
        pt1.y = pt.y - cross_len;
        pt2.x = pt.x;
        pt2.y = pt.y + cross_len;
        pt3.x = pt.x - cross_len;
        pt3.y = pt.y;
        pt4.x = pt.x + cross_len;
        pt4.y = pt.y;
        cvLine(dst, pt1, pt2, CV_RGB(0, 255, 0), 2, CV_AA, 0);
        cvLine(dst, pt3, pt4, CV_RGB(0, 255, 0), 2, CV_AA, 0);
        return 0;
}
/* declarations for OpenCV */
IplImage                    * current_frame_rgb, grid;
IplImage                    * current_frame_gray;
IplImage                    * chessBoard_Img;
int                         Thresholdness = 120;
int image_width = 320;
int image_height = 240;
bool verbose = false;
const int ChessBoardSize_w = 7;
const int ChessBoardSize_h = 7;
//Calibration stuff
bool            calibration_done = false;
const cvSize    ChessBoardSize = cvSize(ChessBoardSize_w, ChessBoardSize_h);
//float           SquareWidth = 21.6f;        //实际距离毫米单位在 A4 纸上为 2cm
float           SquareWidth = 17;            //投影实际距离毫米单位 200
const    int NPoints = ChessBoardSize_w * ChessBoardSize_h;
const    int NImages = 20; //Number of images to collect
cvPoint2D32f corners[NPoints * NImages];
int corner_count[NImages] = {0};
int captured_frames = 0;
cvMat * intrinsics;
cvMat * distortion_coeff;
cvMat * rotation_vectors;
cvMat * translation_vectors;
cvMat * object_points;
cvMat * point_counts;
cvMat * image_points;
int find_corners_result = 0;
void on_mouse(int event, int x, int y, int flags, void * param)
{
    if(event == CV_EVENT_LBUTTONDOWN)
    {
        //calibration_done = true;
    }
}
int main(int argc, char * argv[])
{
  cvFont font;
  cvInitFont(&font, CV_FONT_VECTOR0, 5, 5, 0, 7, 8);
    intrinsics              = cvCreateMat(3, 3, CV_32FC1);
    distortion_coeff        = cvCreateMat(1, 4, CV_32FC1);
    rotation_vectors        = cvCreateMat(NImages, 3, CV_32FC1);
```

```
    translation_vectors  = cvCreateMat(NImages,3,CV_32FC1);
    point_counts         = cvCreateMat(NImages,1,CV_32SC1);
    object_points = cvCreateMat(NImages * NPoints,3,CV_32FC1);
    image_points         = cvCreateMat(NImages * NPoints,2,CV_32FC1);
    //Function to fill in the real-world points of the checkerboard
    InitCorners3D(object_points,ChessBoardSize,NImages,SquareWidth);
    cvCapture * capture = 0;
    if(argc == 1 || (argc == 2 && strlen(argv[1]) == 1 && isdigit(argv[1][0])))
        capture = cvCaptureFromCAM(argc == 2 ? argv[1][0] - '0' : 0);
    else if(argc == 2)
        capture = cvCaptureFromAVI(argv[1]);
    if(!capture)
    {
        fprintf(stderr,"Could not initialize capturing…\n");
        return - 1;
    }
    //Initialize all of the IplImage structures
    current_frame_rgb = cvCreateImage(cvSize(image_width,image_height),IPL_DEPTH_8U,3);
    IplImage * current_frame_rgb2 = cvCreateImage(cvSize(image_width,image_height),IPL_DEPTH_
8U,3);
    current_frame_gray = cvCreateImage(cvSize(image_width,image_height),IPL_DEPTH_8U,1);
    chessBoard_Img = cvCreateImage(cvSize(image_width,image_height),IPL_DEPTH_8U,3);
    current_frame_rgb2 - > origin = chessBoard_Img - > origin = current_frame_gray - > origin =
current_frame_rgb - > origin = 1;
    makeChessBoard();
    cvNamedWindow("result",0);
    cvNamedWindow("Window 0",0);
    cvNamedWindow("grid",0);
    cvMoveWindow("grid",100,100);
    cvSetMouseCallback("Window 0",on_mouse,0);
    cvCreateTrackbar("Thresholdness","Window 0",&Thresholdness,255,0);
    while (!calibration_done)
    {
      while (captured_frames < NImages)
      {
        current_frame_rgb = cvQueryFrame(capture);
        if(!current_frame_rgb)
            break;
        cvCopy(current_frame_rgb,current_frame_rgb2);
        cvCvtColor(current_frame_rgb,current_frame_gray,CV_BGR2GRAY);
      find_corners_result = cvFindChessboardCorners(current_frame_gray,
                                            ChessBoardSize,
                                            &corners[captured_frames * NPoints],
                                            &corner_count[captured_frames],
                                            0);
        cvDrawChessboardCorners(current_frame_rgb2,ChessBoardSize,&corners[captured_frames *
        NPoints],NPoints,find_corners_result);
        cvShowImage("Window 0",current_frame_rgb2);
        cvShowImage("grid",chessBoard_Img);
        if(find_corners_result == 1)
        {
            cvWaitKey(2000);
            cvSaveImage("c:\\hardyinCV.jpg",current_frame_rgb2);
            captured_frames++;
```

```
}
intrinsics->data.fl[0] = 256.8093262;     //fx
intrinsics->data.fl[2] = 160.2826538;     //cx
intrinsics->data.fl[4] = 254.7511139;     //fy
intrinsics->data.fl[5] = 127.6264572;     //cy
intrinsics->data.fl[1] = 0;
intrinsics->data.fl[3] = 0;
intrinsics->data.fl[6] = 0;
intrinsics->data.fl[7] = 0;
intrinsics->data.fl[8] = 1;
distortion_coeff->data.fl[0] = -0.193740;  //k1
distortion_coeff->data.fl[1] = -0.378588;  //k2
distortion_coeff->data.fl[2] = 0.028980;   //p1
distortion_coeff->data.fl[3] = 0.008136;   //p2
cvWaitKey(40);
find_corners_result = 0;
}
//if (find_corners_result != 0)
{
    printf("\n");
    cvSetData(image_points,corners,sizeof(cvPoint2D32f));
    cvSetData(point_counts,&corner_count,sizeof(int));
    cvCalibrateCamera2(object_points,
        image_points,
        point_counts,
        cvSize(image_width,image_height),
        intrinsics,
        distortion_coeff,
        rotation_vectors,
        translation_vectors,
        0);
cvUndistort2(current_frame_rgb,current_frame_rgb,intrinsics,distortion_coeff);
    cvShowImage("result",current_frame_rgb);
    float intr[3][3] = {0.0};
    float dist[4] = {0.0};
    float tranv[3] = {0.0};
    float rotv[3] = {0.0};
    for (int i = 0; i < 3; i++)
    {
        for (int j = 0; j < 3; j++)
        {
            intr[i][j] = ((float*)(intrinsics->data.ptr + intrinsics->step*i))[j];
        }
        dist[i] = ((float*)(distortion_coeff->data.ptr))[i];
        tranv[i] = ((float*)(translation_vectors->data.ptr))[i];
        rotv[i] = ((float*)(rotation_vectors->data.ptr))[i];
    }
    dist[3] = ((float*)(distortion_coeff->data.ptr))[3];
    printf("------------------------------------------ \n");
    printf("INTRINSIC MATRIX: \n");
    printf("[ %6.4f %6.4f %6.4f ] \n",intr[0][0],intr[0][1],intr[0][2]);
    printf("[ %6.4f %6.4f %6.4f ] \n",intr[1][0],intr[1][1],intr[1][2]);
    printf("[ %6.4f %6.4f %6.4f ] \n",intr[2][0],intr[2][1],intr[2][2]);
    printf("------------------------------------------ \n");
```

```
            printf("DISTORTION VECTOR: \n");
            printf("[ %6.4f %6.4f %6.4f %6.4f ] \n",dist[0],dist[1],dist[2],dist[3]);
            printf(" ------------------------------------------ \n");
            printf("ROTATION VECTOR: \n");
            printf("[ %6.4f %6.4f %6.4f ] \n",rotv[0],rotv[1],rotv[2]);
            printf("TRANSLATION VECTOR: \n");
            printf("[ %6.4f %6.4f %6.4f ] \n",tranv[0],tranv[1],tranv[2]);
            printf(" ------------------------------------------ \n");
            cvWaitKey(0);
            calibration_done = true;
        }

    }
    exit(0);
    cvDestroyAllWindows();
}
void InitCorners3D(cvMat * Corners3D,cvSize ChessBoardSize,int NImages,float SquareSize)
{
    int CurrentImage = 0;
    int CurrentRow = 0;
    int CurrentColumn = 0;
    int NPoints = ChessBoardSize.height * ChessBoardSize.width;
    float * temppoints = new float[NImages * NPoints * 3];
    //for now,assuming we're row - scanning
    for (CurrentImage = 0; CurrentImage < NImages; CurrentImage++)
    {
        for (CurrentRow = 0; CurrentRow < ChessBoardSize.height; CurrentRow++)
        {
            for (CurrentColumn = 0; CurrentColumn < ChessBoardSize.width; CurrentColumn++)
            {
                temppoints [(CurrentImage * NPoints * 3) + (CurrentRow * ChessBoardSize.width +
CurrentColumn) * 3] = (float)CurrentRow * SquareSize;
                temppoints [(CurrentImage * NPoints * 3) + (CurrentRow * ChessBoardSize.width +
CurrentColumn) * 3 + 1] = (float)CurrentColumn * SquareSize;
                temppoints [(CurrentImage * NPoints * 3) + (CurrentRow * ChessBoardSize.width +
CurrentColumn) * 3 + 2] = 0.f;
            }
        }
    }
    (* Corners3D) = cvMat(NImages * NPoints,3,CV_32FC1,temppoints);
}
int myFindChessboardCorners(const void * image,cvSize pattern_size,
                            cvPoint2D32f * corners,int * corner_count,
                            int flags)
{
    IplImage * eig = cvCreateImage(cvGetSize(image),32,1);
    IplImage * temp = cvCreateImage(cvGetSize(image),32,1);
    double quality = 0.01;
    double min_distance = 5;
    int win_size = 10;
    int count = pattern_size.width * pattern_size.height;
    cvGoodFeaturesToTrack(image,eig,temp,corners,&count,
        quality,min_distance,0,3,0,0.04);
    cvFindCornerSubPix(image,corners,count,
        cvSize(win_size,win_size),cvSize(-1,-1),
        cvTermCriteria(CV_TERMCRIT_ITER|CV_TERMCRIT_EPS,20,0.03));
    cvReleaseImage(&eig);
```

```
        cvReleaseImage(&temp);
        return 1;
}
void makeChessBoard()
{
    cvScalar e;
    e.val[0] = 255;
    e.val[1] = 255;
    e.val[2] = 255;
    cvSet(chessBoard_Img, e, 0);
    for(int i = 0; i < ChessBoardSize.width + 1; i++)
        for(int j = 0; j < ChessBoardSize.height + 1; j++)
        {
            int w = (image_width)/2/(ChessBoardSize.width);
            int h = w;
            int ii = i + 1;
            int iii = ii + 1;
            int jj = j + 1;
            int jjj = jj + 1;
            int s_x = image_width/6;
            if((i + j) % 2 == 1)
            cvRectangle(chessBoard_Img, cvPoint(w * i + s_x, h * j + s_x), cvPoint(w * ii - 1 + s_x,
h * jj - 1 + s_x), CV_RGB(0,0,0), CV_FILLED, 8, 0);
        }
}
```

图 11-14 给出了标定结果示意图,其中 Result 窗口显示的是原始图像。Windows 0 窗口显示的是经过校正后的图像,并且将棋盘中的角点以不同的颜色标出。

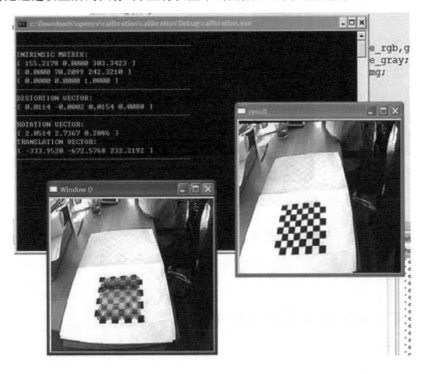

图 11-14　标定结果示意图

11.3　车牌识别系统设计

　　汽车牌照自动识别技术则是智能交通系统的核心,在城市道路、港口、机场、高速公路和停车场等项目管理中占有重要地位。通过对车辆牌照的正确认识,不仅可以实现交通流量的统计和查询、道路负荷的测定和管理,而且可以对肇事车辆、走私车辆、丢失车辆进行辨识和追查。汽车牌照自动识别系统主要包括车牌定位和车牌字符识别两部分:①车牌定位,通过分析车辆图像的特征,定位出图像中的车牌位置并对车牌字符进行分割;②车牌字符识别,对分割出来的车牌字符加以识别,获得文字形式的车牌。

　　本章介绍的系统分为以下几个功能模块:彩色图像转换成灰度图像;图像的灰度拉伸;图像的二值化;图像的梯度锐化;图像的中值滤波;牌照区域的定位;显示截下的牌照区域。其车牌识别系统中车牌定位实现的流程如图 11-15 所示。

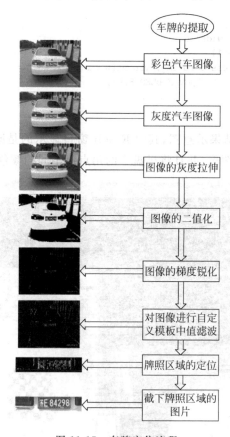

图 11-15　车牌定位流程

11.3.1　彩色图像转换为灰度图像

　　通常用数码相机获取的图像是彩色图像,它由 R、G、B 3 个单色调配而成,各种单色都人为地从 0 至 255 分成了 256 个级。根据 R、G、B 的不同组合,获取的彩色图像可以表示 $256 \times 256 \times 256 = 16\,777\,216$ 种颜色。在汽车牌照分割中,可以直接对彩色图像进行处理,也可以将彩色图像转换为灰度图像,然后再对灰度图像进行处理的方法。鉴于本书以介绍灰度图像处理为主,因此,首先将彩色图像转换为灰度图像,然后对灰度图像进行处理。彩色图像转换为灰度图像的公式为

$$Y = 0.299R + 0.587G + 0.114B \tag{11-12}$$

根据上面公式实现的彩色图像到灰度图像的转换函数 ConvertToGray 代码如下:

```
void ConvertToGray(BYTE * image_out, BYTE * image_r, BYTE * image_g,
                   BYTE * image_b, int xsize, int ysize)
{
    int i, j, temp;                              //i,j循环变量、temp中间变量
    float fr, fg, fb;                            //R、G、B分量
    for(j = 0; j < ysize; j++)
    {
        for(i = 0; i < xsize; i++)
        {
            fr = (float)( * (image_r + j * xsize + i + 2));   //每个像素点的R分量
            fg = (float)( * (image_g + j * xsize + i + 1));   //每个像素点的G分量
            fb = (float)( * (image_b + j * xsize + i));       //每个像素点的B分量
        temp = (unsigned char)fr * 0.299 + fg * 0.587 + fb * 0.114;  //每个像素点的灰度级
            * (image_out + j * xsize + i) = temp;
        }
    }
}
```

函数 ConvertToGray 中的各变量含义分别为:

image_r: 输入图像 R 分量数据指针
image_g: 输入图像 G 分量数据指针
image_b: 输入图像 B 分量数据指针
image_out: 输出图像数据指针
xsize: 图像宽度
ysize: 图像高度

图 11-16 给出了一幅经灰度转换处理后汽车图像。

图 11-16 汽车灰度图像

11.3.2 图像灰度拉伸

为了增强车辆图像和牌照图像的对比度,使其明暗鲜明,有利于牌照分割,需要对它们进行灰度拉伸。进行拉伸时,采用了第 3 章介绍的图像增强方法。

假定原图像 $f(x,y)$ 的灰度范围为 $[a,b]$,希望变换后图像 $g(x,y)$ 的灰度范围扩展至 $[c,d]$,可采用式(11-13)的线性变换来实现,即

$$遮光罩 \begin{cases} \dfrac{d-c}{(b-a)f(x,y)+c} & 0 \leqslant f(x,y) \leqslant c \\ \\ 被测目标 \end{cases} \tag{11-13}$$

用上述变换实现的灰度拉伸函数 Brightness_expand 的代码如下:

```
void Brightness_expand(BYTE * image_in, BYTE * image_out, int xsize, int ysize)
{
    int i, j, fmax, fmin, nf;
    float d;
    fmax = 0;
```

```
        fmin = 255;
        for(j = 0;j < ysize;j++)
        {
            for(i = 0;i < xsize;i++)
            {
                nf = ( * (image_in + j * xsize + i));        //求图像的每个像素点的灰度值
                if(nf > fmax) fmax = nf;                      //求出图像中灰度最大的像素点
                if(nf < fmin) fmin = nf;                      //求出图像中灰度最小的像素点
            }
        }
for(j = 0;j < ysize;j++){
        for(i = 0;i < xsize;i++){
            d = (float)255/(float)(fmax - fmin) * ((int)( * (image_in + j * xsize + i)) - fmin);
//灰度拉伸的公式
    if(d > 255)
      * (image_out + j * xsize + i) = 255;                   //如果求出的灰度值大于 255 就置为 255
    else if(d < 0)
      * (image_out + j * xsize + i) = 0;                     //如果求出的灰度值小于 0 就置为 0
        else
            * (image_out + j * xsize + i) = (BYTE)d;
        }
    }
}
```

在函数 Brightness_expand 中，各变量的含义如下：

image_in:	输入图像数据指针
image_out:	输出图像数据指针
xsize:	图像宽度
ysize:	图像高度
fmax:	输入图像亮度最大值
fmin:	输入图像亮度最小值

图 11-17 给出了灰度拉伸处理前后的图像，其中图 11-17(a)所示为处理前图像，图 11-17(b)所示为处理后图像。

(a)原始灰度图像　　　　　　(b)经灰度拉伸后得到的灰度图像

图 11-17　灰度拉伸处理

11.3.3　图像的二值化

图像的二值化是将图像转换为只有两级灰度（黑白）的图像。二值化一般在图像灰度操作之后进行。二值化的具体方法有很多，本书采用比较常用的是阈值判定法。即给定一个阈值,当灰度图像中像素点的亮度值小于该值时,把像素点设置成为黑色(或者白色、其他颜色),而当灰度图像中像素点的亮度值大于该值时,把像素点设置成为白色(或者黑色、其他颜色)。阈值的确定可以采用第 7 章中所介绍的方法。为简化起见,本书采用的阈值是根据图像来选取的,即用一初始阈值 T 对图像 A 进行二值化得到二值化图像 B。初始阈值 T 的确定采用式(11-14),即

$$T = f_{\max} - (f_{\max} - f_{\min})/3 \qquad (11\text{-}14)$$

式中,$f_{\max}$ 和 $f_{\min}$ 分别为最高、最低灰度值。

该阈值对不同的牌照有一定的适应性,能够保证背景基本被置为 0,以突出牌照区域。

用于二值化的函数 Threshold 代码如下:

```
void Threshold(BYTE * image_in, BYTE * image_out, int xsize, int ysize, int thresh)
{
    int i, j;
    for(j = 0; j < ysize; j++)
    {
        for(i = 0; i < xsize; i++)
        {
                if( * (image_in + j * xsize + i) <= thresh)          //判断像素点
                    * (image_out + j * xsize + i) = LOW;
                else * (image_out + j * xsize + i) = HIGH;
        }
    }
}
------ Threshold_best --- 求二值化阈值 --------------------------
int Threshold_best(BYTE * image_in, int xsize, int ysize)
{
    int i, j, nf, fmax, fmin, T;
     fmax = 0;
     fmin = 255;
    for(j = 0; j < ysize; j++)
    {
        for(i = 0; i < xsize; i++)
        {
            nf = ( * (image_in + j * xsize + i));
            if(nf > fmax) fmax = nf;
            if(nf < fmin) fmin = nf;
        }
    }
   return T = fmax - (fmax - fmin)/3;
}
```

在二值化处理函数 Threshold 中,各变量的含义如下:

image_in:	输入图像数据指针
image_out:	输出图像数据指针
xsize:	图像宽度
ysize:	图像高度
thresh:	初始阈值

图 11-18 给出了二值化处理前、后的图像，其中图 11-18(a)所示为处理前图像，图 11-18(b)所示为处理后图像。

(a)经灰度拉伸后的灰度图像　　　　　(b)经二值化处理后的图像

图 11-18　二值化处理

11.3.4　图像的梯度锐化

图像的信息一般集中在像素值变比较剧烈的地方。在图像的边缘，其像素呈现非连续性变化。图像的梯度反映了图像中像素之间变化的大小，它是一个微分的过程，在离散的图像处理中，都是用像素值的"差"来代替像素值的"求导"。梯度的计算可以采用第 3 章所介绍的 Sobel 算子、拉普拉斯算子等。在本系统中，通过对图像做了简单的相邻像素灰度值相减，得到梯度图像。

用于梯度锐化的函数 GradientSharp 代码如下：

```
void GradientSharp(BYTE * image_in, BYTE * image_out, int xsize, int ysize)
{ int i, j, temp, m1, m2;
    for(i = 0; i < ysize − 1; i++)
    {for(j = 0; j < xsize − 1; j++)
        { m1 = * (image_in + (ysize − 1 − i) * xsize + j);
            m2 = * (image_in + (ysize − 1 − i) * xsize + j + 1);
            temp = fabs(m1 − m2);
            if(temp > 255)
            { * (image_out + (ysize − 1 − i) * xsize + j) = 255; }
            else
            { * (image_out + (ysize − 1 − i) * xsize + j) = temp; }
        }
    }
}
```

在梯度锐化函数 GradientSharp 中，各变量的含义如下：

image_in:	输入图像数据指针
image_out:	输出图像数据指针
xsize:	图像宽度
ysize:	图像高度

图 11-19 给出了梯度锐化处理前、后的图像，其中图 11-19(a)所示为处理前图像，图 11-19(b)所示为处理后图像。

(a) 原二值化图像　　　　　　　(b) 经梯度锐化处理后的图像

图 11-19　梯度处理

11.3.5　图像的中值滤波

图像在拍摄或者传输过程中总会添加一些噪声,这样就影响了图像的质量。进行中值滤波之后就可以去掉这些噪声,同时还实现了图像的平滑。本系统中,用自定义模板中值滤波,区域灰度基本被赋值为 0。考虑到文字是由许多短竖线组成,而背景噪声有一大部分是孤立噪声,用模板(1,1,1,1,1)对作过梯度处理的图像进行中值滤波得到除掉了大部分干扰的图像。

自定义滤波函数 MedianValue 的代码如下:

```
int MedianValue(int * Array, int filterLen);          //用冒泡法对一维数组进行排序,返回数组
                                                      //元素的中值
void MedianFilter(BYTE * image_in, BYTE * image_out, int xsize, int ysize,
    int filterH, int filterW, int filterMX, int filterMY)
    //filterH 为滤波器的高度,filterW 为滤波器的宽度
    //filterMX 为滤波器的中心元素 X 坐标,filterMY 为滤波器的中心元素 Y 坐标
{
    int i, j, k, l, m, Value[5];
        for(i = filterMY; i < ysize - filterH + filterMY + 1; i++)
    {
        for(j = filterMX; j < xsize - filterW + filterMX + 1; j++)
        {
            for(k = 0; k < filterH; k++)
            {
                for(l = 0; l < filterW; l++)
                {
                m = * (image_in + xsize * (ysize - 1 - i + filterMY - k) + j - filterMX + l);
                Value[k * filterW + l] = m;          //保存像素值
                }
            }
    //获取中值       * (image_out + (ysize - 1 - i) * xsize + j) = (BYTE)MedianValue(Value,
                filterH * filterW);
        }
    }
}
int MedianValue(int * Array, int filterLen)        //获取中值的函数
{
    int      i, j, temp;
//用冒泡法对数组进行排序
    for(j = 0; j < filterLen - 1; j++)
```

```
        {
            for(i = 0; i < filterLen - j - 1; i++)
            {
                if(Array[i] > Array[i + 1])
                {                              //互换
                temp = Array[i];
                    Array[i] = Array[i + 1];
                    Array[i + 1] = temp;
                }
            }
        }
    }
//计算中值
    if((filterLen&1) > 0)
    { //数组有奇数个元素,返回中间一个元素
        temp = Array[(filterLen + 1)/2];
    }
    else
    { //数组有偶数个元素,返回中间两个元素平均值
        temp = (Array[filterLen/2] + Array[filterLen/2 + 1])/2;
    }
//返回中值
    return temp;
}
```

图 11-20 给出了中值滤波处理前、后的图像,其中图 11-20(a)所示为处理前图像,图 11-20(b)所示为处理后图像。

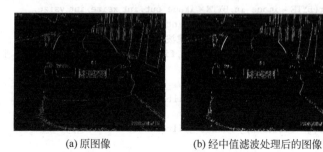

(a) 原图像   (b) 经中值滤波处理后的图像

图 11-20　中值滤波处理

11.3.6　车牌牌照区域的定位

车牌牌照区域的定位是正确进行汽车牌照识别的关键步骤之一。定位准确与否将直接关系到后面的字符分割。对进行了中值滤波的图像进行逐行、逐列的扫描,扫描的方法是从上到下、从下至上、从左到右、从右至左地进行扫描。从上到下的扫描中记录下每行中像素的个数,第一次遇到某一行中像素的个数大于 12 时,记录下此行。同样从下至上地扫描,当遇到一行中像素的个数大于 12 时,记录下行数。依此类推,从左到右、从右至左地进行列扫描时,分别记录下某一列中像素和大于 10 的列数。再对得到的 4 个值做适当的调整。本系统对图像进行了 4 次迭代扫描。

车牌牌照区域的定位函数 topvalue 的代码如下:

```
int topvalue(BYTE * image_in, int xsize, int ysize, int itop)          //从上到下扫描
{
    int i, j, ResultT[480], nf;                                         //ResultT[480]用来统计每一行像
                                                                        //素的个数

    for(i = 0; i < ysize; i++) {ResultT[i] = 0;}
    for(i = (float)(ysize * 0.2); i <(float)(ysize * 0.8); i++)         //一般牌照区域都在图片的中
                                                                        //央地带,所以不必扫描整幅图片
    {
        ResultT[i] = 0;
        for(j = 0; j < xsize; j++)
        {
            nf = * (image_in + i * xsize + j);
            if(nf == 255)
            {
                ResultT[i]++;
            }
        }
        if(ResultT[i] > 12)                                             //判断某一行的像素是否大于12个
        {
            itop = i + 10;                                              //做适当的调整
        }
    }
    return itop;
}
int bottomvalue(BYTE * image_in, int xsize, int ysize, int ibottom)    //从下至上扫描
{
    int i, j, ResultB[480], nh;
    for(i = ysize; i > 0; i-- ) {ResultB[i] = 0;}
    for(i = (float)(ysize * 0.8); i >(float)(ysize * 0.2); i-- )
    {
        ResultB[i] = 0;
        for(j = xsize; j > 0; j-- )
        {
            nh = * (image_in + i * xsize + j);
            if(nh == 255)
            {
                ResultB[i]++;
            }
        }
        if(ResultB[i] > 12)
        {
            ibottom = i - 10;
        }
    }
    return ibottom;
}
int leftvalue(BYTE * image_in, int xsize, int ysize, int ileft)        //从左到右扫描
{
    int i, j, ResultL[640], nf;
    for(i = 0; i < xsize; i++) {ResultL[i] = 0;}
    for(i = (float)(xsize * 0.2); i <(float)(xsize * 0.8); i++)
    {
        ResultL[i] = 0;
        for(j = 0; j < ysize; j++)
```

```
        {
            nf = * (image_in + i * xsize + j);
            if(nf == 255)
            {
                ResultL[i]++;
            }
        }
        if(ResultL[i]> 10)
        {
            ileft = i + 165;
        }
    }
    return ileft;
}
int rightvalue(BYTE * image_in, int xsize, int ysize, int iright)     //从右至左扫描
{
    int i, j, ResultR[640], ng;
    for(i = xsize; i > 0; i-- ) {ResultR[i] = 0;}
    for(i = (float)(xsize * 0.7); i >(float)(xsize * 0.3); i -- )
    {
        ResultR[i] = 0;
        for(j = ysize; j > 0; j -- )
        {
            ng = * (image_in + i * xsize + j);
            if(ng == 255)
            {
                ResultR[i]++;
            }
        }
        if(ResultR[i]> 10)
        {
            iright = i;
        }
    }
    return iright - 35;
}
```

11.3.7 确定牌照区域的4个坐标值

下面两个函数的功能是根据4个坐标值显示这4个值所围成的区域。

```
void orientation(BYTE * image_in, BYTE * image_out, int xsize, int ysize, int itop, int ibottom)
{
    int i, j;
    for(i = 0; i < ibottom; i++)
    {
        for(j = 0; j < xsize; j++)
        {
            * (image_out + i * xsize + j) = 225;
        }
    }
    for(i = ysize; i > itop; i -- )
    {
        for(j = 0; j < xsize; j++)
```

```
    {
            * (image_out + i * xsize + j) = 225;
    }
}
for(i = 0;i < ibottom;i++)
{
    for(j = 0;j < xsize;j++)
    {
            * (image_out + i * xsize + j) = 225;
    }
}
}
void orientation1(BYTE * image_in,BYTE * image_out,int xsize,int ysize,int ileft,int iright)
{
    int i,j;
    for(i = xsize;i > ileft;i -- )
    {
        for(j = 0;j < ysize;j++)
        {
                * (image_out + j * xsize + i) = 225;
        }
    }
    for(i = 0;i < iright;i++)
    {
        for(j = 0;j < ysize;j++)
        {
                * (image_out + j * xsize + i) = 225;
        }
    }
}
```

对图像进行上面一系列的图像处理得到如图 11-21(b)所示的牌照区域。

(a) 原图像   (b) 经车牌定位处理后的图像

图 11-21 车牌区域定位

11.3.8 车牌区域截取

根据上面得到 4 个坐标值截下图片中牌照区域,来显示牌照区域的灰度图片。车牌区域截取的代码实现如下:

```
void Intercept(BYTE * image_in,BYTE * image_out,int xsize,int ysize,int itop,
            int ibottom,int ileft,int iright)
{
```

```
int i,j;
for(i = iright;i < ileft;i++)
{
    for(j = ibottom;j < itop;j++)
    {
      * (image_out + j * xsize + i) = * (image_in + j * xsize + i);
    }
}
}
```

显示截下车牌的图片如图 11-22 所示。

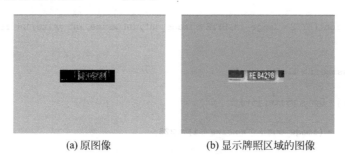

(a) 原图像   (b) 显示牌照区域的图像

图 11-22　截取牌照区域图像

11.3.9　牌照几何位置的调整

当摄像机与汽车牌照不是正对着时，所拍摄的汽车牌照会有左右或上下方向的倾斜。为此，需要对其进行矫正，以便于对牌照字符进行切分。

对于牌照的几何校正过程如下：首先找到牌照的上下边框，求出上下框的倾角，然后对图像进行水平矫正，随后在水平矫正的基础上进行左右矫正。上下边框求法如下：首先对牌照区域进行扩展，使其包含上下边框，然后对此区域做垂直 Sobel 变换，接着对 Sobel 变换图求出垂直方向的跳变图，从跳变图中求出边框的倾角。左右边框求法如下：首先对牌照区域进行扩展，使其包含左右边框，然后对此区域做水平 Sobel 变换，接着对 Sobel 变换图求出水平方向的跳变图，从跳变图中求出边框的倾角。求出水平方向和垂直方向倾角后，即可对牌照图像进行矫正。

11.3.10　牌照区域的二值化

由于受光照、车牌本身颜色等因素的影响，不可能对所有分割出来的牌照区域采用固定阈值进行二值化。可采用前面介绍的最佳阈值二值化方法，对分割出来的牌照区域自动确定阈值，从而牌照区域进行二值化。

11.3.11　牌照字符的切分

字符的切分是将牌照中的单个字符分割出来，以便于进行字符识别。

字符分割算法是以垂直投影、字符间距尺寸测定、字符的长宽比、轮廓分析技术的组合为基础的。由于二值化的原因，可能会产生粘连、断裂的字符。此时要根据牌照的大致宽度，结合各字符的轮廓，利用分割、合并的方法正确地分割字符。采用一个目标函数搜索合

并字符内的各断裂点是一种有效的方法。该目标函数是垂直投影函数 $V(x)$ 与 $V(x+1)$ 二次差分的比率，即

$$\frac{V(x-1)-2V(x)+V(x+1)}{V(x)}$$

分割目标函数的最高值看作是可能出现的断裂点。

字符分割处理后得到的单个数字、字母和汉字图像，还必须进行归一化处理，以消除字符在位置和大小上的变化。归一化处理主要包括位置归一化和大小归一化。下面简要介绍字符分割算法。

在投影图中，字符的分界处往往是投影比较少的地方，并且字符与字符的分界处投影往往接近零或者为零，所以取初始阈值 $t=1$ 对投影图进行扫描，过程如下：

(1) "while(project[i]<t)$i++$;"，记下位置 a。

(2) "while(project[i]>=t)$i++$;"，记下位置 b。

(3) 得到一个分割区，区数加 1，重复步骤(1)。

(4) 如果区数小于 7，则 $t=t+\Delta$（Δ 自定）。

(5) 重复步骤(1)。

经过一次分割可以把那些明显分开的区域分割开来，但是有些区域过大，所以令 $t=t+2$ 进一步分割。

进一步分割后，那些过宽的区域又分开了一块，但是有些区域还是过大。因此，接下来的问题是分析哪些区域需要进一步分割，哪些需要合并。具体过程如下：

① 求出区域的平均宽度。

② 分析过大的区域，看其是否由两个字符组成，如是则将其分成两块区域。

③ 分析过小的区域，看其是否可以跟左右区域合并。

11.3.12　牌照字符的识别

字符识别有很多方法，如模板匹配法、神经网络法等。本系统采用数字字符轮廓结构特征和统计特征相结合的方法，并从中选出稳定的局部特征，利用结构语句识别的方法进行数字的识别。

1. 字符轮廓定义

由于受噪声和随机污点的干扰，二值化和粘连字符处理会引起字符的变形。为了尽量减少这种变形对信息特征的干扰，或者从变形的字符中提取可靠的特征信息，将字符的整体轮廓分解为顶部、底部、左侧和右侧 4 个方向的轮廓特征来描述，使得当其中某部位的笔画发生变形时，不会改变或者减少对其他部位特征的影响，如图 11-23 所示。

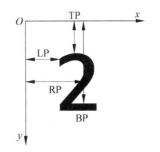

图 11-23　字符轮廓定义示意图

左侧轮廓（LP(k），$k=1,2,\cdots,M$）定义为字符最左侧边界像素点的水平方向坐标值。

$$\mathrm{LP}(i) = \min(x \mid P(x,y) \in C, y=i) \quad i=1,2,\cdots,M$$

式中，$P(x,y)$ 为图像中坐标为 (x,y) 的像素点；C 为字符像素点的集合。同理，右侧轮廓（RP(k），$k=1,2,\cdots,M$）定义为字符最右侧边界像素点的水平方向坐标值。

$$LP(i) = \max(x \mid P(x,y) \in C, y=i) \quad i=1,2,\cdots,M$$

相应地，顶部轮廓（TP(k)，k=1,2,…,M)定义为字符最高边界像素点的垂直方向坐标值。底部轮廓（BP(k)，k=1,2,…,M)定义为字符最低边界像素点的垂直方向坐标值。

$$TP(i) = \min(x \mid P(x,y) \in C, y=i) \quad i=1,2,\cdots,N$$

$$BP(i) = \max(x \mid P(x,y) \in C, y=i) \quad i=1,2,\cdots,N$$

为了描述轮廓的变化特征，定义4个方向轮廓的一阶微分：

$$\begin{cases} LPD = LP(i+1) - LP(i) \\ RPD = RP(i+1) - RP(i) \\ TPD = TP(j+1) - TP(j) \\ BPD = BP(j+1) - BP(j) \end{cases} \tag{11-15}$$

式中，$i=1,2,\cdots,M-1$；$j=1,2,\cdots,N-1$。

2. 结构基元

利用式（11-15)的轮廓一阶微分变化趋势，定义构成字符轮廓的基本基元。基本基元共有5个，分别为左斜(L)、右斜(R)、竖直(V)、圆弧(C)和突变(P)。以左侧轮廓为例，定义上述基本基元：

(1) 竖直。

定义：假设 SL、SV 和 SR 分别表示某侧轮廓一阶微分值大于零、等于零和小于零的个数，若 SR=0，SL=0，则为结构 V，如图 11-24(a)所示。

(2) 左斜。

定义：假设 SL、SV 和 SR 分别表示某侧轮廓一阶微分值大于零、等于零和小于零的个数，若 SR=0，SL 大于阈值 LT，则为结构 L，如图 11-24(b)所示。

(3) 右斜。

定义：假设 SL、SV 和 SR 分别表示某侧轮廓一阶微分值大于零、等于零和小于零的个数，若 SL=0，SR 大于阈值 RT，则为结构 R，如图 11-24(c)所示。

(4) 圆弧。

定义：假设 SL、SV 和 SR 分别表示某侧轮廓一阶微分值大于零、等于零和小于零的个数，若 SR 大于阈值 RT，SL 大于阈值 LT，则为结构 C，如图 11-24(d)所示。需要指出的是，圆弧示意图只是一种抽象，它表示结构中包含了上升和下降的两种趋势，而不仅仅是图 11-24(d)所示的具体形状。

(5) 突变。

连续的字符轮廓，其一阶微分值的变化量比较小，而当字符轮廓不连续时，其一阶微分值相对较大。因此，定义：当轮廓的一阶微分值超过阈值 PT 时则字符轮廓有突变，即结构为 P，如图 11-24(e)所示。

基元结构示意图如图 11-24 所示。

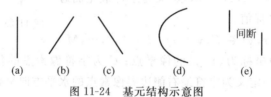

(a)　　(b)　　(c)　　(d)　　(e)

图 11-24　基元结构示意图

3. 基元的检测

根据上述定义,考虑实际应用中存在的干扰,基元的检测规则如下:

假设 $PD(k)$ 表示某侧轮廓的一阶微分,$k=1,2,\cdots,K$,SL、SV、SR 分别为检测到的 $PD(k)$ 大于零,等于零和小于零的个数,PT、RT 和 LT 为正整数,则:

(1) 若 $PD(k) \geqslant PT$,则在 k 处检测到的结构为突变(P)。

若 SL<LT,SR<RT,则检测到的结构为竖直(V)。

若 SL>LT,SR<RT,则检测到的结构为左斜(L)。

若 SL<LT,SR>RT,则检测到的结构为右斜(R)。

若 SL>LT,SR>RT,则检测到的结构为圆弧(C)。

(2) 由于字符轮廓突变处,表示字符不连续,则突变前后的轮廓特征必须分别检测。即若 k_1 处检测到 P,则在 $[1,k_1-1]$ 的字符轮廓范围内统计 SL、SV 和 SR 独立进行结构基元检测。若在 k_2 处检测到 P,则在 $[k_1+1,k_2-1]$ 范围内进行基元检测,依此类推。

(3) 由于字符轮廓基元的形成需要一定数(T)轮廓像素点,即只有当 $SL+SV+SR \geqslant T$ 时,才能进行基元检测,否则不进行基元检测。例如,当 $SL+SV+SR=2$ 时,其形成的基元结构是不稳定的。

(4) 检测到突变结构 P 的有效范围在 $x \in [ST,N-ST+1]$,$y \in [ST,M-ST+1]$,其中 ST 表示字符比画的宽度。这主要是为了避免干扰严重情况下,轮廓边缘光滑处理不够理想时,可能检测到的假突变基元。

4. 轮廓的统计特征

采用上述的结构基元还不足以准确识别残缺和完整的数字,因此,需要引入轮廓的统计特征。

(1) 水平方向的最大字符宽度 W_{max} 为

$$W_{max} = \max_k \{RP(k) - LP(k)\}$$

该特征主要用于识别数字 1。当 $W_{max} \leqslant H/2$,即为数字 1,$H=M$。

(2) 垂直方向的笔画数。该特征主要用于识别数字 0 和 8。因为 0 和 8 的轮廓结构特征极其相似,所以借助于垂直方向的笔画数加以区分。受数字底部残缺的影响,8 在垂直方向的最大笔画数也可能为 2。采用检测到笔画数为 2 时垂直方向的最小值来代替。假设 j 列上像素 $P(j,i-1)$,检测到垂直方向的笔画数为 1,在 $P(j,i)$ 检测到了第二个笔画,$S_2=i$,表示检测到第二个笔画的像素点位置。

当 $S_2<M-ST$ 时,检测到的字符为 8;否则为 0。

5. 数字字符的识别算法

将数字字符的顶部、左右两侧的局部轮廓结构特征和轮廓统计特征组合成特征矢量,用以描述 10 个数字。根据特征矢量,采用结构语句识别算法识别底部残缺的和完整的数字字符。由于底部特征丢失,会改变左、右两侧的部分结构特征,但不会影响顶部特征,因此特征描述和机构匹配识别都从顶部轮廓特征开始。局部轮廓结构特征和统计特征描述数字:

$$0:TS=C, \quad Size(LS)=Size(RS)=1; S_2<M-ST$$

式中,Size() 表示结构集合中有几个结构元素。

$1:W_{max} \leqslant H/2$。

$2:TS=C,LS(1) \neq C,LS(Ln-1)=P,LS(Ln)=L$。

式中，Ln 表示左侧轮廓的结构元素个数。

3：$TS=C,LS(1)\neq C,P\in LS$；或 $TS=V,RS=C$。

4：$TS(1)=L,P\in TS,RS=V$。

5：$TS=V,P\in RS$。

6：$TS=C,P\in RS,Size(LS)=1$；或 $TS(1)=L,V\notin RS$。

7：$TS=V,P\in LS,Size(RS)=1$。

8：$TS=C,Size(LS)=Size(RS)=1$；$S_2>M-ST$。

9：$TS=C,LS(1)=C,LS(2)=P$。

11.4 小结

本章从实际图像系统开发出发，以 VC++ 为开发环境，并结合 OpenCV，简要介绍两个图像系统设计案例。

在实际的图像系统设计中，由于受光照等环境因素的影响较大，因此，选择一个合适的光源、镜头和相机，保证获取高质量的可处理的图像是至关重要的，也是图像系统成功的关键。本章首先介绍了光源、相机和镜头选择的基本准则和要素。

在自动光学检测图像处理领域，通常要建立客观世界（世界坐标系）与成像系统（图像坐标系）之间的对应关系，即摄像机标定。本章以 OpenCV 作为开发环境，在介绍其基本功能及使用方法的基础上，设计并实现摄像机标定。

本章还介绍了另一个案例——汽车牌照识别。按照图像处理的基本流程，重点介绍汽车牌照自动识别系统中的两个关键步骤：车牌定位和车牌字符识别两部分的实现。

本章的主要目的是让读者通过本章的学习，了解一个图像系统的设计过程。

习题

1. 结合本章内容，通过查阅文献，简述进行实际图像系统设计时需要考虑哪些方面。

2. 简述 OpenCV 的主要功能。

3. 比较径向畸变与切向畸变。

4. 简述针孔相机模型。

5. 汽车牌照识别中的关键步骤有哪些？

6. 查阅资料，给出人脸识别的全过程。

参 考 文 献

[1] 阮秋琦.数字图像处理学.二版.北京：电子工业出版社,2007.

[2] (美)冈萨雷斯,等,著.数字图像处理.三版.阮秋琦,阮智宇,等,译.北京：电子工业出版社,2011.

[3] (美)卡斯尔曼.数字图像处理.朱志刚,等译.北京：电子工业出版社,2011.

[4] 龚声蓉,刘纯平,季怡.复杂场景下图像与视频分析.北京：人民邮电出版社,2013.

[5] 谢凤英,赵丹培.Visual C++数字图像处理.北京：电子工业出版社,2008.

[6] 章毓晋.图像工程(上册)——图像处理.3版.北京：清华大学出版社,2012.

[7] 章毓晋.图像工程(中册)——图像分析.3版.北京：清华大学出版社,2012.

[8] 章毓晋.图像工程(下册)——图像理解.3版.北京：清华大学出版社,2012.

[9] 晶辰工作室.最流行图像格式实用参考手册.北京：电子工业出版社,1998.

[10] 张德丰.MATLAB数字图像处理.2版.北京：机械工业出版社,2012.

[11] 张铮,王艳平,薛桂香.数字图像处理与机器视觉——Visual C++与MATLAB实现.北京：人民邮电出版社,2010.

[12] 赵小川.现代数字图像处理技术提高及应用案例详解(MATLAB).北京：北京航空航天大学出版社,2012.

[13] 杨枝灵.Visual C++数字图像获取、处理及实践应用.北京：人民邮电出版社,2003.

[14] (加拿大)帕科尔著.图像处理与计算机视觉算法及应用.2版.景丽,译.北京：清华大学出版社,2012.

[15] 姜楠,王健.常用多媒体文件格式与压缩标准解析.北京：电子工业出版社,2005.

[16] 四维科技,胡小丰,赵辉.Visual C++/MATLAB图像处理与识别实用案例精选.北京：人民邮电出版社,2004.

[17] 刘海波,等.Visual C++数字图像处理技术详解.北京：机械工业出版社,2010.

[18] (德)斯蒂格(Steger,C),(德)尤里奇(Ulrich,M),(德)威德曼(Wiedemann,C).机器视觉算法与应用(国外经典教材·计算机科学与技术).杨少荣,等,译.北京：清华大学出版社,2008.

[19] 韩九强.机器视觉技术及应用(工程应用型自动化专业系列教材).北京：高等教育出版社,2009.

[20] (美)布拉德斯基(Bradski,G),(美)克勒(Kaehler,A)著.学习OpenCV(中文版).于仕琪,刘瑞祯,译.北京：清华大学出版社,2009.

[21] 刘瑞祯,于仕琪.OpenCV教程：基础篇.北京：北京航空航天大学出版社,2007.

[22] 靳济芳.Visual C++小波变换技术与工程实践.北京：人民邮电出版社,2004.

[23] 钟玉琢,冼伟铨,沈洪.多媒体技术基础及应用.北京：清华大学出版社,2000.

[24] 崔屹.图像处理与分析——数学形态学方法及应用.北京：科学出版社,2000.

[25] 刘纯平,Chen F H,龚声蓉,等.基于相变和似然性的多相图像分割[J].计算机学报,2012,35(2)：375-385.

[26] 孟庆涛,龚声蓉,刘纯平,等.一种基于图的颜色纹理区域分割方法.中国图象图形学报,2009,14(10)：2092-2096.

[27] 李卫伟,刘纯平,王朝晖,等.基于SSCL的模糊C均值图像分类方法[J].中国图象图形学报,2011,16(2)：215-220.

[28] 王永明,王贵锦.图像局部不变性特征与描述.北京：国防工业出版社,2010.

[29] Mark S Nixon,Alberto S Aguado著.特征提取与图像处理.2版[M].李仁发,李实英,杨高波,译.北京：电子工业出版社,2010.

[30] 王宇生,等.一种基于积分变换的边缘检测方法.中国图象图形学报,Vol. 7(A),No. 2,2002: 145-149.

[31] 王晓明,顾晓东,刘健.基于张量的图像边缘检测及滤波.中国图象图形学报,Vol. 7(A),No. 8, 2002:780-782.

[32] 刘丽,匡纲要.图像纹理特征提取方法综述[J].中国图象图形学报,2009,14(4):622-635.

[33] 孙浩,王程,王润生.局部不变特征综述[J].中国图象图形学报,2011,16(2):141-151.

[34] 赵万金,龚声蓉,刘纯平,等.一种自适应的 Harris 角点检测算法[J].计算机工程,2008,34(11): 212-214.

[35] Jing Li,Nigel M. Allinson. A comprehensive review of current local features for computer vision[C]. Neuro computing,2008,71: 1771-1787.

[36] Harris C,Stephens M. A combined corner and edge detector[C]. Alvey vision conference. 1988,15: 50.

[37] Lowe D G. Object recognition from local scale-invariant features[C]. Computer vision,1999,2: 1150-1157.

[38] Bay H,Tuytelaars T,Van Gool L. Surf: Speeded up robust features[C]. Computer Vision,2006: 404-417.

[39] Matas J,Chum O,Urban M,et al. Robust wide baseline stereo from maximally stable extremal regions[C]. British machine vision conference. 2002,1: 384-393.

[40] Smith S M,Brady J M. SUSAN—A new approach to low level image processing[J]. International journal of computer vision,1997,23(1): 45-78.

[41] Lowe D G. Distinctive image features from scale-invariant keypoints[J]. International journal of computer vision,2004,60(2): 91-110.

[42] (希)西奥多里蒂斯,等,著.模式识别.李晶皎,等,译.北京:电子工业出版社,2010.

[43] 邓乃扬,田英杰.数据挖掘中的新方法:支持向量机.北京:科学出版社,2004.

[44] 王丽娜,郭迟,李鹏. 信息隐藏技术实验教程.武汉:武汉大学出版社,2004.

[45] 韩力群. 人工神经网络理论、设计及应用. 二版. 北京:化学工业出版社,2007.

[46] 戴昌达,姜小光,唐伶俐. 遥感图像应用处理与分析. 北京:清华大学出版社,2004.

[47] 赵振宇,徐用懋. 模糊理论和神经网络的基础与应用. 北京:清华大学出版社,1996.

[48] 刘纯平. 多源遥感信息融合方法与应用研究. 南京理工大学博士论文,2002.

[49] 张旭东,卢国栋,冯健. 图像编码基础和小波压缩技术——原理、算法和标准. 北京:清华大学出版社,2004.

[50] 刘振华,尹萍. 信息隐藏技术及其应用. 北京:科学出版社,2002.

[51] [美]Ingemar J Cox,Matthew L Miller,Jeffrey A Bloom 著. 数字水印.王颖,黄志蓓,等,译.北京:电子工业出版社,2003.

[52] Milan Sonka,Vaclav Hlavac,Roger Boyle 著. 图像处理、分析与机器视觉. 二版. 艾海舟,武勃,等, 译. 北京:人民邮电出版社,2002.

[53] Joint Video Team (JVT) of ISO/IEC MPEG and ITU-T VCEG,Draft ITU-T Recommendation and Final Draft International Standard of Joint Video Specification (ITU-T Rec. H. 264|ISO/IEC 14496-10 AVC). document JVT-G050d35. doc,2003.

[54] Theo Gevers,Arnold W. M. Smeulders,Content-based Image Retrieval by Viewpoint Invariant Color Indexing. Image and Vision Computing,1999(17),pp. 475-488.

[55] Jia Wang,Wen jann Yang,Raj Acharya. Color Clustering Techniques for Color-Based Image Retrieval from Image Databases. IEEE International Conference On multimedia Computing and System'97,pp. 442-449.

[56] Michael Kliot,Ehud Rivlin. Invariant-Based Shape Retrieval in Pictorial Database. Computer Vision and Image Understanding,1998,Vol. 71,No. 2,pp. 182-197.

[57] W Y Ma,B S Manjunath. Texture-based Pattern Retrieval from Image Databases. Multimedia Tools and Applications,1996(2),pp. 35-51.

[58] Lucchese L and Kmitra S. Unsupervised Segmentation of Color Image Based on k-means Clustering in the Chromatic Plane. IEEE Workshop on Content-Based Access of Image and Video Libraries, 21 June,1998,Santa.

[59] Greg Pass, Ramin Zabin, Justin Miller. Comparing Images Using Color Coherence Vectors. The Fourth ACM International multimedia Conference and Exhibition,Boston MA USA,1996,pp. 65-73.

[60] Arthur R. Weeks,G. Eric Hague. Color Segmentation in the HIS Color Space Using the K-means Algorithm. SPIE Vol. 3026,1997,pp. 143-154.

[61] Soo-Chang Pei, Ching-Min Cheng. Extracting Color Features and Dynamic Matching for Image Database Retrieval. IEEE Transaction on Circuits and Systems for Video Technology,1999,Vol. 9, No. 3,pp. 501-512.

[62] Fountain S R,Tan T N. Efficient Rotation Invariant Texture Features for Content-based Image Retrieval. Pattern Recognition,1998,Vol. 31,No. 11,pp. 1725-1732.

[63] Hsin-Chih Lin,Ling-Ling Wang,Shi-Nine Yang. Regular-texture image retrieval based on texture-primitive extraction. Image and Vision Computing,1999(17),pp. 51-63.

[64] Christopher C Yang,Jeffery J Rodriguez. Efficient Luminance and Saturation Processing Techniques for Color Images. Journal of Visual Communication and Image Representation,1997,Vol. 8,No. 3, pp. 263-277.

[65] Hideyuki Tamura, Shunji Mori, Takashi Yamawaki. Textural Features Corresponding to Visual Perception. IEEE Trans. System,man,and Cybernetics,Vol. SMC-8,No. 6,June 1978,pp. 460-472.

[66] Francos J M,Zvi Meiri A and Porat B. A Unified Texture Model Based on 2-D Wold Like Decompositions. IEEE Trans. Signal Processing,1993(8),pp. 2665-2678.

[67] Wei-Ying Ma and B. S. Manjunath. EdgeFlow：A Technique for Boundary Detection and Image Segmentation. IEEE Trans. Image Processing,Vol. 9,No. 8,pp. 1375-1388. Aug. 2000.

[68] Sobel L. Camera Models and Machine Perception. PhD thesis,Standford University,Standford,CA, 1970.

[69] Prewitt J. Object Enhancement and Extraction. Picture Process. Psychopict,pp. 75-149,1970.

[70] Kirsch R. Computer Determination of the Constituent Structure of Biological Images. Computer and Biomedical Research,Vol. 18,pp. 113-125,Jan. 1971.

[71] Marr D C,Hildreth E. Theory of Edge Detection. Proc. Roy. Soc. London,Vol. B275,pp. 187-217,1980.

[72] John Canny,Member. IEEE. A Computational Approach to Edge Detection. IEEE Trans. Pattern Analysis and Machine Intelligence. Vol. PAMI-8,No. 1 pp. 679-697,Nov, 1986.

[73] Hemant D. Tagare and Rui J. P. deFigueiredo. On the Localization Performance Measure and Optimal Edge Detection. IEEE Trans. Pattern Analysis and Machine Intelligence,Vol. 12,pp. 1186-1190,990.

[74] Maria Petrou and Josef Kittler. Optimal Edge Detectors for Ramp Edges. IEEE Trans. Pattern Analysis and Machine Intelligence. Vol. 13,No. 5,pp. 483-491,May,1991.

[75] Pierre Demartines and Francois Blayo. Kohonen Self-Organizing Maps：Is the Normalization Necessary? Complex Systems,6：105-123,1992.

[76] Vapnik V N. The Nature of Statistical Learning Theory,NY：Springs-Verlag,1995.

[77] 杨善超,龚声蓉.具有图像内容保持特性的小波域可见水印.武汉大学学报・信息科学版,2006, 31(9)：757-760.

[78] Li W W,Liu C P,Wang Z H. Feature Selection Based on Fusing Mutual Information and Cross-

Validation. The sixth international symposium on multispectral image processing and pattern recognition. Oct. 30-Nov. 1, 2009. Yichang, China.

[79]　王艳,龚声蓉.基于图像熵的抗剪切局部数字水印算法.计算机应用与软件,25(9)：67-69、85.

[80]　曹杰,龚声蓉,刘纯平,等.一种基于 ICA 的多源图像融合算法.中国图象图形学报,2007,12(10)：1857-1860.

[81]　赵万金,龚声蓉,刘全,等.一种用于图像拼接的图像序列自动排序算法.中国图象图形学报,2007,12(10)：1861-1864.

[82]　曹杰,龚声蓉,刘纯平.一种新的基于小波变换的多聚焦图像融合算法.计算机工程与应用,2007,42(24)：47-50.

[83]　苏华华,龚声蓉,刘纯平.基于总体变分修复模型的图像编码.计算机工程与应用,2011,47(10)：201-203.

[84]　尹帮治.基于 Gabor 和 SVM 的光照鲁棒人脸识别算法研究.华南理工大学硕士学位论文,2011.

[85]　高在村,龚声蓉.基于量子门神经网络的车牌字符识别.计算机工程,2008,34(23)：227-229.